U0094535

复杂

诞生于秩序与混沌边缘的科学

COMPLEXITY

The Emerging Science at the Edge of Order and Chaos

M. Mitchell Waldrop

［美］M. 米切尔·沃尔德罗普 —— 著

集智俱乐部 —— 译

中信出版集团 | 北京

图书在版编目（CIP）数据

复杂：诞生于秩序与混沌边缘的科学 /（美）M. 米切尔·沃尔德罗普著；集智俱乐部译 . -- 北京：中信出版社，2024.2

书名原文：Complexity: The Emerging Science at the Edge of Order and Chaos

ISBN 978-7-5217-6201-3

Ⅰ . ①复… Ⅱ . ① M… ②集… Ⅲ . ①自然科学史－普及读物 Ⅳ . ① N09-49

中国国家版本馆 CIP 数据核字（2023）第 237260 号

复杂：诞生于秩序与混沌边缘的科学
著者：　　　〔美〕M. 米切尔·沃尔德罗普
译者：　　　集智俱乐部
出版发行：中信出版集团股份有限公司
　　　　　（北京市朝阳区东三环北路 27 号嘉铭中心　邮编　100020）
承印者：　三河市中晟雅豪印务有限公司

开本：880mm×1230mm　1/32　　印张：16.75　　　字数：346 千字
版次：2024 年 2 月第 1 版　　　印次：2024 年 2 月第 1 次印刷
京权图字：01-2023-6094
书号：ISBN 978-7-5217-6201-3
定价：98.00 元

谨以此书献给艾米·E.弗里德兰德

目　录

第
一
章　　○　**爱尔兰人理念中的英雄**

推荐序一

与《复杂》共舞的 20 年

张江

北京师范大学系统科学学院教授、集智俱乐部创始人

2003 年的春天，我刚刚成为一名博士研究生，接下来发生的两件平凡的小事，却影响了我的一生。

第一件事，就是我无意间找到了《复杂：诞生于秩序与混沌边缘的科学》这本书。那个时候，我并不知道这本书被人们誉为"复杂科学的《圣经》"。最让我兴奋的是，在这本书中，我读到了一系列精彩的跨学科研究典范，比如遗传算法、人工生命、囚徒困境博弈、演化经济学等。更让我爱不释手的，是这本书娓娓道来的传记文学的叙事方式，它居然把晦涩抽象的学术概念与发现者们背后的故事完美地融为了一体。于是，一扇新世界的大门向我打开：美国新墨西哥州的"圣塔菲研究所"（Santa Fe Institute）成了我心中向往的地方——这里面聚集了一群和我有着同样稀奇古怪想法的人，其中包括大名鼎鼎的诺贝尔奖得主盖

尔曼、安德森、阿罗等，也包括我心目中的跨学科英雄，如霍兰、考夫曼、兰顿等。更关键的，是这本书让我坚定了未来的职业发展方向——复杂系统研究。尽管它还很新，还不被大部分学者认可，但我坚定地认为自己应该为其奋斗终生。

第二件事，就是在这本书的启发下，我创建了最早版本的"集智俱乐部"——一个在中文互联网世界名不见经传的小网站。起初，这个网站的一个主要功能就是展示在《复杂》一书中提及的大量好玩的计算机模拟程序，包括著名的《生命游戏》模型、人工鸟群 Boid 模型、自复制的元胞自动机、混沌边缘的计算等。作为一个爱好动手敲代码的理工男，我不想把对这些神奇的计算机程序的认识仅仅停留在文字描述的层面。于是，我先是在互联网的海量数据中搜索；实在找不到的就自己动手去写；最后，独乐乐不如众乐乐，我把搜集、编写的代码共享到了公开的网站上——这便是最早的"集智俱乐部"网站。我印象最深的一幕，就是在半夜三更终于调通了代码，看到了一群蚂蚁在我的计算机屏幕上"活"了起来，然后我忍不住大叫一声，搞得隔壁宿舍的同学敲管道以示警告。如果说《复杂》一书帮我打开了一扇窗户，让我能一睹令人兴奋的复杂科学新世界，那么"集智俱乐部"网站则帮我建立起和真实世界沟通的桥梁。有不少和我一样的复杂科学爱好者开始通过集智俱乐部了解到这门新兴学科，也同时了解到了我。当时我绝不会想到，集智俱乐部居然可以支撑到今天。

整整 20 年后的 2023 年，正值集智俱乐部成立 20 周年。颇为巧合的是，刚拿到《复杂》中文版权的中信出版社刘丹妮老师（曾策划了另一本复杂科学畅销书《规模》），就来问集智是否有合适的译者推荐。我的创业合伙人张倩，集智俱乐部公众号主编刘培源和副主编梁金，以及算法工程师胡乔主动组队认领了翻译任务。他们都是复杂科学实践者，在集智社区浸润已久，长期探索和传播复杂科学。最终几人合作完成翻译，由刘培源完成统稿。

在集智俱乐部 20 周年年会上，新老朋友数次聚会探讨当前复杂科学发展的热点问题，包括大模型的涌现能力、AI（人工智能）在复杂系统跨学科中的应用等话题，回顾了生命的起源、智能的本质等诸多在集智被反复讨论的"经典问题"。得知我们以集智俱乐部的名义，趁此时机组织重新翻译《复杂》时，有朋友提出不同观点："《复杂》一书最早出版于 1992 年，最初引进中国也是 20 多年前的事情了，重新翻译这样的老古董，是否还有意义？或者说，意义是否还有那么重大？"

我的第一反应是，这当然是有意义的，集智俱乐部的成立从一开始就是与复杂科学牢牢地绑定在一起的，我们怎么能动摇呢？但又转念一想，朋友说得也很有道理。如今，混沌、分形、耗散结构、涌现、无标度、小世界这些曾让我们无比兴奋的概念已经渐渐变成了过去时，而人工智能大模型无疑也展现出取代系统动力学、多主体模拟、复杂网络分析等传统分析方法，成为新的跨学科研究主流工具的趋势。那么，在这样的背景下，复杂科学为什么还如此重要呢？

一番思索之后，我总结出了三个关键点。

首先，"复杂系统"作为一个研究对象本身，仍然是我们当前需要深入探索的主题。2021年，著名的《科学》杂志联合上海交通大学更新了全世界最前沿的125个科学问题。其中包括生命起源、意识起源、气候系统基本原理、集体运动和群体智能的原理、宏观微观世界的模拟、经络系统的依据等一系列世界难题，而这些问题绝大部分与复杂系统有关。因此，尽管很多经典概念、方法已经逐渐淡出科研人员的视线，但是复杂系统之中的重大问题，仍然亟须深入探索。

　　尽管今天的人工智能已经可以自动从大数据中学习复杂系统的模型，从而预测未来的发展，但是自动化的算法仍然无法替代人类对第一性原理的追求。没有对复杂系统背后原理的深刻洞察，是不可能真正掌握其运行规律的。因此，我斗胆呼吁，在新时代背景下，我们应该重视"复杂系统"这一历久弥新的研究对象，重新抽象它们的共同底层原理，而不是重新回到各个学科相互分立的、狭隘局部的还原论视角，排斥这门不那么时髦的学问。另外，对于大数据、AI等新的方法论和工具，我们更应该抱着一种开放的心态，兼容并蓄，博采众家之长，乃至为我所用，而不是一味地抱着老的方法和工具故步自封。

　　其次，《复杂》一书所描绘的学科大融合这一激动人心的提议，在今天看来更具有重大意义。无疑，今天的我们已经越来越认识到"跨学科""交叉学科"研究的必要性，我们的国家自然科学基金委员会也顺势成立了"交叉科学部"。然而，究竟什么是"跨学科"？什么样的研究才是"交叉学科"研究的典范？如果你认真阅读《复杂》这本书，就会发现，彼时圣塔菲研究所的学者们所讨论的跨越学科，与我们今天普遍理解的"跨学科"或"交叉学科"有一点本质上的不同，那就是他们更多强调的是学科知识之间的大"整合"（integration），这种整合的背后必然蕴含着某种全新的统一性——这是超越具体系统和具体学科的普遍知识和规律的学问。尽管20年过去了，我们很难说圣塔菲研究所乃至全世界的复杂科学研究者们已经完成了这种整合，但是有一点是非常明确的，那就是这样的整合与简单地把两个学科乃至多个学科的知识和研究工具放在一起是完全不同的。

也许妄谈人类知识大整合多少有一些"蚍蜉撼树"的嫌疑，但今天的大语言模型不正是将整个互联网上的人类知识重新整合到了一起吗？虽然把一切都整合成"向量"这样的做法略显简单粗暴，但是从大语言模型所展现出的在通用人工智能方面的潜力来看，它的确展现出了人类知识大整合的曙光。而且，就目前来看，具备更高领悟能力的人类在学科整合方面无疑更具优势。为什么我们人类不领先AI一步，充分借鉴大模型的数据整合优势，尝试主动整合人类知识呢？

最后，就是重新翻译《复杂》一书，有利于我们在东西方文明相互交叉融合的背景下，重新定位复杂科学的地位和作用。如今，整个中国，乃至整个世界正处于一个百年未遇的历史大变局。在这样的大变局下，我们每个人都正在见证东方文明的再次崛起。而就在《复杂》这本书的最后一章，作者提到了类似的观点：对复杂系统的深入探索，必然会将我们引向古老的东方智慧。的确，如果你深入品味，就会发现，西方"复杂科学家"们的一系列发现，或多或少都带有一种东方的味道。例如，"混沌与秩序的边缘"像极了我们的阴阳和谐发展；囚徒困境博弈所揭示出来的最佳策略——以牙还牙，仿佛也是深刻洞察了"仁者无敌"的道理；进化算法中"永远新奇"的追求仿佛是从另一个视角向我们揭示"大道无形"的道理。甚至我认为，如果把西方文明和东方文明分别比喻成太极图中的"阳鱼"和"阴鱼"，那么"复杂科学"就是那个位于"阳鱼"中间的黑圆圈，即所谓的"阳中之阴"，它是阴阳相互转化、彼此交融的"枢机"。

从这个意义上来说，复杂科学无疑具备了更大的历史意义。然而，这并不意味着我们应该摒弃西方科学，一味地参玄论道；同样，我们也不能摒弃东方思维，一味地强调分析与实证。由此可见，在新的时代背景下，复杂科学所要担负的责任是更大尺度的东西方文明的融合与统一。

20年，对于日新月异的现代人类社会来说，已经是一个很长的跨度了。就像20年前的顶尖学者们很难想象人工智能会在今天突飞猛进一样，今天的学者也很难想象20年后的明天，人类各个学科知识的大整合会发展到什么地步，复杂科学又会发展到什么地步。让我们拭目以待吧！

推荐序二

妙趣入门复杂性

陈关荣

香港城市大学电子工程系讲座教授、欧洲科学院院士

"复杂"是相对"简单"而言：不简单便是复杂。然而，"复杂"不能像数学那样用一条公式来定义，不能像物理学那样用一条定律来表达，也不能像哲学那样用一个概念来描述。不过，正因为如此，"复杂"才特别值得讨论研究。

至于"复杂性"，那是"复杂"特性的内涵。研究复杂性催生了一门"复杂科学"，一般认为始于法国社会学家埃德加·莫兰（Edgar Morin）。莫兰在《复杂性思想导论》（1990）一书中指出：复杂性是一个用来提出问题而不是提供答案的词语，它是现实世界向我们展示的一个哲学和科学的挑战。

因为关于"复杂"的介绍和说明一点都不简单，许多人便对之望而生畏，或者望而却步。故此，多年来科普作家们一直在尝试为大众提供一些内容丰富又饶有趣味的入门读物，并且确实出

版了几本主题相关的优秀作品。然而，大众期待的好书依然凤毛麟角。今天，非常有幸，中信出版社再版了美国作家 M. 米切尔·沃尔德罗普于 1992 年出版的科普作品《复杂》，并力邀集智俱乐部重译，为广大读者弥补了一个缺憾。

这本书是通过讲故事而不是讲专业课的形式来向读者介绍"复杂"概念和"复杂科学"的。作者是个物理学博士，他所陈述的概念相当准确，用语也十分恰当。他还是多家杂志报纸的专栏作家，言辞精练、文笔优雅，所描述的历史事件条理清晰，所讲述的人物故事生动有趣。这本书让人读起来兴趣盎然，甚至有一种欲罢不能的感觉。这本难得的好书确实值得大力推荐。

相信读者在阅读过这本书之后，对"复杂"和"复杂性"一定会有更清楚、更深刻的新认识。为此，再次感谢中信出版社和集智俱乐部为大家提供了这本复杂科学的优秀读物。

推荐序三

走向新的综合

吴家睿

中国科学院系统生物学重点实验室主任

中国科学院分子细胞科学卓越创新中心研究员

1984 年 5 月，在美国新墨西哥州一个名叫"圣塔菲"的小镇诞生了一个私立研究所——圣塔菲研究所。这个小小研究所的出现成为现代科学史上的一个里程碑，值得大书特书。美国科学作家 M. 米切尔·沃尔德罗普用《复杂》这本书很好地完成了这个任务。作者在书中用清晰生动的文字，刻画了圣塔菲研究所的众多核心人物和相关研究活动，为广大读者展现了一场波澜壮阔的科学思想革命运动。

作者在书中开宗明义地指出，自牛顿时代以来，线性还原论思维一直主导着科学界，但如今在解决现代世界的问题上已经力不从心，而圣塔菲研究所的愿景就是要打造替代线性还原论思维的科学新方法。对研究所创始所长乔治·考温而言，"圣塔菲研究所不仅代表着一项使命，更代表着整个科学界实现救赎和重生的机会"。

这个研究所汇聚了来自经济学、物理学、计算机科学和生物学等不同学科的研究者，他们拥有一个共同的目标，即探索复杂系统的方方面面——任何内部存在大量密切相互作用的系统，从凝聚态物理到生物体，从经济学到整个社会。在研究所创始人、诺贝尔物理学奖得主默里·盖尔曼看来，"我们必须给自己设定一项非常大的任务，那就是应对伟大的、正在涌现的科学大综合——它涵盖众多学科"。考温所长也持有同样的看法："它将是一种认识世界的新方式，生物科学和物理科学之间、自然科学与历史或哲学之间，都几乎不再加以区分。"他们把这门新的"大统一"科学命名为"复杂科学"。在考温所长看来，"这个名字比之前使用的任何其他词语，包括'涌现的综合'，都更能全面地涵盖我们所做的一切"。

化简单为复杂

在《复杂》一书中，作者描述了经典科学的特点，即认为世界处于一个均衡的、确定的状态，偶尔出现的微小扰动也会在"负反馈"机制的控制下被消除；这是一个让研究者可以进行准确预测的简单世界，"正如物理学家能预测一个粒子在任何给定力的作用下如何反应，经济学家也能预测经济人在任何给定的经济情形下如何反应"。

那么真实世界是这样一个简单化的图景吗？"宇宙中的无序

之力，和宇宙中同样强大的秩序、结构和组织之力，是否势均力敌？如果是这样，这两个过程如何能同时进行？"带着这样的困惑，圣塔菲研究所的研究者们开始了他们的探索之旅。作者在书中详细介绍了那些试图从简单图景中研究复杂问题的研究者，再现了其心路历程和研究成果。

例如，该书的第一章就可以被看作经济学家布莱恩·阿瑟的学术小传。作者不仅描写了阿瑟的个人经历和学习过程，而且刻画了他提出基于"正反馈"调控机制的"报酬递增"理论之思考路径。这个理论一反那种追求市场稳定性以及供需平衡的经典经济学理论，强调市场里的微小扰动或者偶然事件也能够对市场的未来产生重大影响。显然，阿瑟的报酬递增理论受到了正统经济学家的抵制；在他们看来，科学必须具有确定性从而可以预测未来——"真正让他的批评者感到愤怒的是这样一种概念，即经济将自己锁定在一个不可预测的结果之中。他们问道：如果世界可以自组织成许许多多可能的模式，而且如果它最终选择的模式是出于历史偶然性，那么你如何能预测任何事情呢？如果你无法预测任何事情，那么你正在做的事情怎么能被称为科学呢？"

更重要的是，阿瑟发现，这种复杂性不仅存在于经济学领域，而且存在于物理学和生物学等差别很大的学科领域，"物理学家通常研究的原子和分子比蛋白质和 DNA（脱氧核糖核酸）要简单得多。然而，当你观察这些简单的原子和分子大量地相互作用时，你会看到相同的现象：微小的初始差异会导致迥然相异的结果。简单的动力学产生了惊人的复杂行为"。这也是研究所另一位研究者克里斯托弗·兰顿的看法，"在计算机上模拟复杂的物理系统，我们从中学到的最令人意外的经验是，复杂的行为不必然有复杂的根源。……极其有趣、吸引人的复杂行为可以从极其简单的合成砌块的集合中涌现"。

可以这样说，作者在书中通过描绘阿瑟和圣塔菲研究所其他研究者的"学术画像"，传递出了这个研究所的核心研究目标和主要研究任务，即把曾经科学家认为的简单系统——无论是物理的还是生物的，无论是经济的还是社会的——从复杂系统的视角去进行研究，去探寻贯穿于这些不同类型的复杂系统之一般性理论和基本规则。

从复杂找简单

一方面，人类的天性是尽可能回避复杂的事物和复杂的场景；另一方面，当人们遇到难以处理的事情或者难以回答的问题时，又往往会用"复杂"作为一个掩盖能力欠缺或知识匮乏的借口。在经典科学时期，真正直面复杂并能够对其进行深入分析的研究者并不多见。可以说，一个研究所把"复杂"确定为基本研究目标这件事情本身，就足以在科学史上大书一笔。圣塔菲研究所的研究者不仅跳出了他们曾经熟悉的、针对简单系统的"研究舒适区"，而且对各种复杂系统进行了一系列卓有成效的研究，并取得了众多具有普适性的创新成果。作者在书中对这些研究工作和成果用许多笔墨进行了详细介绍。

复杂系统的一个典型特征是"涌现"，即系统内各种组分相互作用通常会导致某种全新性质的出现，如生物大分子之间相互作用产生的生命活动；这是"一种植入自然本质的深层的、内在的创造力"。作者在书中详细描写了斯图尔特·考夫曼博士对生命起源的探索过程，再现了研究者是如何找到"在这个似乎由偶然、混乱和盲目的自然法则所支配的宇宙中，我们何以成为有生命、有思想的生物"的解释。在考夫曼看来，生命就是一个关于"秩序"的故事："自然产生于物理和化学定律的秩序，自发地从分子混沌中涌现的秩序，表现为一个不断增长的系统"。

复杂系统之所以"复杂"，不仅在于其内部元件之间的相互作用，而且在于系统本身与其环境之间的相互作用，如生物体与其生存的环境，经济体与其社会或自然环境，等等。后者正是约翰·霍兰的主要研究内容。霍兰提出了"复杂适应系统"这一概念来描述这种"内"与"外"之间的相互作用："这些系统都是由许多'主体'并行运作的网络……每个主体都处于一个由它与系统中其他主体的互动所构成的环境中。主体不断地采取行动，并对其他主体的行为做出反应。"霍兰认为，"讨论复杂适应系统如何处于平衡状态基本上是没有意义的：这个系统永远无法真正达到平衡，它总是在发展，总是在变化。事实上，如果系统真的达到了平衡，它就不仅仅是稳定的，而是已经死亡。……设想系统中的主体可以'最优化'其适应度或效能等，都是没有意义的。可能性空间太大，它们无法实际找到最优解"。

可以说，作者在这本 500 多页的书里，借助圣塔菲研究所众多研究者的学术画像，详尽地展示了他们是如何认识"复杂"，如何研究"复杂"。正如书中的主人公之一阿瑟对其博士生导师的回忆："他教会我不要去解决复杂的方程式，而是去不断简化问题，直到找到可以解决的问题。要寻找问题的根源，寻找关键因素、关键成分、关键解决方案。"

推荐序四

圣塔菲之路：从复杂科学到复杂思维

罗家德

清华大学社会科学学院与公共管理学院合聘教授

M. 米切尔·沃尔德罗普写的这本《复杂：诞生于秩序与混沌边缘的科学》是我在复杂系统理论方面的启蒙之书。它不难读，因为是一本科普之书，写的是有"复杂科学的'耶路撒冷'"之称的圣塔菲研究所的历史，把其草创期的人物故事一一串起，所以一点也没有学术专著的艰深与枯燥。但是写作者的学术功底扎实，可以将这些复杂科学开创者的理论深入浅出地介绍出来，所以对于想要了解什么是复杂科学的读者来说，这本书绝对是最佳的入门之作。

早在 1995 年，我和一位学数学出身、在计算机所工作的同事一起写一篇讨论"系统崩解"（system catastrophe）如何应用在社会系统上的文章。他给了我一本书，是赫尔曼·哈肯的《协同学》，谈的是从物理学到经济学中的自组织现象。这本书读得我一个头两个大。我意识到自己在复杂科学上还是一个小白，所以读相关学术论著才如此之难，于是去找来 M. 米切尔·沃尔德罗普写的这本《复杂》来读。果然，这本科普之书使我对复杂科学有了架构性的理解，带我入了门。再看《协同学》，就能逐渐深入了，而且此后一发不可收。我对复杂系统的研究经历了从探索到热爱，并致力于复杂组织系统的管理学研究，还由中信出版社出版了一系列有关复杂系统管理学的作品。

今天，集智俱乐部重译了这本书，也是由中信出版社再版，我欣然接受邀请为其写序，并因此再读了一遍这本书。时隔近30 年再读，还是激动不已，因为时时又看到一些金句，可以阐明复杂科学理论的深刻道理。

比如，人工生命研究的先锋克里斯托弗·兰顿的话中包含的隐喻："他主张复杂的、类生命的行为是由简单规则自下而上逐渐演化所产生的。"正如（遗传算法与 ABM 模型发明者）约翰·霍兰所说，稳定即死亡，世界必须适应永远新奇、处于混沌边缘的状态。

复杂系统是简单规则在系统中层层叠加，在时间中逐渐演化，涌现出千差万别又千姿百态的大千世界，是自下而上演化的，所以不能自上而下地规划，更无法阻止其变化，因为稳定就是系统死亡。换言之，复杂世界是苟日新、日日新、又日新的生生不息的系统。

又比如，圣塔菲研究所创始人之一、诺贝尔物理学奖得主盖尔曼说："更重要的是，通往可持续性未来的关键……要能从错误中学习，而非一成不变；要能看到人类生活质量的提升，而不仅仅是数量增长。"复杂经济学家阿瑟也说："你要尽可能保留更多的选择。你寻求的是可行性，一种实际能行得通的方法，而不是所谓的'最优'方案。"换言之，演化中，我们是边做边学的，不能有先入为主的"还原论"思维。左好还是右好，公平好还是效率好，法治好还是礼治好，等等，这些都是西方还原论思维下的产物，中国人的阴阳思维不会这样看事情。这些看起来两极对立的政策、主张、制度，实则是一对一对的阴阳，并存相容，时而相生又时而相克。我们在动态变化中求其相生、避其相克，相克之时，又要求其中庸之道、动态平衡，避免极端，唯其多元包容者可见阴阳之道，这才是中国人的思维。

中国人长于复杂思维，所以书中令我印象最深刻的就是阿瑟说的："所有的新古典经济学都瞬间可以被概括为一句简单的论断：经济深处于有序状态中，市场总是达到均衡……相比之下，复杂性方法则完全符合道教思想。在道教中，没有固有的秩序。'道生一，一生二，二生三，三生万物。'在道教的观念里，宇宙是广阔、无定形且永恒变化的，你永远无法将其固定下来。元素总是保持不变，却总在重新排列自身。"

复杂思维，中国思维，我们该好好整理中国人与生俱来的这套思维方式，结合复杂科学的发展，发展出复杂系统研究的新高度。

理解"复杂",开启生命世界观

王小川

百川智能创始人兼 CEO，曾任搜狗公司 CEO

这是一本在我推荐书单里的书。20 年前阅读此书，重塑了我的世界观，同时也开启了我和集智俱乐部的缘分。我很喜欢这个以复杂科学为中心的科学社区，他们来翻译这本书再合适不过了。如今能有机会为此书的再版写序，备感荣幸。

我母亲、舅舅以及外公均为物理老师，我自小也有很好的数理成绩，并建立了以物理学为基础的世界观。牛顿的《自然哲学的数学原理》，把物理问题变成了数学问题。我们用简单的公式，能够解释和预测世界上大多数的自然现象。而数学中的"三体问题"和天气预报中的"蝴蝶效应"，即便显露了复杂现象背后的不可计算性，也并没有动摇过我对世界的数理认知。

直到研究生时参与了基因测序的拼接算法研究，看到 DNA、细胞、生命展示出了超越复杂性的更深层次的有序性，我的固有思维被击穿了。物理世界如此精确可计算，但终究走向"熵增"；生命世界复杂不可计算，竟然能够通向"熵减"。当传统理论不能解释现象的时候，我们不能说现象不对，只能承认理论有问题。

生命是什么？为什么生命能够超越复杂性？有幸偶遇《复杂》一书为我解惑。这群当时站在各个学科前沿的研究者，共同探讨着生命世界的复杂性，并且不单纯是生命本身，还有更为普遍的"混沌"与"秩序"。书中对于生命解读的思想深度，超越了我过往的数理思维。

由此我在"物理世界"之外有了认知世界的另一个新维度，那就是"生命世界"：它可以自我复制，并保持性状相对稳定。从这个角度，不仅 DNA、细胞是生命，公司、民族、宗教、思想，也都是类生命现象。这样的一个"世界观"，让我看到了复杂事物背后的规律。多年之后，《复杂》思想的泛化，帮助我解决了"自我、本我、超我"的底层原理，"欲望与道德"和个体的关系。它还启发我后来在题为"向生命学习做公司"的演讲中所提出的，公司真实存在着活力、臃肿、衰老等原本生命独有的现象。公司只有向生命学习，才能基业长青：适度竞争、避免肥胖、保持开放性。

生命的原本意义就是"活着"。理解复杂，就像是通过傅立叶变换一样，把一个复杂的世界变得无比清晰，看到更多活着的事物，让自己的生命和这个世界，都变得更加有意义。

重读《复杂》，觉悟"生命"

郑杰

树兰医疗集团董事长

一晃我与《复杂》这本书已结缘 20 年。它在美国最早出版的时间是 1992 年，中文版于 1997 年 4 月在大陆面世，不久后我就买了一本，当时纯粹出于好奇，看得懵懵懂懂。第一次深度阅读这本书是在 2010 年的春节，看完久久不能平静，还写了很长的读书笔记。我是书中好几位人物的粉丝，还与约翰·霍兰在北京见过面。很高兴这次集智俱乐部的小伙伴们能重新翻译这本经典。与 1997 年的译本比较，这是一次完整的重译，对书中很多术语和专有名词都做了更新，例如：1997 年版中"emergence"被翻译为"突现"，新版更新为"涌现"；"桑塔菲"被修正为"圣塔菲"。14 年仿佛一刹那，如今重读新译，依旧让人激动和共鸣。

那是一个从二战后一直到 20 世纪 90 年代初，横跨 40 年的故事，从有诺贝尔奖背景的大科学家到年轻的博士后，涵盖物理学、生物学、计算机、经济学等多个交叉科学领域的一群学者，一起探索一个让他们魂牵梦萦的对象或现象："由众多'主体'构成的系统。这些主体可能是分子、神经元、物种、消费者，甚至是公司……通过相互适应和相互竞争不断组织和重组成更大的结构……在每个层面都会形成新的涌现结构……"

是的，自然界（包括我们人自身），都是这样自组织起来的生命系统（包括我们的大脑和免疫系统）或生态系统，同样还包括经济系统、社会系统……用《失控》一书的作者凯文·凯利的话说，这些都是"天生"（born）的系统，不是"人造"（made）的系统。这里有些共同的命题：

- 秩序如何从无序中产生？自组织的底层逻辑是什么？
- 从一个受精卵开始，分裂产生百万亿的细胞组合出一个稳定的、自我维持的完美人体，最后产生思维和智慧，中间发生了什么？
- 以上过程中的混沌（混沌的边缘）、临界与相变、涌现、幂律与分形、非线性动力学等更底层的逻辑或理论是什么？
- 自组织系统如何通过学习，获得预测、适应和进化的能力，能在与外界的开放互动中不断排列重组其构成单元，那进化的背后又是什么？
- 当我们说"整体大于部分之和"时，指的是什么？
……

串起这些灵魂拷问的一根"金腰带",就是全书围绕的主题:"复杂系统"背后的原理。我一直认为这个领域会有很多诺贝尔奖级的底层原理突破,也深深感受到,东方哲学在"系统观"的高度,让我们天生有进行这个领域思考的优势。书中的主角之一——经济学家布莱恩·阿瑟是太极拳的爱好者,他说道:"你要把这个问题当成一个系统来分析,就像一位道教徒坐在纸船上观察复杂多变的河流一样……复杂性理论认为人与自然之间本质上不存在二元性……我所表述的观点在东方哲学看来一点也不新鲜。"

是的,书中很多人物都是我国的先哲老子的粉丝。被翻译成100多种语言并发行全世界的《道德经》中说道:"道生一,一生二,二生三,三生万物。"这就是在描述一个自组织复杂系统从无中生有到生长和生生不息的三个阶段。这里的"阴阳闭环""阴中有阳,阳中有阴"的转化与统一,与佛学中的因果轮回是对应的,似乎都在阐述复杂性理论的一个轴心——"反馈"与"自指"的核心命题。

书中不断描述一个个有趣的灵魂如何因为这些共同的话题和兴趣而相互吸引,在共处中相互讨论,组建了一个同样有趣、没有围墙的圣塔菲研究所,如今它已成为世界复杂科学领域的一个重要研究机构。

书中完美重现了圣塔菲研究所的整个创立过程,中间令我印象深刻的是它的一些设立原则,例如:"不要设立单独的部门"(即不设立科系);邀请合适的人——有专业知识和创新能力,同时又愿意接纳新思想的人;给每位研究员配备最先进的计算机,等等。当然也讨论了科学委员会与管理层的分开，以及如何募资。这对于本书的译者团队集智俱乐部来说是极有参考意义的，因为集智俱乐部的一个目标，就是成为中国的圣塔菲！复杂科学将是未来50年里科学领域的下一个重大任务，我相信，在集智的年轻科学家中间，能产生这个领域"卡诺式突破"的贡献者！

《复杂》是我一生中对我最有影响力的三本书之一，另外两本是《混沌》和《失控》，这三本书之间有着微妙的千丝万缕的关系。可以看到，《复杂》一书中的各主角也受到很多书的影响，例如薛定谔的《生命是什么》、贾德森的《创世纪的第八天》等；这些主角后来也出了很多著作，如阿瑟的《技术的本质》、考夫曼的《宇宙为家》等。有趣的是，《复杂》与《混沌》都介绍了密歇根大学的BACH小组，后来该小组的一个新成员梅拉妮·米歇尔也写了一本《复杂》。那本书仿佛是这本书的后代，完成了本书的遗传，又有了些进化的自复制！

我如今在从事医疗健康行业。一方面，我们就在探索，人这个生命系统的本质是什么，人为什么会生病，怎么定义"健康"；另一方面，我们也在探索，对于一个"医疗健康组织"本身，如何用"活系统"或"生命"的视角来看待组织，如何应用好复杂管理学，让组织在"混沌的边缘"获得创新动力，在这些问题上，我都从《复杂》一书中获得了很多灵感。

岁月短暂，能与一些有趣的灵魂一起，思考一些类似"我们是谁，我们从哪里来"的话题，何其乐哉！何其快哉！

一起阅读《复杂》，一起觉悟"生命"！

全书概览

这是一本关于复杂科学的书。这一主题依然新颖且触角万千，以至于没有人能准确定义它，甚至无法确定其边界所在。但是，这恰恰是关键。如果说这一领域目前似乎仍定义不明，那是因为复杂性研究试图解决的，正是挑战所有传统学科门类的问题。例如：

- 为什么苏联在东欧 40 年的地位，于 1989 年短短数月内就瓦解了？为什么苏联自身也在不到两年后就解体了？为什么苏联体制的崩溃如此迅速而彻底？这当然与戈尔巴乔夫和叶利钦两人有关，但即便是他们也似乎被卷入了远超其控制的事件中。是否存在某种超越个体特征的全球性机制在起作用？

- 为什么在 1987 年 10 月股市会遭遇"黑色星期一"，道琼斯工业指数一天之内暴跌超过 500 点？很多责难指向计算机交易，但计算机已经存在多年。崩溃发生在那个特定的星期一，是否另有原因？

- 为什么根据化石记录，往往在数百万年间保持稳定的古物种和古生态系统，却在极短的地质时期内消失或进化出新形态？也许恐龙灭绝是因为小行星撞击事件，但小行星撞击事件并不常见。这背后，还有什么事情发生？

- 为什么在孟加拉国这样的国家的农村地区，即使免费提供节育措施，而且村民深知国家人口过剩和发展停滞给自身带来的危害，但农村家庭依然会平均生育 7 个孩子？为什么他们持续陷入灾难性的行为中不能自拔？

- 大约 40 亿年前，氨基酸和其他简单分子组成的原始汤是如何成功演变出第一个活细胞的？这些分子不可能仅仅是随机地结合在一起，正如神创论者常常指出的，发生这种情况的概率太低，我们不能当真。那么，生命的创造是一个奇迹吗，还是那道原始汤里仍有我们尚未理解的其他因素？

- 为什么在大约 6 亿年前，单细胞生物开始集结联合，从而催生诸如海藻、水母、昆虫等多细胞生物，并最终进化成人类？同样，为什么人类花费无数时间与精力，将自身组建成家庭、部落、社区、国家与社会等各式各样的形式？如果进化（或自由市场资本主义）真的仅仅是适者生存的竞赛，那么为什么它会产生除了残酷的个体竞争之外的其他现象？在一个好人常居下风的世界里，为什么会存在信任与合作，并且不论情况如何，信任与合作都不仅存在，而且呈蓬勃发展态势？

- 达尔文的自然选择如何解释眼睛或肾脏这样奇妙的复杂结

构？难道生命体中精妙绝伦的生物组织，真的只是随机演化事件的结果吗？还是在过去的40亿年里，发生了更多达尔文理论未考虑到的事情？

- 生命到底是什么？只是一种特别复杂的碳化学过程，还是什么更微妙的东西？我们该如何看待计算机病毒等创造物？它们只是对生命的拙劣模仿，还是在某种根本意义上真实地活着？

- 心智是什么？大脑，这个仅 3 磅①重的物质，是如何产生感觉、思想、目的和意识等不可言喻的特性的？

- 也许最根本的问题是：为什么宇宙中存在各种事物，而非空无一物？宇宙起源于大爆炸的一团混沌。从那时起，它就如热力学第二定律所描述的那样，一直受一种无可阻挡的无序、消融和衰变趋势所支配。然而，宇宙仍然在各种尺度上都产生了结构：星系、恒星、行星、细菌、植物、动物和大脑。这一切怎样发生的？宇宙中的无序之力，和宇宙中强大的秩序、结构和组织之力，是否势均力敌？如果是这样，这两个过程如何能同时进行？

乍一看，这些问题唯一的共同点在于，全都没有明确的答案。其中一些甚至看起来根本不像科学问题。然而，细看之下，它们实际上有很多共同点。例如，其中每个问题都涉及一个复杂系统。

---

① 1 磅 ≈0.45 千克。——编者注

在复杂系统的层面上，许多独立的主体以多种方式进行着相互作用。想象一下千万亿个蛋白质、脂质和核酸通过发生化学反应构成活细胞，或者数十亿个相互联结的神经元构成大脑，又或者数百万个相互依存的个体构成人类社会，你就能理解。

另一个共同点则是，这些相互作用的丰富性使得系统作为一个整体，能够自发地进行自组织。于是，人们通过每一笔买卖行为在满足自身的物质需求时，也在无意识中组成了整个经济体——这并非由任何人主导或是有意识地规划。又如，在胚胎发育过程中，基因以某种方式自组织从而形成肝细胞，以另一种方式形成肌细胞。鸟在飞行中会适应其相邻伙伴的动作，从而在无意识间形成鸟群。有机体在进化中持续地适应环境，也互相适应，从而自组织形成精巧协调的生态系统。原子之间通过化学键相互作用，试图达到最低能量状态，从而自发形成分子结构。所有这些情形，都是寻求互相适应和自我维持的一群个体，最终设法超越自身，共同形成了诸如生命、思想、目的等集体特性，而这些特性在个体层面是永远无法获得的。

此外，这些复杂的自组织系统是自适应的，它们并不只是被动地对事件做出反应，就像地震中的石头可能会四处滚动。它们会主动尝试将所发生的任何事情转化为对自己有利的因素。因此，人类大脑不断地组织和重组其数十亿个神经联结，以便从经验中学习。物种会不断进化以在持续变化的环境中更好地生存，企业和行业也是如此。市场也会对消费者偏好和生活方式的改变、移民、技术发展、原材料价格的变化等众多因素做出回应。

最后，每一个复杂的、自组织的、自适应的系统都还具备一种动态特性，这使得它们与静态的物体，比如计算机芯片或雪花等，有本质的不同。后者只是结构表现得复杂，而复杂系统却更加自发、更加无序，也更加活跃。同时，复杂系统这种独特的动态特性，又与离奇古怪、不可预测的混沌相去甚远。近20年来，混沌理论动摇了整个科学界的根基，它指出简单的动态规则能导致极其复杂的现象，例如无尽展开且毫发毕现的美妙分形，或河水涌动下的飞沫与湍流。然而，混沌理论本身并不能解释复杂系统的结构、连贯性和自组织协同。

相反，所有这些复杂系统似乎都有某种奇妙的能力，将秩序和混沌引向一种特定的平衡。这个平衡点通常被称为混沌边缘，在此处，系统不会一成不变地安于现状，也不会动荡不安地走向紊乱。在混沌边缘，生命有足够的稳定性以维持自身存在，也有足够的创造性使自己堪当"生命"之名。在混沌边缘，新的想法和创造性一点点撬动现实，即使最顽固的守旧派也终将被推翻。在混沌边缘，持续几个世纪的奴隶制和种族隔离制度会突然被20世纪五六十年代的民权运动推翻，存在近70年的苏联政权会突然在政治运动和动荡中瓦解，延续亿万年的进化稳定期会突然被物种大爆发打断。混沌边缘是有序和无序不断交战的永恒战场，是复杂系统得以成为自发系统、自适应系统和活系统的根本所在。

复杂性、自适应、混沌边缘的剧变——这些共同的主题如此引人注目，以至于越来越多的科学家相信，这不仅仅是一连串精巧的类比。这场科学运动的神经中枢是一个名为圣塔菲研究所①的智库。圣塔菲研究所成立于 20 世纪 80 年代中期，最初落址于新墨西哥州圣塔菲市的峡谷路艺术聚居区，研究所在此租赁了一处修道院，并在旧时的小教堂内举办研讨会。聚集在这里的研究人员形形色色，既有梳着马尾辫的研究生，也不乏诺贝尔奖得主，如诺贝尔物理学奖得主默里·盖尔曼和菲利普·安德森，以及诺贝尔经济学奖得主肯尼斯·阿罗。但他们有一个共同的愿景，那就是探寻一种底层的统一性，一个能揭示自然界和人类世界普遍复杂性的通用理论框架。他们相信，从过去 20 年在神经网络、生态学、人工智能和混沌理论等领域的智识发酵中，他们已经掌握了创建新框架的数学工具。他们相信，对这些思想的应用使他们能够以一种前所未有的方式理解这个世界自发的、自组织的动力学——并有可能对经济、商业甚至政治行为产生巨大影响。他们相信，圣塔菲研究所正在打造第一个严谨的、替代线性还原论思维的方法。自牛顿时代以来，线性还原论思维一直主导着科学界，但如今在解决现代世界的问题上已经力不从心。用圣塔菲研究所创始人乔治·考温的话来说，他们相信，他们正在创造"21 世纪的科学"。

　　这本书就是关于他们的故事。

_____

① 圣塔菲研究所（Santa Fe Institute）为目前国内学界的通用译法，其中 Santa Fe 作为美国地名时也被译为"圣菲"，为保持一致，本书统一采用"圣塔菲"这一译法。——编者注

第一章

爱尔兰人理念中的英雄

布莱恩·阿瑟独自坐在吧台边的桌子旁，凝视着酒馆的前窗，尽量忽略那些为了早点开始"欢乐时光"①而涌入酒馆的年轻都市白领。外面，在金融区的钢筋混凝土峡谷里，旧金山典型的大雾天气正变成蒙蒙细雨。这正符合他的心境。在1987年3月17日的这个傍晚，恰逢圣帕特里克节②，但他没有心情欣赏店里的黄铜制品、三叶草和彩色玻璃装饰，没有心情庆祝节日，更没有心情和穿着条纹西装、佩戴绿色饰物的伪爱尔兰人一起狂欢。他只想在愤懑中默默地啜饮啤酒。这位来自北爱尔兰贝尔法斯特的斯坦福大学教授，此刻陷入了人生低谷。

　　而这天早上时，一切还显得那么美好。

　　这正是令人感觉讽刺的地方。那天早上动身前往伯克利时，

阿瑟实际上一直期待着这趟行程，因为这在某种程度上称得上是"衣锦还乡"：这个从伯克利走出去的小伙子出人头地了。阿瑟真的很喜欢 20 世纪 70 年代初在伯克利的日子。伯克利坐落在奥克兰北部的山丘上，与旧金山隔湾相望，是一个充满活力、生机勃勃的地方，容纳了不同族裔的人、街头流浪者，还有各种异想天开的想法。阿瑟是在加州大学伯克利分校获得了博士学位，还在这里邂逅了高个子金发的统计学博士生苏珊·彼得森，并和她走进婚姻。也是在加州大学伯克利分校经济系，阿瑟度过了自己的博士后第一年。从此以后，无论在哪里生活和工作，伯克利都是他心之所向的家园。

现在，阿瑟就要"回家"了。这本身并不是什么大事：只是和加州大学伯克利分校的经济系主任以及阿瑟曾经的一位教授共进午餐。但这是阿瑟在相隔多年后再次回经济系，当然也是他首次以学术同行的身份回归。此时的他，已经有在世界各地 12 年的工作经验，并且作为研究第三世界人类生育问题的学者享有很高声誉。这次，他是作为斯坦福大学经济学讲席教授的身份回来的——这样的荣誉很少会授予 50 岁以下的人，而 41 岁的阿瑟带着这样的学术成就回来了。说不定加州大学伯克利分校的人们甚至开始讨论要不要对他发出一份工作邀请，谁知道呢！

是的，那天早上他真的很自信。为什么他几年前没有跟随主流，而是试图发明一种全新的经济学方法呢？为什么他没有选择稳扎稳打，而是试图与某种尚未定型的、在一定程度上仍停留于想象层面的科学革命保持同步？

因为他无法将它从脑海中抹去，这就是原因。因为他几乎在任何地方都能看到它。大多数时候，科学家们自己几乎都没有意识到。但是，经过 300 年的研究，在科学家们把一切都分解成了分子、原子、原子核和夸克之后，他们似乎终于要彻底颠覆这个过程。他们不再追寻最简单的组成部分，而是开始研究这些部分是如何组合成复杂的整体的。

阿瑟可以看到这种情形出现在生物学领域。在这个领域，人们花了 20 年的时间揭开了 DNA、蛋白质和细胞中其他所有成分的分子机制。现在人们开始致力于解决一个核心谜题：数千万亿个这样的分子如何自组织成一个能够移动、反应、繁殖并存活的生命实体？

阿瑟可以看到这种情形发生在脑科学领域。神经科学家、心理学家、计算机科学家和人工智能研究者正在努力解读心智的本质：我们头颅中数百亿个紧密联结的神经元是如何形成感知、思想、目标和意识的？

阿瑟甚至可以看到这种情形发生在物理学领域。物理学家仍然在努力理解混沌的数学理论、分形的复杂之美，以及固体和液体的奇异内部运作。这里有一个深奥的谜团：为什么遵循简单规则的简单粒子有时会展现出最惊人、最难以预测的行为？为什么简单粒子会自发地组织成像恒星、星系、雪花和飓风般的复杂结构——就好像它们遵从于一种隐藏的对组织和秩序的渴望？

征兆无处不在。阿瑟无法准确用语言描述这种感觉。据他所知，还没有人能清楚地将它表达出来。但不知怎的，他能感觉到所有这些问题其实都是同一个问题。不知怎的，旧的科学分类体系开始瓦解，一门新的、统一的科学即将诞生。阿瑟确信，这将是一门严谨的科学，就像物理学一样"硬核"，并且深深根植于自然法则。但它将不再是对终极粒子的探索，而是关于流动、变化以及模式的形成和消解。它不再忽略所有不统一和不可预测的事物，而给个体性和历史偶然性留下一席之地。它不再是关于简单，而是指向复杂。

这正是阿瑟的"新经济学"发挥作用的地方。传统的经济学，就是他在学校里学到的那种，与复杂性视角相去甚远。理论经济学家无休止地谈论市场的稳定性以及供需平衡。他们把这个概念转换成数学方程式，并证明了相关的定理。他们如同接受宗教福音一般，将亚当·斯密的经济学思想奉为金科玉律。但是当谈到经济中的不稳定性和变化时，他们似乎对这个想法感到不安，宁愿避之不谈。

但阿瑟已经接受了经济的不稳定性。他告诉同事们：看看外面，不管你喜不喜欢，市场并不稳定，世界也不稳定，而是充满了演化、剧变和惊喜，经济学必须考虑到这种动荡。现在，阿瑟相信自己已经找到了做到这一点的方法，要基于一个被称为"报酬递增"的原则——或者用钦定版《圣经》中的经文来说，"凡有的，还要加给他"。为什么高科技公司争相设立在斯坦福大学附近的硅谷地区，而不是设在安阿伯或伯克利？因为硅谷地区已经有很多老牌的高科技公司。已经有的，还会得到更多。在曾经的录像机市场上，为什么尽管 Beta 制式录像机在技术上略胜一筹，而 VHS 制式录像机却独占市场？因为一开始有较多的人偶然买了 VHS 制式录像机，这导致了后续较多的 VHS 制式影片出现在录像店，进而促使更多人购买 VHS 制式录像机，如此往复。已经有的，还会得到更多。

这样的例子不一而足。阿瑟说服自己，报酬递增为经济学的未来指明了方向。在未来，他和同事将与物理学家、生物学家携手，理解这个世界的混乱、剧变和自发的自组织。他说服自己，报酬递增可以为一种全新的、截然不同的经济科学奠定基础。

不幸的是，他没能说服其他人。除了他在斯坦福大学的直系学术圈子，大多数经济学家都认为他的想法很奇怪。期刊编辑告诉他，这个所谓的报酬递增原则"就不是经济学"。在研讨会上，相当一部分听众的反应是愤怒：他怎么敢暗示经济是不均衡的！阿瑟为这种激烈反应感到困惑。但显然，他需要盟友，需要一些能够敞开心扉倾听他想法的人。这也是他去加州大学伯克利分校的一个原因，至少是和"衣锦还乡"一样重要的原因。

这也就是为什么三人会相聚在加州大学伯克利分校的教师俱乐部，一起坐下来吃三明治。阿瑟以前的教授之一汤姆·罗森伯格，问出了那个自然而言的问题："布莱恩，你最近在研究什么？"阿瑟给了他 4 个字的回答作为开始："报酬递增。"经济学系主任阿尔·菲什洛面无表情地盯着他。

"但是——我们知道报酬递增是不存在的。"

"更何况，"罗森伯格笑着插嘴，"如果它真的存在，我们就得立法禁止！"

然后他们都笑了，但并没有恶意。这只是一个圈内人的玩笑。阿瑟知道这是个玩笑，微不足道。然而，那笑声却不知为何戳破了他的全部期待。他坐在那里，无言以对。他最尊敬的两位经济学家就在面前，他们只是——听不进去他的话。突然间，阿瑟感觉自己很天真，甚至愚蠢，就像一个因为无知而不明白"报酬递增"并非真实存在的人。不知为何，这成了压垮他的最后一根稻草。

在剩下的午餐时间里，阿瑟都表现得兴致缺缺。这次重聚结束后，每个人都礼貌地告了别，阿瑟开上他那辆已经褪色的旧沃尔沃，开过海湾大桥返回旧金山。他在第一个出口就下了高速，驶入海滨大道，在目之所及的第一个酒馆门前停了下来。他走进去，坐在一堆三叶草之间，认真考虑自己是否要彻底放弃经济学。

在喝完第二杯啤酒的时候，阿瑟意识到这个地方开始变得非常嘈杂。年轻人蜂拥而至，庆祝爱尔兰传统的圣帕特里克节。也许是时候回家了。在这喝闷酒显然没有任何帮助。他起身走向车旁，蒙蒙细雨还在下着。

阿瑟的家位于帕洛阿尔托，距离市区以南35英里①，在斯坦福大学附近的郊区公寓里。当他终于把车开进自家车道的时候，已经是日落时分了。他的动静有点大。妻子苏珊打开前门，看着这个消瘦的、早早就已头发花白的男人穿过草坪。毫无疑问，他

---

① 1 英里 ≈1.6 千米。——编者注

看起来一脸倦容、蓬头垢面，正如他此刻的心情。

苏珊站在门口问道："在伯克利的情况怎么样？他们喜欢你的想法吗？"

阿瑟说："糟透了，那里没有人相信报酬递增。"

苏珊之前也不是没见过丈夫从学术战场上归来。"嗯，"她试图宽慰他，"我想，如果每个人一开始都相信它，那就算不上一场革命了，不是吗？"

阿瑟看着她，一天之中第二次无言以对。然后，他情不自禁地大笑起来。

一位科学家接受的教育

布莱恩·阿瑟用典型的贝尔法斯特式软绵、上扬的语调说道：如果一个人在贝尔法斯特的天主教家庭中长大，会自然产生某种叛逆气质。确切地说，阿瑟从小并没有真的感到被压迫。他的父亲是银行经理，他成长于一个稳定的中产阶级家庭。唯一一次牵涉他个人的教派冲突是在一个下午，他穿着教区学校的制服走在回家的路上，一群新教徒男孩开始向他投掷砖头和石块，一块砖头击中了他的前额。（他当时几乎看不见任何东西，因为血液涌进了眼睛——但他还是用这块砖头回击了对方。）他也并非真的觉得新教徒是魔鬼，他的母亲就是一位新教徒，婚后皈依了天主教。他甚至从未感到自己有特别的政治倾向，而是对思想和哲学特别感兴趣。

然而，叛逆气质弥散在爱尔兰的空气中，并不需要某种特殊的家庭氛围培养。阿瑟说："这种文化不会让你成为领导者，而会让你成为传统颠覆者。"看看爱尔兰人崇拜谁：沃尔夫·托恩、罗伯特·埃米特、丹尼尔·奥康奈尔、帕德里克·皮尔斯。"所有的爱尔兰英雄都是革命者。英雄主义的最高境界就是领导一场毫无希望的革命，然后于受绞刑的前夜，在被告席上发表一生中最伟大的演讲。"

"在爱尔兰，"他说，"诉诸权威从来不起作用。"

阿瑟补充说，正是爱尔兰式的反叛精神帮助自己开启了学术生涯，尽管是以一种奇怪的方式。贝尔法斯特的天主教群体一向轻蔑知识分子。所以，当然，他成了被轻蔑的一个。事实上，阿瑟记得自己早在 4 岁时就想成为一名"科学家"，即便那时他还不知道科学家是什么。这个想法似乎新奇又神秘。然而，一旦这个想法在脑海中形成，年轻的阿瑟就不再有丝毫动摇。在学校里，他快速地投身于工程学、物理学和数学的学习中。1966 年，他在贝尔法斯特女王大学获得了电气工程专业一等荣誉学位。"哦，我想你最终会成为某个地方的一名小教授。"他的母亲如此说道。而事实上，她非常自豪，在整个家族中，她们这一代人没有一个上过大学。

1966 年晚些时候，正是成为科学家的决心使他穿过爱尔兰海，来到英格兰的兰卡斯特大学。在那里，他开始了研究生课程，学习运筹学。这是一门高度数学化的工程学科，基本上就是一套计算技巧，比如如何组织一个工厂以得到最大的投入产出比，或者如何在受到外力冲击时控制一架战斗机。"那时，英国的工业状况非常糟糕，"阿瑟说，"我想，也许通过科学，我们可以重新梳理和整顿工业问题。"

1967 年，阿瑟发现自己实在难以忍受兰卡斯特大学的教授们古板和居高临下的态度——他学着英式古板势利的腔调说道："系里有个爱尔兰人还不错，为这里增加了一些色彩。"于是，他离开了英国，前往美国密歇根大学安阿伯分校。"从我踏上这里的那一刻起，我就感到如鱼得水，"他说，"那是 60 年代的美国，人们思想开明，文化环境开放，科学教育是世界一流的。在那时的美国，一切似乎皆有可能。"

遗憾的是，在安阿伯阿瑟无法随时看到他所喜爱的山和海。因此，他打算从 1969 年秋季开始在加州大学伯克利分校完成博士学位。在此前的那个夏天，为了养活自己，他申请了世界顶级管理咨询公司——麦肯锡公司的一份工作。

那是一次极其幸运的机会。阿瑟直到后来才意识到他有多么幸运——多少人挤破头想进麦肯锡工作。事实上，公司看重的是他的运筹学背景和德语能力。他们需要有人在德国杜塞尔多夫办公室工作，于是问阿瑟是否愿意去。

他愿意去吗？事实证明，阿瑟在德国度过了一生中最好的时光。他上一次在德国时，做的是时薪 75 美分的蓝领暑期工。现在 23 岁的他，却在为巴斯夫公司董事会就如何处理价值数亿美元的石油天然气部门或化肥部门提供咨询服务。他笑着说："我认识到，在高层运作和在底层运作一样容易。"

但这不仅仅是一次自我实现之旅。从根本上说，麦肯锡是在推销现代美国管理技术（这个概念在 1969 年听起来还不像 15 年后那样滑稽）。他说："当时的欧洲公司通常有数百个分支机构。他们自己甚至都不清楚自己公司有什么。"阿瑟发现，他真的很喜欢处理这种棘手问题。他说："麦肯锡确实是一流的，他们不是在推销理论，也不是在推销潮流。他们的方法是完全沉浸于复杂性中，接受它，并与之共存。麦肯锡的团队会在一家公司待上五六个月或更长时间，研究一套非常复杂的工作安排，直到某些模式变得清晰为止。我们一起在会上讨论，有的人说：'这件事一定是由那件事引发的。'还有人说：'那么那件事必然是……'然后我们就去调查是不是这个原因。也许地方主管会说：'好吧，你差不多是对的，但是你忘记了某某事。'于是，我们会花几个月的时间厘清情况，直到问题全部解决，答案不言自明。"

很快，阿瑟就意识到，当涉及现实世界的复杂性时，他在学校花费大量时间研究的优雅的方程式和花哨的数学运算不过是工具，而且是有限的工具。关键是洞察力，即看到事物间的联系的能力。讽刺的是，正是这一事实引领他进入了经济学领域。他对那个时刻记忆犹新。就在前往伯克利之前不久，一天晚上，他和美国老板乔治·陶赫尔驾车穿过当时联邦德国的工业中心鲁尔河谷。在路上，陶赫尔开始谈论他们经过的每家公司的历史——谁在过去的 100 年里拥有什么，以及整个过程是如何以一种完全有机的、历史的方式建立起来的。对于阿瑟来说，这一刻有如天启。"我突然意识到，这就是经济学。"如果想要理解这个混乱的世界，想要真正改变人们的生活，那么就必须学习经济学。

于是，在麦肯锡经历了第一个夏天的智力高潮后，阿瑟去了伯克利。阿瑟天真地宣布他将要学习经济学。

实际上，阿瑟并没有打算这么晚还完全转变研究领域。他在密歇根大学已经完成了运筹学博士学位的大部分课程要求，剩下的唯一障碍就是完成一篇论文。博士候选人需要用这篇原创性论文来证明自己掌握了这门学科。但他有足够的时间来完成这项工作：加州大学坚持让他在伯克利分校待满 3 年，以满足博士学位的最低时间要求。所以，阿瑟可以用他额外的时间来选修尽可能多的经济学课程。

阿瑟确实这样做了。他说："但有了麦肯锡的经历之后，我感到非常失望。经济学和我在鲁尔河谷时着迷的历史剧情完全不同。"在伯克利的讲堂上，经济学似乎是纯数学的一个分支。被称为"新古典"经济学的基本理论，已经将世界丰富的复杂性简化为一套可以写在几页纸上的抽象原则。整本教科书几乎都是方程式。最聪明的年轻经济学家似乎正将他们的职业生涯用来证明一个又一个定理——无论这些定理是否与现实世界有很大关系。"这种对数学的过分强调让我感到惊讶。"阿瑟说道，"对我来说，来自应用数学的定理是对永恒数学真理的陈述——而不是用形式主义来掩盖琐碎的观察。"

他不禁觉得这个理论太过简单。阿瑟反对的并不是数学的严谨性。他热爱数学。在学习了这么多年的电气工程和运筹学之后，他的数学功底要比大多数经济学专业的同学更扎实。相反，困扰他的是这一切给了他一种奇怪的不真实感。数理经济学家们已经成功地将经济学变成了一门"伪物理学",从而摆脱了其中所有的人类弱点和激情。这些理论把人类这种动物描述为一种基本粒子——"经济人",一种完全理性的、总是把追求稳定可预测的个人利益作为目标的神一样的存在。正如物理学家能预测一个粒子在任何给定力的作用下如何反应,经济学家也能预测经济人在任何给定的经济情形下如何反应:他(或者说它)只会最优化其"效用函数"。

新古典经济学同样描述了这样一个社会:经济永远保持在完美的均衡状态,供给始终与需求完全相等,股市永远不会遭遇波动和崩溃,没有任何公司能强大到支配市场,完全自由市场的魔力使一切都向最好的方向发展。这种愿景让阿瑟想起了18世纪的启蒙运动,当时的哲学家们将宇宙视为一种巨大的钟表装置,按照牛顿运动定律保持着完美的运行秩序。唯一的区别是,经济学家们似乎把人类社会看作一台完美润滑的机器,由亚当·斯密的"看不见的手"控制。

阿瑟就是无法相信这样的理论。诚然,自由市场是美好的,亚当·斯密也的确很了不起。而且,公平地说,新古典主义理论家对基本模型做了各种各样的细节阐释,以涵盖诸如未来的不确定性或者财产的代际转移等问题。他们对理论进行了调整,以适应税收、垄断、国际贸易、就业、金融、货币政策等经济学家要思考的所有问题。但这些调整都没有改变任何基本假设。新古典经济学理论仍然没有涵盖阿瑟在鲁尔河谷看到的，或者在伯克利的街道上每天都能看到的人类世界的混乱和非理性。

阿瑟并没有完全把自己的观点藏在心里。他表示："我想我惹恼了几位教授，因为我对经济学中的数学定理表现出了极大的不耐烦，而且总想去了解真实的经济运行。"他还知道自己并不是唯一一个持这种观点的人：每次参加经济学会议，他都能听到走廊里的抱怨声。

然而，阿瑟内心也不乏对新古典主义理论之美的震撼。作为一种智识上的壮举，它与牛顿的经典物理学或爱因斯坦的现代物理学齐名。它具有一种坚实的清晰性和精确性，让作为数学家的阿瑟不由得产生共鸣。此外，他也能理解上一代经济学家为何如此热衷于这一理论。阿瑟听说过一些关于经济学发展成熟过程中的惊人故事。早在20世纪30年代，英国经济学家约翰·梅纳德·凯恩斯曾经评论说，把5个经济学家放进一个房间，会得到6种不同的观点。参照其他所有的描述，凯恩斯的话还算是客气的。20世纪30年代和40年代的经济学家富有洞察力，但在逻辑上常常有些薄弱。即使逻辑严密，你仍然会发现他们在同一问题上得出了截然不同的结论：原来他们是基于不同的、隐含的假设进行争论的。因此，关于政府政策或商业周期理论的争议，就在不同的派别之间激烈展开了。在20世纪40年代和50年代构建数学理论的经济学家们是时代的激进变革者，轻率且傲慢，决心清除积弊，使经济学变成一门像物理学一样严谨、精确的科学。而他们已经非常接近这个目标，其中的杰出者——斯坦福大学的肯尼斯·阿罗、麻省理工学院的保罗·萨缪尔森、加州大学伯克利分校的热拉尔·德布鲁、加林·库普曼斯，以及罗切斯特大学的莱昂内尔·麦肯齐等人——都当之无愧地成为新的"元老"和权威。

当然，如果你打算研究经济学——这正是阿瑟仍决心从事的——你还会使用其他什么理论呢？马克思主义？这里是伯克利，当然不乏卡尔·马克思的追随者。但阿瑟不是其中之一。于是，阿瑟继续他的经济学课程，决心掌握那些他不太相信的理论工具。

当然，这段时间里，阿瑟还在为写运筹学博士论文努力。他的导师——数学家斯图尔特·德雷福斯，既是一位优秀的教师，也是他志同道合的伙伴。阿瑟记得 1969 年来到伯克利后不久，他去德雷福斯的办公室做自我介绍，结果遇到了一个留着长发、戴着念珠的研究生模样的人从里面出来，就问道："我找德雷福斯教授。你能告诉我他什么时候回来吗？"

"我就是德雷福斯。"那个人回答。实际上这时的德雷福斯已经 40 多岁了。

德雷福斯强化了阿瑟在麦肯锡学到的所有知识，并为他应对经济学课程提供了可以一以贯之的策略。"德雷福斯坚信要抓住问题的核心，"阿瑟说道，"他教会我不要去解决复杂的方程式，而是去不断简化问题，直到找到可以解决的问题。要寻找问题的根源，寻找关键因素、关键成分、关键解决方案。"面对那些花哨的数学公式，德雷福斯不允许阿瑟为了逃避而逃避。

阿瑟把德雷福斯的教导铭记于心。"可惜带来的结果有好有坏。"他有点悲伤地说。如果之后他把报酬递增的想法隐藏在数学形式体系中，可能传统经济学家会更容易接受。事实上，同事们曾劝他这样做，但阿瑟拒绝了。他说："我想尽可能简单明了地把它说出来。"

1970 年，阿瑟回到杜塞尔多夫，在麦肯锡公司度过了第二个夏天，和上次一样充满激情。有时候他会想，如果能保持和那里的联系，毕业后他可能会成为一名一流的国际顾问。他本可以过上非常奢侈的生活。

但阿瑟没有。相反，他发现自己被一个特定的经济学领域吸引，这个领域关注的问题甚至比欧洲的工业化还要棘手，那就是第三世界的人口增长问题。

当然，研究这个领域还让阿瑟有机会经常前往檀香山的东西方人口研究所学习，在那里他可以随时准备好去海上冲浪。但在针对这一领域的研究上，他是相当认真的。那是 20 世纪 70 年代早期，人口问题日益严重。斯坦福大学生物学家保罗·埃利希刚刚写完了他的末日论畅销书《人口炸弹》(The Population Bomb)。第三世界满是刚刚从殖民地走向独立的国家，它们正努力获得某种经济生存能力。经济学家们也相应提出了帮助它们发展的各色理论。当时的标准建议倾向于严重依赖经济决定论：为了实现"最优"人口数量，一个国家所要做的就是给予民众适当的经济激励，以控制其生育率，他们会自动遵循符合自身利益的生育模式。特别是，许多经济学家都在争论，当一个国家变成现代工业国——当然是按照西方的组织方式——其公民会自然地经历一场"人口结构转型"，自动降低其出生率，一直降到欧洲国家目前普遍的出生率水平。

然而，阿瑟确信他有一个更好的方法，或者至少是一个更复杂的方法——将"时滞"控制理论用于分析人口控制，这是他博士论文的主题。"问题在于时机，"他说道，"如果政府现在设法削减出生率，将影响大约 10 年后的学校规模、20 年后的劳动力规模、30 年后下一代的人口规模、60 年后的退休人数。从数学上讲，这类似于试图控制远在太阳系中的空间探测器，你的指令需要几小时才能到达。或者像试图控制淋浴水温，从调整水龙头到出水温度实际改变之间有半分钟的延迟。如果你没有考虑到这种延迟，你可能会被烫伤。"

1973 年，阿瑟将他的人口分析作为论文的最后一章，这是一本满满方程式的大部头，题为《应用时滞控制理论的动态规划》。他带着懊悔回忆道："这在很大程度上是一种解决人口问题的工程学方法。这一切都只是数字。"尽管从麦肯锡和德雷福斯那里获得了丰富的经验，尽管对过度数学化的经济学感到不耐烦，但阿瑟仍然能感受到当初促使他进入运筹学研究领域的那种冲动：让我们用科学和数学来助力社会理性运作。"大多数从事发展经济学研究的人都持这种态度，"阿瑟说道，"他们就像这个世纪的传教士，但不是把基督教带给异教徒，而是试图把经济发展带给第三世界。"

使他猛然回到现实的，是为纽约一个名叫"人口理事会"的小型智库工作。1974年，他完成了博士学位，并在加州大学伯克利分校经济学系做了一年的博士后研究员。从地理位置上说，人口理事会远离第三世界：它位于纽约公园大道的摩天大楼里，由约翰·D. 洛克菲勒三世担任主席。但它的确资助了关于避孕、计划生育和经济发展的严肃研究。最重要的是，在阿瑟看来，它致力于让研究人员尽可能离开办公桌，深入实地。

理事会主任问阿瑟："布莱恩，你对孟加拉国的人口和发展了解多少？"

"很少。"

"你想去了解一下吗？"

去孟加拉国是阿瑟职业生涯的分水岭。1975年，他和人口统计学家杰弗里·麦克尼科尔一起去了那里。麦克尼科尔是一名澳大利亚人，曾在加州大学伯克利分校读研究生，也是他最初把阿瑟介绍到人口理事会。他们乘坐孟加拉国经历政变后获准降落的第一架飞机抵达那里，当他们着陆时，仍能听到机枪声。然后他们进入农村，就像调查记者一样："我们和村子的首领、村里的妇女乃至每个人都谈过话。我们不断采访，以了解这里的农村社会是如何运作的。"特别是，他们试图找出为什么即便是在政府免费提供现代节育工具，并且村民们深知这个国家面临人口过剩和发展停滞的情况下，这里的农村家庭仍平均每户生育7个孩子。

"我们发现，孟加拉国的可怕困境是村落层面的个体和群体利益网络造成的结果。"阿瑟说。因为孩子可以从很小的时候就去工作，所以对任何单个家庭来说，尽可能多生孩子是一种净收益。由于一个无依无靠的寡妇很可能会被亲戚和邻居抢走她所拥有的一切，所以对于一位年轻的妻子来说，尽快多生儿子是符合她的利益的，这样等老了以后就有成年的儿子保护她。于是就出现了这样一种情况："族长们、试图留住丈夫的妇女们、水利社区——所有这些利益群体共同导致了人口增长和发展停滞。"

在孟加拉国待了6个星期后，阿瑟和麦克尼科尔回到美国，整理所掌握的信息，并在人类学和社会学期刊上发表进一步的研究成果。阿瑟的第一站是加州大学伯克利分校，在那里他顺便去了经济学系寻找参考资料。他记得在那里时，碰巧浏览了最新的课程表。这些课程和他不久前选修的几乎一模一样。"但我有一种非常奇怪的印象，好像我有点偏离了中心，在我离开的这一年里，经济学发生了改变。然后我恍然大悟：经济学并没有改变，是我变了。"在孟加拉国之行之后，他努力学习过的那些新古典主义理论似乎都无关紧要了。他说："突然间，我觉得自己无比轻松，就像卸下了一个沉重的负担。我再也不用相信这些理论了！我感受到了极大的自由。"

1978年，阿瑟和麦克尼科尔发表了一份长达80页的报告，这份报告成为社会科学领域的经典之作，但立即在孟加拉国被禁。（这份报告让孟加拉国首都达卡的掌权者非常恼火，因为作者指出，政府实际上无法控制首都以外的任何地区，农村基本上是由当地的封建头领掌控的。）但阿瑟表示，无论如何，人口理事会在叙利亚和科威特的调查研究也只是强化了同一道理：定量工程学方法，即认为人类会像机器一样对抽象的经济刺激做出反应的想法，充其量也是极其受限的。任何一位历史学家或人类学家都可以立即告诉他，经济学与政治和文化紧密交织在一起。也许这个道理是显而易见的，阿瑟说，"但是我不得不通过艰难的方式才认识到这一点"。

这种洞察同样使他放弃了寻找一个普适的、决定性的人类生育理论。相反，他开始把生育看作民俗、神话和社会习俗等一以贯之的社会模式的一部分。而且，这种模式因文化而异。"你可以衡量一个国家的收入水平或生育水平，然后发现在这方面与之水平相当的另一个国家，在其他方面的水平与之完全不同。这就会是一个不同的模式。"一切都是相互关联的，任何一个组成部分都不能孤立于其他部分考虑："儿童的数量与其社会组织方式相关，而社会组织方式与他们有多少孩子有很大关系。"

模式！一旦跨出了这一步，阿瑟就发现模式这个概念引起了他的共鸣。他一生都对模式着迷。如果有选择，他乘飞机时总是选择靠窗的座位，这样他就可以看到下面不断变化的景象。他无论到哪都会看到相同的元素：岩石、大地、冰、云等。但是这些元素会被组织成特有的模式，而且在飞机上每前行半个小时，就会看到不同的模式。"所以我问自己，为什么存在那种地质模式？为什么岩石构造和河流蜿蜒会存在特定纹理，而前行半个小时后又会看到一个完全不同的模式？"

然而现在，他在每个所到之处都看到模式的存在。例如，1977 年，他离开人口理事会，加入了一个名为 IIASA（国际应用系统分析学会）的美苏联合智库。它由勃列日涅夫和尼克松创建，作为双方关系缓和的象征，位于维也纳以外大约 10 英里的拉克森堡小村，是 18 世纪玛丽亚·特蕾西亚女王的宏伟的"狩猎小屋"所在地。阿瑟很快发现，这里距离奥地利蒂罗尔州阿尔卑斯山的滑雪坡道只需很短的车程。

"让我印象深刻的是，"他说道，"如果你走进其中一个阿尔卑斯山村庄，就会看到那装饰考究的蒂罗尔式屋顶、栏杆和阳台。屋顶有特定的坡度，山墙极具特色，窗户上有特别的百叶窗。但是，看到这些时我想到的不是一幅拼接完好的拼图，而是意识到，村庄中所有的部分都有其目的，而且都与其他部分相互关联。屋顶的坡度是为了冬天在屋顶上保持适量的雪以起到保温作用。山墙比阳台凸出是为了防止雪落在阳台上。所以我常常自娱自乐地观察村庄，思考着这部分有这个目的，那部分有那个目的，而它们都是相互关联的。"

他说，还让他感到震惊的是，跨过边境来到意大利一侧的多洛米蒂山脉（阿尔卑斯山脉的一部分），村庄里的景象与蒂罗尔截然不同。你无法一下说出它们的区别，是无数不同的细节相加，形成了完全不同的整体。然而，意大利村民和奥地利村民所面临的降雪问题基本上是一样的。他说："随着时间的推移，这两种文化已经形成了相互自洽但又不同的模式。"

沙滩上的顿悟

阿瑟说，每个人都有自己的研究风格。如果你把一个研究问题想象成一个城墙环绕的中世纪城市，那么很多人会选择攻城锤式正面攻击。他们会冲向城门，试图单纯用智力和才华冲破防线。

但是阿瑟始终觉得用攻城锤不是自己的强项。"我喜欢跟随自己的节奏慢慢来，"他说道，"所以我会选择在城外安营扎寨。我等待着，思考着。直到有一天——也许在我转向另一个完全不同的问题之后——城门前的吊桥突然落下了，防守者说：'我们投降。'答案随之水落石出。"

在阿瑟后来称之为报酬递增经济学的研究中，他安营扎寨了相当长时间。麦肯锡、孟加拉国、对古典经济学的彻底幻灭以及模式，这些都不完全称得上破城之策。但他清楚地记得城门前的吊桥何时开始落下。

那是在 1979 年 4 月，阿瑟的妻子苏珊终于拿到了统计学博士学位，已经精疲力竭。阿瑟向 IIASA 申请了 8 周的假期，以便和妻子一起在檀香山好好休息。对于阿瑟自己来说，这个假期是半工作半休息的状态。从早上 9 点到下午 3 点，他会去东西方人口研究所写研究论文，而苏珊则继续睡觉——切切实实地每天睡 15 个小时。在傍晚，他们会驱车前往瓦胡岛北部的豪乌拉海滩。在这片人迹罕至的狭长沙滩，他们可以冲浪，躺着喝啤酒，吃奶酪，读书。就是在这里，在他们到达后不久的一个慵懒的傍晚，阿瑟打开了他带来的那本书——霍勒斯·弗里兰·贾德森的

《创世纪的第八天》，一本 600 页的分子生物学史。

"我被彻底吸引住了。"阿瑟回忆道。他读到詹姆斯·沃森和弗朗西斯·克里克如何在 1952 年发现了 DNA 的双螺旋结构。他读到遗传密码如何在 20 世纪 50 年代和 60 年代被破译。他读到科学家们如何逐步破译蛋白质和酶的复杂结构。作为一个终生都对实验不擅长的人——"我在待过的每个实验室里都做得很糟糕"——他读到了使这门科学成为现实的艰苦实验：要解答一些问题必须进行这个或那个实验，为规划实验过程、筹备实验装置花费几个月时间，然后体验结果在手时的胜利或失落。"贾德森生动地展现了科学的戏剧性。"

但真正令他感到振奋的是，他意识到这是一个混乱的世界——一个活细胞的内部至少和混乱的人类世界一样复杂。然而，这是一门科学。"我意识到自己在生物学方面一直非常无知。"他说，"当你像我一样接受的是数学、工程学和经济学方面的训练，你往往会认为只有那些能够运用定理和数学表达的领域才存在科学。但是当我透过窗户看到生命、有机体和自然界时，我发现，不知何故，科学始终停滞不前。"你怎么能写出一棵树或一个草履虫的数学方程呢？你不能。"我对生物化学和分子生物学的粗略认知仅停留在对这个分子或那个分子的一系列分类。但这种分类并没有真正帮助你理解任何东西。"

我的确错了。在每一页里，贾德森都在证明生物学和物理学一样是门科学——这个混乱、有机、非机械的世界实际上仅由少数几个如牛顿运动定律般深奥的原理支配。每个活细胞中都有一个长长的螺旋状 DNA 分子：一连串化学编码的指令，也就是基因，共同构成了细胞的蓝图。基因蓝图可能在不同的有机体之间存在着巨大的差异。但在每个有机体中，基因使用的是基本相同的遗传密码。遗传密码会被同样的分子密码破译器破译。基因蓝图会以相同的流程被转化成蛋白质、细胞膜和其他细胞结构。

对阿瑟来说，地球上各种各样的生命形式给他带来了启示。在分子层面，每个活细胞都惊人地相似。细胞的基本机制是普适性的。然而，基因蓝图中一个微小的、几乎无法察觉的突变，就足以使整个生物体产生巨大的变化。发生在这里或那里的几次分子变化，就可能足以导致棕色眼睛和蓝色眼睛之别，体操运动员和相扑选手之别，身体健康和身患镰状细胞贫血病之别。经过数百万年的自然选择积累，再加上一些分子变化，就可能造成人类与黑猩猩、无花果树与仙人掌、变形虫与鲸之间的差异。阿瑟意识到，在生物世界，微小的偶然事件会被放大、利用、累积起来。一个小小的意外可能会改变一切。生命是发展的，它有自己的历史。他想，这可能就是为什么生物世界看起来如此自发、有机，而且充满活力。

说起来，可能这也是为什么经济学家们想象中的完美均衡世界总是给阿瑟带来静态、机械、缺乏活力的印象。在那个世界，几乎不可能发生什么意外的事情，市场上的微小机会失衡也会瞬生瞬灭。在阿瑟看来，它与真实的经济世界可谓天差地别，因为在真实的经济世界中，新产品、新技术和新市场层出不穷，旧产品、旧技术和旧市场不断消失。真实的经济不是一台机器，而是一种生命系统，拥有自发性和复杂性，就像贾德森在分子生物世界中所展示的那样。阿瑟还不知道如何利用这个新洞察。但这激发了他的想象力。

他继续读下去：还有更精彩的。阿瑟说："在书中所有激动人心的情节中，最吸引我的是雅各布和莫诺的研究。"20 世纪 60 年代早期，法国生物学家弗朗索瓦·雅各布和雅克·莫诺在巴黎巴斯德研究所工作时发现，沿着 DNA 分子排列的数千个基因中，有一小部分可以起到微型开关的作用。打开其中一个开关——例如通过将细胞暴露于某种激素中——新激活的基因就会向其他基因发出化学信号。这个信号随后会沿着 DNA 分子长链上下传递，触发其他的基因开关，使一些开启，一些关闭。反过来，这些基因也开始发出（或停止发出）自己的化学信号。因此，更多基因开关将在一个不断增加的级联中被触发，直到细胞的基因组稳定下来，形成一个全新和稳定的模式。

对于生物学家来说，这一发现意义巨大（以至于雅各布和莫诺后来因此共同获得了诺贝尔奖）。这意味着存在于细胞核中的 DNA 不仅仅是细胞的蓝图，即如何制造各种蛋白质的索引。DNA 事实上是负责细胞构建的"工头"。实际上，DNA 是一种分子尺度的计算机，它指导细胞如何自我构建、自我修复以及与外部世界互动。此外，雅各布和莫诺的发现解决了一个长期存在的谜团，即受精卵细胞如何分裂并分化成肌肉细胞、脑细胞、肝细胞以及新生儿的其他所有细胞类型。每种不同类型的细胞对应着不同的活化基因模式。

对于阿瑟来说，当他读到这些时，一种似曾相识的感觉和兴奋之情交织在一起，充斥着他的内心。他又一次想到那个词：模式。一整套无序蔓延的自洽模式，随着外部世界的变化而形成、进化和改变。这让他想起了万花筒，将一把珠子固定在一个图案上并保持不变——直到缓慢转动圆筒使它们突然间串联成一个新的图案。少量碎片和无限可能的模式。不知为何，尽管他无法用语言清晰地表达其中缘由，但这似乎就是生命的本质。

阿瑟在读完贾德森的书后，去夏威夷大学的书店里搜寻了他能找到的所有关于分子生物学的书。回到海滩上，他如饥似渴地读完了这些书。他说："我被深深迷住，无法自拔。"6月回到IIASA时，他纯粹凭借智识层面的激情推动自己前进。阿瑟仍然不清楚如何将这一切应用于经济学，但是他能感觉到基本线索就在那里。整个夏天，他都在不停地翻阅生物学的书。9月，在IIASA的一位物理学家同事的建议下，阿瑟开始深入研究凝聚态物质的现代理论——液体和固体的内部运作。

阿瑟像之前在豪乌拉海滩时一样吃惊。他从没想过物理学和生物学之间会存在任何相似之处。要知道物理学并不像生物学：物理学家通常研究的原子和分子比蛋白质和 DNA 要简单得多。然而，当你观察这些简单的原子和分子大量地相互作用时，你会看到相同的现象：微小的初始差异会导致迥然相异的结果。简单的动力学产生了惊人的复杂行为。少量碎片形成近乎无限的可能模式。不知为何，在某个阿瑟不知道如何定义的较深层面上，物理学和生物学的现象是相同的。

不过，物理学与生物学在现实层面上有一个非常重要的区别：物理学家研究的系统足够简单，他们可以用严格的数学进行分析。突然间，阿瑟开始有了回归老本行的感觉。如果他之前还心存疑虑，那么他现在知道，自己正在处理的正是科学问题。他说："这些并不只是模糊的概念。"

阿瑟发现自己对比利时物理学家伊利亚·普里戈金的著作印象最为深刻。阿瑟后来才发现，普里戈金被许多物理学家视为一个令人难以忍受的自吹自擂之人，他经常夸大自己成就的重要性。尽管如此，普里戈金无疑是一位引人注目的作家。并非巧合的是，普里戈金因在"非平衡态热力学"领域的研究成果，在 1977 年被瑞典皇家科学院授予了诺贝尔奖。

从本质上讲，普里戈金是在回答这样一个问题：为什么世界上有秩序和结构？它们从何而来？

这个问题听起来容易，但回答起来要难得多，尤其是当你考虑到世界总体趋向于衰败的时候。铁会生锈。倒下的木头会腐烂。洗澡水会降至与周围环境相同的温度。相比创造结构，大自然似乎更喜欢拆分结构，把事物混合成一种平均状态。事实上，失序和衰败的过程似乎是不可阻挡的，以至于 19 世纪的物理学家将其总结成热力学第二定律，换句话说就是，"无法把炒熟的鸡蛋还原成生鸡蛋"，或者说"覆水难收"。按照热力学第二定律，如果不受外界影响，原子将尽可能地自我混合和随机化。这就是铁生锈的原因：铁中的原子总是试图与空气中的氧混合，形成氧化铁。这也是洗澡水会冷却至与周围环境相同的温度的原因：水面上快速移动的分子与空气中慢速移动的分子碰撞，并逐渐转移它们的能量。

然而，尽管如此，我们确实看到了周围秩序和结构的存在。倒下的木头会腐烂，但树木也会生长。那么，如何将结构的生长与热力学第二定律协调起来呢？

正如普里戈金等人在20世纪60年代意识到的那样，答案藏于那句看似平淡无奇的短语——"不受外界影响"。在现实世界中，原子和分子几乎从来不会不受外界影响，至少不完全是这样；它们几乎总是暴露在来自外部的一定量的能量流和物质流中。如果能量流和物质流足够强，那么热力学第二定律所规定的稳步的能量退降过程就可以被局部逆转。事实上，在有限的区间内，系统有可能自发地组织成一系列复杂的结构。

最常见的例子可能就是放在炉子上的一锅汤。如果把煤气关闭，那么什么也不会发生。正如热力学第二定律预测的那样，汤会保持室温，与周围环境保持平衡。如果点燃煤气并把火保持在非常小的状态，那么仍然不会发生什么。但这个系统不再处于平衡状态——热能从锅底升起，传入汤中——但差异不大，不足以真正干扰任何事情。现在，将火一点点调大，使系统更多地偏离平衡状态。突然，增加的热能流使汤变得不再稳定。汤分子微小、随机的运动不再是平均为零的状态，一些运动开始增长。部分液面开始上升，其他部分则开始下降。很快，汤分子开始大规模地组织其运动：从上向下看表面，你可以看到对流元胞的六边形图案，在每个元胞中心的液体上升，边缘的液体下降。汤已经获得了秩序和结构。换句话说，它已经开始沸腾了。

普里戈金说，这种自组织结构在自然界中无处不在。激光是一个自组织系统，其中光的粒子——光子，可以自发地组成一个强大的光束，其中每个光子的运动步调一致。飓风是一个自组织系统，由来自太阳的源源不断的能量驱动，这种能量驱动风的形成，并从海洋中吸收水分以形成降雨。活细胞——尽管因过于复杂而无法进行数学分析，也是一个自组织系统，它通过食物的形式吸收能量，通过热量和废物的形式排出能量，以此来生存。

事实上，普里戈金在一篇文章中写道，可以想象，经济也是一个自组织系统。在这个系统中，市场结构是由劳动力需求、商品和服务需求等因素自发组织起来的。

阿瑟读到这些话时立刻坐了起来。"经济是一个自组织系统。"正是这样！这正是他自从阅读了《创世纪的第八天》以来一直在思考的问题，尽管他不知道如何将其表达出来。普里戈金的自组织原理、生命系统的自发动力学——现在阿瑟终于看到如何将两者与经济系统联系起来。

事后看来，这一切都显而易见。用数学术语来说，普里戈金的核心观点是自组织依赖于自我强化：当条件合适时，小的影响趋于放大，而不是慢慢消失。这正是雅各布和莫诺在 DNA 研究中隐含的信息。阿瑟说："我突然意识到，这就是我们在工程学中称之为正反馈的东西。"微小的分子运动形成了对流元胞。温和的热带风变成了飓风。种子和胚胎成长为完全成熟的生物。正反馈似乎是变化、惊喜和生命自身的必要条件。

然而，阿瑟意识到，正反馈恰恰是传统经济学领域所缺失的。相反，新古典主义理论假设经济完全由负反馈控制：微小的影响倾向于逐渐消失。事实上，他还记得当他在加州大学伯克利分校的经济学教授反复强调这一点时，他就有些困惑。当然，他们没有称之为负反馈。但"报酬递减"的经济学原理中隐含着这种影响逐渐消失的趋势：第二块糖果的味道远没有第一块好；两倍的肥料不会产生两倍的产量；任何事情你做的次数越多，最后一次的效用、利润或者给人带来的享受就越少。但阿瑟看到，其净效应是一样的：负反馈可以防止微小的扰动走向失控并摧毁事物的物理结构，同样，报酬递减确保了没有一家公司或一种产品能够发展到足以主宰市场。当人们厌倦了糖果，他们就会转向苹果或者其他食物。当所有最佳的水力发电站坝址都投入使用了，公用事业公司就开始建造燃煤电厂。当肥料足够时，农民就会停止施肥。事实上，负反馈或报酬递减正是整个新古典经济学中经济和谐、稳定和均衡愿景的基础。

但早在加州大学伯克利分校时，工程学出身的阿瑟就忍不住想知道：如果你在经济中获得了正反馈，会发生什么？或者用经济学术语来说，如果你的报酬是递增的，会发生什么？

"别担心，"阿瑟的老师向他保证道，"报酬递增的情况很少见，而且持续不了多久。"由于阿瑟并没有具体的例子，他便闭嘴了，继续研究其他的事情。

但是现在，读着普里戈金，一切都涌入他的脑海。正反馈、报酬递增——也许这些在现实的经济运作中是存在的。也许它们解释了他在现实世界经济中所看到的活力、复杂性和丰富性。

也许确实如此。事实上，阿瑟越是思考这个问题，就越是意识到报酬递增会给经济学带来多么巨大的变化。以效率为例，新古典主义理论让我们相信，自由市场总会筛选出最好、最有效的技术。事实上，市场表现得并不算太糟糕。但是，阿瑟想知道，我们该如何理解标准的 QWERTY 键盘布局呢？在西方世界，几乎所有的打字机和电脑都使用这种键盘布局。（QWERTY 这个名字是由键盘最上面一行的前 6 个字母拼成的。）这是在打字机键盘上排列字母的最有效率的方法吗？绝对不是。1873 年，一位名叫克里斯托弗·斯科尔斯的工程师专门设计了 QWERTY 键盘布局，目的是减缓打字员的打字速度：因为如果打字员打得太快，当时的打字机就容易卡壳。后来雷明顿缝纫机公司大规模生产了使用 QWERTY 键盘的打字机，这意味着许多打字员开始学习这个系统，于是其他打字机公司也开始提供 QWERTY 键盘，然后更多的打字员开始学习它，如此循环往复。阿瑟认为，凡有的，还要加给他——这就是报酬递增。现在 QWERTY 键盘已经成为被无数人使用的标准键盘，它基本上被永远锁定了。

还可以想想 20 世纪 70 年代中期 Beta 制式录像机与 VHS 制式录像机之间的竞争。在 1979 年，很明显 VHS 制式录像机正在垄断市场，尽管许多专家最初认为它在技术上略逊于 Beta 制式录像机。VHS 制式录像机是怎么胜出的呢？因为 VHS 制式录像机的供应商在一开始就很幸运地获得了稍微大一点的市场份额，尽管存在技术差异，这仍然给予了他们巨大的优势：录像带商店讨厌需要以两种不同的格式存储所有的东西，消费者讨厌被废弃的录像机困扰。所以每个人都有很强的动力追随市场领导者。这进一步提高了 VHS 制式录像机的市场份额，最初的微小差异迅速扩大。这再一次印证了报酬递增。

还是以这种无限迷人的商业模式为例。纯粹的新古典主义理论告诉我们，高科技公司倾向于在地理上均匀分布：它们没有理由偏好任何一个地点。但在现实生活中，它们当然会蜂拥到硅谷和波士顿 128 号公路这样的地方，因为那靠近其他高科技公司。已经拥有的，还将得到更多——世界由此产生了结构。事实上，阿瑟突然意识到，这就是为什么你在任何系统中都能发现模式：正反馈和负反馈的充分作用会自发地产生模式。他说，想象一下，在一个高度抛光的托盘表面洒上一点水，水珠会形成一个复杂的图案（即模式）。之所以会这样，是因为有两股相反的作用力在起作用。重力作用会试图将水分散开，在整个表面形成一层非常薄且平的水膜，这是负反馈。同时还存在表面张力，即一个水分子对另一个水分子的吸引力，它试图将水分子凝聚到一起，形成致密的小水珠，这是正反馈。正是这两种力量的结合，产生了复杂的水珠图案。而且，这种图案是独一无二的。再做一次这个实验，你会得到一个完全不同的水珠图案。历史上的微小事件——对应着托盘表面无穷小的尘埃和看不见的不规则之物——会被正反馈放大，对结果产生重大影响。

实际上，阿瑟想，这或许可以解释为什么（套用温斯顿·丘吉尔的话来说）历史只是一件破事接着一件破事。报酬递增只需要一个微不足道的偶然事件——谁在走廊里撞上了谁，马车队碰巧在哪里停下过夜，交易站碰巧在哪里设立，意大利制鞋商碰巧移民到了哪里——然后就会将其放大到不可逆转的地步。一个年轻女演员是单凭天赋成为超级巨星的吗？几乎不可能：是因为幸运地出演了一部热门电影，使她的职业生涯因为知名度提高而飞速发展，而与她同样才华横溢的同辈演员依旧名不见经传。英国殖民者是否因为新英格兰拥有最适合种植农作物的土地而成群结队地涌向寒冷、多风暴、满是岩石的马萨诸塞湾沿岸？并不是。他们的确来了，不过因为马萨诸塞湾是清教徒下船的地方。而清教徒之所以在那里下船，是因为"五月花号"在寻找弗吉尼亚时迷路了。一旦殖民地建立起来，就无法回头。没有人愿意把波士顿搬到别的地方去。

报酬递增、锁定效应、不可预测性、会产生巨大历史影响的微小事件——"报酬递增经济学的这些特性一开始让我感到震惊，"阿瑟说，"但当我意识到，它的每个特性都与我正在阅读的非线性物理学相对应时，我非常兴奋。我不再震惊，反而非常着迷。"他了解到，几代经济学家实际上都在讨论这些问题。但是他们的努力一直是孤立而分散的。阿瑟觉得自己第一次意识到，所有这些问题都是同一个问题。他说："我觉得自己好像走进了一座宝库，捡起了一个又一个珍宝。"

到了秋天，一切都落地成形了。1979 年 11 月 5 日，阿瑟把所有想法都整理了出来。在他笔记本的某一页，他写下了"旧经

济学和新经济学", 下面列出了两栏:

旧经济学	新经济学
报酬递减	报酬递增发挥较大作用
基于 19 世纪物理学（平衡、稳定、确定性动力学）	基于生物学（结构、模式、自组织、生命周期）
每个人都是相同的	聚焦个体，每个人是独立且不同的个体
只要没有外部性，且人人能力均衡，就能达到最终的理想状态	外部性和差异成为驱动力；没有最终的理想状态；系统是不断展开的
要素是数量和价格	要素是模式和可能性
不存在真正的动力学，因为一切都处于平衡状态	经济总是随时间而变化；经济不断向前发展，其结构持续地合并、衰变、变化
主体在结构上是简单的	主体本来就是复杂的
经济学是软物理学	经济学是具有高度复杂性的科学

就这样，阿瑟连写 3 页，这是阿瑟对于一个全新的经济学门类的宣言。经过这么多年的努力，他说："我终于有了一个观点，一个洞见，一个解决方案。"这个洞见很像希腊哲学家赫拉克利特所观察到的："人永远不可能两次踏入同一条河流。"在阿瑟的新经济学理论中，经济世界是人类世界的一部分。经济世界将永远是经济世界，但它永远不会一成不变。它将是流动的、不断变化的、充满活力的。

意义何在？

不言而喻，阿瑟对他的洞见是充满热情的。但是没过多久，他就意识到他的热情并未感染到别人，尤其是其他经济学家。

"我原以为，如果你做一些与众不同且重要的事情——我的确认为报酬递增解释了经济学中的许多现象，并给出了一个急需的方向——人们就会欢欣鼓舞，把我扛在肩上以示庆祝。但我真是太过天真。"

在 11 月结束之前的一天，阿瑟在 IIASA 所在地——曾作为哈布斯堡王朝皇宫的拉克森堡宫附近的公园里散步，兴奋地向来访的挪威经济学家维克托·诺曼解释报酬递增。他突然吃惊地意识到，这位著名的国际贸易理论家正困惑地看着他：这一切意义何在？当他在 1980 年开始做关于报酬递增理论的演讲和研讨会时，也听到了类似的反馈。通常大约一半听众会非常感兴趣，而另一半听众的反应则从困惑到怀疑再到充满敌意。意义何在？这个报酬递增理论和真正的经济学有什么关系？

这样的问题让阿瑟不知所措。他们怎么就看不到呢？意义就在于，你必须看到世界本来的面目，而不是按照某个优雅的理论认为它应该是什么样子。整件事让他想起了文艺复兴时期的医学实践，当时的医生有充分的理论基础，但很少愿意接触真正的病人。那时候，健康就是一个体液平衡的问题：如果你是一个多血质（乐观）的人，或者胆汁质（易怒）的人，或者其他类型，你只需要把你的体液恢复到平衡。"但是从哈维发现血液循环到分子生物学，我们从 300 年的医学发展中了解到，人类机体是极其复杂的。这意味着，我们现在会相信那些先把听诊器放到病人胸部进行听诊，然后根据每个病人的情况解决问题的医生。"确实如此，只有当医学研究人员开始关注个体的复杂性时，他们才能够开出真正可能起作用的诊疗方案和药物。

阿瑟认为，经济学要走上与医学相同的道路，报酬递增就是下一步。"重要的是观察现实生活中的经济，"他说，"它是存在路径依赖的，是复杂的，是进化的，是开放的，是有机的。"

然而，很快他就发现，真正让他的批评者感到愤怒的是这样一种概念，即经济将自己锁定在一个不可预测的结果之中。他们问道：如果世界可以自组织成许许多多可能的模式，而且如果它最终选择的模式是出于历史偶然性，那么你如何能预测任何事情呢？如果你无法预测任何事情，那么你正在做的事情怎么能被称为科学呢？

阿瑟不得不承认这是个好问题。经济学家长期以来一直持有这样一种观念，认为他们的领域必须像物理学一样"科学"。也就是说，一切都必须是可以用数学模型预测的。很长时间以后，阿瑟才逐渐明白，物理学并不是唯一的科学。达尔文会因为无法预测未来百万年间哪些物种会进化而被认为是"非科学"吗？地质学家会因为无法准确预测下一次地震的发生地点或者下一座山脉的形成地点而被认为是"非科学"吗？天文学家会因为无法精确预测下一颗恒星将诞生在哪里而被认为是"非科学"吗？

完全不会。如果你能做出预测，那当然很好。但是科学的本质在于解释，在于揭示自然界的基本机制。这就是生物学家、地质学家和天文学家在各自领域所做的工作。这也是阿瑟为了报酬递增理论所做的努力。

毫不奇怪，这样的论点并不能说服那些主观上排斥这一理论的人。在1982年2月的一次IIASA讲座中，阿瑟在回答关于报酬递增的问题时，一位来访的美国经济学家站起来，有些愤怒地要求："给我举一个现在广泛使用但并不具备优越性的技术锁定的例子！"

阿瑟瞥了一眼大厅的时钟，因为演讲时间已经不多了。他几乎下意识地说："哦！时钟就是个例子。"

时钟？阿瑟解释说，我们今天所有时钟的指针都是"顺时针"运转的。但是根据报酬递增理论，你会想到可能有古老的指针技术被埋藏在历史深处，它们可能和如今盛行的技术一样好，只是碰巧没有发展起来。"据我所知，在历史的某个阶段，可能存在指针沿逆时针方向运转的时钟。它们可能和我们现在的时钟一样普遍。"

他的提问者不为所动。另一位杰出的美国经济学家站起来咄咄逼人地说："我不认为这是技术锁定。我戴的是一块电子手表。"

对阿瑟来说，这个人根本没有抓住重点。但那天的时间已经用完了。而且，"逆时针"运转的时钟只是个猜测。然而，大约3周后，阿瑟收到了一张明信片，来自他在佛罗伦萨度假的同事詹姆斯·沃佩尔。这张明信片上是佛罗伦萨圣母百花大教堂的时钟，它由保罗·乌切洛在1443年设计，而且指针是逆时针运转的。（它的钟面是24小时制。）明信片另一面，沃佩尔只写了一句："恭喜！"

阿瑟非常喜欢乌切洛设计的这个时钟，所以把它的图片做成了幻灯片，这样他就可以在以后所有关于技术锁定的讲座中用投影仪显示它。这个时钟总能引起反响。事实上，有一次，他在斯坦福大学的一场演讲中展示了时钟的幻灯片，一个经济学研究生跳了起来，把幻灯片翻过来。一切都颠倒了过来，只见他得意扬扬地说："你看！这是个骗局！时钟实际上是顺时针走的！"然而，幸运的是，阿瑟在此期间对时钟做了一些研究，他还有另一个带有拉丁铭文的逆时针时钟的幻灯片。他把这张幻灯片放出来，然后说："除非你认为这是列奥纳多·达·芬奇的镜像书写法，否则你不得不接受这个时钟是逆时针运转的。"

事实上，到那时，阿瑟已经能够给他的观众提供足够多的技术锁定例子，包括 Beta 制式录像机与 VHS 制式录像机之争和 QWERTY 键盘。但还有一个独特的例子是汽车动力。阿瑟发现，在 19 世纪 90 年代，当汽车工业还处于起步阶段时，汽油被认为是最不具有前途的动力来源。它的主要竞争对手蒸汽动力已经发展完善，广为人知且安全；汽油昂贵，噪声大，有爆炸危险，很难提炼出适当的等级，并且需要一种包含复杂新部件的新型发动机。汽油发动机的燃油效率也较低。如果当年的情况有所不同，如果在之后的 90 年里得到大力发展的是蒸汽动力而不是汽油动力，我们现在面临的空气污染问题可能会大大减少，对石油进口的依赖程度可能会大大降低。

但汽油动力最终胜出——在很大程度上是由于一系列的历史偶然性。例如，1895 年，芝加哥《时代先驱报》赞助的一次老式汽车竞赛中，获胜的是一辆由汽油驱动的杜里埃汽车，它也是 6 辆参赛车中仅有的 2 辆完赛车之一。这可能是兰塞姆·奥尔兹在 1896 年申请汽油发动机专利并随后批量生产"弯挡板"（Curved-Dash）车型的灵感来源。这使得汽油动力克服了起步缓慢的问题。然后在 1914 年，北美暴发了口蹄疫，导致马槽被撤走，而蒸汽车只能在马槽中加水。到斯坦利蒸汽车的制造商斯坦利兄弟开发出一种不需要每三四十英里就加水的冷凝器和锅炉系统时，已经太晚了。蒸汽车再不复昔日辉煌。汽油动力迅速锁定了市场。

还有核能的例子。当美国在 1956 年启动民用核能项目时，提出了许多设计方案：由气体冷却的反应堆、由普通的"轻"水冷却的反应堆、由一种更奇特的被称为"重"水的液体冷却的反应堆，甚至由液态钠冷却的反应堆。每种设计都有其技术优势和劣势；实际上，30 年后再回过头来看，许多工程师认为高温气冷设计比其他设计更安全、更高效，可能会避免公众对核能的担忧和反对。但事实上，技术争论对于最终选择几乎无关紧要。在苏联于 1957 年 10 月发射了首颗人造卫星"斯普特尼克号"后，艾森豪威尔政府迫切希望立刻启动一些反应堆——任何一种反应堆都行。而当时，唯一接近完工的反应堆，是一种高度紧凑、高功率的轻水反应堆。这种反应堆由海军开发，用于核潜艇的动力装置。因此，海军的这一设计被匆忙地扩大到商业规模并投入运营。这导致了轻水反应堆设计的技术进一步发展，到了 20 世纪 60 年代中期，轻水反应堆基本上取代了美国所有其他类型的反应堆。

阿瑟回忆起 1984 年在哈佛大学肯尼迪政府学院的演讲中使

用轻水反应堆的例子。"我说，有一个简单的例子，显示经济可能会锁定一种劣势结果，就像轻水反应堆一样。然后，一位非常杰出的经济学家站起来大声喊道：'在完美的资本市场条件下，这是不可能发生的！'他补充了很多技术细节，但从根本上是说，如果增加很多额外的假设，那么完美的资本主义经济将重现亚当·斯密的世界。"

也许他是对的。但6个月后，阿瑟在莫斯科发表了同样的演讲。一位恰好来听演讲的最高苏维埃成员站起来说："你所描述的情况可能发生在西方经济中。但是在完美的社会主义计划经济下，这是不可能发生的。我们会得到正确的结果。"

当然，只要 QWERTY 键盘、汽车动力和轻水反应堆只是孤立的例子，批评者总是可以将锁定效应和报酬递增视为罕见和异常的现象。他们说，正常的经济不会如此混乱和不可预测。一开始，阿瑟也怀疑他们可能是对的，大部分时间市场是相当稳定的。直到后来，当他为一群研究生准备一场关于报酬递增的讲座时，他突然意识到批评者也是错的。报酬递增根本不是一个孤立的现象：这个原理适用于高科技领域发生的一切。

以微软的 Windows 系统为例，阿瑟说，该公司在研发上花费了 5 000 万美元，才推出第一份产品。而第二份产品只需几美元的材料成本。在电子、计算机、制药甚至航空航天领域也是同样的情况（首架 B2 轰炸机的成本为 210 亿美元，此后每架成本为 5 亿美元）。阿瑟说，高科技几乎可以被定义为"凝结的知识"，"其边际成本几乎为零，这意味着每多生产一个复制品，都会使产品变得越来越便宜"。更重要的是，每个复制品都提供了学习的机会，提高微处理器芯片的产量就是一个例子。因此，增加产量会带来巨大的回报，简言之，该系统受报酬递增所驱动。

与此同时，在高科技产品的客户中，追求同一个标准上也会带来同样巨大的回报。"如果我是一家购买波音喷气式飞机的航空公司，"阿瑟说，"我希望确保购买大量相同型号的飞机，这样我的飞行员就不必在不同型号的飞机之间切换。"同样，如果你是一名办公室经理，你会尽量购买同一类型的个人电脑，这样办公室里的每个人都可以运行相同的软件。结果是，高科技产品很快就会趋向于锁定在相对较少的标准上：在个人电脑领域是IBM 和苹果麦金塔，而在商用客机领域则是波音、麦克唐纳·道格拉斯和洛克希德。

作为对比，现在来看谷物、化肥或水泥等标准大宗商品，这些商品中"凝结的知识"大多是在几代人之前获得的。如今的真正成本是劳动力、土地和原材料等，在这些领域中，报酬递减很容易出现。（例如，要生产更多的谷物可能需要农民开垦不那么肥沃的土地。）因此，这些往往是稳定、成熟的行业，可以用标准的新古典经济学相对合理地描述。"从这个意义上说，报酬递增并没有完全取代标准经济学理论，"阿瑟说，"它在帮助完善标准经济学理论。它所适用的是不同的领域。"

阿瑟补充说，在实际应用中，这意味着美国的决策者在做出相关决策，例如对日本的贸易政策时，应该慎重考虑他们的经济假设。"如果你使用标准经济学理论，可能会犯很大的错误。"他说。例如，几年前，他参加了一场会议。英国经济学家克里斯托弗·弗里曼站起来宣称，日本在消费类电子产品和其他高科技产品市场上的成功是不可避免的。只需要看看该国的低资本成本，以及其精明的投资银行、强大的财团，还有在缺乏石油和矿产资源的情况下其对技术开发的强烈需求，就能明白这一点。

"好吧，下个发言的就是我，"阿瑟说，"于是我说：'让我们假设泰国或印度尼西亚的经济起飞了，而日本仍然停滞不前。传统的经济学家会用相同的理由来解释日本的落后。低资本成本意味着资本回报率低，所以没有投资的理由；财团被认为效率低下，因为集体决策意味着决策缓慢；银行不愿承担风险；石油和矿产资源的缺乏使经济发展受到阻碍。因此，日本经济如何可能得以发展？'"

阿瑟说，由于日本经济的确取得较大发展，他提出了不同的解释："我说道，日本公司之所以成功，并不是因为它们拥有一些美国和欧洲公司所没有的神奇特质，而是因为报酬递增使高科技市场变得不稳定、利润丰厚，并且有可能被垄断。而且日本比其他国家更早、更好地理解了这一点。日本人非常善于向其他国家学习。他们非常善于瞄准市场，以巨大的规模进入市场，并利用报酬递增的动态机制，锁定自己的优势。"

阿瑟表示，他现在依然相信这一点。同样，他怀疑美国在"竞争力"方面面临如此大的问题的主要原因之一，是政府决策者和企业高管都非常迟钝，没能及时意识到高科技市场赢者通吃的特性。阿瑟指出，在整个20世纪70年代和80年代初期，联邦政府采取了一种基于传统经济学智慧的"不干预"政策，没有意识到在对手锁定市场之前培养早期优势的重要性。因此，高科技行业没有受到任何优待，与低科技、大宗商品行业的待遇完全相同。任何可能推动新兴产业崛起的"产业政策"都被嘲笑为对自由市场的攻击。保持自由、开放的贸易仍然是这个国家的目标，并且在之前由大宗商品主导的时代制定的反托拉斯法规阻碍着企业之间的合作。阿瑟表示，这一情况在 20 世纪 90 年代开始有所改变，但程度有限。因此，他主张在报酬递增的背景下重新思考传统经济学理论。他说："如果我们想继续通过知识创造财富，就需要适应新的规则。"

与此同时，阿瑟一边搜集大量真实世界中报酬递增的例子，一边还在寻找一种以严密的数学术语来分析这一现象的方法。"我并不是反对数学本身，"他说，"我是一个数学重度使用者。我只是反对数学被误用，变成为了存在而存在的形式主义。"他表示，正确使用数学可以使你的想法变得清晰明了，就像一个工程师先构想一个设备，然后建造一个可用模型一样。方程可以告诉你理论的哪些部分有效，哪些部分无效。它们可以告诉你哪些概念是必要的，哪些是不必要的。"当你将某件事数学化时，你就提炼出了它的本质。"他说。

此外，阿瑟还表示，他知道如果自己不能提出关于报酬递增的严格数学分析，经济学界将永远只会把他的理论视为一堆趣闻。看看前人每一次试图引入这个概念的时候都发生了什么。早在 1891 年，伟大的英国经济学家阿尔弗雷德·马歇尔在他的《经济学原理》中实际上花了相当多篇幅介绍报酬递增，他也在这本书中介绍了报酬递减的概念。"马歇尔对报酬递增进行了深入的思考，"阿瑟说，"但他没有数学工具可以用来进行深入分析。"特别是，马歇尔当时就意识到报酬递增可能导致经济中出现多种可能的结果，这意味着经济学家的根本问题是要准确理解为什么人们会选择一种解决方案而不是另一种。自那以后，经济学家们一直在同一个问题上纠结。"只要可能存在不止一个平衡点，结果就被视为不确定，"他说，"情况就是这样。没有关于如何选择平衡点的理论，而没有这个理论，经济学家就无法接纳报酬递增。"

类似的事情还发生在 20 世纪 20 年代，一些欧洲经济学家试图利用报酬递增的概念解释城市为何以特定方式增长和聚集，以及为何不同的城市（和不同的国家）会专门制造特定商品，比如鞋子、巧克力或优质小提琴等。阿瑟表示，基本概念是正确的，但是仍然缺少数学工具。他说："面对不确定性，经济学陷入了停滞。"

于是，阿瑟摩拳擦掌，开始工作。他想要的是一个囊括动力学的数学框架——它能一步一步清晰地展示市场如何在多种可能的结果中进行选择。"在现实世界中，结果不是突然发生的，"他说，"它们是逐步积累的，由小概率事件通过正反馈机制被放大。"在与朋友和同事进行多次讨论后，阿瑟在 1981 年终于建立了一组基于非线性随机过程复杂理论的抽象方程。他说，这些方程实际上非常通用，适用于几乎任何一种报酬递增的情况。从概念上讲，它们的工作原理是这样的：假设你要买一辆汽车。（当时，IIASA 的许多人都在购买大众和菲亚特汽车。）为了简单起见，假设只有两款车可选，称之为 A 和 B。现在，你已经阅读了两款车的宣传册，阿瑟说，它们非常相似，你仍然不确定该买哪一款。那么你会怎么做呢？像任何一个明智的人一样，你会开始咨询你的朋友。然后，纯属偶然，最开始跟你交谈的两三个人，说他们开的是 A 款车。他们告诉你这车很不错，所以你也决定买一辆。

但是请注意，阿瑟说，现在世界上又多了一个 A 款车司机：你。这意味着下一个来咨询汽车的人遇到 A 款车司机的可能性又大了一些，所以这个人会比你有更大的概率选择 A 款车。如果有足够多这样的情况发生，A 款车将会主导市场。

反之，阿瑟说，假设你咨询的朋友的情况完全相反，那么你可能会选择 B 款车，然后 B 款车会占据优势并成为主导。

事实上，阿瑟说，在某些条件下，你甚至可以用数学方法证明，只要一开始运气好坏稍有不同，这种过程就可能产生任何结果。汽车销售情况最终可能锁定在 A 车占 40%，B 车占 60%；或者 A 车占 89%，B 车占 11%；或者其他任何比例。这完全是偶然的。"展示偶然事件如何运作，以从随机过程的众多可能性中选择一个平衡点，这是我所做过的最具挑战性的事情。"阿瑟说。不过，到 1981 年，他与 IIASA 的同事尤里·埃尔莫利耶夫和尤里·卡尼奥夫斯基（他们是基辅斯科霍罗德学派的代表人物，被称为"世界上最优秀的概率理论家中的两位"）合作完成了这项工作。他们于 1983 年在苏联杂志《控制论》（*Kibemetika*）上发表了关于这个主题的第一篇论文，随后又发表了数篇相关论文。"现在，"阿瑟说，"经济学家不仅可以追踪整个过程，看到一个结果是如何产生的，他们还可以基于数学方法看到不同的意外事件集合会导致完全不同的结果。"

他说，最重要的是，报酬递增不再是伟大的奥地利经济学家约瑟夫·熊彼特所说的"无法被分析控制的混沌"。

亵渎神圣的土地

1982 年，由于冷战迅速升级，阿瑟突然发现 IIASA 远不如以前那么好客了。里根政府急于避免与他口中的"邪恶帝国"有进一步关联，因此突然将美国力量从该组织中撤出。阿瑟很遗憾地离开了。他非常喜欢和苏联同事们一起工作。另外，在哈布斯堡王朝的皇宫里办公，有谁能拒绝呢？不过，对阿瑟来说，事情进行得还算顺利。作为权宜之计，阿瑟在斯坦福大学担任了一年的访问教授，他在人口学方面的声誉似乎起到了很大作用。在这一年快要结束的时候，阿瑟接到了院长的电话："怎样才能让你留在这里？"

"噢，"阿瑟回答道，此时的他已经收到了来自世界银行、伦敦政治经济学院和普林斯顿大学等的一堆工作邀请，心无顾虑，"我看到有个讲席教授职位即将空缺……"

院长很震惊。讲席教授职位声望非凡，通常只授予最杰出的研究人员，实际上它还是终身职位。"我们不会就讲席教授职位进行谈判！"她宣称。

"我不是在谈判，"阿瑟说，"你刚刚问我留下需要什么条件。"

于是，他们就授予了阿瑟这个教职。1983年，37岁的阿瑟成了经济学与人口研究院院长、弗吉尼亚·莫里森讲席教授。"这是我在学术界的第一个终身职位！"他笑着说。他是斯坦福大学历史上最年轻的讲席教授之一。

这是一个值得回味的时刻——事后看来，这是一件好事。在很长一段时间里，阿瑟注定没太多这样的时刻。尽管他的经济学同行可能很喜欢他在人口学方面的研究，但其中许多人似乎对报酬递增的经济学理论持异议。

阿瑟说，平心而论，他们中的许多人也十分乐于接受他的观点，甚至对这一理论充满热情。但现实情况是，他最激烈的批评者几乎总是美国人。斯坦福大学的经历让他直面这个事实。他说："我可以毫不费力地在加拉加斯谈论这些想法，也可以毫无压力地在维也纳谈论它们。但是，每当我在美国谈论这些观点时，就会引起大麻烦。只要一想到这样的事可能发生，美国人就会感到非常愤怒。"

阿瑟觉得美国人对这一理论的敌对态度既令人费解又令人不安。他将这件事部分归因于美国经济学家对数学众所周知的喜好。毕竟，如果你一生都在证明市场均衡的存在、市场均衡的唯一性和市场均衡的效率，当有人突然告诉你市场均衡存在可疑之处时，你很可能会感到不高兴。正如经济学家约翰·R.希克斯在1939年惊讶地看清报酬递增的含义时所写道的，"大部分经济理论都受到了威胁"。

不过，阿瑟也感觉到美国人对报酬递增理论的敌对情绪比表面看起来更强烈。美国的经济学家出了名地比其他人更热衷于自由市场原则。实际上，当时，里根政府正热衷于削减税收，废除联邦法规，"私有化"联邦服务，并将自由市场资本主义奉为一种国家基本"信仰"。阿瑟渐渐意识到，这种热情产生的原因在于自由市场理念与美国的个人权利和个人自由理念紧密相连：这两者都建立在同一个观念之上——当人们被放任去做他们想做的事情时，社会运转得最好。

"每个民主社会都必须解决一个特定的问题，"阿瑟说道，"那就是如果你让人们按照自己的方式行事，那么如何确保共同利益呢？在德国，这个问题通过互相监督来解决。别人会走到你面前说：'给那个小孩戴上帽子！'"

在英国，解决这一问题的方式是由顶层的精英群体负责管理事务。"哦，是的，我们有一个王室委员会，由某某勋爵担任主席。我们已经考虑了你们的所有利益，明天你的后院就会有一个核反应堆。"

但在美国，理想状态是每个人拥有最大限度的个人自由，或者正如阿瑟所说的："让每个人都成为他自己心中的约翰·韦恩①，拿着枪四处奔跑。"无论这个理想在实践中要做出多大程度的妥协，它仍然具有神话般的力量。

---

① 约翰·韦恩，美国影视男演员，因作品《关山飞渡》蜚声影坛，是那个时代所有美国人的化身：诚实、有个性、英雄主义。——编者注

然而，报酬递增原则触及了这个神话的核心。如果小概率事件可以将你锁定在几种可能的结果中的任何一种，那么最终选择的结果可能并不是最好的。这意味着最大限度的个人自由和自由市场可能无法造就最好的世界。因此，通过宣扬报酬递增理论，阿瑟无意中踏入了一个雷区。

不得不承认，阿瑟曾被当面警告过。

阿瑟回忆说，那是在 1980 年。他受邀在布达佩斯的匈牙利科学院做一系列关于经济人口学的演讲。一天晚上，在布达佩斯洲际酒店的酒吧里，他和玛丽亚·奥古斯丁诺维奇院士聊天。她一手端着威士忌，一手夹着香烟，是一位非常令人敬畏的女士。她的连续几任丈夫都是匈牙利最顶尖的经济学家，而且她自己也是一位非常有洞察力的经济学家。此外，她还是一位有影响力的政治家，在匈牙利政府中担任要职。有传言说，她不费吹灰之力就能让官僚主义者甘拜下风。阿瑟没有理由怀疑这一点。

你最近在忙什么？她问道。阿瑟热情洋溢地介绍了报酬递增的观点。"它解释了很多问题，"阿瑟总结道，"所有这些过程和模式。"

奥古斯丁诺维奇非常清楚西方经济学家的哲学立场，她带着一种怜悯的眼光看着阿瑟。"他们会把你钉在十字架上的。"她说。

"她是对的，"阿瑟说道，"在 1982—1987 年这几年里，我的经历非常糟糕。就是在这段时间，我的头发变得花白了。"

阿瑟不得不承认他给自己招致了很多这种痛苦。"如果我是那种能在这个行业形成内部圈子的人，那整件事情可能会更顺利，"他说，"但我天生不是一个混圈子的人，我完全不喜欢参加社交活动。"

再加上爱尔兰人的叛逆倾向，使阿瑟不愿为了迎合主流用很多术语和虚假分析包装自己的观点。这导致他犯下了一个关键的战术性错误：1983年夏天，当他准备正式发表第一篇关于报酬递增的论文时，他是用比较通俗的语言写就。

阿瑟解释说："我确信自己发现了经济学中至关重要的东西，所以我决定用通俗易懂的语言来写，即便是本科生也能理解。我认为花哨的数学公式只会妨碍论证。我还想着，'哎呀，我以前早就发表过很多数学论文。我不需要再证明什么'。"

阿瑟犯了大错。就算以前不知道，他也很快就得到了教训。理论经济学家运用自己的数学能力，就像森林中的雄鹿使用自己的鹿角一样：要用来彼此斗争，成为主宰。一头不使用鹿角的雄鹿一无是处。幸运的是，阿瑟在那个秋天将他的手稿作为IIASA的工作论文非正式地流传。而正式出版的版本直到6年后才得见天日。

1984年初，最负盛名的美国经济学期刊《美国经济评论》将该论文退回，编辑信的大意是："没门！"《经济学季刊》也退回了该论文，称其评审人员虽没有发现学术上的错误，但他们认为这项研究没什么价值。后来阿瑟二次投稿《美国经济评论》，这次接手的是一位新编辑，对方暂时性地接受了这篇文章，但在之后的两年半，经过内部反复讨论和无数次修改，他们最终再次拒稿。英国的《经济学杂志》简单直接地表示："不行！"（经过约14次修改后，该论文最终被《经济学杂志》接受，并于1989

年 3 月以《竞争性技术、报酬递增与历史事件的锁定效应》为题发表。)

阿瑟陷入无助和愤怒中。马丁·路德可以把他的《九十五条论纲》钉在威登堡教堂大门上，供所有人阅读。但在现代学术界，没有这样一个教堂大门；一个没有在权威期刊上发表的观点并不算真正存在。更令他沮丧的是一个极具讽刺意味的现实：报酬递增的理念终于开始流行起来了。它正在经济学领域掀起一场运动，但只要论文的发表仍然悬而未决，阿瑟就无法参与其中。

以经济史学家为例，他们对技术史、产业起源和真实经济发展进行实证研究。斯坦福大学拥有一流的经济史学研究者群体，他们曾是阿瑟最早也最热情的支持者。多年来，他们一直饱受新古典主义理论之苦。因为如果认真追究，会发现新古典主义理论认为历史无关紧要。完美均衡的经济，存在于历史之外，无论历史事件如何干扰，市场都将趋于最佳状态。虽然很少有经济学家会认真追究这一问题，但美国许多大学的经济学系都在考虑取消经济史学必修课。因此，历史学家喜欢锁定效应。他们认可小事件可能产生大后果的观点，认为阿瑟关于报酬递增的观点为其提供了存在的理由。

没有人比阿瑟在斯坦福大学的同事保罗·戴维更积极地拥护这种观点。戴维在 20 世纪 70 年代中期曾独立发表过一些关于报酬递增和经济史的思考。但对阿瑟来说，戴维的支持反而给了他重重一击。在 1984 年末的美国经济学会全国会议上，戴维参加了一场关于"历史有何用处？"的专题讨论，并利用 QWERTY

键盘的例子向在场 600 名经济学家阐述了锁定效应和路径依赖的概念。这次演讲引起了轰动。即使是那些一向固执己见的数理经济学家也感到印象深刻：历史的重要性被赋予了一个理论依据。甚至《波士顿环球报》都报道了这个事件。不久之后，阿瑟就听到有人问他："哦，你是斯坦福大学的吧。你听说过保罗·戴维关于锁定效应和路径依赖的研究吗？"

"这简直太可怕了，"阿瑟回忆道，"我觉得自己有话要说，但却说不出口——而这些想法却被归功于其他人了。似乎我只是个追随者而不是领导者。我感觉自己就像是童话故事中受到诅咒的人。"

1987 年 3 月在加州大学伯克利分校与菲什洛和罗森伯格交锋的惨败，可以说是阿瑟人生的低谷时刻——几乎没法更低了。他开始做噩梦。"每周大约有 3 次，我会梦到一架飞机起飞——而我不在上面。我感觉自己明显被落下了。"他开始认真考虑放弃经济学，再次全身心地投入人口统计研究。他的学术生涯似乎正在化为灰烬。

让阿瑟坚持下去的只剩倔强。"我只是不停地向前推进、推进、推进。"他说，"我一直坚信，这个体制一定会有所松动。"

这一次，他说对了。而且碰巧，这次没有让他等太久。

第二章

老一辈的新革命

在结束了糟糕的伯克利之行一个月后，1987年4月的一天，布莱恩·阿瑟正穿行在阳光明媚的斯坦福大学校园里，一辆自行车猛地停在他面前。阿瑟显然被吓一跳，车上身穿运动服、打着领带、头戴白色旧头盔的这位，竟然是一位"大咖"。"布莱恩，"肯尼斯·阿罗叫住他，"我正要给你打电话呢。"

是阿罗。阿瑟立刻警觉了起来。确切地说，他倒不是怕阿罗。诚然，阿瑟所反对的高度数学化的经济学，几乎可以说"始作俑者"正是阿罗。但是阿瑟知道，阿罗是一个友善、开明的人，最喜欢的事情莫过于一场畅快淋漓的学术辩论。他是那种即便在把你的论点批得体无完肤之后，仍然可以跟你做朋友的人。这么说吧，和阿罗谈话就像面对教皇一样，让人诚惶诚恐。阿罗可以说是当时的经济学家中最出色的一位，十几年前就获得了诺贝尔经济学奖。65岁的阿罗仍思维敏捷，对草率的推理向来十分不耐烦。任何一场学术讨论会，只要阿罗一出席，氛围就会立即改变：发言者开始如履薄冰，听众则停止说笑并端正坐姿。每个人都把注意力集中到正在讨论的问题上，异常小心地斟酌自己的提问和评论。绝对没有人想在阿罗面前表现得像个白痴。

"噢，你好。"阿瑟说。

显然阿罗有急事要赶着离开，他非常快速地向阿瑟解释，他正在帮新墨西哥州的一个小型研究所组织一场由经济学家和物理学家参与的研讨会。这场研讨会将于今年夏末召开，阿罗说。按照计划，阿罗负责为这场研讨会邀请 10 位经济学家，凝聚态物理学家菲利普·安德森则负责邀请 10 位物理学家。"所以你能不能来参加，并拿出一篇有关模式锁定的论文？"

"当然可以。"阿瑟想都没想就答应了。模式锁定？那到底是什么？难道阿罗讲的是关于锁定效应和报酬递增的研究？难道阿罗真的了解过报酬递增理论？"嗯，这个研究所在哪里？"

"在圣塔菲，就在落基山脉脚下。"阿罗说完就跨上自行车，向阿瑟承诺随后会寄一些资料过来，然后便匆匆告别，扬长而去。阿罗沿着斯坦福大学校园内的棕榈林荫步道一路前行，很远之后，白色的头盔仍依稀可见。

阿瑟待在原地，目送阿罗许久，极力想弄明白自己刚才答应了什么。物理学家竟然想和经济学家交流！而且阿罗竟然想和自己聊聊！阿瑟一时有点分不清究竟是哪件事更让自己感到震惊。

几周后，时间来到 1987 年 5 月的一天，阿瑟接到了来自圣塔菲研究所的电话，对方说起话来轻声细语，自我介绍称是乔治·考温。考温感谢了阿瑟答应来参加那年秋天的经济学研讨会，解释说他和同事们都非常重视这次会议。圣塔菲研究所是由物理学家默里·盖尔曼与其他人一起创办的小型私立研究所，旨在探索复杂系统的方方面面——任何内部组成部分之间存在大量密切相互作用的系统，从凝聚态物理学到整个社会。该研究所并无固定教职和学生，但致力于建立一个尽可能广泛的研究者网络。经济学正是其重点议程之一。

考温接着补充道，其实他来电的真正目的是，阿罗提议邀请阿瑟在当年秋季前往圣塔菲研究所担任访问学者。这就意味着阿瑟可以在经济学研讨会召开前数周就到达那里，并且可以在会后继续待一段时间，这样就有足够的时间和研究所的其他学者交流与合作。考温问阿瑟对此是否感兴趣。

"当然。"阿瑟不假思索地回答。能在秋季前往圣塔菲住6周时间，还是全部免费的，为什么不呢？除此之外，他不得不承认自己被这个实力强劲的学术组织打动了。继阿罗和安德森之后，阿瑟已经连续听到了第三位与圣塔菲研究所有关的诺贝尔奖得主——默里·盖尔曼。盖尔曼是夸克理论的创始人，研究夸克这种存在于质子和中子内部的微观粒子。尽管阿瑟对考温所说的"复杂系统"还没有明确的概念，但整件事情听起来是如此疯狂，已经引起了他的兴趣。

"对了，顺便问一下，"阿瑟说，"目前还没有人和我提过您的名字。请问您在圣塔菲研究所主要做什么？"

电话那边微微沉默，然后传来一声轻咳。"我是所长。"考温回答。

"大统一"科学的构想

事实上，提到圣塔菲研究所，阿瑟并非唯一一个感到困惑的人。每个初识它的人都会受到冲击，这个地方颠覆了人们对研究所的刻板印象。它是由一群功成名就的学者、诺贝尔奖得主所创立的机构——它的创始人们完全可以安处于盛名之下，却致力于以圣塔菲研究所为平台，掀起一场科学革命。

圣塔菲研究所的研究人员主要由来自核武器研究基地——洛斯阿拉莫斯国家实验室的骨干物理学家和计算机高手组成。然而，研究所走廊里回荡的满是对"复杂"这门新科学的激动人心的热议：这是一种大统一的整体论，涵盖了从进化生物学到经济学、政治学、历史学等模糊学科，不用说也包含如何帮助我们建立一个更可持续、更和平的世界。

简而言之，这完全是一个悖论。如果你把圣塔菲研究所的诞生设定为发生在商业场景中，这就好比一位 IBM 集团的研究主管离开公司，然后在自家车库里创办了名为"新时代因果论"的咨询服务公司，然后去说服施乐、大通曼哈顿、通用汽车的董事长们加入。

更值得一提的是，乔治·考温就对应该场景中的那位创业者。他曾是洛斯阿拉莫斯国家实验室的前任研究主管，但看起来是一个与新时代完全不相关的人。67 岁的考温年近退休，言语温和，穿着高尔夫球衫和开扣的毛衣，形象如特蕾莎修女一般。他为人低调内敛，在人群中通常是那个默默站在一边倾听的人。他也不擅长夸夸其谈，任何人问他为什么要组建这样一个研究所时，他总会针对 21 世纪科学的形态以及抓住科学机遇的必要性给出精准且富有远见的论述——这样的回答完全可以作为《科学》杂志上一篇严肃的客座评论文章。

事实上，只有通过慢慢了解，人们才会逐渐发现，考温实际上是一个热情而坚定的人，有独特的思维方式。他认为圣塔菲研究所的成立绝非一个悖论。相反，圣塔菲研究所承载的使命的重要性远远超过其创建过程中的各种偶然因素，包括乔治·考温、洛斯阿拉莫斯国家实验室。甚至，这一使命的重要性超越了圣塔菲研究所本身。考温常常说，如果圣塔菲研究所的尝试未能成功，那么 20 年后必然还会有人再次挑起这个重担。对考温而言，圣塔菲研究所不仅代表着一项使命，更代表着整个科学界实现救赎和重生的机会。

在那个看似遥远的战争时代，一位怀抱理想主义的年轻科学家为了更美好的世界而全身心投入核武器研发，这是完全合理的。乔治·考温从未对此后悔。他说："我这一生都在反思，但是在道德层面上没有遗憾。如果没有核武器，我们可能已经走上了生化武器这条更具毁灭性的道路。我怀疑，如果 20 世纪 40 年代那些事件没有发生的话，最近 50 年的人类历史可能更加残酷。"

他甚至认为，在那些日子里，核武器研究几乎是道义上的必然。战争期间，在考温和他的科学家同事们看来，自己正在和纳粹进行一场争分夺秒的竞赛。纳粹分子中仍旧有一群世界上最顶尖的物理学家，被认为在原子弹设计上遥遥领先（虽然这一认识后续被推翻了）。"我们知道，如果不加紧行动，希特勒就会先制造出原子弹，届时一切将会终结。"考温说。

事实上，在"曼哈顿计划"之前，考温就已经被卷入了原子弹研发工作。那是1941年秋天，21岁的考温刚从位于家乡马萨诸塞州的伍斯特理工学院获得化学学士学位，就开始在普林斯顿大学的回旋加速器项目上工作，那里的物理学家正在研究新发现的核裂变过程及其对铀-235同位素的影响。考温原本打算边工作边学习物理学研究生课程，但是到了1941年12月7日，实验室突然实行每周七天工作制，他的计划被无限期搁置。考温说，早在那时，人们就非常担心德国正在研制原子弹，物理学家们正急切地想知道这种事情是否可能发生。"对于确定能否在铀中实现连锁反应，我们正在做的测量工作尤为重要。"考温说。研究结果肯定了猜测。联邦政府突然意识到考温的工作正是当下所急需的。"化学和核物理结合的特殊背景使我成为原子弹项目所需要的跨领域专家。"

从1942年直到战争结束，考温都在芝加哥大学的冶金实验室工作。在那里，意大利物理学家恩里科·费米正在领导建造世界上第一个原子反应堆。该反应堆由铀和石墨块堆叠而成，实现了可控的链式反应。作为团队中的初级成员，考温成了多面手，他铸造铀金属，加工控制原子反应堆反应速度的石墨块，做任何其他需要完成的工作。当费米的原子反应堆在1942年12月成功达到临界状态时，考温发现在这里的工作经验使他成了"曼哈顿计划"中放射性元素的化学专家之一。于是，项目经理开始经常指派考温到田纳西州的橡树岭等地匆忙建成的核试验基地，协助那里的工程师们准确计算钚的产量。

"因为我是单身，所以他们会把我派到全国各地。"他说，"哪里出现瓶颈，哪里就有我。"事实上，考温是极少数可以在不同项目组之间自由穿梭的人之一。出于保密原因，这些项目本来是被严格划分的。"我也不知道他们为什么这么相信我，"考温大笑起来，"我喝酒也不比别人少。"他仍然保留着一份那段时期的纪念品：一封由芝加哥大学人事办公室向伍斯特地方征兵委员会出具的信件。信中说，考温先生拥有对战争工作特别有用的技能，总统本人批准他延期服役，请不要再把他归为1-A（即适合服役人员）。

战争结束后，美国科学家们与希特勒之间争分夺秒的竞赛，演变成了与苏联之间焦虑重重的竞赛。考温说，那是一段非常糟糕的时期。斯大林对东欧的掌控、柏林封锁，再加上朝鲜战争，冷战距离升级成全面热战看起来仅一步之遥。苏联正在研发自己的核力量，这已不是秘密。要长期维持岌岌可危的力量平衡，并捍卫民主自由事业，唯一的办法似乎就是继续改进美方的核武器。这种紧迫感促使考温在1949年7月回到洛斯阿拉莫斯。此前3年，他在匹兹堡的卡内基理工学院攻读物理化学博士学位。这并非冲动的选择，而是考温经过深思熟虑和自我反省后做出的决定。很快，他的这个决定就被证明是对的。

考温回忆道，在抵达洛斯阿拉莫斯一两周后，放射化学研究部门的主任顺道来访，并间接、隐晦地询问考温的新实验室是否完全没有放射性污染。在考温给出肯定回答后，他和他的实验室立刻被征用，进行一项紧急优先且绝密的分析工作。空气样本就在当晚被送达，考温没有被告知样本来自何处，但可以猜到是从苏联边境附近某处获取的。一旦考温和同事们从中检测到放射性尘埃的蛛丝马迹，他们就面临一个无法回避的事实：苏联人已经试爆了自己的原子弹。

　　"所以他们最终让我加入了华盛顿的一个小组，这是一个非常隐蔽的小组。"考温说。这个神秘的小组代号"贝特小组"，得名于其首任主席——康奈尔大学物理学家汉斯·贝特。它实际上是由一群原子科学家组成的，旨在跟踪苏联核武器的发展。此时的考温正值而立之年。政府高级官员最初认为，化学家们检测到的放射性尘埃并不足以说明苏联人已经试爆了原子弹。官员们相信肯定是苏联人的反应堆爆炸了，因为他们认为斯大林还需要几年时间才能造出原子弹。考温说："但放射化学的优势是，你可以据此准确推断出发生了什么。"反应堆所产生的放射性同位素的分布，与原子弹爆炸产生的分布非常不同。"经过充分辩论，他们终于被说服了。"最终，那些资深官员别无选择，只能接受这无可辩驳的证据。为了纪念约瑟夫·斯大林，苏联的第一颗原子弹在西方的代号是"约瑟夫1号"。核武器竞赛就此拉开序幕。

　　因此，考温说，他并不为自己从事核武器方面的工作感到抱歉。但是对于那个年代他确实有一个非常大的遗憾：他觉得科学界集体放弃了为自己所做的事负责。

当然了，这种失责不是瞬间发生的，也并非一开始就这么彻底。1945 年，在芝加哥，一些参加了"曼哈顿计划"的科学家发出一份请愿书，竭力主张在一座无人居住的岛屿上展示原子弹的威力，而不是将其投向日本本土。而现实是，原子弹被投向了广岛和长崎，战争结束了。在此之后，参加"曼哈顿计划"的许多科学家开始组建政治活动家团体，呼吁要对核武器实施尽可能严格的限制——要由文官控制，而不是交由军队掌控。也正是在那几年，《原子科学家公报》（*The Bulletin of the Atomic Scientists*）创刊，致力于论述核力量带来的社会和政治影响；原子科学家联合会（现为美国科学家联合会）等活动组织成立，考温便是其中的一员。考温说："那些参与'曼哈顿计划'并且后来去了华盛顿的科学家，他们的意见备受重视。"因为在 20 世纪 40 年代原子弹被研发出来后，物理科学家被视为创造奇迹的人。他们参与起草了《麦克马洪法案》，推进成立原子能委员会，将原子能置于文官控制机制之下。

　　考温说："但这一努力并没有得到科学家们理应提供的全力支持。"1946 年 7 月《麦克马洪法案》通过后，科学家们的行动积极性基本上消失殆尽了。考温认为，这可能是难以避免的。科学文化与政治文化并不相融。"以科学家身份去华盛顿的人，通常会尖叫着离开，"他说，"政界对科学家来说是完全陌生的。他们希望在逻辑和科学实证的基础上制定政策，而这大概率只能是空想。"但无论出于什么原因，研究人员最后都高高兴兴地回到了实验室，把战争留给了将军，把政治留给了政治家。考温说，在这样的过程中，科学家错失了一个可能再也无法得到的获取影响力和参与决策的机会。

考温没有将自己从这种对科学家的控诉中排除，尽管他在接下来的时间依旧比大多数科学家更多地参与社会活动。例如，1954 年，在麦卡锡主义最泛滥时，考温就任洛斯阿拉莫斯科学家协会的主席，并会见了原子能委员会主席刘易斯·施特劳斯。当时，来自威斯康星州的参议员麦卡锡试图要让所有人都相信，美国到处充斥着共产主义者。考温和同事们抗议这场针对共产主义者的政治迫害，主张实验室里需要扩大信息自由并降低保密等级。他们还试图为"曼哈顿计划"前主管 J. 罗伯特·奥本海默辩护，但没有取得多大成效。当时，奥本海默甚至被剥夺了安全许可，理由是他可能与一些曾在 20 世纪 30 年代参加过共产党会议的人有过接触。

同时，考温继续在贝特小组服务，这是他坚持了近 30 年的事情。也正是这一过程中，他逐渐意识到华盛顿这个地方是多么糟糕且幼稚。考温说，二战后，从战前孤立主义走出来的美国清醒地认识到，军事力量极其重要。但是，吸取了这一教训后，几乎所有的官员都开始对军事之外的事情视而不见。"他们的观点是，'必须用强权铁腕拿捏对手'。"考温说，"我感觉权力就像一支交响乐队，但是太多人只会弹奏低音声部。"

事实上，在考温看来，苏联比华盛顿更了解权力这支交响乐队内部那些错综复杂的和声，这让他非常痛心。"苏联似乎非常注重权力在智识层面的感召力，关注情绪和意识形态方面的权力。

在那时，我认为他们也在科学方面投入了非常多的注意力。我们原以为苏联人似乎无所不能，但后来的结果证明并非如此，我们高估了对手。但我当时一直在对比思考苏联和美国的做法。他们好像在下一盘很大的棋，有许多策略和步骤，而我们似乎玩的是维度更加单一的游戏。"

甚至在那时，考温就在思索这是不是科学家们未能尽责的另一个领域。"尽管我当时并不能像现在一样在脑海中清晰地表达出来，但我感觉科学家们应该能够站在一个更宽广的视角来看待战后世界的本质。"但事实是，他们没能做到这一点，更重要的是，考温自己没能做到。时间不等人。1949年8月，苏联试爆了"约瑟夫1号"后，洛斯阿拉莫斯国家实验室铆足全力要设计出一种威力更强的热核武器：氢弹。随后，在1952年秋天第一颗氢弹试验成功后，实验室继续马不停蹄全力推进更小、更轻、更稳定、更易于操作的核武器的研发。考温说，在朝鲜战争和美苏于欧洲持续对峙的背景下，"人们有一种强烈的感觉，就是核武器将以某种方式打破力量平衡。核武器研发已成为一项极其重要的任务"。

此外，考温在洛斯阿拉莫斯国家实验室所承担的管理责任越来越重，这导致他没有太多时间从事科研。作为团队主管，他只能利用周末来做自己的实验。"所以我的科研生涯走向了庸碌无为。"考温带着一丝伤感如此评价道。

然而，权力和责任的问题仍然困扰着他。1982年，考温辞去了洛斯阿拉莫斯国家实验室研究主管的职务，并在白宫科学委员会任职，这些问题再次占据他的身心。也正是在这时候，他开始看到新机会到来的可能。

　　且不说别的，单单是考温在白宫科学委员会参加的那些会议，已经生动地解释了为什么 1946 年那些研究者如此急切地返回实验室。考温要与白宫科学委员会其他成员一起——他们都是备受尊敬的科学家，端坐在华盛顿新行政办公大楼的某张会议桌旁。然后，总统科学顾问乔治（杰伊）·基沃思二世，会抛出一系列问题请他们评论。基沃思于一年前被任命担任这一职务，此前他在洛斯阿拉莫斯国家实验室工作，是考温手下一名年轻的部门领导。考温不得不承认，他对这些问题毫无头绪。

　　"艾滋病问题在当时尚未引起大规模关注，但每次会议时，它都会给人一种突如其来的恐慌感。坦率地说，我不知道如何回应。"这是公共卫生问题还是道德问题？答案在当时似乎并不明朗，考温说。

　　"另一个问题是载人航空飞行与无人驾驶太空探测之争。我们被告知，国会不会为没有载人部件的无人驾驶太空项目投入一分钱。但我无从判断是真是假。这更像是一个政治问题，而非科学问题。"

　　接着是里根总统的"星球大战"战略防御计划，这是一个基于太空的防御项目构想，旨在保护国家免受大规模核武器袭击。这在技术上可行吗？能在不致国家破产的前提下建成吗？即使能建成，这样做明智吗？这难道不会破坏力量平衡，使世界陷入另一场毁灭性的军备竞赛？

至于核能问题，在核反应堆熔毁的风险和核废料处理的困难与化石燃料燃烧所必然造成的温室效应之间，我们应如何进行平衡？

就这样，考温发现这段经历非常令人沮丧。他说："这是一系列科学、政治、经济、环境甚至宗教和道德相互交织的挑战性课题。"然而，他无法提供相关建议。白宫科学委员会的其他学者似乎也没好到哪去。他们怎么可能做得好呢？这些问题都需要广泛的专业知识。然而，作为科学家和管理者，他们中大多数人一生都致力于在某一个领域里成为专家。这是科研界的文化环境所要求的。

"通向诺贝尔奖的康庄大道通常是还原论方法"，考温说，这种方法就是把世界分解成尽可能小、尽可能简单的部分。"你致力于解决的是一些多少有些理想化、与真实世界有一定脱节并且有足够多限定条件的问题，针对这些问题虽然能找到解决方案，但这会导致科学越来越碎片化。而真实世界需要的是整体论方法，尽管我讨厌'整体'这个词。"每一个部分都会影响到其他所有部分，这就要求你必须理解整体的关系网络。

令考温更加痛心的是，对于年青一代科学家，情况只会变得更糟。以洛斯阿拉莫斯国家实验室的年轻科学家来说，他们聪明且精力充沛，但深受当下科学文化的限制——这种文化在不断强化知识的碎片化。从制度层面（区别于政治层面）来说，大学是非常保守的地方。年轻的博士们不敢打破陈规，他们必须花费近

10年时间，在现有学科院系中追求终身教职。这就意味着他们所做的研究，最好是院系的终身教职评定委员会能够认可的。否则，他们就会遭遇类似这样的质疑："乔治，你一直在和生物学家一起努力工作，但是，这怎么能说明你是物理学界的领军者呢？"与此同时，资深的研究人员为了支付他们的研究费用，不得不把时间都花在拼命寻求资助上。这意味着他们最好调整其研究项目以符合资助机构认可的学科类别。否则，他们就会听到这样的话语："乔治，这是一个好主意，只是太可惜了，不属于我们的学科领域。"而且，每个人都必须在公认的学术期刊上发表论文——这些期刊几乎只接受公认的专业领域内的论文。

就这样历经几年之后，如同井底之蛙的研究者们会变得越来越麻木和习以为常。根据考温的经验，这些洛斯阿拉莫斯国家实验室的研究人员在学术上造诣越深，就越难参与团队工作。"我和这种制度文化抗争了30年。"他叹了一口气。

然而，当考温想到这些时，最令他痛心疾首的就是这个碎片化的过程对科学整体造成的影响。传统学科已然如此根深蒂固，彼此孤立，以至于它们似乎在将自己逼上绝路。到处都有丰富的科学机会，但太多的科学家似乎对此视而不见。

考温思考着，如果说要举个例子，只需要看看一些崭新的机会正出现在——他还没找到一个恰当的词来指代那个领域。如果说考温在洛斯阿拉莫斯看到的是某种早期迹象的话，那么它指向的是一场正在酝酿的重大变革。在过去10年间，考温开始越来越强烈地意识到，旧的还原论方法已经走到了尽头，甚至一些最核心的物理科学家也逐渐厌倦忽视了真实世界的复杂性的数学抽象方法。这些学者似乎在有意无意地探索一种新方法。考温认为，在这个过程中，他们正在以一种数年来甚至数百年来未有的方式，突破科学传统的界限。

足够讽刺的是，这些物理学家的灵感来源之一竟然是分子生物学。大多数人显然不会认为一个"武器实验室"会对分子生物学感兴趣。但考温表示，事实上物理学家从一开始就深度参与了分子生物学研究。该领域的许多先驱原本都是物理学家，促使他们转变研究方向的一大动力是一本名为《生命是什么》的小册子。这本小册子发表于1944年，作者埃尔温·薛定谔是奥地利物理学家，也是量子力学的奠基人之一，他在这本书中就生命的物理和化学基础提出了一系列富有启发性的猜想。逃离希特勒的纳粹政权的统治后，薛定谔在爱尔兰都柏林安然度过了战争时期。弗朗西斯·克里克正是受到这本书影响的人之一，他在1953年与詹姆斯·沃森一起，利用X射线晶体学——一种早在几十年前由物理学家研发的亚显微成像技术——获得的数据，推导出DNA的分子结构。事实上，克里克最初是一名实验物理学家。匈牙利理论物理学家乔治·伽莫夫是宇宙起源大爆炸理论的早期倡导者之一，他在20世纪50年代初对遗传密码的结构产生了浓厚的兴趣，并助力更多的物理学家投身这一领域。考温说："我第一次听到的关于这个主题真正富有洞察力的讲座就是由伽莫夫做的。"

考温说，从那时起，他就迷上了分子生物学，尤其是在20世纪70年代早期重组DNA技术的发现，使生物学家们获得了几乎可以进行逐个分子分析和操纵生命形式的能力。因此，当1978年考温成为洛斯阿拉莫斯国家实验室研究主管时，他很快就支持了该领域的一项重大研究计划，名义上是为了研究细胞辐射损伤，但实际上是要让洛斯阿拉莫斯更广泛地参与分子生物学领域。考温回忆道，当时是一个特别好的时机。在哈罗德·阿格纽的领导下，洛斯阿拉莫斯国家实验室的规模在20世纪70年代几乎翻了一番，并开启了更多非涉密的基础研究和应用研究。考温对分子生物学的重视可谓恰逢其时。而这一项目反过来又对实验室里的科学家的思维产生了巨大影响，尤其影响了考温。

"几乎可以这么说，从定义来看，"考温说，"物理科学就是以概念优雅和分析简洁为特征的学科。因此你会以之为导向，避开其他复杂的领域。"的确，物理学家对社会学或心理学等试图解决现实世界复杂性的"软"科学嗤之以鼻，这是出了名的。然而，分子生物学的出现改变了这一切，它描述了极其复杂的生命系统——尽管复杂，这些系统仍受深层原理的支配。考温说："一旦你和生物学为伴，你就放弃了优雅，放弃了简洁。你会陷入混乱。但以此为起点，你会更容易发散到经济和社会问题上。一旦你涉足其中，不妨开始尽情游弋。"

与此同时，考温说，科学家们开始思考越来越复杂的系统，还因为他们具备了思考复杂系统的能力。当你只能用纸和笔解决数学方程时，你最多能处理几个变量？3个？4个？但当你拥有足够强大的计算能力时，你可以处理任意数量的变量。到了20世纪80年代初，计算机已经得到普及，个人电脑也开始兴起。

科学家们纷纷开始装载高性能图形工作站。大型企业和国家实验室的超级计算机如雨后春笋般涌现。突然间，有无数变量的复杂方程看起来不再那么复杂了。从海量数据中提取有用信息似乎也不再是那么遥不可及的事情。一串串的数字和长达数英里的数据带可以转换成彩色编码地图，以显示农作物产量或数英里厚的岩石下的含油地层。考温轻描淡写地说："计算机是个伟大的记账机器。"

但计算机的功能远不止于此。编程可以让计算机成为完整的、独立的世界，科学家们可以通过各种方式探索这个世界，从而极大地丰富对现实世界的理解。实际上，到了20世纪80年代，计算机模拟已经变得如此强大，以至于有人开始将其视为介于理论和实验之间的"第三种科学范式"。例如，对雷暴的计算机模拟就像是一个理论，因为在计算机内部，除了描述太阳光、风和水蒸气的方程式之外，没有其他任何东西。但这种模拟也像一个实验，因为这些方程过于复杂，无法手动求解。因此，科学家们在电脑屏幕上观看模拟雷暴时，会看到他们的方程式以从未预测到的模式展开。即使是非常简单的方程式有时也会产生惊人的行为。雷暴的数学模型实际上描述了每一股空气如何推动其周围的空气，每一股水蒸气如何凝结和蒸发，以及其他类似的微观现象；而没有明确地描述"一股上升的气流中雨水冻结成冰雹"或"一股冷湿的下沉气流从云底喷出并沿地面扩散"。但当计算机整合在数英里的空间尺度和数小时的时间尺度内的这些方程时，这正是它们所呈现出的行为。更进一步，这一事实使科学家们可以用现实世界中无法实现的方式，对计算机模型进行实验。究竟是什么真正引起了这些上升气流和下沉气流？当改变温度和湿度时，它们会如何变化？在这场风暴的动力机制中，哪些因素是真正重要的，哪些并不重要？在其他风暴中，这些因素是否同样重要？

考温说，到 20 世纪 80 年代初，这样的数值实验已经司空见惯。比如一种新型飞机的飞行设计，进入黑洞的星际气体湍流，大爆炸后星系的形成，考温说，至少在物理科学家中，计算机模拟的整套观点越来越被接受。"所以，我们可以开始思考处理非常复杂的系统了。"

但考温说，复杂性的迷人之处远不止于此。计算机模拟的实现，再加上新的数学洞见，使物理学家在 20 世纪 80 年代初开始意识到，许多混乱、复杂的系统可以用一种强大的理论来描述，这就是"非线性动力学"。在这个过程中，他们被迫直面一个令人不安的事实：整体确实可能大于部分之和。

现在，对大多数人来说，这个事实显而易见。然而，它却让物理学家感到坐立不安，只因为他们在过去 300 年一直钟爱线性系统——在线性系统中，整体恰好等于各部分之和。公正地说，他们有充分的理由这样认为。如果一个系统恰好等于其各部分的总和，那么每个部分都可以独立行动，不受其他部分的影响。这使得数学分析相对简单。（所谓"线性"指的是，如果你在坐标图上绘制出方程对应的图形，会得到一条直线）。此外，大自然中有许多现象似乎确实符合这种规律。声音就是一个线性系统，这就是为什么我们可以在弦乐伴奏下听到并识别出双簧管的声音，因为声波虽然混合在一起，但仍保持各自的特性。光也是一个线性系统，这就是为什么在阳光明媚的日子里，你仍然可以看到街对面的"通行"或"禁止通行"标志：从标志反射到你眼睛的光线并不会被从上方照射下来的太阳光干扰。不同的光线独立运行，互不干扰。在某种意义上，甚至经济也是一个线性系统，因为小的经济主体可以独立行动。例如，当有人在街角的杂货店买一份报纸时，丝毫不会影响你正在超市买一管牙膏的决定。

然而，事实上自然界中还有许多现象并不是线性的，其中就包括这个世界上大多数真正有趣的事物。我们的大脑当然就不是线性的：尽管双簧管和弦乐的声音在进入你的耳朵里时是各自独立的，但这两种声音混合在一起对情绪产生的影响可能远超单独一种声音。（这正是交响乐团能够持续存在的原因。）经济也并不真正是线性的，数以百万计的个体做出的购买或不购买的决定可以相互影响，从而造成市场的繁荣或衰退。然后这种繁荣或衰退的经济环境又会反过来影响人们的购买决定。事实上，除了最简单的物理系统以外，这个世界上几乎每一件事、每一个人，都身处一张巨大的非线性网中。这张网是由激励、约束与联系这些要素织就。一个地方的轻微变化会引起其他地方的震动。化用 T. S. 艾略特的说法，我们无法不去扰乱宇宙。整体几乎总是远大于各部分之和。在某种程度上，这种系统可以用数学来描述——那就是非线性方程，其对应的坐标图形是曲线。

众所周知，要手动解出非线性方程是极其困难的，这也是科学家们长期以来试图回避这个问题的原因。而计算机的出现恰好解决了这一问题。早在 20 世纪 50 年代和 60 年代，科学家刚开始使用这些机器时，他们意识到计算机根本无关乎线性还是非线性的问题。不管怎样，计算机都会设法找出解决方案。当科学家开始利用这一优势，将计算机的强大计算能力应用于越来越多的非线性方程时，他们开始发现一些研究线性系统时从未预料到的奇特而美妙的现象。

例如，水波在浅运河表面的传播，被证明与量子场论中某些微妙的动力学有着深刻的联系：两者都是孤立的、自我维持的能量脉冲，被称为孤子。木星上的大红斑可能是另一个孤子的例子，它是一个比地球还要大的风暴气旋，已经自我维持了至少 400 年。

物理学家伊利亚·普里戈金大力倡导的自组织系统也受到非线性动力学的支配。实际上，一锅汤在沸腾过程中的自组织运动，与其他种类的非线性模式（或斑图）生成，例如斑马身上的条纹或蝴蝶翅膀上的斑点，其背后受控于相似的动力学。

但最让人震惊的是被称为混沌的非线性现象。在人类世界的日常生活中，我们并不会对一处微小的变动可能在另一处引发巨大影响感到惊讶，比如因为缺失了一颗钉子而丢了一个马蹄铁，因为少了一个马蹄铁而毁了一匹战马，等等。但当物理学家开始认真关注自己研究的领域中的非线性系统时，他们开始意识到这是一个多么深刻的原理。例如，控制风和水汽流动的方程看似简单，直到研究者们意识到：得克萨斯州的一只蝴蝶扇动一下翅膀，就可能会改变一周后海地飓风的路径；或者，那只蝴蝶的翅膀稍微向左扇动一毫米，可能会使飓风转向一个完全不同的方向。无数的例子都传达出同样的信息：万物皆有关联，而且这种关联常常具有不可思议的灵敏度。微小的扰动并不总是微小的，在适当的条件下，最微小的不确定性也可能会逐渐放大，直到系统的未来变得完全无法预测，或者用一个词来形容，那就是混沌。

反过来，研究人员也开始意识到，即使是一些非常简单的系统，只要有一点非线性，就能产生超乎人们想象的极其丰富的行为模式。例如，水龙头滴滴答答漏水时，只要滴水的速度足够慢，水滴的节奏就可以像节拍器一样规律。但是，如果你让它继续漏水，并让滴水速度稍微加快一点点，那么水滴很快就会在大滴和小滴之间交替：大滴，小滴，大滴，小滴。如果你依然让水龙头继续漏水，并进一步加快滴水的速度，那么水滴很快就会以4滴、8滴、16滴……的序列往下滴。最终，这个序列会复杂到看似随机，也就是混沌现象出现了。此外，这种复杂性程度逐渐增加的模式也可以在果蝇的种群数量波动、流体的湍流，或者其他许多领域中观察到。

这也难怪物理学家会感觉到不安，他们比谁都清楚在量子力学和黑洞等领域正发生着一些有趣的事情。但是自牛顿时代以来的300年里，物理学家及其前辈已经习惯性认为日常世界基本上是整齐的、可预测的，遵循已知的规律。现在看来，过去的3个世纪他们仿佛都生活在一个小小的荒岛上，对周围的一切视而不见。"当你一旦偏离线性近似时，就会发现自己正航行于一片广阔的海洋上。"考温说。

恰好，洛斯阿拉莫斯国家实验室几乎堪称非线性研究的理想环境。考温说，该实验室自 20 世纪 50 年代以来，就一直是先进计算领域的引导者；而且从实验室成立开始，那里的研究人员就一直在解决非线性问题，无论是高能粒子物理学、流体动力学、聚变能研究，还是热核冲击波等。到了 20 世纪 70 年代早期，已经很明显，这些非线性问题中有许多在本质上是相同的问题，在某种意义上具有相同的数学结构。因此，人们明显地感觉到如果能并肩解决这些问题，将会节省很多精力。结果，在洛斯阿拉莫斯国家实验室理论研究组的热情支持下，理论部门内部建立了一个充满活力的非线性科学项目，并最终成立了完全独立运作的非线性系统中心。

然而，尽管分子生物学、计算机模拟和非线性科学各自分别引发了人们的好奇，但考温怀疑这仅仅是开始。考温的怀疑还仅停留在直觉阶段，但他感觉到这里存在一种潜在的"统一性"——这种统一性最终不仅会囊括物理学和化学，还会涵盖生物学、信息处理、经济学、政治学等人类社会的方方面面。在考温脑海中的，是一个近乎中世纪的学术概念。如果这种统一性是真实的，考温认为，它将是一种认识世界的新方式，生物科学和物理科学之间、自然科学与历史或哲学之间，都几乎不再加以区分。考温说，曾经"人类智识的版图是没有缝隙的一整块"，也许它可以再次变得如此。

对于考温来说，这似乎是一个极好的机会。但为什么大学里的科学家们并没有蜂拥而上呢？在某种程度上，确实有科学家这样做了，只不过他们散落各处。但考温所期待的一片真正广阔的视野，似乎正在被忽视。究其本质，这种研究超越了任何单一专业院系的范围。尽管大学里到处都有"跨学科研究所"，但在考温看来，这些研究所只不过是一群人偶尔共享一下办公室。教授和研究生仍然要忠于他们的第一专业院系——真正有权授予他们学位、终身教职和决定他们的晋升机会的机构。考温认为，如果任由大学自行其是，至少在一代人的时间里，他们都不会主动去从事复杂性研究。

不幸的是，洛斯阿拉莫斯似乎也没有意识到这一点。这实在令人遗憾。通常，要开展这种广泛的多学科研究，武器实验室有着比大学更适合的环境。这一点常常让来访的学者感到惊讶。但考温表示，这种情况可以追溯到实验室的创立。"曼哈顿计划"最初是为了应对一个具体的研究挑战——制造原子弹，因此聚集了来自所有相关专业的科学家，以团队的形式共同应对这一挑战。诚然，这是一个卓越的全明星团队，成员有 J. 罗伯特·奥本海默、恩里科·费米、尼尔斯·玻尔、约翰·冯·诺依曼、汉斯·贝特、理查德·费曼、尤金·维格纳——当时有人称其为雅典时代以来最伟大的一次智者盛会。从那时起，这就一直是实验室的研究方法，管理层的主要任务就是确保让合适的专家相互沟通。考温说："我有时觉得自己就像一个媒人。"

唯一的问题就是，考温的科学"大综合"想法不是实验室的主要任务。实际上，它与核武器的开发相去甚远。只要和实验室的主要任务无关，就意味着能拿到科研经费的机会几乎为零。考温认为，实验室肯定会继续进行零星的复杂性研究，就像过去一直做的那样，但仅此而已，不可能再多了。

这样可不行。考温思考着，现在只剩下唯一的路了。他开始筹划一个全新的、独立的研究所。理想情况下，这个研究所要能结合大学和洛斯阿拉莫斯国家实验室的优点：既拥有大学的广泛章程，又拥有洛斯阿拉莫斯国家实验室整合不同学科的能力。考温知道，这个研究所在地理位置上必须与洛斯阿拉莫斯国家实验室分开，但如果可能的话不要离太远，这样便可以共享实验室的科研人员以及计算机设备。离这里只有 35 公里的圣塔菲无论从哪方面来说，似乎都是最好的选择。但无论其位置如何，考温都认为，这个研究所应该是一个能够吸引优秀科学家的地方——这些科学家在各自领域有深厚造诣，并能在这里接触更广泛的研究课题。在这里，资深研究者可以大胆探索新思想而不被同事嘲笑，天才的年轻科学家可以与世界级科学家并肩工作从而获得声誉。

简单来说，它应该是一个可以培养二战后稀缺类型科学家的地方。"一种 21 世纪的文艺复兴式人才，"考温说，"能够从科学出发，去应对混乱的现实世界，这个世界并不优雅，科学也从未真正直面过它。"

这个想法是不是太天真了？当然是。但是考温认为，只要他能提出一种超乎寻常的科学挑战的愿景来吸引人们，这个想法或许就可能奏效。他质问自己："面对 20 世纪 80 年代和 90 年代的天才科学家，应当传授给他们一种什么样的科学呢？"

那么，谁会愿意倾听这个想法呢？而且，谁有能力来实现这个想法呢？一次在华盛顿时，考温试着向总统科学顾问基沃思和白宫科学委员会成员、惠普联合创始人戴维·帕卡德解释了创办研究所的想法。令人惊讶的是，他们并没有嘲笑考温。事实上，他们都对此表示了鼓励。于是，在1983年春天，考温决定把这个想法带给每周共进午餐的同伴们，也就是洛斯阿拉莫斯国家实验室的资深研究员们。

他们认为这个主意太棒了！

研究员们

不了解情况的人，很容易觉得这是一群拿着高得离谱的薪水，但已经过上退休生活的老家伙。在外界看来，他们好像确实是这样。这个理论研究小组由6名像考温一样的洛斯阿拉莫斯资深研究员组成，他们之前都在实验室做出了杰出贡献，并因此得以免除那些行政琐事和繁杂的管理工作，专事研究。他们的唯一职责就是每周在自助餐厅聚餐一次，并偶尔向实验室主任提供一些政策建议。

但事实上，这些研究员是一个非常活跃的群体，他们对自己能专事研究的反应是："感谢上帝，我终于可以做一些真正的工作了。"由于他们中的许多人曾经承担过重要的行政职务，他们会毫不避讳地告诉实验室主任他应该做什么，不管他是否愿意听。因此，当考温向他们提出建立研究所的想法，试图寻求建议和盟友时，他得到了自己想要的。

比如，当考温谈到，他感觉某种新的东西正在酝酿之中，而且机会就在手边时，皮特·卡拉瑟斯立刻与考温产生了共鸣。卡拉瑟斯外表看上去不修边幅，而且愤世嫉俗，但他对"复杂"系统充满了热情，宣称这是"科学的下一个主要推动力"。卡拉瑟斯的态度也是在情理之中的。1973年，在考温领导的一个研究委员会的推荐下，卡拉瑟斯被从康奈尔大学请来洛斯阿拉莫斯担任理论部门的负责人。尽管当时实验室正在削减相关预算，他还是成功招聘了近100名新的研究人员，并成立了6个新的研究小组。除此之外，1974年，卡拉瑟斯还坚持雇用了一小拨儿年轻的激进学者来研究当时非线性动力学的一个冷门子领域。（副主任迈克·西蒙斯忧心忡忡地问道："我要拿什么来支付他们的薪水？"卡拉瑟斯回答说："那就找个地方弄钱。"）正是在卡拉瑟斯的领导下，这一领域蓬勃发展，使洛斯阿拉莫斯迅速成为后来所谓的"混沌理论"的全球研究中心。因此，如果考温想在这个基础上发展，卡拉瑟斯随时准备提供帮助。

另一位资深研究员、天体物理学家斯特林·科尔盖特同样公开表示强烈支持，尽管是出于不同的原因。"我们需要任何能够团结并增强新墨西哥州智识水平的力量。"他说。尽管洛斯阿拉莫斯努力向外界开放，但它仍然是一块科学飞地，坐落在高高的台地上，与世隔绝。在向南200英里处的索科罗担任新墨西哥州矿业理工学院院长的10年间，科尔盖特深刻认识到，新墨西哥州的其他地区虽然一直都很美，但也仍旧很落后。自20世纪40年代以来，尽管有数十亿美元的联邦资金涌入，但对新墨西哥州的学校和工业基础的影响微乎其微。它的大学充其量也只能达到一般水平。很大程度上出于这个原因，那些想要从拥挤不堪的加利福尼亚州搬迁的高科技企业家，通常会直接越过新墨西哥州的格兰德河谷，前往奥斯汀和东部。

科尔盖特最近试图与卡拉瑟斯联手使新墨西哥州大幅升级其大学系统，但他们很快就放弃了，认为这是无望的：新墨西哥州太穷了。因此，考温的研究所看起来是最后也是最大的希望所在。科尔盖特宣称："任何能提高我们周边智识上限的事情，都不仅符合我们的个人利益，也符合实验室的利益，最重要的是符合国家的利益。"

资深研究员尼克·梅特罗波利斯也喜欢这个想法，他的理由是考温强调了计算。梅特罗波利斯就是洛斯阿拉莫斯的"计算机先生"。早在20世纪40年代末，就是他监督打造了实验室的第一台计算机。这台计算机是基于普林斯顿高等研究院的匈牙利传奇数学家约翰·冯·诺依曼的开创性设计。冯·诺依曼也是洛斯阿拉莫斯的顾问和常客。（这台机器的名字取自数学分析器、计数器、积分器和计算机这几个单词的首字母，简称MANIAC。）梅特罗波利斯和波兰数学家斯塔尼斯拉夫·乌拉姆共同开创了计算机模拟的先河。洛斯阿拉莫斯现在能拥有地球上最大、最快的超级计算机，在很大程度上离不开梅特罗波利斯的贡献。

然而，梅特罗波利斯感觉，即使在这个领域，实验室的创新程度也没有达到他的期望。他和来自麻省理工学院的洛斯阿拉莫斯访问学者、数学家吉安·卡洛·罗塔一起向与会研究员们指出，计算科学正经历着与生物学和非线性科学一样的变革。他说，仅在硬件设计方面就正在发生革命性变化。现有的串行处理计算机的速度已经不可能更快了，设计师们开始研究能够并行执行数百、数千甚至数百万个计算步骤的新型计算机。这也是一件好事：任何想认真解决考温所说的那种复杂问题的人，可能都需要这样一台计算机。

不过，计算科学的研究范围远不止于此。特别是，罗塔认为计算科学的研究应该延伸到对人类心智的研究——这基于一个观点，即思维和信息处理在本质上是同一回事。这个领域也被称为认知科学，是一个热门领域，而且越来越受到关注。如果研究得当，它可以将研究大脑神经回路的神经科学家、研究高级思维和推理过程的认知心理学家、试图在计算机中模拟这些思维过程的人工智能研究者，甚至研究人类语言结构的语言学家和研究人类文化的人类学家的研究成果结合起来。

罗塔和梅特罗波利斯告诉考温，这是一个值得新研究所深入研究的跨学科课题。

还有一位来访者是戴维·派因斯，他于1983年盛夏应梅特罗波利斯的邀请开始参与讨论。派因斯是伊利诺伊大学的理论物理学家、《现代物理学评论》杂志的编辑，还是洛斯阿拉莫斯国家实验室理论部门顾问委员会主席。事实证明，他也与考温关于科学"大综合"的想法产生了强烈的共鸣。毕竟，从1950年的博士论文开始，派因斯的大部分研究都集中在以创新方式理解多粒子系统中的"集体"行为上，具体包括从某些大质量原子核的振动模式到液氦的量子流体。派因斯曾公开推测，类似的分析可能会有助于更好地理解组织和社会中的集体人类行为，这使得他名声大振。他说："所以我对这个想法有智识上的倾向性。"派因斯同样对考温设立新研究所的构想充满热情。派因斯曾是伊利诺伊州高级研究中心的创始主任，也是科罗拉多州阿斯彭物理中心的创始人之一，所以他本人在这方面有相当多的经验。"去干吧"，派因斯告诉考温，他迫不及待要开始参与这个项目了。"我总觉得把非常能干的科学家聚在一起谈论一些全新的事情有趣极了，"派因斯说，"创办一家机构和写一篇优秀的科学论文一样有趣。"

情况就是这样。研究员们对新建研究所的想法兴趣盎然，有时甚至有些兴奋过头。比如，有一天，他们都为可能开辟一个"新雅典"时代而兴奋不已——这个知识探索中心将与曾孕育出苏格拉底、柏拉图和亚里士多德的雅典城邦相媲美。在更实际的层面，他们讨论了无数问题。比如这个地方应该有多大？它应该有多少学生，或是否应该有学生？它与洛斯阿拉莫斯国家实验室的联系应该有多紧密？它应该设置终身教职，还是请人们轮流来此任职，然后再让他们返回原机构？渐渐地，在不知不觉中，这个假想的研究所开始在他们的脑海中变得越来越真实。

很不幸，唯一的问题是每个人心中都有不同的想法。考温叹息道："每周，我们都又回到原点，然后一圈又一圈原地打转。"

最重要也最基本的争论在于："这个研究所应该研究什么？"

争论的一方是梅特罗波利斯和罗塔，他们认为研究所应该专注于计算科学。"大综合"是好的，他们称，但是如果连这里的人都不能明确地定义它，那么他们又怎么能期望外面的人心甘情愿掏出4亿美元呢？这大约是资助一个与纽约洛克菲勒研究所规模相当的机构所需要的费用。当然，无论如何，筹集这笔资金都是很难的。但是至少如果研究所专注于信息处理与认知科学，就可以涵盖乔治·考温关心的许多话题，而且想必就可以从那些年轻的计算机亿万富翁那里获得捐赠。

另一方是卡拉瑟斯、派因斯和其他大多数人。他们觉得专注于计算机很好，认为梅特罗波利斯和罗塔关于资金的想法也确实有道理。但恼人的是，真的要再建一个计算机研究中心？这真能点燃人们的激情吗？研究所理应追求更高的目标，尽管他们仍无法明确界定这个目标是什么。这就是问题所在。正如资深研究员达拉赫·内格尔指出的："我们并没有很明确地提出替代方案。"每个人都觉得考温是对的，某种新的东西正在酝酿之中。但是没有人能清楚地阐述，只能模糊地谈论"新的思维方式"。

考温自己在这个问题上保持了低调。他清楚自己的初衷：他个人将这个地方视为一个"生存艺术研究所"。对于他来说，这意味着这个项目要尽可能广泛，尽可能少受限制。但与此同时，他坚信，就研究所的研究方向达成共识比资金问题或任何其他细节问题更重要。如果这个研究所最终成为某个人的独角戏，那么它不会有任何前途。基于自己长达30年的管理经验，考温确信，要达成共识的唯一办法就是激起尽可能多的人的兴趣。"你必须去说服那些很优秀的人，这是一件意义重大的事情。"他说，"顺便说一句，这里我指的不是大众，而是那前0.5%的顶尖人物，也就是精英。一旦能说服这些人，那么资金问题尽管称不上容易，但也只是一个小问题了。"

这是一场漫长的辩论，因为每个人都忙于各自的研究项目。（尤其是考温，他沉浸在一项探测太阳中微子的实验中，这是一种从太阳核心发出的几乎不可见的粒子。）但这种情况不可能永远持续下去。1983 年 8 月 17 日，考温在实验室行政大楼 4 楼的一间会议室里召集了研究员们开会，并建议是时候认真对待这个问题了。他告诉研究员们，他的一些朋友正在考虑为研究所提供 50 或 100 英亩 ① 的土地。但最起码，他们要知道研究所将研究什么。

争论依旧没有进展。研究员们友好但很坚定地分成两个阵营。他们一直到会议结束也没有比之前更接近达成共识。这可能也是好事，因为向考温承诺捐赠土地的夫妇，几个月后便离婚了，不得不收回承诺。考温不禁开始怀疑这个研究所项目是否还能够开展。

默里·盖尔曼

真正打破僵局的是默里·盖尔曼，一位加州理工学院的教授，55 岁的粒子物理学怪异天才。

在 8 月 17 日的会议召开前一周，盖尔曼给考温打了一通电话，说派因斯告诉了他关于建立研究所的设想。盖尔曼大为赞叹！他一生都想做这样的事。盖尔曼一直想解决古代文明的兴衰

---

① 1 英亩 ≈ 4 047 平方米。——编者注

和现代文明的长期可持续性这类问题——这些问题彻底超越了学科边界。他在加州理工学院没能成功启动任何相关项目。所以，盖尔曼询问自己能否在下次来洛斯阿拉莫斯时参加筹备研究所的讨论。（盖尔曼从 20 世纪 50 年代开始就一直是洛斯阿拉莫斯国家实验室的顾问，而且经常过来。）

考温简直不敢相信自己的运气："当然，欢迎过来！"如果说有谁真正属于考温口中那 0.5% 的顶尖人物，那么一定非默里·盖尔曼莫属。盖尔曼在纽约出生和长大，他戴着黑框眼镜，一头白发，蓄着平头，这让他看起来就像是亨利·基辛格，只不过更天真无邪。盖尔曼性情急躁，才华横溢，魅力四射，口若悬河，自信到近乎傲慢。事实上，不少人觉得他令人难以忍受。他从小到大都是班里最聪明的孩子。在加州理工学院，到晚年仍然精力充沛的已故物理学家理查德·费曼为他的畅销回忆录命名为《别闹了，费曼先生》。有人戏称，如果默里·盖尔曼要写回忆录，书名应该叫《好吧，你又对了，默里！》。在少有的一些无法按自己的意愿行事的场合，盖尔曼有时会表现得非常孩子气：同事曾注意到他把下唇伸出表示怀疑，就像是小孩儿在噘嘴。

尽管如此，默里·盖尔曼无疑是 20 世纪科学界的重要人物之一。20 世纪 50 年代初，当他作为一名年轻博士出现在科学界时，亚原子世界看似一片混乱无章——π 粒子、σ 粒子、ρ 粒子等一连串以希腊字母随机命名的粒子如同大杂烩般。但 20 年后，主要是基于盖尔曼开创的概念，物理学家们开始构建所有粒子间作用力的"大统一理论"，并自信地将这些大杂烩般的粒子分类成各种"夸克"组合。夸克是一种基本的亚原子单元，这个词是盖尔曼取自詹姆斯·乔伊斯的作品《芬尼根的守灵夜》中的一个虚构词。一位与盖尔曼相识 20 年的理论物理学家说："盖尔曼定义了这一代粒子物理学家研究工作的重心。他所思考的正是每一位粒子物理学家应该思考的问题。他知道真相何在，并引领人们去找到真相。"

表面看来，盖尔曼 30 年来专注于对质子和中子内部结构的研究，这使得他在考温的整体科学观的视角下显得非常另类；很难想象还有什么比盖尔曼的研究更加符合还原论的了。但事实上，盖尔曼的兴趣是广泛的，他被一种包罗万象的好奇心驱使。众所周知，他会在飞机上向旁边的陌生人搭讪，并花数小时来追问对方的生活经历。盖尔曼最初是出于对自然史的热爱而接触科学的，这种热爱始于 5 岁时哥哥带他去曼哈顿的公园里散步。他说："我们把纽约看作一片被过度砍伐的铁杉林。"从那以后，他一直是一个狂热的鸟类观察者和生态环境保护主义者。作为麦克阿瑟基金会下属的世界环境与资源委员会主席，他帮助建立了一个名为"世界资源研究所"的华盛顿环保智库，并深入参与了保护热带森林的工作。

盖尔曼还始终痴迷于心理学、考古学和语言学。（他最初就读于耶鲁大学物理专业只是为了满足父亲的要求，因为父亲担心如果主修考古学他会被饿死。）每当提到一位外国科学家时，他能够以极其精准的口音念出这个名字——用几十种语言中的任何一种。一位同事还记得他在向盖尔曼提及要去爱尔兰探望妹妹时的趣闻。

"她叫什么名字？"盖尔曼问。

"吉莱斯皮。"

"这个名字有什么寓意？"

"嗯，在盖尔语中，它的意思是'主教的仆人'。"

盖尔曼思索了一会儿。"不，在中世纪苏格兰盖尔语中，它的意思更接近'主教的忠实信徒'。"

如果说洛斯阿拉莫斯还有人对此不甚了解，那么他们很快就领略到盖尔曼那卓越的语言能力所产生的极大说服力。卡拉瑟斯说："默里可以当场即兴发表一场鼓舞人心的演讲，可能不是丘吉尔风格的，但它的清晰与精彩令人无法抗拒。"他刚一加入讨论，就主张建立一个基础广泛的研究所，这得到了大多数研究员的赞同，而梅特罗波利斯和罗塔提出的研究所应专注于计算机研究的设想很快就失去了支持。

在1983年圣诞节之后，盖尔曼真正获得了大显身手的机会。考虑到盖尔曼、罗塔和派因斯都非常喜欢来新墨西哥州度假，而且盖尔曼刚在圣塔菲建成一座房子，于是考温抓住时机再度召开了一次研究员会议，以试图推进新研究所项目。

盖尔曼在会上使出了浑身解数。他告诉研究员们，这些狭隘的概念不够宏大。"我们必须给自己设定一项非常大的任务，那就是应对伟大的、正在涌现的科学大综合——它涵盖众多学科。"在19世纪，达尔文的生物进化理论就曾是这样一次科学大综合：它结合了生物学、地质学和古生物学的相关研究证据。其中生物学的考证揭示了不同种类的植物和动物之间有明显的联系；新兴的地质学研究成果表明地球非常古老，过去给我们提供了广阔的时间视野；古生物学则证明生活在遥远过去的动植物与今天的已大不相同。盖尔曼说，最近出现了被称为"大爆炸理论"的科学大综合，它详细描述了大约150亿年前，所有恒星和星系中的一切物质是如何在一场难以想象的宇宙大爆炸中形成的。

盖尔曼说："我认为，我们应该寻找的是当今正在涌现的、高度跨学科的科学大综合。"其中有一些已经取得了很好的发展，比如分子生物学、非线性科学、认知科学。但他说，肯定还有其他正在涌现的综合理论，新研究所应该致力于找出它们。

他补充道，无论如何，所选择的主题要能借助人们口中的那些大型、强力、高运速的计算机——不仅因为我们可以使用这些机器进行建模，而且因为这些机器本身就是复杂系统的例子。梅特罗波利斯和罗塔是完全正确的：计算机很可能成为这种大综合的一部分。但在开始之前，不要盲目。他总结道，如果我们真的决定要做这件事，就要做对它。

对他的听众来说，这些东西简直太令人着迷了。"我以前就说过这些，"盖尔曼说，"但也许之前的表述不那么令人信服。"

盖尔曼的演讲赢得了现场绝大部分人的支持。这是考温和大多数研究员近一年来一直试图表达的愿景。在那之后，大家几乎一致认同：研究员们将试图建立一个所涉及领域尽可能广泛的研究所。如果盖尔曼愿意走出去并打动潜在捐赠者——显然他愿意，那么也许是时候行动了。

然而，随着研究领域的问题得到解决，团队随后不得不处理一个相对具体的问题：到底谁来负责这项工作？谁来把研究所变为现实？

显而易见，每个人都望向考温。

事实上，这大概是考温自己最不想接手的工作。没错，成立研究所是他的主意，他对此从未动摇。他认为，成立研究所是应该做的，而且是必须做的。但恼人的是，考温成年后几乎一直在担任管理者。他实在厌倦了——厌倦总是为资金奔波，厌倦告诉朋友们自己必须削减他们的预算，厌倦只能利用周末时间偷偷做自己的科研工作。考温已经 63 岁了，他的笔记本里写满了从未有时间去研究的想法：寻找太阳中微子，研究一种极其罕见且有趣的放射性形式，即双 β 衰变——这才是他一直想从事的那种科学研究工作。现在，考温打算去做科研，不想再做管理工作。

当然，当派因斯提名他来领导研究所工作时，考温还是毫不犹豫地答应了。考温已经充分考虑过了，因为派因斯事先和他谈过提名的事。最终说服考温的，和当年诱使他在洛斯阿拉莫斯担任管理职位的是同一个理由："其他人也可以做科研管理，但我总觉得他们可能做得不对。"此外，除了考温，没有其他人会对这项管理工作自告奋勇。

没问题，考温告诉团队。他愿意成为那个承担一切的"小红母鸡"，至少在他们说服其他人接手之前。但考温有一个请求：在他负责研究所期间，他希望默里·盖尔曼能站在台前为研究所代言。

"当你去募集资金时，"考温说，"人们希望听到的是你明天将如何解决能源危机。但我们的起步要低得多。我认为，除了能提供一种看待世界的新方式之外，我们还需要几年的时间才能做出真正有用的东西。所以你只能这样说：'这是某某教授，他放弃了对夸克的研究，只为从事一些与你日常关注的问题更相关的研究。'他们可能不完全明白你在说什么，但至少会倾听。"

研究员们都同意了。由考温担任该研究所的所长和负责人，盖尔曼出任董事会主席。

乔治·考温

抛开他的沉默寡言，考温实际上特别适合担任研究所的负责人。考温的人脉遍布各地，当然这对他来说在所难免。新墨西哥州人口相对较少，这使得洛斯阿拉莫斯国家实验室的任何一位管理者都可以很容易结识本地的大人物。如果这位管理者恰好也是一位靠自己发家的大富豪，那就更容易了。

考温通常不会主动提起筹钱的话题，当有人问起时，他会略显尴尬。"如果有人告诉我这很困难——我只能说，我不同意。"

考温进一步解释说，早在 20 世纪 60 年代早期，"那时的洛斯阿拉莫斯是社会主义经济的理想范式：没有私人财产。人们根据职位级别和重要程度来分配房子，职位较低的人通常会被分配到类似军营的简陋棚屋。

"我当时正尝试招人——那时候通常是招男性，但这并不容易。因为新来的人必须住在那些棚屋里，这会直接导致他们夫妻失和。所以我们想说服政府开发房地产，但银行不愿意向政府设施提供贷款。所以我们对自己说：'我们要创办自己的储蓄和贷款机构。'我记得曾告诉妻子，我们可能会血本无归。她说：'没关系。'但我们并没有！储蓄和贷款机构产生了可观的利润，于是我们决定创办一家银行——洛斯阿拉莫斯国家银行，并很快大获成功。"

考温说："这一切只需要一位优秀的律师和几名友好的参议员。"

早在 1983 年夏天，考温就预见到研究所需要种子资金，于是他求助于一位老朋友：施皮格尔集团的继承人阿特·施皮格尔。考温和施皮格尔曾是圣塔菲歌剧院的初创团队成员，他知道施皮格尔及其妻子是新墨西哥州交响乐团的主要筹款人。施皮格尔对考温所谈论的新研究所一事不甚了解。但在他看来，这主意不错，哪怕只是作为针对日本在高科技领域日益领先的地位的回应。于是，他开始帮助考温在圣塔菲的富人圈子里寻求各种支持。圣塔菲的富人可真不少。

到 1984 年春天，施皮格尔已经从山区贝尔公司（前身为美国山区电话电报公司）和圣塔菲一家实力更强的储蓄和贷款机构（该机构后来破产了）筹集到一点现金，虽然金额不大。这时考温并未将筹款视为他的首要任务。他认为更重要的是做好基础工作。例如，在 1984 年复活节前后，考温自掏腰包花了 300 美元举办了一次午餐会，邀请了圣塔菲当地社会各界的领袖人物。

"从政治角度，有必要让他们了解我们的想法，争取获得他们的关注和支持。但我们并没有很强的目的性，只是不希望他们某天通过报纸才得知，一群来自洛斯阿拉莫斯的书呆子突然出现在圣塔菲，做一些他们不了解的事。"

这顿午餐虽然没有带来金钱上的回报，但它是一次很好的演练。盖尔曼到场并发表了演讲，受到大家的热烈欢迎：这可是诺贝尔奖得主!

同时，还要解决机构注册的问题：如果你要开始向别人募款，那么应该设置一个合法账户来存放资金，而不是只有个人支票账户。于是，考温和梅特罗波利斯去找了一位老朋友——杰克·坎贝尔。坎贝尔曾任新墨西哥州州长，现在是圣塔菲一家发展得非常不错的律师事务所的负责人。坎贝尔很热情。他说，在担任州长期间，他就一直想做这样的事情，新墨西哥州的大学已经太过脱离现实世界的问题。坎贝尔同意免费提供律师服务，帮考温整理注册文件以及起草机构章程。他还建议考温如何向美国国税局说明，这个刚刚起步的机构确实是非营利性质的。（众所周知，美国国税局对这类事情往往持怀疑态度，考温不得不飞往达拉斯当面进行论述。）

1984 年 5 月，圣塔菲研究所成立了。它没有办公室，没有员工，也基本上没有钱。事实上，它所有的不过是一个邮政信箱和一个电话号码，而且电话还设置在施皮格尔位于阿尔伯克基的办公室里。它甚至都没有一个合适的名字："圣塔菲研究所"这个名字已经被一家医疗服务机构抢先注册，考温和同事们不得不暂且将其命名为"格兰德研究所"（因为格兰德河流经该城镇以西几英里处）。但研究所现在真实存在了。

然而，他们依然面临着那个令人困扰的具体问题：研究所应该致力于研究什么内容？盖尔曼那富有远见的说辞固然很有吸引力，他也是个非常聪明的人。但在确切地了解该研究所将要做什么之前，或者在看到有一些证据表明它能成功运作之前，没有人会愿意投入数亿美元。

"赫伯，我们应该从何处着手？"那年春天，考温问洛斯阿拉莫斯的同事赫伯·安德森。赫伯说，他最喜欢的方式是把一群非常优秀的人聚集在一个研讨会上，让每个人都谈论自己最关心的事情。你可以通过邀请不同领域的人，来覆盖所有不同学科。如果个同学科之间真的存在交集，那么你会看到它从辩论中涌现出来。

"于是我说：'好的，由你来着手准备吧。'"考温说，"他也确实这么做了。"不久之后，派因斯主动提出要把这些研讨会组织起来，他很久之前就已经有这种想法。于是赫伯很高兴地把这个任务交给了他。

菲利普·安德森

1984 年 6 月 29 日，在普林斯顿大学的菲利普·安德森收到了派因斯来信，询问他是否有兴趣参加将于那年秋季举办的一场关于科学中"涌现的综合"的研讨会。

嗯，也许吧。安德森此时至少仍持怀疑态度。他听到很多关于这个机构的传闻。盖尔曼无论走到哪里都在宣传这个研究所，而在安德森看来，这个地方似乎正逐渐成为一个专为加州理工学院那些年迈的诺贝尔奖得主打造的安逸的退休场所——坐拥巨额的捐赠和巨大的科学光环。

毋庸置疑，安德森的成就与盖尔曼旗鼓相当。1977年，他因在凝聚态物理学方面的研究成果获得了诺贝尔奖。并且30年来，安德森一直是该领域的中心人物，就像盖尔曼在他那个领域的地位一样。但就个人而言，安德森鄙视那些虚幻的光环。他甚至不喜欢研究热门问题。每当他感觉到其他理论家正涌入他正在研究的主题时，安德森就会本能地转变方向。

尤其让安德森感到难以忍受的是，许多年轻的科学新秀将其专业当作学术地位的象征，而不管是否真的在专业上有所建树："看我，我是粒子物理学家！""看我，我是宇宙学家！"对于国会将大量资金挥霍在闪亮的新型望远镜和昂贵的新加速器上，而令那些规模较小——在安德森看来更具科学生产力——的项目只能挣扎求生的现象，安德森感到很愤怒。他已经在国会委员会面前花费了大量时间，对粒子物理学家最近宣布的耗资数十亿美元的超导超级对撞机计划进行猛烈抨击。

此外，安德森心想，圣塔菲的这帮人听起来就像一群业余爱好者。盖尔曼对组建一个跨学科研究所了解多少呢？他一生中从未参与过跨学科项目。派因斯至少还花了一些时间与天体物理学家合作，试图将固体物理学应用于中子星的结构。事实上，派因斯正和安德森一起研究这个问题。但其他人怎么样呢？安德森的大部分研究生涯都在贝尔实验室度过，这是一个典型的跨学科环境。所以他深知，这样的项目有多棘手。学术界从不乏新奇的研究所，但大多以惨败告终。它们不是被怪人接盘，就是高姿态地陷入停滞。事实上，安德森在普林斯顿大学就近距离观察到一个可悲的例子——声名显赫的"普林斯顿高等研究院"，奥本海默、爱因斯坦和冯·诺依曼都曾在此工作。普林斯顿高等研究院确实在一些方面做得很好，比如数学。但作为一个跨学科研究机构，安德森认为它彻底失败了。那里聚集了一群非常聪明的人，但他们各自为战，几乎不进行交流。安德森看到很多优秀的科学家走进那里，但他们的潜力从未得到充分开发。

尽管如此，安德森还是不由自主地对圣塔菲研究所产生了兴趣。颠覆还原论的潮流——这正符合他的风格。几十年来，他一直以个人身份与还原论进行抗争。

安德森回忆道，最早促使他采取行动的是 1965 年阅读粒子物理学家维克托·魏斯科普夫的一篇讲座记录。魏斯科普夫在讲座中似乎暗示了，"基础"科学（即粒子物理学和宇宙学的某些分支）在某种程度上区别于并且优于更偏应用性的学科，比如凝聚态物理学。深感恼火的安德森，带着一位被侮辱的凝聚态物理学家所独有的尖锐，立即准备了一场讲座进行反驳。1972年，安德森将讲座内容整理成一篇题为《多者异也》（More is Different）的文章，在《科学》杂志上发表了。从那以后，他就抓住一切机会来推广这一论点。

安德森说，首先，他是第一个承认存在一种哲学上正确的还原论形式的人，即相信宇宙受自然法则的支配。安德森说，绝大多数科学家都完全认同这一论断。实际上，如果他们不认同，很难想象科学何以存在。相信自然法则就是相信宇宙最终是可以理解的——那些决定星系命运的力量也可以决定地球上苹果的下落；那些使穿过钻石的光线产生折射的原子也可以形成活细胞的物质；那些大爆炸中产生的电子、中子和质子现在可以孕育出人类的大脑、心智和灵魂。相信自然法则，就是相信自然在最基本层次上的统一性。

然而，安德森说，这种相信并不意味着基本定律和基本粒子是唯一值得研究的东西，也不意味着只要你有一台足够强大的计算机，其他一切就都可以预测。但许多科学家似乎确实是这样认为的，他说。早在1932年，发现正电子（电子的反物质版本）的物理学家就宣称："（除粒子物理之外，）其余一切都是化学！"最近，盖尔曼本人更是将凝聚态理论贬斥为"肮脏态物理学"，这件事搞得众人皆知，这种傲慢让安德森感到极度愤怒。正如他在1972年的文章中所写，能够将一切还原为简单的基本定律，并不意味着能够从这些定律出发重建宇宙。事实上，基本粒子物理学家对基本定律的性质描述越多，它们与其他科学领域中真实问题的相关性就越小，更不用说社会问题了。

他解释道，这种"其余一切都是化学"的说法就是在胡说八道，一遇到规模和复杂性的双重挑战就会分崩离析。以水为例，水分子并没有什么复杂的：它只是一个大的氧原子和两个像米老鼠的耳朵一样附着其上的小氢原子构成。它的行为是由众所周知的原子物理方程决定的。但现在把数万亿这样的分子放在同一个容器里。突然间，你获得了一种闪烁、晃荡、汩汩流动的物质。这些数以万亿计的分子共同获得了一种性质，即"流动性"。这种性质是它们单独存在时所不具备的。事实上，除非你确切地知道从何处以及如何探寻这种性质，否则在那些广为人知的原子物理方程中，没有任何东西能暗示这种性质。这种流动性是"涌现"出来的。

安德森说，同样的道理，涌现特性往往会产生涌现行为。例如，将这些液态水分子冷却在0℃的温度下，它们会突然停止随机翻滚。取而代之的是，它们会经历"相变"，将自己锁定在"冰"这种有序晶体阵列中。相反，如果你加热液体，这些翻滚的水分子会突然飞离，并发生相变，变成水蒸气。而对于单个分子来说，这两种相变都没有任何意义。

安德森说，事实就是这样。天气是一种涌现特性：当水蒸气来到墨西哥湾上空，与阳光和风相互作用，它可以自组织成一种被称为飓风的涌现结构。生命是一种涌现特性，是DNA分子、蛋白质分子和无数其他种类分子遵循化学定律的产物。心智也是一种涌现特性，是数十亿个神经元遵循活细胞的生物法则的产物。事实上，正如安德森在1972年的那篇文章中所指出的，你可以将宇宙视为正在形成一种层级结构："在每一个复杂层级上，都会涌现出全新特性。在每一阶段，都需要全新的定律、概念和通则，需要与前一阶段一样多的灵感和创造力。心理学不是应用生物学，生物学也不是应用化学。"

阅读过安德森 1972 年的那篇文章或与之交谈过的人，都不会对安德森的立场有任何怀疑。对安德森来说，无尽的涌现性质是科学中最引人入胜的奥秘。相比之下，夸克就显得无趣了。这就是他最初选择研究凝聚态物理学的原因：这是一个充满涌现现象的奇妙世界。（1977 年，诺贝尔物理学奖授予了安德森，以表彰他对某些金属从导体变成绝缘体所经历的一种微妙相变做出的理论解释。）这也是为什么凝聚态物理学从来都不能满足他。1984 年 6 月，当收到派因斯的邀请时，安德森正忙于应用在物理学中开发的技术来理解蛋白质分子的三级结构，以及分析神经网络的行为——这些由简单处理器组成的网络试图以类似大脑中神经元网络的方式进行计算。安德森甚至设法解决了一个终极谜团，提出了一个模型，揭示了地球上最早的生命形式可能是从简单化合物的集体自组织中产生的。

安德森想，如果这个圣塔菲团队是认真的，他很愿意前去领教，当然，前提是他们是认真的。

在收到派因斯的邀请几周之后，安德森终于有机会去一探究竟。碰巧，那年夏天，他担任了阿斯彭物理中心的董事会主席。这里是一个理论物理学家的夏季休假地，位于阿斯彭研究所对面的广阔草地上。安德森已经计划在那里与派因斯会面，讨论一些关于中子星内部的计算问题。因此，两人在派因斯的办公室一见到面，安德森便直奔主题："好吧，戴维，这件事是随便搞着玩的还是认真的？"安德森很清楚派因斯要说什么——"这件事是认真的"——但他还是想亲耳听到。

派因斯尽了最大努力使这个研究所项目听起来靠谱，他非常希望安德森能参与进来。尽管安德森仍然持怀疑态度，但其兴趣和洞察力丝毫不亚于盖尔曼。对于盖尔曼领衔的基本粒子物理学，安德森成为一种必要的制衡力量。并且，毫无疑问，安德森的诺贝尔奖荣誉将使研究所的声望提升到一个新的高度。

因此，派因斯向安德森保证，该研究所是真正致力于各个学科之间的交叉领域，而不是仅仅追逐热门话题。派因斯强调，该研究所不会成为任何个人的阵地或者任何组织的附庸，包括盖尔曼和洛斯阿拉莫斯——派因斯知道这是安德森无法接受的。在研究所筹备过程中，考温发挥着主导作用，派因斯也发挥着主导作用。如果安德森加入，派因斯会确保他也成为主导力量。接着，派因斯还进一步询问安德森：有没有合适的演讲者可以推荐参加研讨会？

派因斯的话奏效了。当安德森发现自己在认真思考推荐哪些演讲者和话题的时候，他就知道自己已经被深深吸引。这个让他有参与感的机会太诱人了。"我感觉自己可以对研究所产生一些影响，"他说，"如果研究所真的能做起来，我渴望在那里尽我所能推动其发展，避免重蹈覆辙，让它尽可能按正确的方式发展。"

关于研讨会和研究所的讨论持续了整个夏天，因为盖尔曼和卡拉瑟斯刚好也在阿斯彭。安德森在夏末一回到普林斯顿大学，就立刻写下了三四页纸的建议，关于如何组织研究所以避免潜在问题。（主要的观点就是：不要设立单独的部门！）

他还预订了秋天去圣塔菲的机票。

"我究竟在这里干什么？"

事实证明，组织研讨会是一件相当棘手的事。其实，筹集资金并不太难。盖尔曼利用自己的人脉从卡内基基金会筹得 25 000 美元。IBM 也捐赠了 10 000 美元。考温从麦克阿瑟基金会又筹得了 25 000 美元。（身为麦克阿瑟基金会董事会成员，盖尔曼觉得自己直接出面不太合适。）

然而，较为棘手的问题是应该邀请谁参加。"问题在于，"考温说，"能否让人们就不同学科交叉领域正在发生的事情进行交流，相互激发灵感？我们能否建立一个真正能够培养这种氛围的科学社区？"这样的会议很容易陷入相互不理解，每个人都自说自话的境地，甚至有人可能会因为极度无聊而先行离场。要防止这种情况发生，唯一方法的是邀请适合的人来参加。

考温说："我们不欢迎那些独来独往、整天把自己关在办公室里写书的人。我们需要交流，需要热情，需要相互之间的灵感激发。"

考温特别强调，研讨会需要的是那些在某一学科领域展现出真正的专业知识和创新能力，同时又愿意接纳新思想的人。然而令人唏嘘的是，这两种特质的结合在现实中相当罕见，即便在（或者说尤其在）最负盛名的科学家中。盖尔曼推荐了一些可能符合这些条件的人选。"盖尔曼对于人的智力素质有着极高的鉴赏力，"考温说，"他阅人无数。"赫伯·安德森、派因斯和菲利普·安德森也分别推荐了一些人。"菲利普·安德森见识非凡，"考温说，"他对于在他看来虚有其表的人毫不留情。"考温说，他们花费了一个夏天的时间进行跨国电话沟通和头脑风暴，只为寻找一个涵盖领域足够广泛的人才组合。最终，他感觉他们找到的是"一份令人惊叹的优秀人才名单"，从物理学家到考古学家，再到临床心理学家。

当然，无论考温还是其他人，都无法预料这些人聚在一起会发生什么。

实际上，由于日程安排的冲突，他们无法同时聚在一起。派因斯不得不将研讨会安排在两个周末进行，分别是 1984 年的 10 月 6—7 日和 11 月 10—11 日。但考温回忆，在那段时间里，即使是这个缩减版研讨小组也起步艰难。盖尔曼在 10 月 6 日的会议伊始发表了长达 45 分钟的演讲，题为"研究所的构想"。这篇演讲本质上是盖尔曼在前一年圣诞节对研究员们发表的关于科学中"涌现的综合"宣言的扩展版。然后，大家就如何将这个构想转化为真正的科学议程和实体的研究所，进行了广泛讨论。考温表示："发生了一些争论。"一开始，要找到共同点并不容易。

例如，芝加哥大学的神经科学家杰克·考温（与乔治·考温并无亲属关系）主张，分子生物学家和神经科学家是时候开始更多地关注理论思考，以便从他们搜集的大量单细胞和单分子数据中寻找意义。有人立即反驳，认为细胞和生物分子过于依赖随机进化，理论对其帮助有限。然而，杰克·考温早已听过这种论调，并坚定地维护自己的观点。他以由佩奥特掌（一种蓝绿色小仙人掌，有致幻作用）或LSD（麦角酸二乙基酰胺，一种致幻剂）引发的视幻觉为例。产生这种幻觉的人会看到格子状、螺旋状和漏斗状等形状的图案。杰克指出，每一种图案都可以解释为穿过大脑视觉皮层的线性电活动波。他进一步提出，或许我们可以借助物理学家所用的基于数学原理的场论来模拟这些波动。

来自美洲研究学院——一家位于圣塔菲的考古研究中心，也是这次研讨会的主办地——的道格拉斯·施瓦茨认为，考古学是一个特别适合与其他学科交互的领域。他指出，考古学研究者面临着三大基本谜团。第一，非人灵长类动物是从何时开始获得人类的特性的，包括复杂的语言和文化？是在近百万年前，随着直立人的崛起而发生的吗？还是仅在几万年前，当尼安德特人让位于成熟现代人类（即智人）时发生的？无论哪种情况，是什么导致了这种变化？地球上还有数以百万计的物种，它们的大脑并没有像人类这么大，但它们仍然过得很好。那么，为什么人类如此与众不同？

第二，施瓦茨说，为什么农业和固定居所的生活方式会取代狩猎和采集的游牧生活方式？第三，是什么力量触发了文化复杂性的发展，包括行业的分工、精英的崛起，以及基于经济和宗教等因素的权力结构出现？

施瓦茨表示，尽管美国西南部阿纳萨齐文明兴盛与衰亡的考古遗迹为研究后两个问题提供了极好的实地研究场所，但这些谜团都还没有得到真正的解答。他认为，唯一能找到一些答案的希望，在于考古学家与其他领域专家之间展开前所未有的合作。实地研究需要物理学家、化学家、地质学家和古生物学家更多的投入，以帮助重建古代气候和生态系统的变化过程。他说，不仅如此，考古学家还需要历史学家、经济学家、社会学家和人类学家的介入，以帮助他们了解古人行为背后的动机。

这种观点引起了芝加哥大学考古学家罗伯特·麦科马克·亚当斯的共鸣。几周前，亚当斯刚刚宣誓就任史密森学会秘书长。亚当斯透露，至少在过去 10 年中，他对于人类学家采用渐进式方法理解文明演变，已经越来越失去耐心。在美索不达米亚的考古挖掘中，他看到那些古老的文化所经历的混乱的动荡和剧变。亚当斯开始越来越将文明兴衰视为一种自组织现象。在这一过程中，人类在不同的时间，为应对不同环境，选择不同的社会文化方向。

普林斯顿高等研究院的斯蒂芬·沃尔弗拉姆也以一种全新的方式探讨了自组织这一主题，这位来自英国的 25 岁天才，正在致力于从最基本的层面研究复杂性现象。事实上，他已经在与伊利诺伊大学商讨在那里建立一个复杂系统研究中心。他指出，每当你研究物理学或生物学中任何复杂的系统，通常会发现基本组件和基本定律都非常简单；复杂性的产生，是因为有大量简单组件同时相互作用。实际上，复杂性存在于组织中——系统组件能够以无数种可能的方式相互作用。

沃尔弗拉姆表示，近期他和许多其他理论家已经开始利用元胞自动机来研究复杂性，这些元胞自动机本质上是根据程序员设定的规则在计算机屏幕上生成模式的程序。元胞自动机的优点在于其定义精确，因此可以进行详细分析。不过，它们可以用非常简单的规则来生成足够丰富的模式，具有惊人的活力和复杂性。沃尔弗拉姆说，理论家们面临的挑战，是系统阐述能够描述复杂性在自然界中何时涌现以及如何涌现的普遍定律。虽然答案尚未揭晓，但他仍然保持乐观。

同时，沃尔弗拉姆补充道，无论对新研究所有什么其他的打算或计划，都要确保为每位研究员配备最先进的计算机。计算机是进行复杂性研究的必备工具。

讨论还在继续。接下来的问题是：应该如何组建这个研究所呢？位于芝加哥郊外的费米国家加速器实验室的创始主任罗伯特·威尔逊表示，研究所与实验者保持密切联系至关重要，如果理论过多，可能会陷入过度的自我反思。IBM 首席科学家路易斯·布兰斯科姆强烈支持建立一个没有部门壁垒的研究所，人们可以在那里进行创造性的交流和互动。他说："要使人们能够借鉴和学习他人的创新想法，这很重要！"

考温说，到了第一天的午餐时间，参会者对自己的任务逐渐燃起热情。幸运的是，此时的圣塔菲展示出了其独特的秋日魅力。人们排队取完自助餐，把盘子端到外面，在美洲研究学院的操场上继续交谈和争论。（这所学院坐落在一处庄园上，庄园曾经的女继承人颇为古怪，在此埋葬了 220 只狗。）考温说："他们开始意识到有些事情正在发生，于是开始敞开心扉。"到了第二天，也就是周日，"这件事变得非常令人兴奋"。到了周一早上，当参会者们返程时，每个人心里都很清楚，这里真的可能会成为科学研究的核心所在。

卡拉瑟斯就是参会者之一，他感觉这个周末仿佛身处天堂。"这里聚集了全世界许多领域里最具创造力的人，他们彼此之间有很多话要说。"卡拉瑟斯如此说道，"他们基本上有着相同的世界观，在某种意义上，似乎都认为'涌现的综合'实际上意味着对科学的重构——科学不同领域的交叉主题将以一种新的方式组合在一起。我还记得和杰克·考温（斯坦福大学的种群生物学家）、马克·费尔德曼以及各种数学家的讨论，我们有不同的学科研究文化，但我们发现彼此所研究的问题在技术和结构层面有巨大的重叠。其中的部分原因可能在于人类的思维遵循某些固有模式。但是，这些研讨会把所有人都变成了真正的信徒。我不愿意称其为一种宗教体验，但它已然非常接近。"

埃德·纳普曾在洛斯阿拉莫斯国家实验室工作，后到华盛顿担任国家科学基金会主任一职。他也参与了研究所早期的一些讨论。对于埃德来说，发现自己突然身处众多杰出人士之中，令他感到十分震撼。他一度走到卡拉瑟斯面前问道："嘿，我究竟在这里干什么？"

史密森学会的鲍勃·亚当斯也有类似的感受。"这是一系列精彩的报告，"他说，"当事情正在酝酿中，而你开始试图建立一些小的关联，然后你去参加圣塔菲的研讨会，突然间发现在神经生物学、宇宙学、生态系统理论等多个领域都开始了相关的探索。你肯定会想要参与其中。"

第二次研讨会在一个月后举行，参会者全是新面孔，但效果和首次研讨会一样好。就连安德森都感到印象深刻。"你会不由自主地充满热情。"他说。这次研讨会消除了安德森心中对这个机构的最后一丝疑虑：这个机构真的和他所了解的所有其他高级研究机构都不同。"它将会更加注重跨学科研究，"安德森说，"大家真的会专注于各个领域之间的交叉部分。"而且，研讨会上确实产生了一些东西。"虽然现在还不清楚所研讨的议题是否都会被列入议程，但很明显，其中许多是有可能的。"

更重要的是，研讨会让考温的大统一科学构想变得明晰，这正是他所急需的。正如盖尔曼所回忆的："我们发现了很多相似之处。在各个领域呈现的事物有大量的共同特征。你必须仔细观察，但一旦你看透了所有专业术语，就会发现它们的共性。"

尤其是，这两次创始研讨会明确了，每个相关主题的核心都有一个由众多"主体"构成的系统。这些主体可能是分子、神经元、物种、消费者，甚至是公司。但无论其本质如何，这些主体都在通过相互适应和相互竞争不断组织和重组成更大的结构。因此，分子会形成细胞，神经元会形成大脑，物种会形成生态系统，消费者和公司会形成经济体，等等。在每个层面都会形成新的涌现结构，并从事新的涌现行为。换句话说，复杂性实际上是一门关于涌现的科学。考温一直试图阐明的挑战，就是寻找涌现的基本规律。

也正是在这个时候，这门新的统一性科学获得了一个名字：

复杂科学。"这个名字比之前使用的任何其他词语，包括'涌现的综合'，都更能全面地涵盖我们所做的一切。"考温说，"它囊括了我感兴趣的所有事物，很可能也囊括了研究所里其他人感兴趣的所有事物。"

因此，在两次创始研讨会之后，考温和团队正式开启了工作。万事俱备，他们现在只需要等待那位期待中的捐赠者站出来。

约翰·里德

15 个月后，他们还没有等到。回顾那段时期，考温坚持称他仍然对资金的到来充满信心。"那是一个孵化期，"他说，"我感觉事情进展得相当快。"但团队中的其他人都很焦急，仿佛焦虑到了极点。"紧迫感越来越强，"派因斯说，"如果不能保持一定的势头，那么我们就会失去支持。"

诚然，这段时间并非完全没有成果。事实上，在这 15 个月里，许多方面进展得相当顺利。考温和同事们筹集到了足够的资金来举办研讨会。他们敲定了无数的组织细节问题。他们说服了曾在洛斯阿拉莫斯国家实验室理论部门担任卡拉瑟斯的得力助手的迈克·西蒙斯兼任研究所副所长，从而减轻了考温的许多行政压力。他们甚至重新获得了想要的名字。此前他们只是出于不得已，才接受了"格兰德研究所"这个名字。在研究所成立一年多以后，当地一家想叫这个名字的公司找过来，他们立刻回应："当然可以，前提是你帮我们获得想要的名字。"于是，该公司从那家奄奄一息的医疗服务机构手中买下了"圣塔菲研究所"这个名字，并顺利交换。

也许最重要的进展是，考温和团队巧妙地处理了一个涉及盖尔曼的潜在危机。盖尔曼仍然是一位非常鼓舞人心的演说家，也继续利用人脉为研究所的董事会招募了一些新成员。"我总以为他们会说：'不，我很忙。'"盖尔曼说，"但他们的回答几乎总是：'哦，天哪，有兴趣！什么时候能来？我喜欢这个主意，这个机会我等一辈子了！'"

然而，作为董事会主席——主要负责筹集资金的人，默里·盖尔曼根本没有取得任何进展。委婉地说，他并非天生的管理者。考温很生气："默里总是在其他地方。"盖尔曼插手了许多项目，但并非所有项目都在圣塔菲。他的办公桌上堆满了文件，他也不回电话，找他的人都快疯了。最终，在 1985 年 7 月，通过在派因斯位于阿斯彭的家中召开了一次高管会议，这个问题才得以圆满解决。盖尔曼同意辞去董事会主席的职务，转而担任新成立的科学委员会主席，这样他就可以愉快地规划研究所的学术议程了。新任董事会主席将由刚刚结束国家科学基金会任期的埃德·纳普担任。

尽管考温等人频频试探，但他们所期待的 1 亿美元天使投资仍未实现。主流基金会并不太想把资金投入这样一个听起来不太靠谱的想法，尤其是在里根政府削减预算的背景下，当时许多既定研究项目急需帮助。卡拉瑟斯说："我们打算解决现代世界所有悬而未决的问题。"很多人听到只是笑了笑。

与此同时，联邦政府背景的资助还存在很大的不确定性。纳普在国家科学基金会的继任者埃里克·布洛赫似乎愿意为圣塔菲研究所提供一些急需的种子资金，但他肯定不会拿出 1 亿美元这种体量，只能拿出，比如说 100 万美元。考温的老朋友阿尔文·特里韦尔皮斯也是如此，他现在是能源部的研究负责人。布洛赫甚至提出了由两个机构联合提供资金的可能性。问题在于，除非圣塔菲研究所能够整理出一份正式的提案并获得批准，否则一切都是空谈——考虑到目前研究所的每个人都只是兼职，这一过程可能需要好几年时间。在那之前，考温几乎没有运营资金，圣塔菲研究所似乎陷入了困境。

因此，1986 年 3 月 9 日的董事会会议上，大家的主要任务就是集思广益，找出潜在捐赠者。许多想法被提出并讨论。实际上，直到会议快结束时，坐在会议桌另一端、靠近房间后方位置的鲍勃·亚当斯才有些不自信地举起了手。

亚当斯提到，他最近在纽约参加了拉塞尔·塞奇基金会的董事会会议，该基金会为社科类的研究提供了大量资金。在那里，他与一位朋友约翰·里德交谈过，这位朋友是花旗集团的新任首席执行官。据亚当斯说，里德是一个非常有趣的人。他刚满 47 岁，是美国最年轻的首席执行官之一。他在阿根廷和巴西长大，因为父亲曾在那里担任阿穆尔公司（一家美国肉类加工企业）的高管。他在华盛顿与杰斐逊学院获得了文科学士学位，又在麻省理工学院获得了冶金学学士学位，还在麻省理工学院斯隆商学院获得了商学硕士学位。他非常了解科学，而且似乎真的很喜欢与拉塞尔·塞奇基金会董事会的学术界人士交流想法。

亚当斯说，在一次茶歇期间，他尽力向里德解释了研究所的情况，而里德对此表现出了极大的兴趣。当然，里德并没有 1 亿美元可以随便捐赠。但他想知道，圣塔菲研究所是否能帮助他更好地理解世界经济。当涉及全球金融市场时，里德很确定，专业经济学家们太过脱离现实了。在里德的前任沃尔特·瑞斯顿领导下，花旗集团刚刚在第三世界债务危机中损失惨重，不仅在一年内损失了 10 亿美元的利润，还有 130 亿美元的贷款可能永远无法收回。集团内部的经济学家不仅没有预测到危机，他们的建议反而让情况变得更糟。

因此，里德认为可能有必要采用一种全新的经济学研究方法，他询问亚当斯，圣塔菲研究所是否有兴趣解决这个问题。里德甚至表示，他愿意亲自到圣塔菲来讨论这件事情。你们觉得怎么样？

据派因斯说，在亚当斯说完后，"我几乎没有迟疑，就说道：'这个主意太棒了！'"考温也紧随其后。"把里德带来，"他说，"我会找到资金来支持这次会面的。"盖尔曼和其他人也纷纷表示赞同。他们都清楚，此时要解决像经济学这样复杂的问题，至少提早了 20 年。考温说："这触及了最高级别的难度，因为涉及人类行为。"但管它呢！按照研究所现在的进展，他们无法对任何人说不。这值得一试。

菲利普·安德森在电话里告诉派因斯，他确实对经济学感兴趣。事实上，这是他的一种爱好。这次与里德的会面听起来确实很有趣。"但是，戴维，我来不了，我太忙了。"

派因斯知道安德森讨厌旅行，但他继续对安德森说，如果安排得过来，你可以乘坐里德的私人飞机。你可以带上妻子，你们可以尽情享受私人飞机的乐趣。而且飞机会直接把你送到目的地，路途上的时间可以缩短6个小时。你还将有机会了解约翰·里德，并与他讨论这个项目。你还可以……

"好了好了，我来就是！"安德森说。

1986年8月6日，周三，傍晚时分，安德森和妻子乔伊斯登上了花旗集团的喷气式飞机，飞向圣塔菲。安德森不得不承认，私人飞机确实很快，但也确实很冷。花旗集团喷气式飞机的飞行高度约为50 000英尺[①]，远高于商业空域，其加热器似乎无法应对这种寒冷。乔伊斯·安德森盖着毯子蜷缩在后排座位，而安德森本人则坐在前面，与里德和他的3名助手——拜伦·克涅夫、尤金妮娅·辛格和维克多·梅内塞斯谈论经济学。麻省理工学院的卡尔·凯森也加入了进来，他是一位经济学家，曾任普林斯顿高等研究院院长，现在担任拉塞尔·塞奇基金会和圣塔菲研究所的董事会成员。

安德森发现里德正如亚当斯所描述的那样：聪明、直率、颇善言辞。在纽约，里德因大规模解雇员工而出名。但他本人给安

[①] 1英尺≈0.3米。——编者注

德森的印象是随和、谦逊，是那种喜欢把一条腿搭在座位扶手上聊天的首席执行官。里德显然没有因安德森诺贝尔奖得主的名号而怯场。他说自己一直很期待这次会议，就像他同样喜欢拉塞尔·塞奇基金会董事会和他所在的各种学术委员会的会议。"我觉得这种事情很有意思，"他说，"让我有机会和一群学术知识分子交流，他们看待世界的方式与我日常工作中的视角截然不同。我觉得能够从两种不同的角度看问题，会让我受益匪浅。"在这个特殊场合，里德说起他曾花时间思考如何向一群学者阐述他对世界经济的独特看法。这让他感到非常有趣。"向学者解释这个问题，显然和向银行家解释的方式大不相同。"

对安德森来说，这趟圣塔菲之行无疑是一场关于物理学、经济学和变幻莫测的全球资本流动的精彩漫谈。他还发现，里德的一名助手——尤金妮娅·辛格尤其不可忽视。机舱内的辛格尽管穿着几层毛衣还是冻得瑟瑟发抖，她为里德做了一项计量经济学模型调查，所针对的是美国联邦储备银行、日本银行和其他机构用来模拟世界经济的大型计算机模型。她这次一起过来是要就这一调查结果与大家进行探讨。安德森立刻对辛格产生了好感。

其实，辛格瑟瑟发抖并非仅仅因为机舱内的温度。"约翰把我卷入了一个恐怖的境地！"她笑着说。她只有一个数理统计方面的硕士学位，而且近期几乎没有在该领域的工作经验。"约翰却让我去跟那些获得诺贝尔奖的物理学家交谈！说实话，我觉得自己的技术水平还远远不够。"

"这是我唯一一次试图拒绝约翰的任务，"她说，"但他轻描淡写地表示：'尤金妮娅，你会处理得很好，你对这件事的了解比那些科学家更深入。'"所以，尽管犹豫，辛格还是来了。事实证明，里德的判断是对的。

这次会面由亚当斯和考温共同主持，于第二天早上8点在位于圣塔菲以北约10英里的兰乔·恩坎塔多度假农场召开。只有十几个人出席会议，其中包括考温的老朋友杰里·盖斯特。盖斯特是新墨西哥州公共服务公司的董事长，也是这次会议的赞助人。这次活动并不真正旨在进行学术交流，更像是一场展示和介绍，双方都在试图说服对方去做自己想做的事情。

手拿一堆幻灯片的里德率先发言。里德的大意是，他陷入了世界经济体系与经济学分析不相吻合的泥潭中。当里德面临风险和不确定性时，现有的新古典主义理论和基于这一理论的计算机模型，无法提供他所需要的实时决策信息。其中一些计算机模型非常复杂。辛格稍后会更详细地介绍其中一个，它用4 500个方程和6 000个变量覆盖整个世界。然而，没有一个模型真正涉及社会和政治因素，而这些因素往往才是最重要的变量。大多数模型都假定建模者会手动输入利率、货币汇率和其他此类变量，而这些正是银行家想要预测的数据。几乎所有的模型都倾向于假设世界永远不会太过偏离静态经济平衡，然而实际上，世界不断受到经济冲击和动荡的影响。简而言之，大型计量经济学模型常常让里德和同事们别无选择，只能依赖直觉，结果可想而知。

最近的世界经济动荡就是一个很好的例子，标志性事件是1979年卡特总统任命保罗·沃尔克为美联储主席。里德解释说，这场动荡的历史实际上始于20世纪40年代，当时世界各国政府都在努力应对两次世界大战和大萧条带来的经济后果。它们的努力最终体现为1944年《布雷顿森林协定》的签订，并使人们普遍认识到，世界经济的联系已经比以往任何时候都更加紧密。在新的制度下，各国不再将孤立主义和保护主义作为国家政策工具；相反，它们同意通过世界银行、国际货币基金组织和关税及贸易总协定等国际机构来进行运作。里德说，这个制度是有效的。至少在金融领域，全世界在大约25年的时间里相当稳定。

然而，随后到来的20世纪70年代，经历了1973年和1979年两次石油危机，尼克松政府决定让美元汇率在世界货币市场上自由浮动，再加上失业率上升，"滞胀"猖獗——在布雷顿森林体系下拼凑起来的经济体系开始瓦解。资本开始以越来越快的速度在世界各地流动。曾经渴望投资资本的第三世界国家现在开始通过大量借贷来建设自身经济——这也得益于美国和欧洲的公司纷纷将生产转移到海外，以最大限度地降低成本。

里德表示，根据其内部经济学家的建议，花旗集团和许多其他国际银行欣然向这些发展中国家提供了数十亿美元的贷款。当美联储新任掌门人保罗·沃尔克发誓要不惜一切代价控制通胀，即使这意味着要大幅提高利率并引发经济衰退时，没有人真正相信美联储会这么干。事实上，银行及其经济学家并没有意识到，全球各国央行领导人都在做类似表态。没有哪个民主国家能承受经济衰退的痛苦，难道不是吗？因此，花旗集团和其他银行直到20世纪80年代初仍一直在向发展中国家提供贷款——直到1982年，先是墨西哥，然后是阿根廷、巴西、委内瑞拉、菲律宾等，许多国家接连宣布，由于反通胀举措引发的全球经济衰退，它们将无法偿还贷款。

里德说，自从1984年就任花旗集团首席执行官以来，他的大部分时间被用来收拾这个烂摊子。截至目前，花旗银行已经因此损失了数十亿美元，全球范围内银行业共损失约3 000亿美元。

那么，里德究竟在寻找什么样的替代性经济理论呢？他并不指望新的经济理论能精准预测到具体哪个人，比如保罗·沃尔克，会被任命为美联储主席。但是，个更贴近社会和政治现实的理论，应该能预测到会有一个像沃尔克这样的人被任命，毕竟，沃尔克只是在出色地完成控制通胀这一政治层面的必要目标。

里德说，更重要的是，一个更好的经济理论要能够在沃尔克采取行动时，帮助银行理解其行动的重要性。"任何能增进我们对经济环境的理解，加深对所处经济动态的认识的事情，都是值得的。"他说。据里德对现代物理学和混沌理论的了解，物理学家们的一些想法可能用得上。圣塔菲研究所能帮上忙吗？

圣塔菲研究所的参会代表们被深深吸引，对于他们中的大多数人来说，这是全新的知识。他们同样对尤金妮娅·辛格关于全球计算机模型的详尽综述感兴趣。其中包括有6 000个变量的链路项目、美联储多国模型、世界银行全球发展模型、惠利贸易模型和全球优化模型。然而，辛格总结道，这些模型都无法完全满足需求，尤其是在应对变革和动荡时。

于是，再次回到这个问题：圣塔菲研究所能帮上忙吗？

也许能。下午的大部分时间都被圣塔菲研究所的展示和介绍占据。安德森谈论了关于涌现的集体行为的数学模型。其他人则谈论了如何利用先进的计算机图形将大量数据转化为生动且易于理解的模式；如何使用人工智能技术模拟能适应、进化并从经验中学习的智能体；以及利用混沌理论来分析和预测股市价格、天气记录等看似随机的现象的可能性。最后，不出所料，双方达成了共识，认为开展一个经济学项目是值得尝试的。安德森回忆道："我们都认为这里存在一个潜在的智识议题——现代均衡经济学中到底缺少了什么，才使得约翰所说的那种动荡成为可能？"

不过，圣塔菲的团队表现得非常谨慎。尽管考温和其他团队成员都非常渴望能得到花旗集团的资助，但他们也想让里德明白，他们不承诺创造奇迹。是的，圣塔菲研究所的学者们确实有一些想法，可能有所帮助。但这是一个高风险的项目，可能并不会取得任何实质性成果。对于这个刚刚起步的研究所来说，最不需要的就是过高的期望和过度炒作；如果他们承诺一些无法实现的事情，那无异于自掘坟墓。

里德表示完全理解。"我的观点是，我并不期待我们能得到一些实质性的成果。"他回忆道。里德只是想要一些新想法。因此，他承诺不会对项目成果设定时间期限，甚至不会定义一个具体可交付的成果。只要圣塔菲研究所开始着手研究这一问题，并且逐年取得明显的进展，那就足够了。

"这激发了我做这件事的热情。"安德森说。团队一致认为，下一步要做的是举办另一场会议，一场扩大版的研讨会，届时将邀请大量经济学家和物理科学家坐在一起研究这些问题，并制订一个真正的研究计划。如果里德准备投一点钱来支持这一尝试，圣塔菲研究所将很乐意承担这项工作。

就这样，合作顺利达成。第二天早上，里德让东海岸的机组人员在凌晨5点起床，挤进豪华轿车，前往圣塔菲机场。他想尽快回到纽约，投入新一天的工作。

肯尼斯·阿罗

"不行，戴维，"安德森说，"我没时间组织这个新的经济学研讨会。"

"但是，菲利普，"派因斯在电话里说，"当我们与里德见面时，你提了很多有趣的观点。这次新的研讨会将是一个非常难得的机会。你来邀请物理学家，我们会找一位顶尖经济学家来邀请其他的经济学家。"

"算了吧。"

派因斯接着说："我知道这是又给你增加了任务。但我想你会发现它真的很有趣，好好考虑一下，和你妻子谈谈吧。如果你答应组织，我也会帮忙。你不会孤军奋战。"

"好吧，"安德森无奈地叹口气，"好吧，我来组织。"

已经答应下来的安德森，却不知道该如何着手。他从未组织过这样一场活动。但谁又组织过呢？显然，首先要做的是找到一个人来负责会议的经济学部分。他确实认识一位经济学家：耶鲁大学的詹姆斯·托宾。他们两人在伊利诺伊州厄巴纳-香槟市的一所大学附属高中是校友，托宾比他早几届毕业，而且托宾还获得了诺贝尔经济学奖。"詹姆斯，"安德森在电话里问道，"你对这件事感兴趣吗？"

托宾在听安德森解释完来电意图后，直截了当地拒绝了。他并不是最适合的人选，但斯坦福大学的肯尼斯·阿罗可能挺合适。事实上，如果安德森愿意，他很乐意帮忙联系阿罗。

在向阿罗描述这个项目时，托宾显然非常热情。当安德森打电话给阿罗时，阿罗确实表现出了极大的兴趣。"阿罗和我在电话里聊了很多，"安德森说，"事实证明，我们有着非常相似的想法。"尽管阿罗是主流均衡经济学的创始人之一，但他和安德森一样，一直保持着一种打破传统的思考方式。阿罗非常清楚一般均衡理论的缺点。事实上，他能比大多数评论家更清楚地表达其缺陷。他甚至会偶尔发表所谓的"异见"论文，呼吁采取新的研究方法。例如，他曾敦促经济学家更多地关注真实的人类心理，最近他对在经济学分析中使用非线性科学和混沌理论的可能性饶有兴趣。因此，如果安德森和圣塔菲研究所的研究团队认为他们可以朝着新方向前进——阿罗说，"这听起来确实很有吸引力"。

于是，安德森和阿罗各自开始起草名单，选择标准与创始研讨会时的几乎一样：要找那些既有卓越的专业背景，又保持开放思想的人。

阿罗尤其觉得，他需要找的是那些对正统经济学观点有深入理解的人。阿罗并不介意人们批评一般均衡理论，但希望他们在批评之前，能够充分理解所批评的内容。于是，阿罗思考一番，写下了几个名字。

然后，他还想加入一些倾向于实证研究的人。阿罗认为，一个只有新古典主义理论家的团队是不健康的，需要有人来提醒你一般均衡理论所无法解决的问题。阿罗想起了去年听过的一场研讨会上有个发言的年轻人，他在人口统计学方面成就突出，并且一直在谈论报酬递增的问题。他做得相当不错。

于是，阿罗在名单上写下了一个名字：布莱恩·阿瑟。

第三章

造物者的秘密

1986 年秋，就在菲利普·安德森和肯尼斯·阿罗为经济学研讨会起草名单的同时，乔治·考温与圣塔菲总教区签署了一项租约，将克里斯托·雷伊修道院租用 3 年。这是一栋一层的土坯建筑，位于名为峡谷路的弯曲小巷里，就在沿巷的一片昂贵的艺术画廊之后。

时机终于到了。当时，得益于麦克阿瑟基金会等资助来源，考温和同事已经开始雇用一小批研究所员工。这些员工迫切需要一个属于自己的空间。此外，由于即将举办经济学研讨会以及计划中的其他几个研讨会，研究所迫切需要一点办公空间，以便满足访问学者对办公桌和电话的需要。考温认为修道院虽小，但能用，而且租金低到无法拒绝。于是，在 1987 年 2 月，研究所员工就搬了进来。几天之内，他们就填满了这个狭小的空间。

混沌

　　拥挤的情况在接下来的日子里也并未得到改善。1987 年 8 月 24 日，星期一，当布莱恩·阿瑟第一次走进前门时，他几乎撞上前台接待员的桌子；只见这张桌子被塞进一个入口小凹室内，勉勉强强不影响开门。走廊两旁堆满了装有书籍和文件的箱子。复印机被塞进了一个壁橱里。一位员工的"办公室"就设在走廊里。这个地方一片混乱，但阿瑟立刻就爱上了它。

　　阿瑟说："这里十分契合我的喜好和气质，再难设计出比这更好的地方了。"这座混乱的修道院莫名地在一片平和、庇护和宁静的氛围之中传达出一种思想涌动的感觉。研究所项目主任金杰·理查森出门迎接阿瑟并带他参观，两人走过皱皱巴巴的油毡地面，看到精心制作的门、抛光的壁炉台和装饰复杂的天花板。理查森给阿瑟指路，要想去艾森豪威尔时代的旧厨房里找到咖啡壶，必须穿过修道院院长的办公室。那办公室现在属于圣塔菲研究所所长考温。她带阿瑟参观了昔日的小教堂，现在被用作大会议室；曾经的祭坛墙上，如今是一块写满了方程和图表的黑板，光线透过彩色玻璃窗不断变换，此刻正洒在黑板上。她还带阿瑟看了一排狭小的访问学者办公室，这些房间曾是修女们的卧室，现在摆满了廉价的金属桌子和打字员的椅子，窗外可以看到阳光灿烂的庭院和桑格雷-德克里斯托山脉。

　　这是阿瑟第一次来到新墨西哥州，但他已经被深深吸引了。那影响着一代又一代画家和摄影师的山脉、沙漠艳阳、水晶般的沙漠美景带给了他同样的震撼。但阿瑟一到这就感觉到修道院有一种特殊的魔力。阿瑟说:"整个气氛令人难以置信。当我看着那陈列的书籍,那四处散落的文章,那种自由的氛围,那种不拘小节——我简直不敢相信这样的地方真的存在。"他开始觉得,这场经济学研讨会可能真的很令人兴奋。

受客观条件所限,访问学者只能两三个人挤在一间办公室,每间办公室的门上都贴着手写的学者名字。其中一间办公室的门上写着一个阿瑟非常感兴趣的名字:宾夕法尼亚大学的斯图尔特·考夫曼。两年前,阿瑟在布鲁塞尔的一次会议上与考夫曼有过短暂的会面,他对考夫曼关于发育中的胚胎细胞的演讲印象深刻。考夫曼的观点是,细胞通过释放出化学信使来触发胚胎中其他细胞的发育,形成一个自洽的网络,从而产生一个连贯的有机体而不仅仅是一团原生质。考夫曼的见解与阿瑟关于人类社会中自洽的、相互支持的互动网络的想法产生了强烈的呼应。阿瑟记得那次会议结束后回来告诉妻子苏珊:"我刚刚听到了平生听过的最精彩的演讲!"

所以,阿瑟一安顿好自己的办公室,就沿着走廊逛到考夫曼的办公室,打招呼道:"你好,还记得我们两年前见过吗?"

实际上,考夫曼并不记得,但还是说:"请进!"48岁的考夫曼皮肤黝黑,头发卷曲,身着加州风格休闲装,和蔼可亲至极。不过话说回来,阿瑟也一样,那天早上他心情愉悦,对每一个人都满怀喜爱。两人立即就产生了共鸣。阿瑟说:"斯图尔特热情洋溢,你会感觉必须得拥抱他——而我可不常拥抱人。他就是这么讨人喜欢。"

当然，阿瑟与考夫曼很快就开始讨论经济学问题。随着会议临近，这个话题在他们脑海里占据了主导位置——然而他们两人都不知道会发生什么。阿瑟开始向考夫曼介绍他在报酬递增方面的研究。他笑着说："这就是斯图尔特逼我坐下来，向我讲述他的最新想法的好借口。"考夫曼一向如此。阿瑟很快就发现，他是个极富创造力的人，就像一位脑海中不断涌动着旋律的作曲家。他不停地提出想法，他的讲述远远多于倾听。事实上，这似乎就是考夫曼思考问题的方式：大声地讲出想法，一直讲，一直讲。

考夫曼的这个特点在圣塔菲研究所已经众所周知。在过去一年里，他的身影遍布研究所的每个角落。作为一个罗马尼亚移民后代，他继承了家族在房地产和保险业积累的一小笔财富。他是少数几个有能力再到圣塔菲购置房产并且每年都有一半时间住在这里的科学家之一。在每一次研究所规划会议上，考夫曼都会用他那优美、自信的男中音不断提出建议。在每一次研讨会上，人们都可以在问答环节听到他高声思考如何将手头的话题概念化："想象一个随机连接在一起的灯泡网络好吗，然后……"而在不开会的任意时刻，考夫曼都会试图向每个愿意倾听的人阐述自己最新的想法；有传言称，曾有人偷听到他向复印机维修人员解释理论生物学的深奥细节。如果没有访客在场，考夫曼很快会一遍遍向身边同事详细解释这些想法。长篇大论，不厌其详。

即使是他最好的朋友也很难忍受。更糟糕的是，考夫曼为此传出了过度自负，同时又唠唠叨叨、充满不安全感的名声，甚至连那些声称非常关心他的同事也这么看。他给人的印象是极度渴望得到肯定——"很好，斯图尔特，你提出了伟大的想法，你好聪明。"但不管这种印象是否符合实际，考夫曼确实是难以自控地热爱表达。在 20 多年里，考夫曼一直被一种构想驱动着——他发现这种构想是如此强大、如此引人注目、如此令人神迷，以至于他根本无法自持。

用来描述这种构想的最贴切的词是"秩序"。然而，秩序一词无法完全捕捉考夫曼所表达的意思。听考夫曼谈论秩序，就像听到数学、逻辑学和科学的语言被用来表达一种原始的神秘主义。对于考夫曼来说，秩序是人类存在之谜的答案，解释了在这个似乎由偶然、混乱和盲目的自然法则所支配的宇宙中，我们何以成为有生命、有思想的生物。对于考夫曼来说，秩序告诉我们，人类的存在确实是自然界的一次偶然事件——但绝不仅仅是一次偶然事件。

是的，考夫曼总是迫不及待地补充道，查尔斯·达尔文是绝对正确的：人类和所有其他生物无疑是 40 亿年来随机突变、随机灾难和随机生存斗争的产物；我们的存在不是因为神的干预，也并非外星人作用的结果。但他会强调，达尔文的自然选择并不是故事的全部。达尔文并不了解自组织——物质会不断尝试将自身组织成更复杂的结构，尽管同时受到热力学第二定律所描述的持续趋于解体的力量影响。达尔文也不知道秩序和自组织的力量适用于生命系统的创造，正如它们同样适用于雪花的形成或一锅煮沸的汤中对流元胞的涌现。因此，考夫曼宣称，生命的故事确实是关于偶然和巧合的故事，但它也是关于秩序的故事：一种植入自然本质的深层的、内在的创造力。

他说："我爱这个故事，我真的爱它，我的整个人生就是这个生命故事的展开。"

秩序

走进世界上几乎任何一家科学机构的走廊，你都很容易透过某个敞开的办公室大门，瞥见一张爱因斯坦的海报：也许是他裹着大衣，在普林斯顿的雪地上心不在焉地行走；也许是他凝视着镜头，钢笔别在旧毛衣领上；又或许是他疯狂笑着，对着世界伸出舌头。这位相对论的创造者几乎是所有人眼中的科学英雄，是深刻思想和自由创造精神的象征。

在20世纪50年代初的加利福尼亚州萨克拉门托，对于一个名叫斯图尔特·考夫曼的少年来说，爱因斯坦无疑是一位英雄。"我无比崇拜爱因斯坦，"他说，"不，崇拜这个词不够。应该是热爱。我热爱他将理论描绘成人类思维的自由创造。我热爱他将科学视为探索造物者的秘密。"考夫曼尤其记得在1954年，15岁的他首次接触爱因斯坦的思想，那时他阅读了爱因斯坦与利奥波德·英费尔德合著的一本关于相对论起源的科普书。"我非常激动，因为我能够读懂它，或者至少自认为能够读懂。爱因斯坦依靠强大的创造力和无拘无束的思想，在脑海中巧妙创造了一个世界。我记得我当时心想，竟然有人能做到那样，真是太美妙了。我还记得他去世时（1955 年），我哭了，就好像失去了一位老朋友。"

读那本书之前，考夫曼虽然是个表现不错的学生，成绩保持在 A 和 B 的水平，但并无特别突出之处。读完那本书之后，他的内心激起了一股热情——不过，并不完全是对科学。考夫曼并不觉得自己需要紧跟爱因斯坦的脚步，但他怀有同样强烈的愿望，去洞察事物的深邃内涵。"当你看一幅立体派画作时，能发现其中隐藏的结构，这就是我所追求的。"事实上，他的热情最直接的表现，与科学毫无关系。十几岁的考夫曼萌生了成为剧作家的热切愿望，他想探寻人类灵魂中光明与黑暗的力量。他与高中英语老师弗雷德·托德共同创作的第一部音乐剧简直"糟糕透顶"。然而，被一个真正的成年人认真对待的兴奋感——当时的弗雷德·托德 24 岁，是考夫曼在思想启蒙上的关键一步。"如果我在 16 岁时就可以和弗雷德一起写音乐剧，哪怕质量不高，那么世界上还有什么不可能呢？"

1957 年进入达特茅斯大学的大一新生斯图尔特·考夫曼，无疑是一名剧作家。他甚至抽烟斗，因为朋友告诉他，想要成为剧作家就必须抽烟斗。当然，考夫曼在持续创作：那一年，他与大一室友、高中伙伴麦克·马格里共同创作了 3 部剧本。

但是，考夫曼很快注意到他的戏剧中有一个问题：角色们总在大谈特谈。"他们不停地谈论生命的意义以及做一个好人意味着什么——只是谈论而不是行动。"考夫曼开始意识到，相比戏剧本身，他对笔下角色们所表达的思想更感兴趣。"我想要找到一种方式去探寻那隐秘、强大而美妙的东西——尽管我还无法用语言说清楚那是什么。当我得知在哈佛大学的朋友迪克·格林要主修哲学时，我感到非常失落。我希望自己能成为一名哲学家，而我却不得不成为一名剧作家。放弃戏剧意味着放弃我为自己构建的身份。"

考夫曼回忆道，大约经过一周的挣扎，他才得到一个深刻的启示："我不一定要成为剧作家——我可以成为哲学家！于是，接下来的 6 年里，我充满激情地学习哲学。"当然，一开始他专注于伦理学。作为一名剧作家时，他曾想要理解善恶问题，那么作为一名哲学家，他还能做什么呢？然而，考夫曼很快发现自己被其他领域吸引，接着便转向了科学哲学和心灵哲学。"我觉得它们神秘莫测。"考夫曼感叹。科学如何能够揭示世界的本质？心智又如何得以认识世界？

带着这种激情，考夫曼于 1961 年以全班第 3 名的成绩从达特茅斯大学毕业，随后获得了牛津大学 1961—1963 年的马歇尔奖学金。有趣的是，他没有选择直接前往牛津大学。"距离去牛津大学报到的截止日期还有 8 个月的时间，所以我做出了唯一合理的决定：买了一辆大众面包车，开车前往阿尔卑斯山上滑雪。我把目的地定在奥地利圣安东最有名的地方——邮政酒店，把车停在酒店的停车场，整个冬天都在那儿使用酒店的洗手间。"

一到牛津大学，他就感觉自己完全融入了这里。考夫曼清楚地记得一生中经历过 3 个最令他兴奋的求知环境，牛津大学是第一个。"那是我人生中第一次被比我聪明的人包围。那里的美国人展现出惊人的才华，有罗德学者，还有马歇尔学者。其中一些人现在相当有名。戴维·苏特曾是我们在莫德林学院的小组成员，现在任职于最高法院。乔治·F.威尔经常和我一起去吃印度菜，以逃避学院的伙食。"

考夫曼对理解科学和心智的热情，促使他选择了一门名为"哲学、心理学和生理学"的课程。这门课程不仅包括传统哲学，而且更侧重于视觉系统的神经解剖学以及大脑中神经联结的一般模型。简而言之，这门课程旨在阐述科学如何揭示心智的真实运作机制。考夫曼在这里的心理学导师是斯图尔特·萨瑟兰，他对考夫曼产生了深远影响。萨瑟兰喜欢坐在办公桌后，向学生们连续不断抛出思维挑战："考夫曼！视觉系统怎么能区分两个投射到视网膜相邻视锥上的光点？"考夫曼意识到他热爱这类挑战。他发觉自己具备即兴构建模型的能力，至少可以提供一个看似合理的答案。（比如——"嗯，眼睛并非静止不动，而是微微颤动。所以，也许你可以将这种感觉扩散到几个视杆和视锥细胞上，然后……"）事实上，他承认这种即兴构建模型的方式逐渐成为一种习惯，他从那时起就一直在以这样或那样的方式这么做。

然而，考夫曼也不得不承认其中的某种讽刺意味。正是这种构建模型的能力让他放弃了哲学，转而选择了更务实的道路：进入医学院。

"我做出这个决定的方式就证明了我从来就不是一个伟大的哲学家，"考夫曼笑着说，"这个论证过程是：'我永远不会像康德那样聪明。除非像康德一样聪明，否则成为哲学家是没有意义的。因此，我应该去读医学院。'你会注意到，这不是一个三段论。"

认真地讲，考夫曼说，事实是他对哲学变得不耐烦了。"并非我不热爱哲学，而是我对其中肤浅的一面感到不信任。当代哲学家，至少是 20 世纪 50 年代和 60 年代的哲学家，认为他们是在审视概念和概念的含义，而不是世界的事实。因此，你可以验证自己的论点是否严密、恰当、连贯等，但无法验证自己是否正确。最终，我对此感到不满。"他渴望深入现实，了解那位伟大造物者的秘密。"如果我必须选择，我更愿意成为爱因斯坦，而不是维特根斯坦。"

此外，他对自己个性中肤浅的一面也不太放心。考夫曼说："我一直对概念性的东西较为擅长。往好了说，它是我本性的一面，是上帝赐予我的伟大礼物。但往坏了说，它就是轻率肤浅，耍嘴皮子。正因为这种担忧，我告诉自己，我要去医学院，那里的家伙们可不会允许我耍嘴皮子，卖弄知识，因为我得照顾病人。他们会强迫我去学习大量的实际知识。"

医学院的老师确实如此。但是他们无法抑制考夫曼对思想碰撞的痴迷。实际上，他们从未真正有过抑制他的机会。由于考夫曼没有学过任何医学预科课程，他安排自己从 1963 年秋季开始在加州大学伯克利分校上一年预科，然后去海湾对面的加州大学旧金山分校医学院。于是，考夫曼在伯克利开始了他的第一门发育生物学课程。

考夫曼大为震惊。"这些现象实在令人惊叹，"他说道，"从一个受精卵开始，然后它竟然就这么展开来，最终孕育出一个有序的新生儿乃至成年人。"不知怎的，那个单一的受精卵细胞成功地分裂和分化为神经细胞、肌肉细胞和肝细胞，以及其他数百种不同类型的细胞，而且整个过程精确无比。奇怪的并不是出生缺陷——遇到这种情况确实悲惨；奇怪的是，大多数婴儿出生时都是完美且完整的。考夫曼说："这至今仍是生物学中最美丽的谜团之一。我对细胞分化的问题产生了浓厚的兴趣，并立即开始认真思考这个问题。"

这是一个很好的时机：雅各布和莫诺在 1961—1963 年发表了关于基因回路的第一批论文。正是这项研究后来为他们赢得了诺贝尔奖（这也正是 16 年后布莱恩·阿瑟在豪乌拉海滩上读到的《创世纪的第八天》中最吸引他的内容）。因此，考夫曼很快弄懂了他们的研究是在表明，每个细胞都包含一些"调节"基因，它们起到开关的作用，可以相互开启或关闭。"这项研究对于所有生物学家来说都颇具启发性。如果基因能够互相开启或关闭，那么就可以形成基因回路。基因组必然就是某种生化计算机。正是这整个系统的计算行为，即有序行为，以某种方式支配着一个细胞如何变得与另一个细胞不同。"

问题是，以哪种方式？

考夫曼说，实际上，当时大多数研究人员对这个问题并不怎么关注（现在也是如此）。他们谈论细胞的"发育程序"，就好像 DNA 计算机真的在执行遗传指令，就像 IBM 大型机执行用

FORTRAN 语言编写的程序一样：一步一步地。此外，他们似乎相信这些遗传指令是以极其精确的方式被组织起来，而且经过了自然选择的彻底调试，就像人类设计的计算机代码一样。否则怎么可能实现？遗传程序中的最小错误都可能使一个正在发育的细胞癌变或彻底死亡。这就是为什么已经有数以百计的分子遗传学家在实验室中奔忙，破译精确的生化机制：基因 A 如何开启基因 B，以及这个开启过程如何受到基因 C、基因 D 和基因 E 活动的影响。对他们来说，细节就是一切。

然而，考夫曼越是思考这一过程，就越觉得"以哪种方式"这个问题隐约变得非常重要。基因组确实是一台计算机，但它和 IBM 生产的计算机完全不同。考夫曼意识到，在一个真实的细胞中，大量的调节基因可以同时被激活。因此，基因组计算机不是像人造计算机那样一步一步地执行指令，而是必须同时、并行地执行大部分或全部遗传指令。如果是这样的话，他推断，重要的就不是这个调节基因是否以某种精确定义的顺序激活了那个调节基因。重要的是基因组作为一个整体，是否能够形成一个稳定的、自洽的激活基因模式。调节基因最多可能会经历两个、三个或四个调节组合的循环——总之，数量很少；否则，基因开关就会随机地互相开启或关闭，细胞就会陷入混乱无序的状态。当然，肝细胞内的活性基因模式，与肌肉细胞或脑细胞的会有很大差异。但考夫曼认为，也许这就是问题的关键所在。单个基因组可以有许多稳定的激活模式，这可能是生物在发育过程中产生许多不同细胞类型的原因。

人们心照不宣地默认细节至上，考夫曼对此感到不安。他知道，生物分子的细节显然很重要。但是，如果基因组在发挥作用前，真的必须被组织和微调到完美无缺，那么它又是如何通过随机试错的过程进化而来的呢？这就像老老实实地混洗一副桥牌，然后给自己发出一手13张全是黑桃的牌：存在这种可能性，但可能性太小。"感觉就是不对，"考夫曼说道，"你无法对上帝或自然选择有太高的期待。如果我们必须通过大量精细的、不太可能发生的选择片段和临时反应来解释生物学的秩序，如果我们现在所见的一切最初都是一场艰难的斗争，那么我们就不会在这里了。有限的宇宙空间和时间，不足以让这一切仅凭偶然发生。"

考夫曼想，一定还有别的原因。"不知怎的，我希望以下这个观点可以被证实：秩序是最初涌现的，不需要事先构建，也不需要进化。我有意识地希望能证实，基因调节系统中的秩序是自然出现的，是几乎不可避免的。不知怎的，秩序就自由地存在，自发地产生。"如果是这种情况，他推断，那么生命的这种自发的、自组织的特性将成为自然选择的另一面。正如达尔文所描述的，任何特定生物的基因细节都是随机突变和自然选择的产物。然而，生命本身的组织，即秩序，则更加深刻和根本。它纯粹源于网络结构，而非具体细节。秩序涌现，实乃造物者的秘密。

"我不知道这种冲动从何而来，"他说道，"为什么偏偏是斯图尔特·考夫曼碰巧出现并对这个问题心生怀疑？这是个绝妙的谜题。我觉得，一个人可以重新思考这个问题并提出这样的疑问，实在是一件奇怪而又美妙的事情。但我一生都有这种感觉。所有我从事并真心热爱的科学探索，都是为了解开这个谜。"

确实，对于这个 24 岁的医学预科生来说，秩序问题始终萦绕在他的脑海中，挥之不去。他想知道，遗传秩序"自由地"存在意味着什么。好吧，看看真实细胞中的基因回路。经过了数百万年的进化过程，它们显然已经优化。但除此之外，它们还有什么特别之处吗？在所有可能的基因回路中，它们是仅有的能产生有序、稳定结构的吗？如果是这样的话，那么它们就像拿到一手 13 张黑桃的牌，进化竟然有幸产生了它们，真是奇迹。又或者说，稳定的网络实际上像黑桃、红心、方块和梅花的常见组合一样普遍？因为如果是这样的话，那么进化就很容易偶然遇到一个有用的网络；真实细胞中的基因网络只是那些在自然选择中碰巧存留下来的。

考夫曼确定，找到答案的唯一方法是像洗牌一样，随机排列一系列"完全典型"的基因回路，看看它们是否能够产生稳定的调节组合。"所以我马上开始思考，如果将成千上万的基因随机连在一起，会出现什么情况——它们会做什么？"

这是考夫曼擅长思考的问题：他在牛津大学深入研究过神经回路。当然，真正的基因非常复杂。但是雅各布和莫诺已经证明，至少调节基因本质上就是开关。而开关的本质是在两种状态之间切换：激活或未激活。考夫曼喜欢将它们想象成灯泡（开或关）或逻辑命题（真或假）。但无论使用何种意象，他认为这种开关行为抓住了调节基因的本质。剩下的就是基因之间相互作用的网络了。因此，当伯克利的言论自由运动在校园内轰轰烈烈地展开时，考夫曼在奥克兰公寓的屋顶上，利用闲暇时间痴迷地绘制将调节基因联结起来的网络图，并试图理解它们是如何互相开启和关闭的。

即使在完成了伯克利分校的医学预科课程并开始了在旧金山分校医学院的全日制学习后，他的这种痴迷也没有停止。这并不是因为考夫曼在医学院感到无聊。恰恰相反：他发现医学院的课程非常非常困难。老师们不是要求他们记忆海量知识，就是进行无比烦琐的系统分析，比如肾脏生理学这门课。此外，考夫曼那时仍然一心打算从事医学工作，因为这迎合了他内心的"童子军精神"：既能做好事，又能在任何情况下准确地知道该怎么做，就像在暴风雨中搭帐篷一样。

不，考夫曼没有停下脚步，他一直在探索这些网络，因为他几乎无法自拔。他说："我非常热衷于这种关于随机网络的神奇科学。"他的药理学课成绩得了个 C。"我在那门课上的笔记，全是关于基因回路的网络图。"考夫曼说道。

一开始，考夫曼发现这种回路令人困惑。虽然他对抽象逻辑颇为擅长，但对数学几乎一无所知。他在图书馆找到的计算机教科书几乎没有提供任何有用的信息。"当时自动机理论已经很成熟了，它主要涉及逻辑开关网络。那些书只告诉我如何合成一个能够执行某些任务的系统，或者复杂自动机的容量限制是什么。而我感兴趣的是复杂系统的自然法则。秩序从何而来？当时没有人在思考这个问题，至少我所认识的人中没有。"因此，考夫曼继续绘制一堆网络图，试图对这些网络的行为方式形成直观感受。

无论需要什么样的数学方法，他都尽可能自己发明出来。

考夫曼很快确信，如果基因网络变得像一盘意大利面那样紧密地缠在一起，每个基因都受到许多其他基因的控制，那么系统就会陷入混乱。用灯泡比喻的话，就像一个巨型的拉斯维加斯广告牌出现了线路故障，所有的灯泡都在随机闪烁，毫无秩序可言。

考夫曼同样确信，如果每个基因最多由一个其他基因控制，使得网络联结非常稀疏，那么它的行为将过于简单。就像一个广告牌，上面的大部分灯泡只是像无意识的频闪灯一样时开时关。这并非考夫曼所期望的秩序；他希望基因灯泡能够自组织成类似摇曳的棕榈树或起舞的火烈鸟那样有趣的模式。此外，他知道联结非常稀疏的网络是不现实的：雅各布和莫诺已经证明，真实的基因往往受到其他几个基因的控制（如今的认识是，通常为2~10个基因）。

因此，考夫曼开始专注于介于两种情况之间的网络，联结既不紧密，也不过于稀疏。为了简单起见，他研究了每个基因恰好有两个输入的网络。从中，他开始发现一些特别的线索。考夫曼已经知道，紧密联结的网络极其敏感：如果你进入其中，将任意一个基因的状态从开启变为关闭，那么将引发雪崩式的一系列变化，这些变化将在网络中无休止地引发级联反应。这就是为什么紧密联结的网络往往是混乱的。它们永远无法安定下来。但是在双输入网络中，考夫曼发现按下一个基因开关通常不会引起不断扩大的变化浪潮。多数情况下，被按下的基因开关只是恢复原状。事实上，只要两种不同的基因激活模式没有太大的区别，它们就会趋同。考夫曼说："事情变得简单了。我可以看到灯泡倾向于进入一种卡在开或关的状态。"换句话说，双输入网络就像一个广告牌，你可以随机开启闪烁的灯泡，然而它们总会自组织成为火烈鸟或香槟杯的形态。

秩序自此涌现！考夫曼尽可能地从医学课程中抽出时间，在笔记本上写满了越来越多的随机双输入网络，详细分析每一个网络的行为。这项工作既引人入胜又令人沮丧。好消息是，双输入网络几乎总是能够非常快速地稳定下来。它们最多只会在几种不同的状态之间循环。这正是稳定的细胞所需要的。坏消息是，考夫曼无法确定他的模型是否与真实的基因调节网络有任何关联。真实细胞中的真正基因网络涉及数以万计的基因。然而，当考夫曼在纸上手绘的网络只包含五六个基因时，它们就已经变得难以控制。要跟踪一个包含 7 个基因的网络的所有可能状态和状态转换情况，就需要填满一个包含 128 行和 14 列的矩阵。如果是包含 8 个基因的网络，所需的矩阵就要扩大一倍，以此类推。"手工操作犯错的概率实在太大了，"考夫曼说，"我仍渴望着构建包含 7 个基因的网络，却无法忍受把基因增加到 8 个的想法。"

"不管怎样，"考夫曼说，"在医学院第二学年的某个时候，我再也受不了了。我已经在这些网络上面花费太长的时间。于是我到路对面的计算机中心，问有没有人能帮忙编程。他们说，当然可以，但得付费。于是我掏出钱包。我早就准备好为这项研究付钱了。"

决定引入计算机后，考夫曼发誓要模拟一个包含 100 个基因的网络。现在回想起来，他笑着说，幸好当时没太明白自己在做什么。可以这样理解：一个基因本身只有 2 种状态——开和关。但是 2 个基因组成的网络可以有 2×2，也就是 4 种状态：开—开，开—关，关—开，关—关。3 个基因组成的网络可以有 2×2×2，也就是 8 种状态，以此类推。因此，一个由 100 个基因组成的网络中的状态种类是 2 的 100 次方，结果接近 100 万亿亿亿：1 后面跟着 30 个 0。考夫曼表示，这是一个巨大的可能性空间。并且从原则上讲，他的模拟网络也有可能在这个可能性空间中随机游荡；毕竟，他是故意将基因随机联结的。这意味着他关于细胞周期的想法是无望的：计算机必须经历大约 100 万亿亿亿次的状态转换，才能开始重复之前的步骤。这将是细胞周期的另一种形式，但其庞大超乎想象。考夫曼说："如果计算机在不同状态之间转换一次需要一微秒，而且如果它需要持续运行大约 100 万亿亿亿微秒，那么所需要的时间将是宇宙历史的数十亿倍。我永远无法在医学院就读期间完成它！"实际上，仅仅是使用计算机的费用，就足以让考夫曼在毕业前破产。

不过，幸运的是，当时考夫曼并没有进行那样的计算。在计算机中心一位非常乐于助人的程序员的帮助下，考夫曼编写了一个包含 100 个基因的双输入网络的模拟程序，然后愉快地将一沓穿孔卡片交给了前台。10 分钟后，答案出来了，打印在一张张宽大的折叠纸上。正如考夫曼所预期的那样，结果显示他的网络迅速进入有序状态，大部分基因被冻结为开启或关闭状态，其余的基因在少数调节组合中循环变化。这些模式当然不像火烈鸟或任何可辨认的形状；如果他的 100 个基因网络好比是一个拉斯维加斯广告牌，上面有 100 个灯泡，那么有序状态看起来就像广告牌上振荡的斑点。但模式确实存在，并且是稳定的。

"我当时真是无比激动！"考夫曼说，"我当时觉得，而且至今仍然认为，这是相当深刻的。我发现了当时没有人能够察觉到的东西。"他的双输入网络并没有在一个拥有 100 万亿亿亿种状态的可能性空间中漫游，而是迅速移动到那个空间的一个微小的角落，并停驻在那里。"它稳定下来，在一个由五六种或六七种又或者更典型的 10 种状态组成的循环中振荡。这是一种惊人的秩序！我当时简直惊呆了。"

第一次模拟只是个开始。考夫曼仍然不知道为什么稀疏联结的网络如此神奇，但它们确实如此。他感觉稀疏联结的网络给他带来了一种思考基因和胚胎发育的全新方式。考夫曼以那个原始程序为模板，根据需要进行修改，进行了各种各样的模拟。他想知道这种有序行为是何时发生的以及为何会发生。还有，他要如何用真实数据来验证自己的理论呢？

考夫曼认为，他的模型给出的一个明显预测是，真正的基因网络必须是稀疏联结的，密集联结的网络似乎无法稳定下来形成循环。他并不指望每个基因都像模型网络那样恰好有两个输入。自然界从来不会如此有规律。但是通过计算机模拟和大量计算，考夫曼意识到，这些联结只需要在某种统计学意义上是稀疏的即可。而当你查看具体的数据时，会惊叹真实的基因网络看起来的确是如此稀疏联结的。

截至目前，进展顺利。该理论的另一个测试是观察具有一组特定调节基因的特定有机体，了解它能够产生多少种细胞类型。当然，考夫曼知道他不能具体说出其中存在什么关系，因为他正在专门试图研究网络的典型行为。但他当然可以寻找其中存在的统计学意义上的关系。考夫曼一直以来的假设是，一个细胞类型对应于一种所谓的稳定状态循环。于是，考夫曼开始进行规模越来越大的模拟，并跟踪模型网络规模增大时出现的状态循环的数量。当考夫曼模拟到由 400~500 个基因组成的网络时，他发现状态循环的数量大致与网络中基因数量的平方根成比例。与此同时，他还利用所有的空闲时间在医学院图书馆里查阅晦涩的参考资料，寻找关于真实有机体的可供比较的数据。最终，当考夫曼整理并绘制出所有数据时，他得出了结论：有机体内的细胞类型数量，确实大致与其所拥有的基因数量的平方根成比例。

事情就是这样。"天啊，成了！"考夫曼说。这是他经历过的最美好的瞬间。截至在医学院的第二学年结束时，他已经积累了成百上千美元的计算机使用费账单。他毫不犹豫地付清了所有费用。

1966 年，在医学院第三学年开始的时候，考夫曼给麻省理工学院的神经生理学家沃伦·麦卡洛克写了一封信，解释了自己在基因网络模型方面所做的工作，并询问麦卡洛克是否感兴趣。

考夫曼承认，写这封信需要一定的勇气。麦卡洛克本人也是医学博士出身，如今是神经生理学领域的元老级人物，更不用提他在计算机科学、人工智能以及心灵哲学领域的成就了。在过去的20年里，麦卡洛克和他的忠实追随者们一直在探究一个于1943年首次提出的理论，当时他和18岁的数学家沃尔特·皮茨发表了一篇名为《神经活动中思想内在性的逻辑演算》的论文。在该论文中，麦卡洛克和皮茨主张大脑可以被建模成由"与""或""非"等逻辑运算组成的网络。毫不夸张地说，这在当时也是一个革命性观点，并且已经被证明具有深远影响。麦卡洛克-皮茨模型不仅是现在所说的神经网络的第一个例证，也是首次试图将心理活动理解为信息处理的尝试——这一洞见为人工智能和认知心理学提供了启示。他们的模型也首次表明，由非常简单的逻辑门组成的网络可以执行极其复杂的计算——这一见解很快被纳入计算机的一般理论。

然而，即便抛开麦卡洛克的权威地位，他似乎也是考夫曼唯一可以与之分享工作的科学家。考夫曼说："麦卡洛克是我认识的唯一一位在神经网络方面做了大量研究的人。而且很明显，基因网络和神经网络在本质上是一回事。"

此外，考夫曼此时迫切需要一点外界的支持。医学院的学习显然是一件喜忧参半的事情。考夫曼确实在医学院获得了曾经作为一名牛津大学哲学系的学生时渴望已久的"实际知识"。但是这些知识并没有给他带来满意的体验。"我内心对于被迫从别人口中得知自己应该做什么感到烦躁，"他说，"在医学院，你所要做的就是掌握事实，掌握诊断流程，吸收诊断智慧的精髓，然后执行适当的程序。虽然执行这些程序亦有乐趣，但它没有我所期望的那种美。这不像是在寻找造物者的秘密。"

与此同时，教授们对考夫曼在基因网络中发现美的行为不以为然。考夫曼说："在医学院，你能经历的最难的事，大概就是被欺压。"日夜连轴转的值班、无止境的要求——"目的是让你清楚，病人永远是第一位的。你必须在凌晨4点半起床，去做必要的事。对于这一点，我并无怨言。然而，医学院里的一些教授认为自己是医学殿堂的守护者。如果你没有成为一名医生的正确态度，那么你永远不可能成为一名真正的医生。"

考夫曼特别记得他大三时的外科教授。"教授认为我心不在此——说得挺对，"考夫曼说，"我记得他说，即便我期末考试得A，他也会给我这门课的总体成绩打D。我记得在期末考试中我应该得了B，但他仍然给我打了D。"

"所以，你可以想象一下，作为一名医学生，精疲力竭、闷闷不乐，还在外科课程上得了D——这极大地影响了我的情绪。我曾经可是马歇尔奖学金获得者，学业成绩斐然。然而，此刻我却正在医学院挣扎求生，外科教授说我是个失败者。"

事实上，考夫曼生活中唯一的亮点，是他刚刚和一位名叫伊丽莎白·安·比安奇的意大利裔美国纽约人结婚了，对方是一名艺术系研究生。考夫曼是在牛津大学读书时和她认识的，当时她还是一个在欧洲旅行的本科生。考夫曼说："我曾为她开门，心想，'天呐，这个美丽的女孩'。从那以后我就一直为她开门。"然而，即使是伊丽莎白，也不得不对这些基因网络的东西感到疑惑。考夫曼说："伊丽莎白比我更实际。她对医学非常感兴趣，我们一起去上解剖学课和参加其他活动。她对基因网络的反应是：'这很不错，但它是真的吗？'对她来说，这看起来非常不真实。"

就在那时，麦卡洛克的回信到了。"整个剑桥市都为你的工作感到兴奋。"他这样写道。考夫曼回忆这段时笑出了声。"我花了大约一年的时间才明白，麦卡洛克这样说意味着他已经阅读了我寄给他的东西，并且觉得有点意思。"

但当时，考夫曼对麦卡洛克的回复感到既兴奋又惊讶。他没有预料到会有这样的回应。考夫曼鼓足勇气回信，解释说加州大学旧金山分校鼓励大三的医学生去外地实习3个月以获取外部经验。他问麦卡洛克，自己能否去麻省理工学院，利用这段时间与麦卡洛克一起做研究。

当然可以，麦卡洛克回信道，他还邀请考夫曼和伊丽莎白一同前往。

考夫曼夫妇当即接受邀请。考夫曼永远不会忘记与麦卡洛克的第一次会面：那是一个冬天的晚上，大约9点钟，他和伊丽莎白穿过整个国家，来到马萨诸塞州剑桥市一个陌生的社区，开着车在黑暗中不停绕圈，彻底迷失方向。"然后，只见麦卡洛克从雾中赫然出现，他留着大胡子，欢迎我们到访。"当妻子鲁克为两位疲惫的旅人准备奶酪和茶水时，麦卡洛克给麻省理工学院人工智能小组的领袖人物马文·明斯基打电话，告诉他："考夫曼来了。"

作为虔诚的贵格会教徒，沃伦·麦卡洛克无疑是一位体贴且富有魅力的主人。他神秘而充满诗意，他的思维自由漫游于广阔的知识海洋，对探索思想内部运作的奥秘充满无限热情。他的写作风格古意盎然，科学论文中满是人物典故，从莎士比亚到圣文德等。其文章标题更是充满诗意，诸如《幻想何处生？》《心智为何寄于脑海》《穿越形而上学家的洞穴》等。他钟爱谜语和文字游戏，更是世界上为数不多的比考夫曼更能言善辩的人。

"沃伦常常把你引入漫长的对话之中。"考夫曼说。曾经与麦卡洛克住在一起的学生们分享当时的趣事，他们有时会从楼上卧室的窗户离开房子，以免被老师困住。麦卡洛克经常跟随考夫曼进入浴室。当考夫曼洗澡时，麦卡洛克会放下马桶圈，坐在那儿愉快地讨论各种网络和逻辑函数，而考夫曼止忙着把肥皂泡从耳朵里弄出来。

不过，最重要的是，麦卡洛克成了考夫曼的导师、向导和朋友——就像他对待几乎所有学生的方式一样。麦卡洛克知道考夫曼在麻省理工学院的目标是运行真正的大型计算机模拟，以便开始深入探索网络行为的详细统计信息。因此他把考夫曼介绍给了明斯基及其同事西摩·佩珀特。他们安排考夫曼在当时被称为"MAC（机器辅助认知）项目"的高级计算机上进行模拟。麦卡洛克还安排一个对计算机代码更有经验的本科生，来为考夫曼提供编程帮助。最终，他们成功模拟了包含数千个基因的网络。

与此同时，麦卡洛克把考夫曼引进了理论生物学这个小而充满活力的领域。在麦卡洛克家客厅，考夫曼遇到了神经生理学家杰克·考温，后者曾在 20 世纪 50 年代末和 60 年代初担任麦卡洛克的研究助理。考温最近受命重振芝加哥大学的理论生物学小组。此外，在麦卡洛克的办公室里，考夫曼还认识了英国萨塞克斯大学的布莱恩·古德温。从那之后，古德温就成了考夫曼最亲密的朋友之一。

"沃伦就像弗雷德·托德一样。"考夫曼表示，"沃伦是第一个将我视为独立的年轻科学家，而不仅仅是一个学生的人。"不幸的是，数年后的1969年，麦卡洛克去世。但考夫曼仍然认为自己在某种程度上继承了麦卡洛克的衣钵。"是沃伦将我推入了这个我此后一直生活的世界。"

的确如此。考夫曼在来到麻省理工学院之前就已经决定，一旦毕业，他将致力于科学研究，而不是医学实践。正是通过麦卡洛克认识的这群人，真正带他进入了科学界。

考夫曼说："正是通过杰克·考温、布莱恩·古德温等人，我受邀参加了人生中第一场科学会议。那是在1967年。"它是现已故英国胚胎学家康拉德·沃丁顿举办的一系列理论生物学会议中的第三场。"在20世纪60年代中期，这些会议就试图打造如今圣塔菲研究所的模式。"考夫曼说，"那真是太美妙了。从凌晨4点抽血和检验粪便样本的现实中脱身！我乘飞机到了意大利北部科莫湖畔的塞贝洛尼别墅。这里曾经可是古罗马作家小普林尼选中的度假胜地，景色绝美。在那里，我遇到了诸多了不起的人。比如约翰·梅纳德·史密斯，还有刚刚创立了突变理论的勒内·汤姆，来自芝加哥的理查德·列万廷和理查德·莱文斯，来自伦敦的刘易斯·沃尔珀特。这些人至今仍然是我的朋友。"

"于是，我发表了关于基因网络中的秩序以及细胞类型数量等话题的演讲，"考夫曼说道，"之后，我们在阳台上喝咖啡，俯瞰科莫湖的三条支流。杰克·考温走过来，问我是否愿意到芝加哥大学任教。我几乎不假思索便应声：'当然！'此后过了一年半，我才想起来去问杰克，我将来的薪水会是多少。"

死生之间

阿瑟住进圣塔菲研究所的第一天，在午餐时间和考夫曼沿着峡谷路漫步，穿过土坯艺术画廊，来到当时被称为巴贝酒吧的地方。这个地方是考夫曼的最爱。随后两周，他们几乎每天都在此相聚，共进午餐或者纯粹闲谈。

他们大多数时间都是边走边聊。考夫曼比阿瑟更热爱户外气息。年少时，作为童子军的考夫曼，在塞拉山脉进行了无数次徒步和露营探险。大学时，考夫曼是滑雪和登山的狂热爱好者。如今，只要有机会，他仍然会去徒步旅行。因此，考夫曼和阿瑟时常沿着峡谷路漫步交谈，或者走到修道院背后的开阔山岗，坐在山顶，俯瞰圣塔菲和群山的壮丽风光。

阿瑟逐渐意识到，考夫曼身上流露着一种难以言喻的悲伤。在他的笑话、文字游戏、无尽的好奇心和对自己想法的滔滔不绝中，有时会出现片刻沉默。哀伤一闪而过。抵达圣塔菲后不久的一个晚上，阿瑟和妻子苏珊与考夫曼夫妇一起外出用餐，考夫曼讲起这个故事：在去年10月的一个星期六晚上，他们夫妇回到家时却突然得知，13岁的女儿梅丽特遭遇了车祸，肇事司机逃逸，梅丽特情况危急，被送往当地一家医院。他们带着儿子伊森匆匆赶往医院，但到达时得知梅丽特已经在15分钟前去世。

如今，在事故发生5年多后，考夫曼才可以在讲述这个故事时不至于崩溃。但在那一晚，他做不到。梅丽特是父亲的掌上明珠。"那是一种心碎的感觉，"考夫曼说，"太痛苦了，无法形容。我们上楼去看她。只见女儿残破的躯体躺在桌子上，体温渐凉。那情景实在令人无法承受。那个晚上，我们三人挤在床上哭泣。梅丽特有些坏脾气，但她对于人的了解让我们惊奇不已。我们都认为她是一家中最优秀的那个。"

考夫曼补充道："人们都说时间会治愈一切，但那并不完全正确。只是悲伤爆发的次数少了而已。"

当他们沿着修道院周围的道路和山坡漫步时，阿瑟不禁对考夫曼的秩序和自组织概念感到好奇。有趣的是，当考夫曼使用"秩序"一词时，他所指代的显然与阿瑟使用"混沌"一词时所指代的为同一事物，那就是涌现，即复杂系统不断自发地组织成模式的趋势。不过，也许考夫曼与阿瑟使用完全相反的词并不奇怪，他就是从与阿瑟完全相反的方向来理解这个概念的。阿瑟谈论的"混沌"，源于冰冷抽象的经济均衡世界，其中市场法则被认为应该像物理法则一样精确地决定一切。考夫曼谈论的"秩序"，则源于混乱、偶然的达尔文世界，其中没有法则——只有偶然事件和自然选择。尽管起点大相径庭，他们最终却可以说殊途同归。

与此同时，考夫曼对阿瑟提出的报酬递增的想法既感兴趣又觉得困惑。"我很难理解为什么这是新理论，"他说，"多年来，生物学家一直在与正反馈打交道。"考夫曼花了很长时间才真正领悟到新古典主义世界观是多么停滞和僵化。

当阿瑟开始向考夫曼询问另一个一直困扰他的经济问题——技术变革时，考夫曼的好奇心越发强烈。不夸张地说，这已经成为一个政治敏感问题。你在几乎每一本杂志或报纸上都能感受到这股暗藏的焦虑情绪：美国能否在竞争中立足？我们是否失去了传奇的美国创造精神，失去了老一辈的美国智慧和技艺？日本人会逐个消灭我们的产业吗？

这些都是好问题。然而，正如阿瑟向考夫曼解释的，经济学家并没有任何答案——至少在基本理论层面上没有。技术发展的整个动力机制就像是一个黑匣子。"直到大约15或20年前，"阿瑟说，"人们还普遍认为技术是突然出现的，用于指导工艺钢、硅芯片或类似物品制造的蓝图仿佛从天而降。而这些技术的实现则依赖于发明家——像托马斯·爱迪生这等聪明人，在浴缸中灵感突现，然后就能在蓝图之中增添一笔。"严格来说，技术实际上根本不属于经济学的范畴，它是神奇地通过非经济过程传递的"外生因素"。近年来，人们已经做出了许多努力，将技术建模为"内生因素"，即将其视为在经济系统内部产生的。然而，这通常意味着将技术视为研发投资的结果，就像一种商品。尽管阿瑟认为这种观点可能有一定道理，但他仍然认为这没有触及问题的核心。

阿瑟告诉考夫曼，当你研究经济史而不是依据经济理论时，你会发现技术其实根本不像商品。它更像是一个不断进化的生态系统。"特别是，创新很少凭空出现。它们通常是基于已经存在的其他创新实现的。例如，激光打印机本质上就是一台带有激光器和一个小型计算机电路的施乐复印机，计算机电路负责告诉激光器在硒鼓的什么地方进行蚀刻以实现打印。因此，当你拥有计算机技术、激光技术和施乐复印技术时，激光打印机就成为可能。但是这也要源于人们需要高速、精美的打印技术。"

简而言之，技术形成了一个高度互联的网，或者用考夫曼的话来说，一个网络。此外，这些技术网络是高度动态和不稳定的。它们能够以一种近乎有机的方式增长，就像激光打印机催生了桌面出版软件，而桌面出版技术则为图形程序开辟了新的生态位。阿瑟说："技术 A、B 和 C 使技术 D 成为可能，以此类推。因此，可能的技术形成了一个相互联结的网络，它会随着更多可能性的出现而不断增长。就这样，经济会变得更加复杂。"

此外，这些技术网络会经历进化过程中的创造力大爆发和大规模消亡事件，就像生物生态系统一样。比如说，汽车等新技术的出现取代了马车等旧技术。随着马车的消失，铁匠铺、驿站、饮水槽、马厩、刷马工等也随之消失。就这样，在经济学家约瑟夫·熊彼特口中的"创造性破坏的风暴"下，整个依赖于马车技术的子网络突然崩溃。但是，随着汽车的出现，铺设的道路、加油站、快餐店、汽车旅馆、交通法庭和交通警察、交通灯等也随之出现。一个全新的商品和服务网络开始成长，每一项新的商品和服务都填补了先前商品和服务所占据的生态位。

事实上，阿瑟说，这个过程是他所说的报酬递增的一个很好的例子：一旦一项新技术开始为其他商品和服务开辟新的生态位，填补这些生态位的人们就有充分的动机来帮助这项技术发展和繁荣。此外，这一过程也是锁定效应背后的主要驱动力：依赖于特定技术的生态位越多，这种技术就越难改变——直到出现更好的技术。

阿瑟解释道，这种关于技术网络的想法与他对新经济学的构想非常契合。问题在于，他所开发的数学模型一次只能研究一种技术。阿瑟真正需要的是像考夫曼所开发的那种网络模型。"那么，"阿瑟问考夫曼，"你能否建立一个模型，在一项技术被创造出来时，将其状态表示为'开启'，然后……？"

考夫曼震惊地倾听着这一切。他能做到吗？阿瑟用了一种完全不同的学科语言，描述的却是考夫曼已经研究了15年的问题。

几分钟之后，考夫曼就向阿瑟解释了为什么技术变革过程与生命起源一模一样。

考夫曼第一次产生这个想法是在1969年，那时他刚刚进入芝加哥大学理论生物学小组。

从医学院毕业后，来到芝加哥大学对考夫曼来说就像置身天堂。回想起来，芝加哥大学是3个最令他兴奋的求知环境中的第二个。他说："那是一个非凡之地，处处是才华横溢之人。我在芝加哥大学所在的部门，还是我在意大利结识的那群朋友在美国的聚集地。"杰克·考温正在进行关于皮层组织的开创性研究，他写下的简单方程式描述了大脑神经元二维层上兴奋和抑制的传播过程。约翰·梅纳德·史密斯正在进行同样具有开创性的进化动力学研究，他运用被称为博弈论的数学方法来阐明物种间竞争与合作的本质。约翰·梅纳德·史密斯是利用学术休假时间从萨塞克斯大学来到这里，在网络的数学分析方面给考夫曼提供了一些急需的帮助。考夫曼说："用约翰的话说，他教会了我如何'计算'。而我则治好了他的肺炎。"

现在，考夫曼周围都是同事和志趣相投者，他很快发现自己并不是唯一一个思考网络的统计特性的人。例如，在 1952 年，英国神经生理学家罗斯·阿什比在他的《大脑设计》（*Design for a Brain*）一书中曾做了类似的推测。考夫曼说："他对复杂网络的一般行为提出了类似的问题。但我对此一无所知。我一发现这件事就立刻与阿什比取得了联系。"

与此同时，考夫曼发现，在发展自己的基因网络的过程中，他还拓展了物理学和应用数学中一些最前沿的领域——尽管是在一个全新的背景下。他的基因调节网络的动力学实际上是物理学家所称的"非线性动力学"的一个特例。从非线性的角度来看，很容易理解为什么稀疏联结的网络可以如此轻松地自组织成稳定的循环：在数学上，它们的行为等同于所有降落在山谷周围的山坡上的雨水都会汇入山谷底部的湖泊。在所有可能的网络行为空间中，稳定的循环就像盆地一样，或者就像物理学家所说的"吸引子"。

在经过 6 年的苦思冥想后，考夫曼很高兴，认为自己终于开始真正理解基因网络了。然而，他不禁感觉到还是缺了点什么。谈论基因调节网络中的自组织固然很好，但在分子层面上，基因活动依赖于极其复杂和精密的分子——RNA（核糖核酸）和DNA。它们究竟从何而来？

生命最初究竟是如何开始的？

根据生物学教科书中的标准理论，生命的起源相当简单。DNA、RNA、蛋白质、多糖以及其他生命分子肯定是数十亿年前在某个温暖的小池塘中产生的。在那里，简单的分子合成砌块，如氨基酸等，是从原始大气中积累而来的。事实上，早在1953 年，诺贝尔化学奖得主哈罗德·尤里与其研究生斯坦利·米勒通过实验证明，早期的甲烷、氨等大气成分可以在闪电提供的能量作用下自发产生这些分子合成砌块。按照该理论，随着时间的推移，这些简单的化合物会聚集在池塘和湖泊中，经历进一步的化学反应，变得越来越复杂。最终，会出现一系列分子，包括DNA 双螺旋结构和 / 或其单链表亲 RNA ——两者都具有自我复制的能力。一旦有了自我复制，生命世界所有其他一切都会从自然选择中诞生。至少根据标准理论是这样的。

考夫曼对此不以为然。首先，大多数生物分子都结构庞大。例如，要制造一个蛋白质分子，你可能需要按照精确的顺序将几百个氨基酸组合在一起。即使在现代实验室中，拥有所有最新的生物技术工具，也很难做到。那么，在一个池塘中，这样的分子如何自发形成呢？很多人尝试计算这种情况发生的概率，结果总是相似的：如果形成过程真的是完全随机的，需要远超宇宙寿命的时间才能产生一个有用的蛋白质分子，更不用说制造出一个功能完善的细胞所需的无数种蛋白质、糖类、脂类和核酸了。即使假设可观测宇宙中的数以万亿计的星系中都存在类地行星，拥有温暖的海洋和大气层，其中任何一个行星产生生命的概率仍然是微乎其微的。如果生命的起源真的是一个完全随机的事件，那么它真的是一个奇迹。

更具体地说，考夫曼并不相信标准理论，因为它将生命的起源等同于 DNA 的出现。在考夫曼看来，生命的起源依赖于如此复杂的事物似乎是不合理的。DNA 双螺旋结构是可以自我复制，但是它的这种能力主要取决于它是否能够解旋，分成两条单链，然后自我复制。此外，在现代细胞中，这个过程也依赖于一系列专门的蛋白质分子，这些蛋白质分子扮演着各种各样的辅助角色。这一切如何能在池塘里发生的呢？"这也是我对基因调节网络中是否存在秩序产生疑问的动机，"考夫曼说道，"DNA 太不可思议了。我不愿相信生命的起源依赖于如此特殊的东西。我曾问自己：'如果上帝赋予了氮元素另外一种化学价键，生命是否就无法存在了？'在我看来，生命取决于如此微妙的平衡这种结论是十分糟糕的。"

然后，考夫曼就在想，谁说生命的关键是 DNA 呢？就此而言，谁说生命的起源是一个随机事件呢？也许还有其他的方式可以启动一个自我复制系统，让生命系统通过简单的反应自发逐渐形成。

那好吧。想象一下充满氨基酸、糖类等物质且物质之间不断发生反应的原始汤。显然，你不能指望它们会自动组合成一个细胞，但可以期望它们至少会发生一些随机反应。实际上，很难想象有什么能阻止它们这样做。虽然随机反应不会产生非常复杂的物质，但通过计算可以证明，平均而言，它们会产生相当数量的拥有短链和支链的小分子。

这个事实本身并不能使生命的起源更有可能。但是假设，考夫曼想，只是假设一些漂浮在原始汤中的小分子能够充当"催化剂"，即亚微观世界的"媒人"。化学家经常看到这种情况：一个分子，即催化剂，在两个分子从旁边经过时将它们捕捉起来，使它们能够快速相互作用和融合。然后催化剂会释放这对新组合，捕捉另一对分子，如此继续下去。化学家还知道很多催化剂分子会像化学世界的"斧头杀手"一样，一个接一个地将分子切割开。无论哪种情况，催化剂都是现代化学工业的基石。汽油、塑料、染料、药品——几乎所有这些都离不开催化剂的存在。

好吧，考夫曼思考着，想象有一锅原始汤，其中含有一种分子A，它正忙于催化形成另一种分子B。分子A可能并不是一个非常有效的催化剂，因为它基本上是随机形成的。但是，它也不需要非常有效。即使是一个弱效的催化剂，也会使B分子的形成速度比在其他情况下更快。

现在，考夫曼认为，假设分子B本身有微弱的催化作用，它就能促进分子C的产生。假设分子C也具有催化作用，以此类推。他推理道，如果原始汤的容量足够大，并且一开始里面有足够多不同种类的分子，那么在接下来的某个环节，你很有可能找到一个分子Z，它会使化学催化反应的循环闭合，催化产生分子 A。而此时有了更多分子 A 存在，就意味着会有更多的催化剂可用于促进分子 B 的形成，进而加快分子 C 的形成，如此循环不断。

换句话说，考夫曼意识到，如果原始汤中的条件合适，那么根本就不需要等待随机反应。原始汤里的化合物可能已经形成了一个连贯的、自我强化的反应网络。此外，网络中的每个分子都会催化网络中其他分子的形成——因此，相对于不属于网络的分子而言，网络中的所有分子都会不断增加。总之，作为一个整体，网络将催化自身的形成。这将是一个"自催化集"。

当考夫曼意识到这一切时，他肃然起敬。秩序，自由存在的秩序，它再次出现。自然产生于物理和化学定律的秩序，自发地从分子混沌中涌现的秩序，表现为一个不断增长的系统。这个想法美丽异常，难以言表。

但那是生命吗？考夫曼不得不承认，并不是，至少还不是我们今天所熟知的生命。一个自催化集没有 DNA，没有遗传密码，没有细胞膜。实际上，它并非真正独立的存在，只是一团分子在古老的池塘中漂浮。如果在那个时候有一个来自外星的达尔文经过，他（或它）将很难注意到任何异常。参与自催化集的任何分子看起来都和其他分子差不多。其本质不在于集中的任何个体部分，而在于集的整体动力学：它的集体行为。

然而，考夫曼认为，在更深层次的意义上，也许一个自催化集可能具备生命的特征。毫无疑问，它会展现出一些惊人的类生命性质。例如，它可以生长：原则上没有理由认为一个自催化集不能是开放式的，随着时间推移，它可以产生越来越多的分子，而且分子结构越来越复杂。此外，这个集还具有一种新陈代谢的方式：网络中的分子会稳定地吸收周围汤中漂浮的氨基酸和其他简单化合物，如同获取"食物"一般。氨基酸等化合物在催化作用下，被黏合在一起，形成更加复杂的化合物，进一步丰富了自催化集的构成。

自催化集甚至会展现一种原始的复制方式：如果一个小池塘中的一个自催化集碰巧溅入相邻的池塘——比如经历了一场洪水——那么这个被迁移的集可以立即开始在新环境中生长。当然，如果这个池塘中已经存在另一个不同的集，那么它们将展开资源的竞争。而此时，考夫曼意识到，自然选择就有机会对这些集进行筛选和优化。很容易想象，这个过程会选择那些更能适应环境变化的集，或者包含更高效的催化剂和更复杂的反应的集，或者包含更复杂与更精密的分子的集。事实上，你甚至可以想象筛选过程最终导致了 DNA 和其他一切的产生。真正的关键在于获得一个能够生存和繁殖的实体；此后，进化就能够在相对较短的时间内完成其工作。

好吧，这无疑是在"如果"之上又堆积了许多"如果"。但是对于考夫曼来说，这个自催化集的故事是他听过的对生命起源最合理的解释。如果这是真的，那就意味着生命的起源不必等待某个极不可能的事件来产生一系列极其复杂的分子；意味着生命确实可以从非常简单的分子开始，自发逐渐进化而来。这也意味着生命并非仅仅是一个偶然事件，而是大自然无休止的自组织驱动的一部分。

考夫曼完全沉浸其中。他立刻投入计算、计算机模拟和随机网络模型中，就像在伯克利时所做的那样：他想要理解自催化集的自然法则。好吧，他想，或许你不知道在很久以前究竟涉及了哪些化合物和反应，但至少你可以考虑概率。自催化集的形成是一个极不可能的事件，还是几乎必然的事件？看看数据吧。假设你有几种不同种类的"食物"分子（例如氨基酸），并假设它们在原始汤中开始形成聚合物链。那么，你可以用这种方式制造多少种不同的聚合物？这些聚合物之间有多少种反应，才能形成一个庞大的反应网络？这个庞大的反应网络自我闭合并形成一个自催化集的可能性有多大？

"随着思考深入，我清楚地意识到，反应的数量比聚合物的数量增加得更快。因此，如果存在任何一个固定不变的概率，使聚合物能催化某种反应，那么在达到一定的复杂性阈值后，这个体系必然会相互自催化。"换句话说，这就像考夫曼的基因网络一样：如果原始汤的复杂性达到一定的阈值，它将经历一种难以解释的相变。自催化集几乎是不可避免的。在一个物质足够丰富的原始汤中，它必然会形成——生命会从原始汤中自发地"凝结"出来。

整个故事实在是太美妙了，考夫曼对此深信不疑。它一定是真实的。"我现在对这个情景的信心与当初构想时一样坚定，"他说，"我坚信这就是生命的起源。"

阿瑟也愿意相信这一点。他觉得这是一个了不起的观点，不仅仅因为它是关于生命起源的奇妙想法，还因为自催化和经济学之间的类比实在是太过美妙，不容错过。他和考夫曼或散步于山间，或伏案于巴贝酒吧的午餐桌上，整整讨论了好几天。

显然，他们一致认为，自催化集是分子之间的转化网络，就像经济是商品和服务之间的转化网络一样。事实上，从真正意义上说，自催化集就是一种经济体系，一种亚微观世界的经济系统，它提取原材料（即原始的"食物"分子）并将其转化为有用的产品（即自催化集中的更多分子）。

此外，自催化集可以通过与经济完全相同的方式，随着时间推移变得越来越复杂，从而推动自身进化。这一点深深吸引了考夫曼。如果创新源于旧技术的新组合，那么随着越来越多的技术可用，可能的创新数量将会迅速增加。事实上，他认为，一旦复杂性超过某个阈值，就可以预期出现一种类似于他在自催化集中发现的相变现象。当复杂性低于这个阈值时，国家仅仅依赖于几个主要行业，而其经济往往脆弱且停滞不前。在这种情况下，无论投入多少资金，都没有什么用。"如果你只是生产香蕉，那么除了产出更多香蕉，什么都不会发生。"但是，如果一个国家能够成功实现多元化，使复杂性提升至临界点以上，那么可以预期它将经历爆发性的增长和创新，即一些经济学家所说的"经济腾飞"。

考夫曼向阿瑟解释，这种相变的存在还有助于解释为什么贸易对国家的繁荣如此重要。假设有两个不同的国家，每个国家本身都处在亚临界状态，它们的经济无法取得突破。但是，现在假设它们开始进行贸易，其经济相互联系在一起，形成一个更复杂的大经济体系。"我预计这样的贸易体系，将使整个大经济系统越过临界点并迅速扩展。"

最后，自催化集可能会经历与经济体系完全相同的进化过程中的兴衰轮回。往原始汤里注入一种新的分子，往往可以彻底改变整个反应体系，就像汽车取代马车时引发的经济转型一样。这是自催化现象中真正吸引阿瑟的部分。它具备了阿瑟初次接触分子生物学时所感受到的那些迷人特质：动荡、剧变、看似微不足道的事件所引发的巨大后果，以及背后隐藏着的深刻法则。

因此，考夫曼和阿瑟一起度过了一段美好的时光，他们思考各种想法，寻找各种联系。这仿佛是史上最伟大的新生闲聊之一。考夫曼尤其兴奋，觉得他们探索到了真正新颖的东西。显然，网络分析并不能准确预测下周将会出现什么样的新技术，但它可以帮助经济学家获得这一过程的统计性和结构性指标。例如，当一种新产品引进市场，它通常会引起怎样的影响？会带来多少新的商品和服务，又会淘汰多少旧的商品和服务？一种产品是已经成为经济的核心，还是仅仅一时流行，我们如何辨别？

此外，考夫曼认为人类最终有可能将这些理念应用到远远超出经济范畴的领域。"我认为这些模型同时包含了偶然性和规律性。"他说，"关键在于，相变可能是有规律的，但具体的细节却不是。因此，也许我们可以针对一些历史发展进程建立模型，例如工业革命或作为文化转型期的文艺复兴，解释为什么向一个孤立的社会或文化注入一些新思想时，它就无法再保持孤立。"你可以对寒武纪生命大爆发提出同样的问题。大约 5.7 亿年前，一个充满藻类和池塘浮渣的世界，突然涌现出大量复杂的多细胞生物。"为什么突然间出现如此多的物种？"考夫曼问道。"也许必须达到一个临界多样性，然后才能爆发。也许是因为自然已经从藻垫发展出更富营养和更复杂的物质，从而产生了大量相互作用的过程，并形成新的过程。这与经济中的情况一样。"

当然，即使是考夫曼也不得不承认，这一切想法目前只不过是一个希望而已。不过，他告诉阿瑟，这一切都是有可能的。考夫曼从 1982 年开始就一直在为此做准备，当时他在中断了 10 多年之后又回到了自催化研究领域。

这一中断期始于 1971 年的一天，考夫曼回忆道，当时芝加哥大学化学家斯图尔特·赖斯造访理论生物学小组。赖斯在理论化学领域声名显赫，考夫曼非常希望给他留下好印象。"赖斯进来问我在做什么。于是我告诉了他。他质疑：'你到底为什么要研究那个？'我不知道他为什么这么说。我猜想，赖斯认为这项研究没有意义。但当时我想：'天哪，大教授赖斯当然知道自己在说什么。看来，我不应该继续研究自催化集了。'于是我整理了此前所有对自催化集的研究，并发表在 1971 年的《控制论会杂志》上，然后就把它收起来了，从此抛诸脑后。"

考夫曼的这一反应并不完全是出于不安全感。事实上，他的自催化模型陷入了僵局。不管他对生命起源进行了多少计算和计算机模拟，它们仍然只停留在计算和计算机模拟。要提出一个真正令人信服的论据，他必须进一步推进米勒和尤里的实验，证明他们的原始汤实际上能够在实验室中产生自催化集。但考夫曼不知道如何做到这一点。即使他有足够的耐心且掌握了实验室化学的知识与技能，他也必须在各种温度和压力下研究数百万种可能的化合物组合。他极有可能在这上面花费一生的时间却一无所获。

其他人似乎也没有什么好主意。考夫曼并不是唯一一个思考自催化模型的人。几年前，加州大学伯克利分校的诺贝尔奖得主梅尔文·卡尔文在他1969年的著作《化学进化》中探索了几种不同的自催化情景来解释生命起源。与此同时，在德国，奥托·勒斯勒尔和曼弗雷德·艾根也在各自独立地求索自催化理论。艾根甚至在实验室中使用RNA分子展示了一种自催化循环的形式。但是，还没有人能够证明从米勒-尤里原始汤的简单分子中会产生自催化集。在新的想法出现之前，似乎没有任何前进的方向。

然而，即使考夫曼对赖斯的言论所做出的反应并不完全出于不安全感，但也在很大程度上的确出于这一原因。他强烈地感到需要在这个新的职业中证明自己。但他逐渐意识到，理论在生物学家中并不受重视。

"在生物学领域，从事数学方法研究的人是最卑微的。"考夫曼说道。这与物理学或经济学的情况完全相反，在那些领域，理论家是至高无上的存在。而在生物学领域，特别是在分子生物学和发育生物学领域，实验工具仍然非常新颖，而且有大量关于生命系统细节的数据需要搜集，因此，荣誉和光环都归属于实验室。"在分子生物学家中，有一种明显的信念，即所有答案都将通过理解特定分子来找到。"考夫曼说道，"人们非常不愿意研究一个系统如何工作。例如，'吸引子'这一概念在他们看来就毫无意义。"

相较而言，神经科学和进化生物学对理论的态度没有那么敌视。可即使在这些领域，考夫曼的网络思想也被视为异类。他谈论的是秩序和大型网络的统计学意义上的行为，却说不出关于这个或那个分子的任何具体信息。大多数研究人员很难理解他的意思。"早些时候，人们对基因网络的研究反应很积极。"他说，"沃丁顿很喜欢这个想法，许多人都喜欢。这就是我得到第一份工作的原因。我感到非常高兴和自豪。但从20世纪70年代初开始，这一研究进展缓慢，人们的关注度也逐渐减弱。世界变得不怎么关注这个领域了。"

考夫曼转而投入了大量精力去学习实验生物学。这种冲动与当初促使他从学哲学转向学医的冲动很相似：他不信任自己那轻率的思考和理论化倾向。"情感根源在于我需要扎根于实践，"他说，"但也有一部分原因是我真的想知道这个世界是如何运作的。"

具体而言，考夫曼将注意力集中于一种微小的果蝇，即黑腹果蝇。在20世纪早期，遗传学家对这种果蝇进行了深入研究，如今它已成为进行发育过程研究的生物学家最喜爱的实验对象。除了其他许多有利于实验的特性，果蝇还能够产生一些奇怪的突变，被称为同源异形突变。在这种情况下，新孵化的果蝇可能会在本应为触角的位置长出腿，或者在本应为头部的位置长出生殖器，等等。这些突变为考夫曼提供了丰富的样本来构建模型，使他得以思考发育中的胚胎是如何进行自组织的。

1973 年，考夫曼因为在果蝇方面的研究工作而得以进入华盛顿特区外的美国国立卫生研究院。在那里，他成功获得了一个为期 2 年的职位，使得他能够在满足服役要求的同时不必去越南。（在芝加哥大学时，考夫曼已经根据"贝里计划"延迟 4 年服役，该计划允许医生在进行医学研究期间延期服役。）然后，在 1975年，他因在果蝇领域的研究工作获得了宾夕法尼亚大学的终身教职。"我选择了宾夕法尼亚大学，"考夫曼开玩笑说，"因为那附近有很棒的印度餐厅。"更为重要的是，他觉得不能让家人回到芝加哥大学附近的海德公园居住，尽管芝加哥大学也为他提供了终身职位。"那里的犯罪率和种族紧张局势太可怕了，令人深感无力。"

当然，考夫曼对于在果蝇研究上所花费的时间并不后悔。他对于果蝇发育的论述和他对网络模型的论述一样充满激情。然而，他还清楚地记得 1982 年的那个时刻。"当时我身处塞拉山脉，意识到自己已经有好几年没有对果蝇产生过新的思考，我一直在致力于核移植、克隆等实验，但实际上并没有产生新的想法。我感到彻底陷入了困境。"

不知怎的，在那一刻考夫曼明白，是时候回归初心，回到自己对网络和自催化的研究中了。撇开其他的不谈，考夫曼觉得自己已经做了所有能做的："在内心中，我已经赢得了去思考我想去思考之事的权利。我读完了医学院，当过医生，接生过60名婴儿，给婴儿做过脊椎穿刺，处理过心搏骤停以及作为年轻医生必须做的各种事情，还管理过实验室，学会了如何做二维凝胶和一维凝胶，学会了如何操作闪烁计数器，学会了如何做果蝇遗传学实验，凡此种种——即使生物学界仍然对理论研究持怀疑态度，我也已经赢得了做我想做之事的权利。我已经回应了就读牛津大学时内心的渴求——不惧怕轻率思考。现在，我对自己是一个理论家深信不疑。这并不意味着我是对的，但我相信自己。"

具体说来，考夫曼下决心是时候回归自催化集构想，并以正确的方式研究它了。回到1971年，他真正拥有的只是非常简单的计算机模拟。考夫曼说："我清楚地意识到，随着溶液中蛋白质数量的增加，反应的数量会以更快的速度增加。所以，如果你有一个足够复杂的系统，就会产生自催化。但是我在分析工作方面并没有太多的收获。"

于是，考夫曼再次投身计算中——和过去一样，无论需要什么样的数学方法，都尽可能自己发明出来。"整个1983年的秋天，从10月到圣诞节过后，我都在证明各种定理。"他说。聚合物的数量、反应的数量、聚合物催化反应的概率，以及在这个庞大的反应网络中的相变——只为探究在什么条件下自催化会发生。考夫曼如何证明自催化会发生呢？他记得当年11月，参加完印度的一场会议后，他在长达24小时的返程航班上得出了一连串结果。"回到费城后，我筋疲力尽。"考夫曼说。他在圣诞节那天才草草写下定理。到了 1984 年的新年，考夫曼终于完成了：对于他在 1971 年只能依靠猜测的难以解释的相变，他如今找到了证据。如果化学组成太简单，相互作用的复杂性太低，那么什么也不会发生，系统将处于"亚临界"状态。但是，如果相互作用的复杂性足够丰富——考夫曼的数学方法现在能够精确地定义这意味着什么——那么系统将处于"超临界"状态，自催化是不可避免的。而且，这种秩序是真的自由存在的。

太棒了。显然，下一步是用更复杂的计算机模拟来验证这些理论观点。"我提出了亚临界和超临界系统的想法，"他说，"我迫切希望看到模拟结果是否与之一致。"但同样重要的是将类似于真实化学和真实热力学的因素纳入模型中；撇开其他的不谈，一个更真实的模型，可能给实验者提供一些关于如何在实验室中创建自催化集的指导。

考夫曼认识了两个能帮助他的人。1982 年，在巴伐利亚的一次会议上，他遇到了其中一个——洛斯阿拉莫斯国家实验室的物理学家多因·法默。当时只有 29 岁的法默展现出和考夫曼一样丰富的想象力和活力，他对自组织的概念也同样着迷。他们在阿尔卑斯山徒步旅行了一整天，一直在谈论网络和自组织。他们相处得非常融洽，以至于法默邀请考夫曼以顾问和讲师身份定期访问洛斯阿拉莫斯。不久后，法默将考夫曼介绍给了伊利诺伊大学一位年轻的计算机科学家诺曼·帕卡德。

自 20 世纪 70 年代末在加州大学圣克鲁兹分校物理系读研究生时，法默和帕卡德就成了合作伙伴。在那里，他们都属于一个自称"动力系统集体"（Dynamic Systems Collective）的团体，该团体的成员是一小群致力于当时的前沿领域——非线性动力学和混沌理论研究的研究生。他们在该领域做出了许多开创性的贡献，因此在詹姆斯·格雷克的《混沌》一书中专门有一个章节介绍了"动力系统集体"。《混沌》一书于 1987 年秋季出版，正值阿瑟、考夫曼和其他人齐聚圣塔菲参加经济学研讨会之时。

到 20 世纪 80 年代初考夫曼第一次见到他们时，法默和帕卡德已经对混沌理论完全厌倦了。

正如法默所说："那又如何？混沌理论的基本框架已经建立完毕。"他渴望那种身处未知领域的刺激感。而帕卡德则渴望亲身参与一些真正复杂的问题。混沌动力学确实很复杂：想象一片叶子在平稳的微风中似乎随机飘动的样子。但是这种复杂性是相当简单的。对于叶子而言，存在一组来自风的作用力。这些力可以用一组数学方程描述。系统只是盲目地永远遵循这些方程。没有任何变化，也没有任何自适应行为。"我想超越这个层次，追寻更为丰富的复杂性，如生命和心智。"帕卡德说。他和法默一直在寻找合适的问题来研究。所以当考夫曼提议共同模拟一个自催化系统时，他们决定一试身手。

1985 年，考夫曼从巴黎和耶路撒冷休假归来后，他们便开始投入工作。"这成了一次紧张的合作。"考夫曼说。讨论一个随机的反应网络是一回事，这样的网络能以简洁的数学语言描述；而用相对真实的化学来模拟这些反应完全是另一回事，事情迅速变得复杂起来。

考夫曼、法默和帕卡德最终提出的是高分子化学的简化版本。在模型中，基本的化学合成砌块——类似于通过米勒-尤里实验过程在原始汤中可能形成的氨基酸和其他简单化合物，用a、b、c等符号表示。这些化学合成砌块可以连接成链状结构，形成更大的分子，如accddbacd。这些更大的分子，又可以发生两种化学反应。它们可以分裂：

accddbacd → accd + dbacd

或者它们可以反过来，在末端连接起来：

bbcad + cccba → bbcadcccba

每种反应都有一个与之相关的数字，化学家称之为速率常数，该数值决定了在没有催化剂存在的情况下反应的速率。

然而，整个实验的重点当然是观察当催化剂出现时会发生什么。所以，考夫曼、法默和帕卡德需要找到一种方法来确定哪个分子可以催化哪种反应。他们尝试了几种方法。其中一种是考夫曼提出的，它和其他方法一样有效，即简单地选择一系列分子，例如abccd，然后任意地将每一个分子分配到某个反应中，比如baba + ccda → babaccda。

为了运行这个模型，在指定所有的反应速率和催化强度后，考夫曼、法默和帕卡德会命令计算机用稳定流入的"食物"分子（如a、b、aa）来丰富他们的模拟池塘。然后，他们便静候模拟化学的产物。

在相当长的一段时间里，模拟并没有产生太多的东西。这多少有些令人沮丧，但也在预料之中。反应速率、催化强度、食物供应速度等各种参数都可能出现误差。他们需要做的是改变这些参数，观察哪些有效，哪些无效。正是在这一过程中，他们开始发现，偶尔当参数处在某些有利范围内时，模拟的自催化集确实会形成。而且，这些自催化集形成的条件似乎与考夫曼关于抽象网络的理论所预测的相同。

考夫曼和合作者在1986年发表了研究结果。那时，法默和帕卡德已经转向了其他感兴趣的领域——不过法默招了一名研究生理查德·巴格利来扩展模型并大幅提高其运行速度。而考夫曼本人则继续思考自组织在进化中可能发生的其他方式。但是，在那个计算机模型之后，他比以往任何时候都更加深刻地感受到，自己真正触及了造物者的一个秘密。

考夫曼记得他曾独自徒步回到太浩湖附近的塞拉山脉，到他最喜欢的景点之一——马尾瀑布。那是一个美丽的夏日，他回忆道。考夫曼坐在瀑布边的一块石头上，思考着自己的自催化工作及其意义。他说："突然间，我意识到上帝已经向我揭开了宇宙运作机制的一角。"这里考夫曼所指的当然不是人们通常认为的那位人格化的上帝，他从未相信这样一个存在。"但我有一种神圣的感知，感知到一个可知的宇宙，一个正在展开的宇宙，一个我们有幸成为其中一部分的宇宙。实际上，这是一种与虚荣完全相反的感觉。我觉得上帝会向任何愿意倾听的人揭示这个世界的运作方式。"

考夫曼说："那是一个动人的时刻，是我有生以来最接近宗教体验的时刻。"

圣塔菲

随着经济学研讨会开幕日的临近，阿瑟开始花费越来越多的时间润色他的演讲内容——他被安排在第一天第一个发表演讲——考夫曼则独自出门，沿着附近的土路走了很长时间。他说："记得我来回踱步，试图构建演讲的核心概念结构。"按照两人的约定，阿瑟的演讲聚焦于报酬递增，而考夫曼则将概述他的各种网络模型，并补充二人关于技术和自催化观点的讨论。将经济视作一个自催化集的想法实在惊艳，考夫曼迫不及待想分享出去。

考夫曼在圣塔菲的住所，自有其独特之处，很适合沉思默想——就像马尾瀑布一样。这是一座宽敞的不规则建筑，坐落在小镇西北部沙漠中的一条长长的土路上，落地窗由地板一直延伸至天花板。从那里可以看到横跨格兰德河谷的赫梅斯山脉，山色壮丽。这样的环境似乎是永恒的，近乎超越世俗的。不到一年前，考夫曼买下这栋房产，就是为了能在圣塔菲研究所投入更多的时间。

当然，圣塔菲研究所就是第三个令考夫曼感到兴奋的求知环境。"虽然牛津大学和芝加哥大学的确令人兴奋，"他说，"但与圣塔菲研究所相比，它们只能算是小巫见大巫。圣塔菲研究所简直是一个神奇之地。"1985年，考夫曼在与多因·法默一起研究自催化计算机模型时，第一次听说了圣塔菲研究所。然而，他真正接触圣塔菲研究所是在1986年8月，他参加了由杰克·考温和斯坦福大学进化生物学家马克·费尔德曼组织的"复杂适应系统"研讨会。就像阿瑟一样，考夫曼立即对圣塔菲研究所产生了浓厚的兴趣，当下断定这里就是心之所向。"这里始终充满了激情、知识的冲击、混沌、严肃与欢愉，让我有种'感谢上帝，我并不孤单'的感觉。"

考夫曼的妻子伊丽莎白以及他们的两个孩子，伊森和梅丽特，都对前往圣塔菲度过一段时间的想法非常乐意。当考夫曼带家人一起来参观时，他们立刻就爱上了这里。考夫曼仍然记得那一天，全家在桑格雷-德克里斯托山上采蘑菇的情景。而且，伊丽莎白是一名画家，新墨西哥州的光线对于她来说是无与伦比的。因此，考夫曼一家在1986年10月12日定下了在圣塔菲的家，想着每年可能会在新墨西哥州待上一个月左右。

不到两周后，也就是1986年10月25日，梅丽特·考夫曼遇难。对于考夫曼一家来说，圣塔菲这个家的意义瞬间不再只是个度假之地。从那时起，这里便成为他们的避风港。伊丽莎白和伊森基本上完全搬到圣塔菲，而考夫曼则奔波于两地之间，他之所以还留在宾夕法尼亚大学，仅仅是因为他的学生、薪水和永久教职。考夫曼的系主任深知这涉及一场情感上的救赎，于是安排考夫曼每年在圣塔菲度过一半的时间。考夫曼说："这是极大的善意，允许这样做的地方可不多。"

考夫曼表示自己对接下来的一年记忆甚少。1987年5月，考夫曼得知自己获得了麦克阿瑟基金会无附加条件的"天才奖"。他很兴奋，却几乎感受不到快乐。他说："我经历了一个人可能经历的最糟糕的事情和最美好的事情。"考夫曼基本上完全将自己投身于研究工作中。"只有在作为科学家时，"他说，"我才能感觉到自己是个正常人。"他常常会沿着沙漠中的土路行走，凝视群山，探寻着自然的秘密。

第四章

你们真的相信吗？

通常情况下，布莱恩·阿瑟不会为做学术报告感到紧张，但当时圣塔菲研究所的经济学研讨会绝非寻常场合。

他在到达圣塔菲研究所之前，就已经预感到有大事要发生。"当阿罗拦住我，当我听说约翰·里德、菲利普·安德森和默里·盖尔曼是幕后策划者，当研究所所长亲自给我打电话——很明显圣塔菲研究所的诸位将这次会议看作一个里程碑事件。"作为组织者，阿罗和安德森安排了整整 10 天的会议。在学术界，这样的会议时长实属罕见。乔治·考温还安排在最后一天召开一场新闻发布会——约翰·里德按计划也将到场。［事实上，安德森竟然也打算参加会议，这件事本身就足以说明问题。因为7 个月前的 1987 年 2 月，世界上所有的凝聚态物理学家都因为一则消息的宣布而震惊不已：一种外表粗糙的新型陶瓷材料在-321 ℉（约合-196℃）的液氮沸点下可以无电阻导电。安德森和其他许多理论物理学家都正在夜以继日地研究这些"高温"超导体是如何实现这种奇妙特性的。］

但是对于阿瑟，真正的震撼时刻是在 8 月底，也就是经济学研讨会召开前 2 周，当他抵达研究所并终于看到与会人员名单时。这份名单中当然有阿瑟早已知道的阿罗和安德森，还有他在斯坦福大学的同事汤姆·萨金特。由于其关于私营部门的"理性"经济决策如何与政府创造的经济环境紧密联系的分析，萨金特经常被视为诺贝尔奖的有力角逐者。但还有一些名字令阿瑟深受震撼，比如哈佛大学名誉教授、世界银行研究中心前主任（也是传奇赛马"秘书处"的主人）霍利斯·切纳里，哈佛大学奇才、时任杜卡基斯州长竞选团队经济顾问的拉里·萨默斯，芝加哥大学教授、将混沌理论应用于经济学的先驱何塞·施可曼，坐落于巴黎郊外的法国高等科学研究所的比利时物理学家、混沌理论的创始人之一达维德·吕埃勒。名单上有 20 多个名字，全是这种级别的大人物。

阿瑟可以感觉到肾上腺素水平开始攀升。"我意识到这对我而言可能是非常重要的时刻，一个向我非常想要说服的群体展示报酬递增观点的机会。我本能地觉得物理学家会非常支持我的观点，但我真的不知道他们会有何评价，也不知道阿罗会怎么说。虽然参会的经济学家水平很高，但他们主要以传统经济学理论著称。因此，我完全不知道自己的观点会反响如何，毫无线索。我也不知道会场的氛围会是什么样的，是时不时会遭遇尖锐攻击，还是以一种非常友好的形式进行。"

会议定于 9 月 8 日星期二开幕。随着开幕的日子逐渐临近，阿瑟与斯图尔特·考夫曼散步和交谈的时间越来越少，他将越来越多的时间用于完善自己的演讲。他还记得那时候自己经常练太极拳。"太极拳教你吸纳对方的攻击之力，并迅速反击，"他说道，"我想我可能需要这个。要在面对攻击时站稳脚跟，最好的方式就是练习慢动作的武术。因为每次出拳都可以想象成自己在向观众传达某种信息。"

当天上午9点，会议在由修道院小教堂改造成的会议室召开。与会者围坐在两排长条形的可折叠桌子旁。外面的光线，一如往常，透过彩色玻璃窗倾洒而入。

安德森简短开场，介绍了他希望在会议上讨论的主要议题后，阿瑟起身开始了第一场正式演讲："经济学中的自我强化机制"。当演讲开始时，阿瑟感到阿罗也变得紧张起来，似乎在担心自己会向物理学家描绘一幅非常奇特的经济学图景。但阿罗自己倒不记得有过这样的感受。"我知道布莱恩的表达能力非常好。"阿罗说道。另外，在他看来，这次会议仅仅是一次试验。"虽然从研究所的立场看，事情有风险，"阿罗说，"但在学术层面，没什么大不了，因为并没有什么观点需要捍卫。试验而已，失败就失败了。"

但无论阿罗是否有意识地担心，当天上午他无疑仍旧保持着严谨的分析本能，甚至有过之无不及。阿瑟开始向物理学家们发表演讲。阿瑟解释说，当他使用"自我强化机制"这个词时，本质上是在谈论经济学中的非线性……

"且慢！"阿罗说道，"你说的非线性究竟是什么意思？所有经济现象难道不都是非线性的吗？"

嗯，可以这么说，阿瑟回答道。从数学上精确地说，报酬递减这一通常假设对应于"二阶"非线性经济学方程，它将经济推向均衡和稳定。而他所关注的是"三阶"非线性，即那些驱动某些经济部门偏离均衡状态的因素。工程师称之为正反馈。

这个回答似乎让阿罗很满意。在桌子周围，阿瑟看到安德森、派因斯和其他物理学家点头赞同。报酬递增、正反馈、非线性方程，对他们来说都是熟悉的内容。

接着，在上午快过半时，安德森举手问道："经济不正像是自旋玻璃吗？"阿罗自然地插话道："自旋玻璃是什么？"

碰巧阿瑟这几年阅读了大量有关凝聚态物理学的文献，他清楚自旋玻璃是什么。它实际上指的是一些鲜为人知的磁性材料，它们罕有实际用途，但理论特性令人着迷。从 20 世纪 60 年代自旋玻璃被发现以来，安德森就在研究它们，并且与人合作撰写了该领域的几篇开创性论文。就像我们更熟悉的铁之类的磁性材料一样，自旋玻璃的关键成分是金属原子，这些原子的电子具有一种旋转运动特性——"自旋"。类似于铁，自旋导致每个原子产生一个微小的磁场，进而对邻近原子的自旋施加磁力。然而，不同于铁，自旋玻璃中的原子间相互作用力不会导致所有自旋有序排列，因而不会产生像我们在指南针和冰箱贴中看到的那种大规模磁场。

相反，自旋玻璃中的作用力是完全随机的——物理学家称之为"玻璃态"。（窗户玻璃中的原子键同样是随机的。事实上，普通玻璃究竟应该被称为固体还是特殊的黏稠液体，从技术上讲尚无定论。）这种原子尺度的无序意味着，自旋玻璃是正反馈和负反馈的复杂混合物，其中每个原子试图与一些近邻保持自旋平行，而与其他近邻保持自旋反平行。通常，没有办法始终做到这一点。每个原子必须与不想与之保持自旋平行的近邻保持平行，所以要忍受一定程度的阻挫。但出于同样的原因，自旋排列的方式可以有很多种，使得阻挫对每个原子都在合理的忍受范围——物理学家将这种情况描述为"局部平衡态"。

是的，阿瑟对安德森的说法表示赞同。在这个意义上，自旋玻璃对经济来说是一个很好的隐喻。"经济天然就是正反馈和负反馈的混合，这使之具备非常多的自然基态或者说平衡态。"这正是阿瑟一直试图通过报酬递增经济学来阐明的观点。

阿瑟看到物理学家们再次点头。嘿，这个经济学理论还不错。安德森说："我和布莱恩真的很有共鸣。我们对他的演讲印象深刻。"

就这样，演讲持续了整整 2 个小时，涉及的问题包括：锁定效应、路径依赖、QWERTY 键盘及其可能导致的低效，以及硅谷的起源。阿瑟说："在我演讲过程中，物理学家频频点头微笑。但每隔大约 10 分钟，阿罗就会喊停，让我具体展开某个内容，或者解释他为什么不同意我的观点。阿罗想确切地理解我的每一步逻辑推导。当我开始在黑板上陈述精确的定理时，他和在场其他几位经济学家一样，都想看到详细证明。这拖慢了我的演讲速度，但也让论证更加无懈可击。"

当阿瑟最后终于坐下时，已经精疲力竭——但他有种职业生涯基石已然奠定的感觉。他说："我的想法在那天上午得到了认可。不是我说服了阿罗和其他人，而是物理学家说服了经济学家，使后者意识到我的研究是重要且基础性的。实际上，他们是在告诉经济学家：'哦，是的，阿瑟这家伙知道自己在讲什么——你们可以放心。'"

或许这只是一种猜测。但在阿瑟看来，阿罗看起来明显放松了一些。

然而，如果阿瑟的演讲让物理学家们以为自己和经济学家同频了，那么他们很快就意识到这是一种误解。

在会议的头两三天里，由于物理学家的经济学知识大多只停留在大学本科经济学入门课程的水平，阿罗和安德森邀请几位经济学家简要介绍了标准的新古典主义理论。"经济学框架令人着迷。"安德森说，经济学理论长期以来一直是他的兴趣所在。"我们想更深入了解它。"

事实上，随着一大堆公理、定理和证明在投影屏幕上呈现，物理学家对经济学家的高超数学造诣除了心生敬畏，还感到十分震惊。他们持有的反对意见，与阿瑟和其他许多经济学家多年来在领域内表达的意见是一致的。"这些理论简直过于完美了，"一位年轻物理学家说道，他还记得自己当时难以置信地摇头，"经济学家们似乎陶醉在花哨的数学公式中，直到只见树木不见森林。他们花了大量时间将数学融入经济学中，以至于常常忽略了模型的目的和作用，以及基本假设是否合理。在很多情况下，需要的可能只是一些常识。倘若经济学家的智力水平再低一些，也许就会创建出更好的模型。"

物理学家当然并不反对数学本身。物理学无疑是现有科学领域数学化最彻底的学科。但大多数经济学家不知道，并且往往会惊讶地发现，物理学家对数学的态度实际上要更为随意。"他们会结合几分严谨思考、些许直觉和一点粗略计算——所以物理学家的风格与数学家颇为不同。"阿罗说道，他自己发现这一点时也感到相当惊讶。其中的原因在于，物理学家痴迷于将他们的假设和理论建立在经验事实之上。阿罗说："对于相对论这种理论占比远高于实验观测的领域，我不太清楚。但物理学的整体倾向是，先做计算，然后找到实验数据来验证计算。所以理论上缺乏严谨性不算什么严重问题，错误总会被检测到。然而，在经济学中，我们没有如此高质量的数据，无法像物理学家那样生成数据。我们必须在有限的数据基础上推演出很多东西，所以必须确保每一步都准确无误。"

听起来很有道理。不过，物理学家还是对经济学家鲜少关注确实存在的实证数据感到不安。例如，人们经常提出这样的问题："像石油输出国组织在石油定价中的政治动机和股市中的大众心理这样的非经济因素，影响有多大？你们咨询过社会学家、心理学家、人类学家等社会科学家吗？"经济学家们要么对这些在他们看来含糊不清的、"次要的"社会科学不屑地撇撇嘴，要么给出这样的回答："这些非经济因素真的不重要"；"它们确实重要，但很难处理"；"它们并不总是很难处理，事实上，我们正针对具体情况用经济学方法来处理这些非经济因素"；"我们不需要处理，因为这些因素会在经济学效应中自行消解"。

接下来就是"理性预期"的问题。阿瑟记得第一天演讲时有人问他："经济学是不是比物理学简单很多？"

阿瑟回答说："嗯，在某种程度上是这样的。物理学中的粒子在经济学中对应的是我们所说的'主体'，代表银行、公司、消费者、政府等。这些主体之间的相互作用，就像粒子之间的相互作用。只不过我们通常并不考虑经济学中的空间维度，所以经济学要简单得多。"

然而，他补充了两者之间的一个很大的区别："经济学中的粒子（即主体）很聪明，而物理学中的粒子很笨拙。"在物理学中，基本粒子没有过去，没有经验，没有目标，没有对未来的希望或恐惧。它只是简单地存在。因此物理学家可以自由地谈论"普适法则"：粒子对作用力只是盲目、顺从地做出反应。但在经济学中，阿瑟说："粒子需要提前思考，预测如果采取某种行动，其他粒子可能做出何种反应。经济学中的粒子需要基于预期和策略做出行动。无论如何建模，这都是经济学真正的困难所在。"

很快，阿瑟看到会议室里所有物理学家正襟危坐："经济学这门学科并不简单。它很像物理学，但有两个有趣的特质——策略和预期。"

不幸的是，经济学家对预期问题的标准解决方案——完全理性假设——却让物理学家困惑不解。完全理性的主体确实具有完全可预测的优点。也就是说，他们对于在无穷遥远的未来将要面临的选择了解得十分透彻，他们用无懈可击的推理来预见行动的所有可能影响。所以，可以有把握地说，他们在任何给定情境下，总是基于可获得的信息采取最优行动。当然，面对石油危机、科技创新、利率相关的政治决策和其他非经济意外事件时，理性主体有时会决策失误，但他们非常聪明，会迅速调整，从而使经济保持一种动态均衡，实现精准的供需平衡。

当然，唯一的问题是，真实的人类既非完全理性，也非完全可预测——正如物理学家所深入指出的。另外，正如个别物理学家所说，即使假设人类是完全理性的，认为未来完全可预测的想法依然存在理论缺陷。在非线性系统中（经济无疑是非线性系统），混沌理论告诉我们，对初始条件的最微小的不确定性，也会不可避免地扩大。一段时间后，预测将毫无意义。

"他们步步紧逼。"阿瑟说道，"物理学家对经济学家所做的假设震惊不已——检验假设的方式竟然不是看假设是否与现实吻合，而是看假设是否符合经济领域的普遍认知。"我看到安德森身体放松地后倾，面带微笑地问："你们真的相信吗？"

被逼到墙角的经济学家们回答："你说得有道理。但这些假设帮我们解决了不少问题。如果不做这些假设，我们什么也干不了。"

物理学家立刻回击："说是这么说。但这有什么用呢？如果假设不符合现实，你们就是在解决错误的问题。"

经济学家群体向来不以智识上的谦逊著称，圣塔菲研究所的经济学家们对此如果没有感到一丝不满，那才不正常。他们非常乐意在圈子内抱怨经济学的缺陷，毕竟阿罗特意找来了一些对经济学精通且抱有怀疑态度的专家来参会。但有哪个经济学家愿意从一群局外人那里听到对经济学的批判呢？每个人都尽力倾听，保持礼貌，让会议顺利进行。然而，能明显感觉到有一股暗流在涌动："物理学能为我们带来什么？你们这些家伙就那么聪明吗？"

当然，物理学家同样不以智识上的谦逊而闻名。事实上，说起物理学家，许多外行人的印象首先是"令人难以忍受的傲慢"。这并非物理学家刻意的态度，甚至也不是个性使然，而更像是英国贵族般无意中流露的优越感。在物理学家自己看来，他们就是科学界的贵族。从上大学基础物理学课那天开始，他们就以无数种或隐或显的方式接受着贵族文化的熏陶：他们是牛顿、麦克斯韦、爱因斯坦和玻尔的继承者；物理学是最坚实、最纯粹、最艰深的科学；物理学家拥有最坚韧、最纯粹、最深刻的头脑。因此，如果经济学家们在这场圣塔菲会议上一开始就显露出强势态度，那么物理学家们就会如哈佛大学经济学家拉里·萨默斯所调侃的，拿出"人猿泰山"式的支配者态度回应道："只需3周，我们就能掌握这门学科，然后教你怎么做才是对的。"

花旗集团的尤金妮娅·辛格代表约翰·里德出席会议，她一直担心双方这种自负的态度会导致冲突。"我担心那种强势的支配者态度一旦开始显露，那么整个项目可能尚未启动便夭折了。"

她回忆道。一开始看起来确实存在这种风险。"多数经济学家坐在桌子一边，多数物理学家坐在另一边。我被这种景象吓坏了。"她时不时把派因斯或考温拉到旁边说："能不能让他们坐得稍微近一点？"但情况并没有改观。

经济学家和物理学家之间完全无法沟通的风险，对乔治·考温来说同样是一场噩梦——不仅仅是因为如果这场会议未能成功，研究所可能失去花旗集团的资金支持；真正的原因在于，这次会议是迄今为止对圣塔菲研究所理念最为严格的验证。在两年前的创始研讨会上，他们只是把大家聚集起来，利用一个周末的时间进行讨论；但如今，他们让两个迥然不同又极度自负的群体坐下来，花 10 天时间，共同探讨一些实质性的问题。"我们试图创建一个前所未有的学术社区，"考温说，"但可能不会成功，他们可能找不到共同话题，只有争论。"

这不是杞人忧天。此后圣塔菲研究所的研讨会偶尔确实会陷入激烈的争吵或愤怒的沉默。但在 1987 年 9 月，跨学科研究之神再次眷顾了圣塔菲研究所。毕竟安德森和阿罗竭尽全力招募了一些既愿意倾听又善于表达的参会者。于是，尽管一开始气氛颇为紧张，但参会者最终还是发现有很多共同话题可以探讨。实际上，事后回想，双方在很短时间内就找到了共鸣。

对阿瑟来说当然更是如此。他只用半天时间就做到了。

第五章

超级玩家

根据议程，经济学研讨会的第二场演讲将在第一天午餐后开始，一直持续整个下午。演讲者是密歇根大学的约翰·霍兰，他的演讲题目是"作为自适应过程的全球经济"。

这个题目听起来就很吸引人！此时，布莱恩·阿瑟已经结束了自己的演讲，恢复了精力，他对接下来这场演讲的题目和内容都充满好奇。约翰·霍兰是今年秋天圣塔菲研究所的另一位访问学者，本来被安排和阿瑟同住一间屋。但霍兰直到会议前一天晚上才抵达圣塔菲，那天阿瑟一直待在研究所里，最后一遍遍斟酌演讲稿。阿瑟之前从未见过霍兰，只听说这个人是一位计算机科学家，根据研究所的评价，"霍兰很好相处"。

研究所的这一评价似乎是准确的。当人们陆续返回小教堂，围坐在两排长条形的可折叠桌旁时，霍兰已经站在前面准备发言。这是一位60来岁的中西部男人，身材结实，脸庞宽阔红润，看起来总是带着灿烂的笑容，高昂的声音让他听上去像个满腔热血的研究生。阿瑟立刻就对霍兰心生好感。

霍兰开始了演讲。才过几分钟，阿瑟午饭后的浓浓困意就被一扫而光。他异常清醒，全神贯注。

永远新奇

霍兰首先指出，经济系统是圣塔菲研究所所定义的"复杂适应系统"的典范。在自然界，这类系统包括大脑、免疫系统、生态系统、细胞、发育中的胚胎以及蚁群。在人类社会，这类系统则包括文化和社会制度，如政党或科学界。实际上，一旦你掌握了识别它们的方法，你会发现这些系统无处不在。但无论你在何处发现它们，霍兰说，它们似乎都共同具备某些关键特性。

首先，霍兰说这些系统都是由许多"主体"并行运作的网络。在大脑中，主体是神经细胞。在生态系统中，主体是物种。在细胞中，主体是细胞核和线粒体等细胞器。在胚胎中，主体是细胞。在经济系统中，主体可能是个人或家庭。或者，如果你关注的是商业周期，那么主体可能是公司。如果你关注的是国际贸易，主体甚至可能是整个国家。但是，无论如何定义它们，每个主体都处于一个由它与系统中其他主体的互动所构成的环境中。主体不断地采取行动，并对其他主体的行为做出反应。因此，主体所处的环境基本上没有什么是一成不变的。

霍兰进一步指出，复杂适应系统的控制权通常是高度分散的。比如，大脑中并没有所谓的主神经元，同样，发育中的胚胎内也没有主细胞。系统中任何连贯的行为，都必须源于主体之间的竞争与合作。在经济系统中同样如此。任何一位试图应对顽固性经济衰退的总统都应该深有感触：无论华盛顿当局如何调整利率、税收政策和货币供应，经济的总体表现仍然依赖于数百万人每天做出的无数经济决策。

其次，霍兰表示，复杂适应系统具有多个组织层级，每个层级的主体都是更高层级主体的合成砌块。一组蛋白质、脂类和核酸会形成一个细胞，一组细胞会形成一个组织，一系列组织会形成一个器官，不同器官的组合会形成一个完整的生物体，而一群生物体则会形成一个生态系统。在大脑中，一部分神经元会形成语言中枢，另一部分会形成运动皮层，还有一部分会形成视觉皮层。同样，一群员工会组成一个部门，多个部门会构成一个事业部，以此类推，直至形成公司、产业、国家经济，最终构成世界经济。

并且，霍兰特别强调了他认为非常重要的一点——随着经验的积累，复杂适应系统会不断调整和重新排列其合成砌块。例如，后代生物体会在进化过程调整和重塑其组织结构。当一个人通过与外界互动而学习时，大脑会持续强化或削弱其神经元间的众多联结。公司会提拔表现优秀的员工，甚至在少数情况下会调整其组织架构以提高效率。国家之间会签订新的贸易协议，或者组成全新的联盟。

深入某个基本层面来看，霍兰说，所有学习、进化和自适应的过程都是一样的。在任何特定系统中，自适应的基本机制之一就是对其合成砌块的改进和重组。

再次，霍兰还说，所有复杂适应系统都能预测未来。显然，这对经济学家来说并不奇怪。例如，对长期经济衰退的预期可能会导致人们推迟购买新车，或者延后享受豪华假期，这反过来会使经济衰退持续下去。同样，对石油短缺的预期会对石油市场上的购买和销售行为造成冲击——无论短缺是否真的会发生。

但事实上，霍兰说，复杂适应系统的这种预期和预测能力远远超出了人类的预见范畴，甚至不限于人类的意识。从细菌开始往上，每一种生物的基因中都有一个隐含的预测："在这样或那样的环境中，拥有这个基因蓝图的生物体很可能会适应得很好。"同样，每一个有大脑的生物都有无数隐含的预测编码在它积累的经验中："在 ABC 情况下，采取 XYZ 行动可能会取得好的结果。"

霍兰说，在更普遍的意义上，每一个复杂适应系统都在不断地根据其对世界构建的各种内部模型——对事物存在方式的隐含或明确假设——进行预测。此外，这些模型远不只是被动的蓝图，它们很活跃，就像计算机程序中的子程序一样，可以在给定的情况下启动并"执行"，从而在系统中产生行为。事实上，你可以将那些内部模型视为行为的合成砌块。和任何其他合成砌块一样，它们会随着系统经验的积累而被测试、改良和重新排列。

最后，霍兰说，复杂适应系统通常有众多生态位，每个生态位都能被适应它的主体利用。因此，经济世界有程序员、水管工、钢铁厂和宠物店，就像雨林中有树懒和蝴蝶一样。进一步讲，一旦某个生态位被填补，就会有更多新的生态位被开辟出来，为新的寄生生物、捕食者与猎物、共生伙伴提供可能。因此，系统总是源源不断地创造新的机会。反过来，这意味着讨论复杂适应系统如何处于平衡状态基本上是没有意义的：这个系统永远无法真正达到平衡，它总是在发展，总是在变化。事实上，如果系统真的达到了平衡，它就不仅仅是稳定的，而是已经死亡。霍兰指出，同样的道理，设想系统中的主体可以"最优化"其适应度或效能等，都是没有意义的。可能性空间太大，它们无法实际找到最优解。它们最多只能根据其他主体的行为来改变和提升自己。简而言之，复杂适应系统的特征就是永远新奇。

霍兰说，多个主体、合成砌块、内部模型、永远新奇——综合考虑所有这些因素，不难理解复杂适应系统很难用标准数学方法进行分析。大多数传统方法，如微积分或线性分析，非常适合描述在固定环境中移动的恒定粒子。但是，要想真正深入理解经济或一般的复杂适应系统，你所需要的是那些强调内部模型、新合成砌块的涌现以及多主体间丰富的互动网络的数学和计算机模拟技术。

霍兰演讲到这里，阿瑟已经在疯狂地记笔记。当霍兰继续介绍他在过去 30 年中为使其想法更加精确和可行而开发的各种计算机技术时，阿瑟记笔记的速度更快了。"这太不可思议了，"阿瑟说，"我整个下午都震惊得合不上嘴。"这并非仅仅因为霍兰关于"永远新奇"的观点正是阿瑟在过去 8 年里试图用报酬递增经济学阐述的，也不仅仅是因为霍兰关于生态位的观点恰好是过去两周阿瑟和考夫曼探讨自催化集时反复讨论的，而是因为霍兰看待事物的整体视角是统一、清晰、公正的，让你不由得猛拍额头说："对呀！我怎么没想到呢？"霍兰的想法会让你产生一种过去的某种认知突然被戳中的感觉，进而使更多的想法在你的大脑中涌现。

阿瑟说："霍兰的每一句话都在解答我多年来一直在思考的各种问题：什么是适应？什么是涌现？还有许多我从来没有意识到自己一直在思考的问题。"阿瑟还不清楚这一切如何适用于经济学。实际上，当阿瑟环顾四周时，他发现很多同行经济学家也显得困惑，甚至有些怀疑。（至少有一位同行在午后小憩。）"但我坚信霍兰正在探索的东西，比我们所做的要复杂得多得多。"他莫名感觉到，霍兰的想法必定极其重要。

无疑，圣塔菲研究所也是这么认为的。尽管霍兰的思想对阿瑟和其他参加经济学研讨会的访客来说可能显得新颖，但作为圣塔菲研究所的常客之一，他早已是一位广为人知且深具影响力的人物。

1985 年，多因·法默和诺曼·帕卡德在洛斯阿拉莫斯国家实验室组织了一场题为"进化、游戏和学习"的会议，那是霍兰第一次与圣塔菲研究所接触。（巧合的是，法默、帕卡德和考夫曼正是在这场会议上首次公布了他们的自催化集模拟结果。）霍兰在这场会议上发表了关于涌现的演讲，演讲似乎进行得相当顺利。但他记得，有一位观众提出了尖锐的问题——只见这位观众满头白发，有一张专注且略带嘲讽的脸，一双眼睛透过黑框眼镜向外凝视着。霍兰说："我回答得相当轻率，幸好当时并不认识他——如果我认识他，可能会被吓得半死！"

不管霍兰的回答是否有些轻率，默里·盖尔曼显然很喜欢他的观点。不久之后，盖尔曼打电话给霍兰，邀请他加入当时刚刚成立的圣塔菲研究所顾问委员会。

霍兰同意了。"我一看到这个地方，就非常喜欢它，"霍兰说，"这里的人们讨论的话题、做事的方式，给我的第一反应是：'我真希望这些人喜欢我，因为这里就是为我量身打造的！'"

这种感觉是相互的。当盖尔曼谈到霍兰时，他用了"才华横溢"这样的词——盖尔曼很少这样夸赞别人。不过，也很少有像这样能让盖尔曼突然眼前一亮的时刻。在早期，盖尔曼、考温和圣塔菲研究所的大部分其他创始人，几乎完全根据他们已经熟悉的物理概念来思考复杂性这门新科学，比如涌现、集体行为和自组织。这些概念，即使只是作为对经济学、生物学等不同领域中相同思想的隐喻，也似乎已经预示了一个非常丰富的研究议程。然而，霍兰来了，带着他的自适应分析，更不用说还有他实际运行的计算机模型。突然间，盖尔曼和其他人意识到，他们的议程中存在一个很大的漏洞：这些涌现的结构实际上是做什么的？它们如何应对和适应环境？

后面几个月，他们一直在讨论，圣塔菲研究所的研究对象不仅仅是复杂系统，而应该是复杂适应系统。霍兰个人的研究计划——理解涌现和自适应的交织过程——基本上成了整个研究所的研究议程。因此，在 1986 年 8 月由杰克·考温和斯坦福大学生物学家马克·费尔德曼组织的"复杂适应系统"研讨会上，霍兰成为主角。这是圣塔菲研究所最早组织的大型会议之一（正是在这次会议上，斯图尔特·考夫曼得以了解圣塔菲研究所）。在兰乔·恩坎塔多度假农场的会议上，戴维·派因斯还特意带霍兰去与约翰·里德和其同行团队交谈。那场会议恰与"复杂适应系统"研讨会有一天时间重叠。安德森还安排霍兰参加 1987 年 9 月的大型经济学研讨会。

霍兰满怀热情地参与了这一系列活动——这也在情理之中。20 多年来，霍兰一直在努力研究关于自适应的理念，却没什么名气。如今，57 岁的他终于得到认可。"能够与盖尔曼和安德森这样的人平等对话，一对一交流——这感觉太棒了！简直令人难以置信！"霍兰的妻子毛丽塔是密歇根大学 9 个科学图书馆系统的负责人，如果她有办法离开安阿伯，那么霍兰在新墨西哥州的时间会多得多。

但霍兰始终是一个乐天派。他有一种真正的乐者才有的真诚和好脾气，做着自己这一生真心想做的事，并且对自己的好运感到惊讶。人们几乎无法不喜欢约翰·霍兰。

阿瑟就是其中之一，他几乎是一见到霍兰就对其心生好感。研讨会第一天下午，霍兰的演讲一结束，阿瑟就急切地做了自我介绍。在接下来的几天里，两人很快成了好朋友。霍兰发现阿瑟是个相处起来令人愉快的人。他说："很少有人能如此迅速且彻底地理解这些关于自适应的想法，并很快将其融入自己的观点中。

阿瑟对整个概念都很感兴趣，很快就开始探索了。"

与此同时，阿瑟发现霍兰无疑是他在圣塔菲研究所遇到的最复杂、最迷人的知识分子。实际上，霍兰是阿瑟在经济学研讨会剩下的几天里接连处于睡眠不足状态的主要原因之一。两人经常深夜坐在房间的餐桌旁，喝着啤酒，讨论各种问题。

阿瑟尤其记得其中一次深夜对话。霍兰参加这次经济学研讨会，是急于了解经济学领域的关键问题。（霍兰认为："如果你要进行跨学科研究，涉足别人的专业领域，你至少要严肃地对待他们提出的问题，因为他们已经花了大量时间来构思这些问题。"）当晚，两人坐在餐桌旁，霍兰直言不讳地提出了问题："布莱恩，经济学面临的真正问题是什么？"

"国际象棋！"阿瑟脱口而出。

国际象棋？霍兰困惑不已。

好吧，阿瑟喝了一口啤酒，似乎在找更适合的词。他其实也不太清楚自己的意思。经济学家们总是在谈论简单且封闭的系统，因为这种系统内部会很快稳定成一种、两种或三种行为模式，然后基本不会有大变动。他们还默认，经济主体是无限理性的，能够在任何给定情况下瞬间判断出最优的行动选择。但想想看，这对应到国际象棋中意味着什么？在被称为博弈论的数学理论中，有一个定理指出，在任何二人有限零和博弈中，如国际象棋，都有一个最优解。也就是说，存在一种走棋的方式，可以让每个玩家，无论执黑棋还是白棋，都能做出最优选择。

当然，在现实中没有人知道这个最优解是什么，也没有人知道如何找到它。但经济学家们谈论的理想化的经济主体，却可以立即找出这个最优解。对弈开始，两位棋手会立即在脑海中穷举所有可能性，并从所有可能的制胜方式中反推。然后，他们会一遍又一遍地反推，直到遍历了所有可能的招式，并找到开局的最佳一招，比如，王兵开局。到这种程度，实际上就没有下棋的必要了。哪一方在理论上占据优势——比如执白棋一方——就会立即宣布获胜，因为自己一定会赢。而另一方则会立即认输，因为输棋已成定局。

阿瑟问霍兰："现在有人这样下棋吗？"

霍兰只是笑了笑。他当然非常清楚这是多么荒谬。早在 20 世纪 40 年代，当计算机刚刚出现，研究人员首次尝试设计一个可以下国际象棋的"智能"程序时，现代信息理论之父、贝尔实验室的克劳德·香农就估计了国际象棋中可能的步法数量。香农给出的答案是 10^{120}，这个数字大到无法形容。自宇宙大爆炸以来的时间用微秒计算，还不及这个数字。整个可观测宇宙中的基本粒子数量也不及它。没有任何一台计算机能够穷尽所有步法。当然，也没有任何一个人能够做到。人类棋手必须借助经验法则。这些经验法则是艰苦习得的启发式指南，告诉我们在特定情况下什么样的策略最有效。即使是最伟大的国际象棋大师也总是在国际象棋中不断探索，他们仿佛手持微弱的小灯，走进深邃的洞穴。当然，他们确实取得了进步。霍兰自己也是一名国际象棋棋手，他明白，20 世纪 20 年代的国际象棋大师在与加里·卡斯帕罗夫这样的现代象棋大师对局时是没有胜算的。然而，即便如此，人类似乎也只是在这个无边无际的未知领域中前进了几米。这就是为什么霍兰把国际象棋称为一种本质上"开放"的系统：它实际上是无限的。

确实如此，阿瑟说。"与'最优'模式相比，人们实际能感知并应用的模式非常有限。你不得不假设主体比一般的经济学家要聪明得多。"然而，阿瑟接着说："这就是我们处理经济学问题的方式。对日贸易至少和国际象棋一样复杂。但经济学家一开始就会说：'假设理性博弈。'"

阿瑟告诉霍兰，这就是经济学面临的真正问题。一群不完全理性的主体在不断探索一个本质上无限的可能性空间，我们应该如何从中创建一门科学？

"啊哈！"霍兰发出感叹，每当他终于看清问题的时候，他都会这么说。国际象棋！这下他能理解这个隐喻了。

无限的可能性空间

约翰·霍兰热爱游戏，无论什么类型的游戏都爱。近 30 年来，他一直是安阿伯月度扑克比赛的常客。霍兰最早的记忆之一是在祖父母家，看着大人打桥牌。那时的他急切地希望自己长大一些，也能坐到牌桌旁。他小学一年级就从母亲那里学会了玩跳棋，而母亲也是桥牌高手。霍兰一家都是帆船运动的狂热爱好者，他和母亲经常参加帆船赛。父亲是一流的体操运动员——霍兰本人在初中时曾专研体操数年——也是一个热衷于户外运动的人。

霍兰的家人总是热衷于玩各种游戏：桥牌、高尔夫、槌球、跳棋、国际象棋——你能想到的，他们都玩。

但出奇的是，从很早开始，游戏对霍兰来说就不再仅仅是娱乐。他开始注意到某些游戏有一种特殊的魅力，这种魅力远超输赢。例如，在1942年或1943年前后，霍兰一家住在俄亥俄州的范沃特，霍兰当时还是一名高中新生，他和几个朋友会花大量时间在沃利·珀莫特家的地下室里，发明全新的游戏。他们的杰作是一款战争游戏，灵感来自每天的头条新闻，游戏版图几乎覆盖了整个地下室的地板。游戏里有坦克和火炮，还有射表。他们甚至设计了一种方法，可以覆盖部分游戏区域以模拟烟幕的效果。"游戏变得相当复杂，"霍兰说，"我还记得在父亲的办公室里用油印机印了很多游戏组件。"（在大萧条期间，霍兰的父亲通过在俄亥俄州的大豆产区开设了几家大豆加工厂，积累了财富。）

"之所以发明这种游戏，是因为我们三个都对国际象棋感兴趣。"霍兰说道，"当然我们不会这样说。国际象棋只有少数几条规则，然而不可思议的是，你绝不会下出两次完全相同的棋。可能性简直无穷无尽。因此，我们想尝试发明这种有无限可能性的新游戏。"

霍兰笑着说，从那以后，他一直在以各种方式发明游戏。"我特别喜欢这种发明，当游戏逐渐展开，我会惊叹：'天哪！它真的来自这些假设吗?！'因为如果我操作得当，游戏中各种主题进化的基本规则是受控的，却又不受我控制，那对我就是意外之喜。如果我没有感受到惊喜，那么我就不会很开心，因为我知道一切都是从一开始就设置好了的。"

当然，如今我们把这种现象称为"涌现"。但在听说这个词之前，霍兰对这种现象的痴迷已经引领他进入了对科学和数学的终身热爱之旅。霍兰对这两者永远都不会感到厌倦。他说，在学校期间，"我记得我去图书馆，借阅了所有我能找到的关于科学和技术的书。到了高中第二年时，我下定决心要成为一名物理学家"。霍兰被科学的神奇吸引，不是因为它能将宇宙万物简化为几条基本法则。恰恰相反：科学展示了怎样由几条简单的法则，催生出世界的丰富多样。"这让我欣喜若狂，"他说，"科学和数学在某种程度上是对事物的极度还原。但如果你颠倒过来，从合成的角度去看，那么惊喜就无穷无尽。由此，宇宙在一端变得可理解，而在另一端却永远神秘。"

1946年秋，霍兰作为新生来到麻省理工学院。没过多久，他就在计算机中发现了同样的惊喜。"我也不知道这种感觉从何而来，"霍兰说，"但在很久之前，我就对'思维过程'十分着迷。你只需向计算机输入一些数据，然后它就能完成各种复杂的任务，比如积分。这让我感到，你只需投入极少的东西，却能得到巨大的回报。"

不幸的是，起初，霍兰对计算机的了解仅限于在电气工程课上学到的间接的零星知识。当时电子计算机才刚刚起步，而且大部分信息是保密的。即使在麻省理工学院，也没有开设计算机科学课程。然而，有一天，霍兰一如往常地在图书馆浏览书刊时，偶然发现了一套用简单的论文封面装订的活页讲义。霍兰在翻阅该讲义时，发现其中详细记录了 1946 年宾夕法尼亚大学摩尔电气工程学院举行的一次会议。就是在那里，科学家们基于战时计算火炮射表的努力，最终研发出美国第一台数字计算机 ENIAC（"埃尼阿克"）。"这些讲义非常有名，"霍兰说，"它们是关于数字计算的第一套详尽的资料，内容涵盖了从我们现在所说的计算机架构到软件的所有方面。"讲义中还介绍了信息和信息处理等全新概念，并定义了一门全新的数学艺术——编程。霍兰立即购买了这套讲义的复印本，反复阅读多遍，并保存至今。

转眼到了 1949 年秋天，霍兰已经是一名大四学生，正在为其学士学位论文寻找主题。就在这时，他发现了"旋风"项目：麻省理工学院正试图打造一台速度足够快的"实时"计算机来追踪空中交通。海军每年为该项目提供 100 万美元的巨额资助。就这样，"旋风"项目雇用了大约 70 名工程师和技术人员，是当时最大的计算机项目。它也是最具创新性的。回过头来看，"旋风"是第一台使用磁芯存储器和交互式显示屏的计算机。它催生了计算机网络和多进程处理（同时运行多个程序）。作为第一台实时计算机，它为计算机在空中交通管制、工业过程控制、订票系统和银行业务中的应用铺平了道路。

但当霍兰第一次听说"旋风"项目时，它仍然处于实验阶段。"我知道'旋风'计算机就在那里，"霍兰说，"它尚未完工，还在打造中，但已经可以使用。"不知怎的，霍兰感觉自己必须参与其中。他开始四处找人。在电气工程系，霍兰找到了一位名叫泽德尼克·科帕尔的捷克天文学家，他曾是霍兰的数值分析课的老师。"我说服了科帕尔担任我的论文委员会主席，又说服物理系允许电气工程系的老师担当此任。然后，我又说服了'旋风'项目组的人让我查阅他们的手册——那可都是机密！"

"那可能是我在麻省理工学院最快乐的一年。"霍兰回忆道。科帕尔建议，作为论文主题，霍兰可以编写一个让"旋风"计算机求解拉普拉斯方程的程序——这个方程描述了从任意带电物体周围的电场分布到紧绷鼓面的振动等各种物理现象。霍兰立刻着手编写。

这绝非麻省理工学院有史以来最易完成的毕业论文。在那个时代，Pascal、C 或 FORTRAN 等编程语言尚未问世。实际上，编程语言的概念直到 20 世纪 50 年代中期才被提出。霍兰只能使用所谓的"机器语言"来编写程序。在机器语言中，给计算机的指令被编码为数字，而且不是普通的十进制数字，而是用十六进制表示。这个项目花费的时间比他预期的要长。霍兰最终向麻省理工学院申请了两倍于通常分配给学士毕业论文的时间，用来完成这项工作。

但霍兰乐在其中。"我喜欢这个过程的逻辑性，"他回忆道，"编程和数学有一些相同的特点：你走了这一步，然后才能走出下一步，以此类推。"但更重要的是，为"旋风"计算机编写程序让霍兰明白，计算机并不只是一台速度极快的加减计算器。在神秘的十六进制数字列中，他可以想象一个振动的鼓面、一个复杂的电场，或者其他任何东西。在这个充满流动比特的世界里，他可以创造出一个虚拟宇宙。霍兰只需要将正确的规则编码进去，剩下的一切就会自然展开。

霍兰实际上从未在"旋风"计算机上运行过自己的程序，因为这个程序从一开始就只是"纸上谈兵"，是为完成毕业论文而做的。但他的毕业论文在其他方面为他带来了丰厚的回报：霍兰成为全国少数几个懂编程的人之一。于是，他在1950年刚毕业就被IBM聘用了。

这个时机再好不过。在纽约州波基普西的工厂里，这家大型办公设备制造商正在设计其首台商用计算机：国防计算器，后来更名为IBM 701。对于IBM公司来说，投资设计这台机器在当时无异于一场豪赌，且赌赢的概率不大；许多资深高管认为，投资计算机就是在浪费钱，而这笔钱本可以用于开发更优良的卡片穿孔机。实际上，产品规划部门在整个1950年都坚称，全美国的计算机市场规模永远不会超过18台。IBM之所以决定推出国防计算器，是因为这个项目得到了一位名叫小托马斯的年轻人的大力支持。他是IBM公司年迈的总裁老托马斯·B.沃森的儿子和准继承人。

但21岁的霍兰对此知之甚少。他只知道，自己来到了新世界。"我这么一个再年轻不过的人，却身处一个重要岗位。我是少数几个了解701计算机是怎么回事的人。"IBM的团队领导让霍兰加入了一个由7人组成的逻辑规划小组，该小组负责设计新机器的指令集和总体架构。事实证明，这又是一次好运降临，因为这个位置是霍兰实践编程技能的理想平台。他说："在完成了最初阶段并制造出一台原型机后，我们必须以各种方式测试它。因此，工程师们整天都围绕着这台机器忙碌，白天把它拆开，然后晚上尽可能重新组装。于是，我们中的一些人会在晚上11点左右进去，通宵运行程序，只为了看看它是否能正常运作。"

确实，这些程序能运作，虽然有些勉强。当然，以今天的标准来看，701计算机就像是直接来自石器时代。它有一个巨大的控制面板，上面满是刻度盘和开关，没有视频显示器。它通过IBM标准的卡片穿孔机进行输入和输出。它号称拥有整整4千字节的内存。（如今市面上个人电脑的内存通常是它的1 000倍。）而且它可以在仅30微秒内完成两个数字的乘法运算。（现在几乎任何一台手持计算器都能做得更好。）"它也有很多弊端，"霍兰说，"最多每隔30分钟就会发生一次故障，所以我们通常会将每个程序运行两次。"此外，701计算机通过在一个特殊的阴极射线管表面产生光点来存储数据。因此，霍兰和他的程序员同事们必须调整算法，以避免在内存中的同一位置频繁写入数据；否则，电荷会聚集在阴极射线管表面，导致附近的数据位发生扭曲。"我们能让这台机器运转起来真是太神奇了。"他笑着说。事实上，霍兰并不在乎那些弊端。"对我们来说，它就像一个巨人。我们觉得，能花时间在一台高速运转的机器上测试自己的程序，这非常棒。"

可以尝试的东西实在是太多了。在那个激动人心的计算机初生时代，充满了对信息、控制论、自动机等全新概念的热烈讨论。

这些概念在 10 年前甚至都不存在。谁能知道极限在哪里呢？你所尝试的几乎任何事物都可能是新大陆。更重要的是，对于像霍兰这样富有哲学头脑的探索者来说，这些庞大而笨重的电线和真空管正在开启人类全新的思考方式。计算机可能并不是周末报纸增刊中描绘的耸人听闻的"巨型大脑"。实际上，从架构和操作细节来看，它们一点也不像大脑。但人们会忍不住推测，在更深层、更重要的意义上，计算机和大脑可能是相似的：它们可能都是信息处理设备。因为如果真是这样，那么思维本身就可以被理解为一种信息处理的形式。

那时候当然没有人知道把这些称为"人工智能"或"认知科学"。即便如此，给计算机编程的全新尝试，正迫使人们比以往任何时候都更深入地思考什么是"解决问题"。计算机完全像是火星人，你必须告诉它一切：数据是什么？它们如何被转化？从这里到那里需要哪些步骤？反过来，这些问题很快引出了困扰哲学家几个世纪的问题：什么是知识？知识是如何通过感官印象获取的？知识在头脑中如何表征？知识如何借由经验而改变？知识如何应用于推理？决策如何转化为行动？

这些问题的答案在当时并不清楚。（事实上，现在也远非清楚。）但这些问题以前所未有的清晰度和精准性被提出。IBM 在波基普西的研发部门突然成了全国最顶尖的计算机人才的聚集地，走在了前沿。霍兰深情回忆起他们成立了一个"常规的非常规"（regular irregular）小组，每两周左右会组织晚间聚会，边打扑克或下围棋边讨论这些问题。其中有一位名叫约翰·麦卡锡的暑期实习生，他是加州理工学院的年轻毕业生，后来成了人工智能领域的创始权威之一。（事实上，正是麦卡锡在1956年发明了"人工智能"这个词，用来宣传达特茅斯大学一场关于这个主题的夏季会议。）

还有一位名叫阿瑟·塞缪尔的40来岁、说起话来温声细语的电气工程师。IBM将他从伊利诺伊大学聘请过来，帮助公司研究如何制造可靠的真空管。在霍兰通宵编程的漫长日子中，塞缪尔常常与其相伴。（塞缪尔有一个女儿就在附近的瓦萨学院，霍兰曾与她约会过几次。）坦白说，塞缪尔已经对真空管不再感兴趣了。过去5年里，塞缪尔一直在尝试编写一个可以玩跳棋的程序——它不仅要会玩游戏，而且要能通过经验积累不断提高游戏技巧。回过头来看，塞缪尔的跳棋程序被认为是人工智能研究领域的重要里程碑。到1967年他最终完成修改和完善时，他的跳棋程序已经达到了世界锦标赛水准。但即便是早年在701计算机上运行的时候，这个程序的表现也相当出色。霍兰记得自己对它印象深刻，尤其是它能够根据对手的表现调整战术。可以说，这个程序是在设计一个简单的"对手"模型，并利用这个模型来预测最佳的游戏策略。虽然当时还不能很好地表达出来，但霍兰觉得这个跳棋程序捕捉到了学习和自适应过程的一些本质且准确的东西。

霍兰将这个想法当作一个有待深入思考的问题暂时搁置在心中。此时，他正专注于自己的项目：尝试模拟大脑的内部运作。

霍兰记得，这一切始于 1952 年春天，当时，来自麻省理工学院的心理学家利克利德应邀访问波基普西实验室，并同意为实验室的团队做一场讲座。讲座的主题是当时该领域最热门的话题之一：由位于蒙特利尔的麦吉尔大学的神经生理学家唐纳德·O. 赫布提出的关于学习和记忆的新理论。

问题是这样的，利克利德解释说，透过显微镜可以观察到，大脑的大部分区域看起来像是处于典型的混沌状态，每个神经细胞都会随机地发出数千条神经纤维，这些神经纤维将其与其他数千个神经细胞联结。然而，这个密集互联的网络显然并非随机。一个健康的大脑能够非常连贯地产生感知、思考和行动。而且，大脑显然并非静态的。它能够通过经验来改善和调整自己的行为，它能够学习。问题是，它是如何做到的呢？

早在 3 年前的 1949 年，赫布在他出版的《行为的组织》一书中给出了他的答案。赫布的基本观点是，假设大脑是在"突触"（神经冲动从一个细胞跳跃到下一个细胞的联结点）中不断进行微妙的变化。这个假设对赫布来说是大胆的，因为当时他并没有任何证据能支持这个观点。但赫布坚称，这些突触的变化实际上就是所有学习和记忆的基础。例如，从眼睛传来的感官冲动会通过强化其路径上的所有突触，在神经网络中留下痕迹。从耳朵或大脑其他区域的心理活动传来的冲动也会发生类似的情况。因此，赫布认为，一个随机开始的网络会迅速自组织。经验会通过一种正反馈机制积累起来：强大且频繁使用的突触会变得更强，而弱小且很少使用的突触会萎缩。最终，优势突触会变得如此强大，以至于记忆会被锁定。这些记忆反过来又会广泛分布在大脑中，每一个记忆对应着一种涉及数千或数百万神经元的复杂突触模式。（赫布是最早将这种分布式记忆描述为"联结主义"的人之一。）

赫布的思想并不止于此。利克利德在讲座中继续解释了赫布的第二个假设：突触的选择性强化会使大脑自组织成"细胞集群"——数千个神经元的子集，其中传导的神经冲动会自我强化并持续传导。赫布认为，这些细胞集群是大脑信息的基本合成砌块。每一个集群都对应着一个音调、一道闪光或一个想法的碎片。然而，这些细胞集群实际上并不是彼此孤立的，它们会交叉重叠，任何特定的神经元都可能属于多个细胞集群。因此，激活一个细胞集群必然会引发其他细胞集群的激活，使这些基本的合成砌块迅速将自己组织成更大的概念，产生更复杂的行为。简而言之，细胞集群就是思想的基本量子。

这一切让坐在听众席的霍兰惊呆了。这超越了哈佛大学的B. F. 斯金纳等行为学家当时推崇的枯燥乏味的刺激-反应心理学观点。赫布在探讨的是大脑内部如何运作，他的联结主义理论丰富多彩且充满永恒的惊喜，让霍兰深感共鸣。这感觉就对了。霍兰迫不及待地想要用这个理论做些什么。赫布的理论是一扇通向思想本质的窗户，霍兰想去一探究竟。他想看到细胞集群如何从随机的混沌状态中自组织起来并生长，想看到它们之间如何互动，想看到它们如何吸收经验并进化，想看到心智本身的涌现。霍兰希望看到这一切都在没有外部引导的情况下自发地发生。

利克利德刚结束关于赫布思想的讲座，霍兰就转向他在 701 计算机小组的负责人纳撒尼尔·罗切斯特说："我们已经有了这台原型机。让我们编写一个神经网络模拟器吧。"

他们确实做到了。"罗切斯特编写了一个程序，"霍兰说，"我编写了另一个，形式完全不同。我们称这些程序为'概念机'。这个名字一点没有夸大！"

事实上，即使在 40 年后，当神经网络模拟程序早已成为人工智能研究的标准工具时，IBM 的概念机仍然是一项令人赞叹的成就。概念机的基本理念现在仍然很常见。在这些程序中，霍兰和罗切斯特将人工神经元建模为"节点"。这种人工神经元实际上是一种能够记住其内部状态中特定事情的微型计算机。他们将人工突触建模为各个节点之间的抽象联结，每个联结都有一定的"权重"，这对应着突触的强度。随着神经网络模拟逐渐取得经验，他们通过调整权重来模拟赫布的学习规则。不过，相比于现在大多数的神经网络模拟，霍兰、罗切斯特及其合作者加入了更多关于基本神经生理学的细节，包括每个模拟神经元的激活速度，以及如果激活过于频繁，神经元的"疲劳"程度如何。

不出所料，他们经历了一段艰难时期才把这些都完成。他们的程序不仅是首批神经网络模拟程序，还标志着计算机首次被用来模拟（而非仅仅计算数字或排列数据）。霍兰十分感谢 IBM 公司所给予的耐心。他和同事们在计算神经网络上花费了无数的时间，甚至还曾前往蒙特利尔与赫布本人当面探讨——当然费用是由公司承担。

但最终，模拟成功了！"出现了很多涌现现象。"霍兰说这话的时候仍然听起来很兴奋。"你可以从一个统一的神经元基质开始，看到细胞集群的形成。"1956 年，在大部分研究已经完成数年后，霍兰、罗切斯特和同事们终于发表了研究结果，这是霍兰发表的第一篇论文。

合成砌块

回顾这段经历，霍兰说，赫布的理论和自己基于该理论的神经网络模拟给自己带来的最大影响，是在接下来的 30 年里塑造了他的思想，而非任何其他具体事件。但在当时，这给他带来的最直接的影响是促使他离开了 IBM。

问题在于，计算机模拟存在一些明确的限制，尤其是在 701 计算机上。在真实的神经系统中，一个细胞集群可能有多达 10 000 个神经元，分布在大脑的大部分区域，其中每个神经元可能有多达 10 000 个突触。但在 701 计算机上，霍兰和同事们运行过的最大的模拟网络只有 1 000 个神经元，且每个神经元只有 16 个联结，他们竭尽所能构思编程技巧来加快速度。霍兰说："我做得越多就越意识到，我们真正能够探索的范围和想要看到的结果之间实在相差甚远。"

另一种选择是尝试对神经网络进行数学分析。"但这相当艰难。"霍兰说。他的尝试全都碰壁了。尽管霍兰上过的数学课程远多于大多数物理专业学生，但他在麻省理工学院积累的数学功底仍远不足以构建一个成熟完善的赫布网络。"我觉得，要更深入地了解网络，就需要更深入地了解数学。"霍兰说。因此，1952 年秋天，带着 IBM 的祝福和一份不错的离职礼物（一份约定每月继续为 IBM 公司提供 100 小时咨询服务的合同），霍兰进入了位于安阿伯的密歇根大学攻读数学博士学位。

霍兰再次交上了好运。当然，无论如何，密歇根大学都不会是一个糟糕的选择。它不仅拥有当时全国最好的数学系之一，而且拥有一支橄榄球队——这是霍兰的首要考虑因素。"我现在仍然很享受'十大联盟'①的橄榄球周末，会有 10 万人涌入这个小镇。"

然而，真正的好运是，在密歇根大学，霍兰遇到了阿瑟·伯克斯，一位非同寻常的哲学家。伯克斯是查尔斯·皮尔斯实用主义哲学的专家，在 1941 年获得了博士学位，但当时在这个领域完全找不到教职工作。于是，次年，伯克斯在宾夕法尼亚大学摩尔电气工程学院参加了一门为期 10 周的课程，将自己转变为一名战时工程师。这个选择非常明智。不久之后的 1943 年，伯克斯被聘请到摩尔电气工程学院参与开发最高机密项目 ENIAC——第一台电子计算机。在那里，他遇到了传奇的匈牙利数学家约翰·冯·诺依曼。冯·诺依曼经常从普林斯顿高等研究院过来，担任该项目的顾问。在冯·诺依曼的指导下，伯克斯还参与了 ENIAC 的升级版 EDVAC 的设计，这是第一台将指令

① 十大联盟，是以体育为中心的 14 所美国大学联盟，当今美国第一级别体育联盟，组成成员基本都是美国的一流院校。——编者注

以电子形式存储在程序中的计算机。实际上，冯·诺依曼、伯克斯和数学家赫尔曼·戈德斯坦在1946年共同撰写的论文——《电子计算仪器的逻辑设计的初步讨论》已经成为现代计算机科学的基石之一。在这篇论文中，三位学者以精确的逻辑形式定义了程序的概念，并展示了一台通用计算机如何通过从存储单元中获取指令、在中央处理器中执行指令和把结果存储至存储单位的连续循环来执行程序。这种"冯·诺依曼架构"至今仍是几乎所有计算机的基础。

20世纪50年代中期，霍兰在密歇根大学遇到了伯克斯。伯克斯身材修长，举止彬彬有礼，看起来很像霍兰曾经想过要成为的牧师。（直到今天，伯克斯在以休闲随意著称的密歇根大学校园里，仍总是穿外套、打领带。）然而，伯克斯也被证明是一位热情的朋友和卓越的导师。他很快就带霍兰加入了他所在的计算机逻辑小组。这个小组由一群理论家组成，他们研究计算机语言，证明关于交换网络的定理，并试图从最严谨和最基本的层面理解这些新的机器。

伯克斯还邀请霍兰参加他正在协助组建的一个新的博士项目，该项目将致力于尽可能广泛地探索计算机与信息处理的意义。这个项目很快被命名为"通信科学"，最终在1967年发展成为一个成熟的计算机系，被称为"计算机与通信科学"。但在当时，伯克斯觉得自己只是继承了冯·诺依曼的遗产（冯·诺依曼在1954年因癌症去世）。他说："冯·诺依曼认为计算机有两种用途：一种是作为通用计算设备，这也是计算机被发明的初衷；另一种是作为发展自动机理论的基础，包括自然自动机和人工自动机。"伯克斯还认为，这样一个项目能满足那些思维方式异于常人的学生的诉求，霍兰就是其中的典型代表。

霍兰很开心地接受了伯克斯的邀请。他说："我们的想法是，除了设置信息论等众多标准课程外，在生物学、语言学和心理学等领域开发一些高难度的课程，这些课程将由来自相应学科的教授来授课，这样学生就可以了解这些学科与计算机模型之间的联系。学完这些课程的学生将对相应学科领域的基本规律有非常深入的了解——明白问题和难点是什么，为什么这些问题难以解决，以及计算机可以提供什么帮助，等等。他们的理解不会仅仅浮于表面。"

霍兰非常喜欢这种理念，因为他对数学已经完全失去了幻想。像二战后的大多数数学团体一样，密歇根大学的数学系被法国布尔巴基学派的理念主导，该学派主张进行近乎非人性化的纯粹和抽象的研究。根据布尔巴基的标准，甚至用示意图这种朴素的方式来阐述公理和定理背后的概念，都显得粗俗。霍兰说："这个理念是为了表明数学可以脱离任何解释。"然而，这完全不是他的初衷。他想要利用数学来理解这个世界。

因此，当伯克斯建议霍兰转入通信科学项目时，霍兰毫不犹豫地放弃了即将完成的数学论文，重新开始。他说："这意味着我可以写一篇更接近我想从事的领域的论文。"霍兰指的是神经网络。（具有讽刺意味的是，霍兰最终选择的论文主题是"逻辑网络中的循环"，专注于分析开关网络中的情形。在这篇论文中，他证明的许多定理，与4年后加州大学伯克利分校的年轻医学预科生斯图尔特·考夫曼独立攻克的定理相同。）霍兰最终在1959年获得博士学位，这是通信科学项目成立以来授予的第一个博士学位。

所有这些都没有转移霍兰的注意力，他一直聚焦在最初驱使他来到密歇根大学的那些更广泛的问题上。而伯克斯的通信科学项目正提供了一个让这些问题持续发酵的环境。什么是涌现？什么是思考？它是如何运作的？它的规律是什么？对一个系统来说，自适应真正意味着什么？霍兰草草记下了大量关于这些问题的想法，然后有条不紊地将它们归档在标有"玻璃珠游戏1""玻璃珠游戏2"等标签的马尼拉文件夹中。

玻璃——什么？"玻璃珠游戏。"霍兰笑着说。这是赫尔曼·黑塞的最后一部小说，出版于1943年，当时作者正流亡瑞士。有一天，霍兰在一位室友从图书馆带回来的一堆书中发现了它。在德文原版中，书名的字面意思是"玻璃珠游戏"，但在其英文版中，书名通常被翻译为"Master of the Game"（"超级玩家"），或被处理成拉丁文"Magister Ludi"（"游戏大师"）。这部小说设想了一个遥远的未来社会，描述了一个最初由音乐家玩的游戏。这个游戏是在一种玻璃珠算盘上设置一个音乐主题，然后通过来回移动珠子，在主题之上编入各种对位和变奏。然而，随着时间的推移，这个游戏从简单的主题演变成了一种高度复杂的乐器，由一群强大的教团知识分子控制。霍兰说："最棒的是，你可以选择任何主题的组合，比如结合占星术、中国史、数学中的元素，然后试着像音乐主题一样发展它们。"

当然，霍兰说，黑塞对具体是如何做到这一点的有些含糊其词。但霍兰并不在意，他发现，在他迄今所见所闻的所有事物中，"玻璃珠游戏"最为充分地体现了国际象棋、科学、计算机以及大脑中那些令人着迷的特性。在象征意义上，这个游戏正是他一生所追求的："我希望能从各个领域汲取主题，看看当我将它们融合在一起时会涌现什么。"

某天，霍兰在为"玻璃珠游戏"寻找相关资料时，在数学系图书馆的书架上偶然发现了一本对他来说特别有启发的书籍：R. A. 费希尔于1929年出版的遗传学里程碑式巨著《自然选择的遗传学理论》。

起初，霍兰着迷于此书。他说："我从高中开始就很喜欢阅读有关遗传学和进化的书籍。"霍兰喜欢这样一种想法，即父母的基因在接下来的每一代人中都会发生重组，而且可以计算出蓝眼睛或深色头发等特征在后代中出现的频率。"我当时就想：'哇，这很酷！'但读了费希尔的书后，我第一次意识到，在遗传学领域，除了基础的代数运算外，还可以做更多。"事实上，费希尔运用了微分学、积分学以及概率论中更为深奥的理念。他的书首次为生物学家提供了有关自然选择如何改变种群中的基因分布的精细数学分析。因此，它为现代"新达尔文主义"进化理论奠定了基础。1/4 个世纪过去了，它仍然代表着进化动力学理论的最高水准。

于是，霍兰如饥似渴地读完了这本书。"可以运用微积分、微分方程以及我在数学课上学到的所有其他知识，开启一场遗传学革命——这真让我大开眼界。一旦我意识到这一点，我就知道自己不能放手。我必须用它做些什么。于是，我就一直在脑海中琢磨各种稀奇古怪的想法，并随手记录下来。"

然而，尽管霍兰很欣赏费希尔对数学的运用，但费希尔运用数学的方式开始让他感到困扰。事实上，随着霍兰越来越深入地思考这件事，他的困扰也越来越多。

首先，费希尔对自然选择的整个分析，一次只关注一个基因的进化，好像每个基因对生物体的生存贡献完全独立于其他基因。实际上，费希尔假设基因的作用是完全线性的。"我知道这一定是错误的。"霍兰说。单个绿眼睛基因的作用不大，除非其背后有几十或数百个决定眼睛结构的基因支持。霍兰意识到，每个基因都必须作为团队的一部分发挥作用。任何没有考虑到这一事实的理论都缺少了故事的关键部分。仔细想想，这也是赫布在思维领域中所说的。赫布的细胞集群有点像基因，因为它们被认为是思想的基本单位。但是在孤立的情况下，细胞集群几乎没有任何意义。一个音调、一道闪光、一个肌肉抽搐的命令——它们唯一能够有意义的方式就是联合起来形成更大的概念和更复杂的行为。

其次，费希尔一直在谈论进化达到稳定平衡的观点，霍兰对此也感到困扰。进化达到稳定平衡是指，一个特定物种体型已经最优，牙齿锐利程度已经最佳，总之已经达到最适合生存和繁殖的状态。费希尔的这一论点基本上与经济学家定义的经济均衡的论点相同：一旦一个物种的适应度达到最大值，任何突变都会降低其适度性。因此，自然选择不能再为改变提供进一步的动力。霍兰说："费希尔的很多观点都是这样的。他说：'系统会因为以下过程而达到哈迪-温伯格平衡……'但对我来说，这听起来并不像进化。"

霍兰回去重读了达尔文和赫布的著作。不，费希尔关于平衡的概念听起来一点也不像进化。费希尔似乎在谈论达到某种原始的、永恒的完美。"在达尔文的研究中，你会看到物种随着时间的推移变得越来越广泛、越来越多样化，"霍兰说，"但费希尔的数学分析并没有涉及这一点。"赫布谈论的是学习而不是进化，但道理是一样的：随着人们从世界中获得越来越多的经验，人们的思想变得越来越丰富、微妙、出乎意料。

对霍兰来说，进化和学习更像是一场游戏。在这两种情况下，主体都在与环境进行对抗，以试图争取足够的回报来维持生存。在进化中，主体所获得的回报实际上是生存下来的机会，以及将基因传递给下一代的机会。在学习中，主体所获得的回报是某种奖励，比如食物、愉快的感觉或情感的满足。但无论哪种方式，回报（或没有回报）都给主体提供了改善表现所需的反馈：如果它们要"适应"环境，就必须保留回报丰厚的策略，并逐渐淘汰其他策略。

霍兰忍不住想到了塞缪尔的跳棋游戏程序，它正是利用了这种反馈：随着经验的积累和对"对手"的了解，程序会不断更新自己的策略。现在，霍兰开始意识到塞缪尔对游戏的关注实际上多么有远见。用这种游戏作为类比，似乎适用于任何自适应系统。在经济学中，回报是金钱；在政治中，回报就是选票，等等。在一定程度上，所有这些自适应系统本质上是相同的。反过来这意味着，它们从根本上来说都像跳棋或国际象棋：可能性空间之大远超我们想象。主体可以学习如何更好地玩这个游戏——毕竟，这就是自适应。但是，要找到系统的最优解、稳定平衡状态，就像要在国际象棋中始终取胜一样困难。

难怪对霍兰来说，"平衡"的概念听起来不像进化，甚至不像3个14岁男孩在沃利·珀莫特的地下室里拼凑出来的战争游戏。平衡意味着终点。对霍兰来说，进化的本质在于进程，在于层层展开的无尽惊喜："我越来越清楚，平衡，并不属于我想要理解、我感到好奇、我会以发现它为喜的事情。"

霍兰不得不将这一切暂时搁置，先完成他的博士论文。在1959年，霍兰刚毕业，伯克斯就邀请他留在计算机逻辑小组继续做博士后。霍兰设定了一个目标：将他的构想转化为一个完整而严格的自适应理论。"我的信念是，如果我将基因的自适应视为最长期的自适应，将神经系统的自适应视为最短期的自适应，那么一般理论框架将会是相同的。"为了在脑海中厘清最初的想法，他甚至写了一份关于这个课题的宣言，那是一份长达48页的技术报告。1961年7月，霍兰将这份报告发布，题目是《自适应系统逻辑理论的非正式描述》。

同时，霍兰开始注意到，在计算机逻辑小组的同事中，很多人对自适应理论表示怀疑。确切地说，这不算敌意，只是有一些人认为这个关于自适应的一般理论听起来很奇怪。难道不应该把时间花在更有成效的事情上吗？

霍兰回忆道："问题是，这是一个不切实际的想法吗？"霍兰欣然承认，如果身处同事的位置，他也会持怀疑态度。"我所做的事情并不完全符合人们熟悉的、既定的分类。它不完全是硬件，也并不完全是软件。而且在那时，它肯定也不属于人工智能的范畴。所以你不能使用任何现成的标准来做出评判。"

有一个人是霍兰不需要花太多工夫去说服的，他就是伯克斯。伯克斯说："我支持约翰·霍兰。有一群逻辑学家颇为传统，认为霍兰所做的并不属于'计算机逻辑'的范畴。但我告诉他们，这正是我们需要做的，从争取经费的角度来说，这项研究与他们的研究一样重要。"伯克斯最终说服了他们——作为项目的创始人和导师，他的话语权相当大。随着时间的推移，那些持怀疑态度者逐渐退出了项目。1964 年，在伯克斯的热情支持之下，霍兰获得了终身教职。回忆这段时光时，霍兰说道："我要感谢伯克斯，他像一面盾牌，保护我度过了那些年头。"

确实，伯克斯的支持给了霍兰所需的安全感，使他能够全力以赴地研究自适应理论。到 1962 年，霍兰放下了其他所有的研究项目，几乎全身心地投入这个领域。特别是，他决心解决基于多个基因的选择问题，这不仅仅是因为费希尔关于独立基因的假设让他感到困扰，也是为了摆脱对平衡的过度关注。

霍兰说，替费希尔说句公道话，当我们谈论独立基因时，平衡确实很有意义。例如，假设一个物种拥有 1 000 个基因，这意味着它的复杂程度大致与海藻相当。为了简单起见，假设每个基因只有 2 个变体——绿色和棕色、皱褶的叶子和光滑的叶子等。自然选择需要多少次试验才能找到使海藻具有最高适应度的基因组合呢？

如果我们假设所有的基因确实是独立的，霍兰说，那么对于每个基因，只需要 2 次试验就可以找到哪个变体更好。然后需要对这 1 000 个基因中的每一个进行 2 次试验，所以总共需要 2 000 次试验。霍兰说，这并不是很多。事实上，这个数字相对而言是很小的，可以预期这种海藻会相当快地达到最高适应度，此时该物种确实会处于进化平衡状态。

但现在，霍兰说，当我们假设海藻的 1 000 个基因并不独立时，看看会发生什么。在这种情况下，为了确保达到最高适应度，自然选择必须检查每一个可能的基因组合，因为每个组合可能都有不同的适应度。当你计算出所有可能组合的总数时，它并不是 2×1000，而是 2^{1000}，或者大约是 10^{300}——这是一个巨大的数字，国际象棋所有可能步法的总量与之相比都微不足道。霍兰说："如果要尝试那么多组合，那么进化甚至都无法开始，无论我们的计算机有多么先进，我们都做不到。"事实上，即使可观测宇宙中的每一个基本粒子都是一台超级计算机并且自大爆炸以来一直在进行数字运算，它们仍然无法接近这个数量。而且请记住，这只是针对海藻而言。人类和其他哺乳动物的基因数量大约是海藻的 100 倍，而且其中大多数基因有更多的变体。

所以再一次，霍兰说，我们拥有的是这样一个系统：在探索一个巨大的可能性空间的同时，却没有找到唯一"最佳"位置的现实希望。进化所能做的只是寻求改进，而不是达到完美。这正是霍兰在 1962 年决心要回答的问题。如何回答这个问题？显然，理解多基因进化不仅仅是用多变量方程取代费希尔的单变量方程这么简单。霍兰想知道的是，进化如何在不必遍寻每一块区域的情况下，探索这个巨大的可能性空间，并找到有用的基因组合。

碰巧，类似的"可能性爆发"概念已经为主流人工智能研究人员所熟知。例如，在匹兹堡的卡内基理工大学（如今的卡内基梅隆大学），艾伦·纽厄尔和赫伯特·西蒙自 20 世纪 50 年代中期以来一直在进行一项关于"人类如何解决问题"的重要研究。通过要求实验对象在努力完成包括国际象棋在内的各种谜题和游戏的过程中表达其想法，纽厄尔和西蒙得出结论：解决问题总是需要在一个巨大的可能性"问题空间"中逐步进行思维搜索，每一步都受到一条启发式的经验法则指导——"如果是这种情况，那么就值得采取那一步。"通过将其理论构建成一个名为"通用问题求解器"的程序，并将该程序应用于相同的谜题和游戏中，纽厄尔和西蒙已经展示了，问题空间法可以非常好地再现人类的推理过程。事实上，他们的"启发式搜索"概念已经成为人工智能领域的主流常识，而通用问题求解器作为人工智能历史上最具影响力的项目之一，至今仍然占据着重要地位。

但是霍兰对此持怀疑态度。这并不是说他认为纽厄尔和西蒙关于问题空间或启发式搜索的观点是错的。事实上，在霍兰获得博士学位后不久，他特意邀请纽厄尔和西蒙来密歇根大学参加一场关于人工智能的重要研讨会。自那以来，他和纽厄尔既是朋友，也是智力竞技的对手。只是，纽厄尔-西蒙的方法对霍兰在生物进化方面的研究没有帮助。进化的全部意义在于，没有启发式经验法则，没有任何形式的指导；后代是通过基因的突变和随机重组在可能性空间中进行试错式探索。此外，这些后代并不是进行逐步搜索，而是并行探索：种群中的每个成员都拥有略微不同的基因组合，并探索空间中略微不同的区域。然而，尽管存在这些差异，进化产生的创造力和惊喜，与思维活动创造的一样多，尽管前者需要更长时间。对霍兰来说，这意味着必须在更深层次上找到自适应的真正统一原则。但它在哪里呢？

起初，霍兰只是有一个直观的想法，即某些基因组能够很好地协同工作，形成连贯的、自我强化的整体，例如，可以告诉细胞如何从葡萄糖分子中提取能量的基因簇，可以控制细胞分裂的基因簇，或者可以控制细胞如何与其他细胞结合形成特定类型的组织的基因簇。霍兰还能够在赫布的大脑理论中找到类似的例子：一组共振的细胞集群可以形成一个连贯的概念，比如"汽车"；或者一个协调的动作，比如抬起手臂。

但是，随着霍兰对这种连贯的、自我强化的集群的想法思考得越来越深入，它变得越来越微妙。首先，我们几乎可以在任何地方找到类似的例子。比如，计算机程序中的子程序、官僚机构中的部门、国际象棋整体策略中的开局让棋法等。此外，你可以在组织的不同层级中找到类似的例子。如果一个集群足够连贯和稳定，那么它通常可以作为某个更大集群的合成砌块。细胞构成组织，组织构成器官，器官构成生物体，生物体构成生态系统——以此类推。事实上，霍兰认为，这就是"涌现"的意义所在：一个层级的合成砌块结合成更高层级的新合成砌块。这似乎是这个世界的基本组织原则之一，它似乎出现在你所看到的每一个复杂的、自适应的系统中。

但为什么是这样呢？这种层级分明的合成砌块结构就像空气一样平常，以至于你从来不去想它。但当你真正去思考，它就迫切需要一个解释：为什么世界是以这种方式构建的？

实际上，原因有很多。计算机程序员被教导将问题分解成子程序，因为小而简单的问题比大而混乱的问题更易于解决，这是古老的分而治之原则。大型生物，如鲸和红杉，都是由数万亿个微小的细胞构成的，因为细胞先于它们存在；大约在 5.7 亿年前，当大型植物和动物首次出现在地球上时，自然选择将已经存在的单细胞生物聚集在一起，显然比从头开始构建新的原生质团更容易。通用汽车公司的组织结构包含大量的部门和子部门，因为首席执行官不希望 50 万员工都直接向他汇报，这样时间显然不够。实际上，正如赫伯特·西蒙在 20 世纪 40 年代和 50 年代对商业组织的研究中所指出的，一个设计完善（关键是"完善"）的层级结构是在任何成员不致被会议和备忘录淹没的前提下完成工作的绝佳方式。

然而，随着霍兰的思考逐渐深入，他开始确信最重要的原因在于，分层级的合成砌块结构彻底改变了系统学习、进化和自适应的能力。想象一下我们的认知合成砌块，其中包括红色、汽车和道路等概念。一旦像这样的一组合成砌块通过经验进行了修改、完善和彻底调试，霍兰认为，它们通常可以被适应和重新组合，以构建许多全新的概念，比如"路边的红色萨博汽车"。这无疑比从头开始创造新概念更为高效。而这一事实反过来又揭示了一种全新的自适应机制。一个自适应系统可以重新组合其合成砌块，实现巨大的飞跃，而不是一步一步地在庞大的可能性空间中探索。

霍兰最喜欢举的例子是计算机出现之前警方画像师的工作方式。那个时候，他们需要根据目击者的描述为嫌疑人绘制画像。大致理念是将面部拆分成 10 个部分，比如发际线、额头、眼睛、鼻子，一直到下巴。然后，画像师会准备一些纸条，每张纸条上都有不同的选项，比如 10 种不同的鼻子、10 种不同的发际线等。霍兰说，这样总共有 100 张部位图。有了这些，画像师就可以与目击者交谈，组装合适的部位，并很快绘制出嫌疑人的画像。当然，通过这种方式画像师不可能重现每一种可能的面孔。但是，他们几乎总能够得出近似的画像。倘若对这 100 张部位图穷尽各种组合，画像师可以制作出总共 100 亿张不同的面孔，足以广泛涵盖可能性空间。霍兰说："所以，如果我有一个可以发现合成砌块的过程，组合学就会开始为我所用，而不是对我造成阻碍。我可以用相对较少的合成砌块来描述许多复杂的事物。"

他意识到，这就是解决多基因谜题的关键所在。"进化的尝试不仅仅是为了构建一种优势生物，而是为了找到可以组合成许多优势生物的优势合成砌块。"霍兰现在面临的挑战是，如何准确且严谨地展示这一过程。他决定迈出的第一步是创建一个计算机模型，即"遗传算法"——既能展示这一过程，又能帮助他厘清自己头脑中的问题。

曾经，密歇根大学计算机科学界的几乎每个人，都看到过约翰·霍兰手拿着一把折叠式计算机打印纸跑过来。

"看那个！"他急切地指向一整页乱码似的十六进制数据符号中的某处。

"哦！CCB1095E。嗯……太棒了，霍兰。"

"不！不！你知道这意味着什么吗……?！"

实际上，在 20 世纪 60 年代初，很多人并不知道，也无法完全理解。霍兰的那些持怀疑态度的同事至少说对了一件事：霍兰最终提出的遗传算法确实很奇特。事实上，除了在最字面的意义上，它并不是一个真正的计算机程序。在其内部运作中，它更像是一个模拟生态系统——一种数字化的动物世界，所有程序会在其中竞争、交配和繁殖，一代又一代地朝着解决程序员所设定的问题的方向进化。

说得委婉点，这并不是通常的程序编写方式。因此，为了向同事解释为什么这是有意义的，霍兰发现最好用非常实用的术语来描述他正在做的事情。霍兰告诉他们，通常情况下，我们将计算机程序视为一系列用特殊编程语言（如 FORTRAN 或 LISP）编写的指令。事实上，编程的全部艺术就在于确保你以准确的顺序编写了正确的指令。这显然是最有效的方法——前提是你已经准确地知道你想让计算机做什么。但是，假设你不知道，霍兰说，举个例子，假设你试图找到某个复杂数学函数的最大值。这个函数可能代表利润、工厂产量、选票数或几乎任何其他东西，毕竟世界上有很多需要实现最大化的事物。事实上，程序员已经设计了许多复杂的计算机算法来解决这个问题。然而，即使是最好的算法也不能保证在每种情况下都能给出正确的最大值。在某种程度上，它们总是不得不依赖于传统的试错方法——猜测。

霍兰告诉他的同事，如果无论如何都要依靠试错，也许应该去学习大自然的试错方法，即自然选择。与其试图通过编写程序来执行你不太知道如何完成的任务，不如让它们进化。

遗传算法就是这样做的一种方式。霍兰说，要了解它的工作原理，我们应该忘记 FORTRAN 代码，然后深入计算机的核心。在那里，程序被表示为一串二进制的数字 1 和 0，比如 11010011110001100100010100111011……。在这种形式下，程序看起来非常像染色体，每个二进制位都是一个"基因"。一旦你开始从生物学角度思考二进制代码，你就可以使用同样的生物学类比来使其进化。

霍兰说，首先，我们让计算机生成大约 100 条这种数字染色体，每一条染色体都有很多随机变异。可以说，每一条染色体都对应着斑马群中的一匹斑马。（为了简单起见，也因为霍兰试图抓住进化的绝对本质，遗传算法忽略了蹄、胃和大脑等细节。它仅仅将个体建模为一段裸露的 DNA。此外，从实践的角度出发，霍兰必须限制二进制数字染色体的长度，使其不超过几十个字符。这意味着它们实际上就不是完整的程序，而只是程序的片段。事实上，在霍兰最早的工作中，一个染色体只代表单一的变量，但这些都没有改变算法的基本原理。）

其次，我们把每一条染色体作为一个计算机程序运行，然后根据它的表现给它打一个分数。从生物学的角度来看，这个分数将决定个体的"适应度"——繁殖成功的概率。适应度越高，个体被遗传算法选中将其基因遗传给下一代的概率就越高。

再次，我们会从那些被选中作为适合繁殖的个体中，通过有性繁殖方式创造新一代个体，而其他个体则会自然淘汰。当然，在实际操作中，遗传算法会忽略性别差异、求偶仪式、前戏、精子和卵子的结合，以及真实性繁殖的其他所有复杂细节，而是通过最简单的基因物质交换来生成新一代。大致来看，算法会选择一对个体，其染色体分别为 ABCDEFG 和 abcdefg，在随机的中间点将每个字符串分割开，然后交换片段，形成一对后代的染色体：ABCDefg 和 abcdEFG。（在真实的染色体中，这种交换或"杂交"经常发生，霍兰正是从中得到启发。）

最后，这种基因的有性交换产生的后代将在新的世代循环中相互竞争，与其父母以及其他个体竞争。这是遗传算法和达尔文的自然选择中的关键步骤。如果没有性交换，后代将与父母完全相同，群体将很快陷入停滞。表现不佳的个体会逐渐消失，但表现良好的个体永远不会有任何改进。然而，通过性交换，后代与父母相似但又不同，有时会更好。霍兰说，当这种情况发生时，这些改进之处有很大机会在种群中传播，并显著改善品种。自然选择提供了一种向上的推动机制。

当然，在真实的生物体中，相当多的变异也是由基因编码中的突变和复制错误造成的。霍兰说，事实上，遗传算法确实允许偶尔发生突变，故意将 1 变成 0，或者将 0 变成 1。但对他来说，遗传算法的核心是性交换。通过性进行的基因交换不只为种群的变异提供了可能，同时也被证明是一种非常好的机制，可以寻找出能够密切协作并产生适应度高于平均水平的基因簇——简而言之，就是合成砌块。

霍兰说，例如，假设你已经用遗传算法来解决一个优化问题，即寻找一种方法可以得出某个复杂函数的最大值。假设算法内部群体中的数字染色体在具有某些二进制基因模式，如 11####11#10###10 或 ##1001###11101##（霍兰用 # 表示"无关紧要"，该位置的数字可以是 1 或 0）时，会得到非常高的分数。他说，这样的模式将起到合成砌块的作用。也许它们恰好表示的是变量的范围，在这个范围内函数的值确实高于平均水平。但无论原因如何，含有这些合成砌块的染色体往往会在种群中繁荣和传播，取代没有这些合成砌块的染色体。

此外，霍兰还说，由于有性生殖使数字染色体的每一代都能重组其遗传物质，种群将不断产生新的合成砌块和现有合成砌块的新组合。因此，遗传算法将非常快速地产生拥有双倍或三倍优势合成砌块的个体。而且，霍兰能够证明，如果这些优势合成砌块的组合能够产生额外的优势，那么拥有这些优势合成砌块的个体将比以前更快地在种群中传播。结果是，遗传算法将迅速收敛到手头问题的解决方案，而无须事先知道这个解决方案是什么。

霍兰还记得他首次意识到这一点时的激动心情，那是在 20 世纪 60 年代初。然而，他的听众似乎并没有对此感到非常兴奋。当时在计算机科学这个新兴的领域中，大多数同行都觉得，在常规编程方面，他们仍有太多基础性的工作要做。从纯粹实用的角度来看，让一个程序进化的想法似乎有些离谱。但霍兰并不在意。这正是他自从决定发展费希尔的独立基因假设以来一直苦苦寻找的。繁殖和交换，为基因合成砌块提供了共同涌现和进化的机制，而且必然也为生物群体提供了一种以惊人的效率探索可能性空间的机制。实际上，到 20 世纪 60 年代中期，霍兰已经证明了遗传算法的基本定理：在存在繁殖、交换和突变的情况下，几乎任何提供高于平均水平的适应度的紧密基因簇，都会在种群中呈指数级增长。霍兰称这一定理为"模式定理"（"模式"是指任何特定基因模式）。

霍兰说："当我最终以喜欢的形式获得模式定理时，我才开始着手写书。"

心智的涌现

这本书汇集了模式定理、遗传算法以及霍兰对适应的整体思考，霍兰认为自己可能会在一两年内完成这本书。然而，事实上，他花了 10 年的时间。在写作和研究同时进行的过程中，霍兰总是发现有新的想法需要探索，或者有理论的新方面需要分析。他让他的几个研究生进行计算机实验，以证明遗传算法确实是解决最优化问题的一种有用且高效的方法。霍兰觉得他正在系统地阐述适应的理论和实践，他希望能够做对——而且做到详细、精确和严谨。

他确实做到了。1975 年出版的《自然与人工系统中的适应》中充满了方程和分析。它总结了霍兰 20 年来对学习、进化和创造力之间深层次相互关系的思考，并极为详细地阐述了遗传算法。

然而，在密歇根大学以外的计算机科学界，这本书却石沉大海，毫无涟漪。在一个追求算法优雅、简洁和可证实的群体中，遗传算法显然太过奇怪。人工智能界对此有一定的接受度，使得这本书维持着每年 100~200 本的销量。但即便如此，当有人对这本书发表评论时，他们最常说的是："约翰这家伙是真聪明，但是……"

当然必须承认，霍兰并没为证明自己的观点付出太多努力。他发表了一些论文，但和其他人比起来没多少。有人邀请他参与研讨会时，他会去，但仅此而已。他没有在重要会议上对遗传算法做出夸张的论断。他没有将遗传算法应用于显眼的可能会引起风险投资家关注的领域，比如医学诊断。他没有试图通过游说获得大笔拨款来建立"遗传算法实验室"。他没有出版过一本畅销书，警告联邦政府迫切需要为遗传算法提供大量资金来应对日本的威胁。

简而言之，霍兰根本不参与学术自我推销的游戏。他似乎不喜欢玩这个游戏。更重要的是，他似乎真的不在乎自己是否能在这个游戏中获胜。在某种意义上说，霍兰更喜欢的是和几个朋友在地下室消磨时光。他说："这就像打棒球一样，只是你在业余队打球，而不是在职业队打球——最重要的是享受乐趣。我所从事的科学探索一直都给我带来很多乐趣。"

霍兰补充道："如果没有人愿意倾听，可能会让我感到困扰。但我一直非常幸运，有源源不断的聪明而有兴趣的研究生与我交流想法。"

事实上，这恰恰是霍兰地下室团队精神的另一面：霍兰在密歇根大学投入了大量精力与他的直系团队合作。通常情况下，他会指导6~7名研究生，远远超过平均水平。事实上，从20世纪60年代中期开始，他努力做到每年至少有一名学生获得博士学位。

"他们中的一些人非常出色，因此也非常有趣。"霍兰说。他见过太多的教授通过发表"合作"研究论文来积攒大量的出版成果，而这些论文实际上完全是由他们的研究生撰写的。而霍兰刻意采取一种放手的指导方式，"所以他们都按照自己的兴趣去做自己觉得有趣的事情。然后我们每周大约会见一次面，大家围坐桌旁，其中一名学生会介绍他的论文进展情况，我们都会对此进行评论。这对所有参与者来说都非常有趣"。

在20世纪70年代中期，霍兰还开始与一群志同道合的教师定期举行自由讨论的研讨会，讨论与进化或适应有关的一切。除了伯克斯，这个小组的成员还包括政治学家罗伯特·阿克塞尔罗德，他试图理解人们何时会选择以及为何会选择合作而不是背叛；还有另一位政治学家迈克尔·科恩，他专注于研究人类组织的社会动态；以及威廉·汉密尔顿，一位与阿克塞尔罗德合作研究共生、社会行为和其他形式生物合作的进化生物学家。

"迈克尔·科恩就像催化剂。"霍兰回忆道。那是在《自然与人工系统中的适应》一书问世后不久。迈克尔·科恩一直在旁听霍兰的一门课程，有一天下课后他过来自我介绍，并说："你真的应该和罗伯特·阿克塞尔罗德聊聊。"霍兰照做了，很快就通过阿克塞尔罗德认识了汉密尔顿。BACH 小组——伯克斯（Burks）、阿克塞尔罗德（Axelrod）、科恩（Cohen）、汉密尔顿（Hamilton）以及霍兰（Holland），一拍即合。（他们差点就有了"K"；在小组成立的早期，他们曾试图将斯图尔特·考夫曼吸纳进来，但输给了宾夕法尼亚大学。）"将我们联系在一起的是扎实的数学背景。"霍兰说。"我们也强烈感受到这些问题超越了单个问题的范畴。我们开始定期开会：有人看到一篇论文，我们就会一起讨论。这是一个充满探索性思考的过程。"

确实如此，尤其是对于霍兰而言。这本书已经完成了，但他与 BACH 小组的对话只着重于书中尚未完成的部分。遗传算法和模式定理正确地捕捉到了进化的一些本质，霍兰仍然坚信这一点。但即便如此，他不禁觉得遗传算法对进化的基本描述太过简单。在这样的理论中，"生物体"只是由程序员设计的裸露的DNA 片段，一定还缺少了一些东西。关于复杂生物在复杂环境中进化，这样的理论能告诉你什么呢？什么也没有。遗传算法虽然很好，但它本身并不是一个适应性主体。

就这一点而言，遗传算法也不能作为人类心智适应的模型。由于遗传算法基于生物学过程而设计，它无法告诉你复杂概念在思维中是如何生长、进化和重组的。对霍兰来说，这一事实变得越来越令人沮丧。在第一次听到唐纳德·赫布的想法将近25年后，霍兰仍然坚信，思维中的适应和自然界中的适应只是同一事物的两个不同方面。而且，霍兰始终坚信，如果它们真的是一回事，那么应该用同样的理论来描述。

因此，在20世纪70年代后半叶，霍兰开始着手寻找这一理论。

回到基础。一个适应性主体总是不断地与环境进行博弈。这到底意味着什么？究其本质，对于游戏玩家来说，要想生存和繁荣，实际上需要发生什么？

霍兰决定做两件事：预测和反馈。这个洞见可以直接追溯到他在IBM的日子，以及与阿瑟·塞缪尔关于跳棋玩家的对话。

预测正是字面意思：预先思考。霍兰还记得塞缪尔一次又一次地强调这一点。霍兰说："下好一局跳棋或国际象棋的关键在于赋予那些不太明显的开局棋步以价值。"这些动作会让你在之后处于有利地位。预测能够帮助你抓住机会或避免陷入陷阱。一个能够预先思考的主体明显比一个不能预先思考的主体具有优势。

然而，霍兰表示，预测的概念和合成砌块的概念一样微妙。通常情况下，我们认为预测是人类基于某种明确的世界模型有意识地进行的。而且确实存在许多这样明确的模型，例如超级计算机对气候变化的模拟、初创公司的商业计划、联邦储备委员会的经济预测等。甚至巨石阵也是一个模型：其圆形石头的布局为古代德鲁伊教的祭司们提供了一个简略但有效的工具，他们以此预测春分点的到来。此外，很多时候，这些模型实际上存在于我们的头脑中，比如当一个购物者试图想象新沙发在客厅中的样子，或者一个胆小的员工试图想象对老板发飙的后果。我们如此频繁地使用这些"心理模型"，以至于许多心理学家相信它们构成了一切有意识思维的基础。

然而，对于霍兰来说，预测和模型的概念实际上远远超越了有意识的思维，甚至超越了大脑的存在。"所有复杂的自适应系统——经济、心智和有机体——都建立了使它们能够预测世界的模型。"霍兰宣称。是的，甚至包括细菌。事实证明，霍兰说，许多细菌具有特殊的酶系统，使其朝着葡萄糖浓度更高的方向游动。这些酶内在地模拟了细菌世界的一个关键方面：化学物质从源头向外扩散，随着距离增加，浓度逐渐降低。同时，这些酶还编码了一个隐含的预测：如果你朝着更高的浓度游动，那么你很可能会找到有营养的东西。"这不是一个有意识的模型或任何类似的东西，"霍兰说，"但它使这个有机体比不遵循浓度梯度的有机体更具优势。"

他说，一个类似的例子就是副王蛱蝶。副王蛱蝶是一种引人注目的橙黑相间的昆虫，显然是鸟类的美味餐食——只要它们想吃。但捕食很少发生，因为副王蛱蝶进化出了一种与尝起来糟糕的帝王蝶非常相似的翅膀图案，而帝王蝶，每只幼鸟都很快学会避开它。因此，霍兰说，副王蛱蝶的 DNA 实际上编码了一个世界模型，它表明了鸟类存在，帝王蝶存在，并且帝王蝶尝起来很糟糕。副王蛱蝶每天在花朵之间飞舞，默默地把自己的生命押在这个模型是正确的假设上。

霍兰说，同样的故事也在一种截然不同的"有机体"身上上演：公司。想象一下，某个制造商收到一个常规订单，比如说 10 000 个小部件。由于是常规订单，员工可能不会对此深思熟虑。相反，他们只需按照"标准操作程序"来设置生产流程，这是一套形式规则，"如果情况是 ABC，那么采取行动 XYZ"。而且正如霍兰所说，就像细菌或副王蛱蝶一样，这些规则编码了公司世界的模型和预测："如果情况是 ABC，那么采取行动 XYZ 是值得的，并且会带来良好的结果。"参与执行该程序的员工可能知道，也可能不知道该模型是什么。毕竟，标准操作程序通常是死记硬背的，没有太多的原因和解释。而且，如果公司已经存在一段时间，可能已经没有人记得为什么事情会以某种特定方式进行。尽管如此，随着标准操作程序由全体成员展开，整个公司将表现得好像自己完全理解了这个模型。

霍兰说，在认知领域，任何我们称为"技能"或"专业知识"的东西都是一个隐性模型，或者更准确地说，是一套庞大的、相互关联的标准操作程序，这些程序经过多年经验的完善，已经刻在我们的神经系统上。向一位经验丰富的物理老师展示一道教科书上的练习题，他不会像新手那样浪费时间在纸上写下每一个公式；他的心理程序几乎总是能立即指明解题的路径："啊哈！这是一个能量守恒问题。"把一个网球扔给克里斯·埃弗特，她不会花时间思考如何回击：凭借多年的经验、练习和指导，心理程序会让她本能地将球狠狠击回，直冲对手面门。

霍兰最喜欢的隐性专业技能的例子来自中世纪的建筑师，他们创造了壮丽的哥特式大教堂。他们无法计算力或载荷，或者做现代建筑师可能会做的任何其他事情。在 12 世纪，现代物理学和结构分析都不存在。相反，建筑师通过从师傅那里传承下来的标准操作程序，使用经验法则来建造高高的拱形天花板和巨大的飞扶壁，这些法则让他们能够判断哪些结构会稳立，哪些可能会倒塌。他们对物理的理解完全是隐性的和直觉的。然而，这些中世纪的工匠却能够创造出近千年后仍然屹立不倒的建筑。

霍兰说，这样的例子可以举出很多。DNA 本身就是一个隐性模型——基因会说："在预期条件下，我们指定的生物才有机会表现出色。"人类文化也是一个隐性模型，是一个由神话和符号构成的丰富综合体，内在地定义了一个民族对其世界的信仰和正确行为的规则。同样，塞缪尔的跳棋游戏程序也包含了一个隐性模型，这个模型这样被创造：程序会根据对手的游戏风格获取经验，并改变对各种选项分配的数值。

的确，模型和预测无处不在，霍兰说。但是，这些模型从何而来？任何一个系统，无论是自然的还是人工的，如何能对其环境有足够的了解从而预测未来事件？霍兰说，这里不必谈论"意识"。大多数模型显然没有意识，比如寻求营养的细菌，它甚至没有大脑。而且，这又引出了问题：意识从何而来？谁给程序员编程？

霍兰说，最终答案只能无所从来。因为如果背后存在一个潜藏的程序员，也就是"机器中的幽灵"，那么我们实际上并没有真正解释任何东西，只是把谜团推到了别处。但幸运的是，霍兰说，还有一种替代方案：来自环境的反馈。这是达尔文的伟大洞察，即一个主体可以在没有任何超自然指导的情况下改进其内部模型。它只需要尝试这些模型，看看它们在现实世界中的预测效果如何，然后——如果它在这次经验中幸存下来——调整模型，以便下次做得更好。当然，在生物学中，主体是有机个体，反馈是由自然选择提供的，而模型的平稳改进被称为进化。不过在认知方面，这个过程本质上也相同：主体是个体的思维，反馈来自教师和直接经验，而改进被称为学习。事实上，这正是塞缪尔跳棋程序的运行方式。无论哪种情况，适应性主体都必须能够利用所处环境试图向其传达的信息。

当然，接下来的问题是——如何实现适应性主体的目标？霍兰与BACH小组的同事们详细讨论了这个基本概念。但最终，只有一种方法可以将这些想法具体化：霍兰必须构建一个计算机模拟的适应性主体，就像他15年前使用遗传算法所做的那样。

不幸的是，霍兰发现，相较于1962年，1977年的主流人工智能的发展并没能提供更多帮助。10多年来，该领域确实取得了一些令人瞩目的进展。例如，在斯坦福大学，人工智能小组正在创建一系列效果惊人的程序，名为"专家系统"。专家系统可以通过应用数百条规则来模拟医生等专业人士的专业知识："如果患者患有细菌性脑膜炎，并且严重烧伤，那么引起感染的生物可能是铜绿假单胞菌。"甚至当时的风险投资家们也开始关注这一领域。

但霍兰对人工智能的实际应用并不感兴趣。他想要的是适应性主体的基础理论。据他所见，过去20年人工智能的进展，是以忽略几乎所有重要元素为代价的，首先被忽略的就是学习和环境反馈。对霍兰来说，反馈是一个根本性问题。然而，除了塞缪尔等少数人，人工智能界似乎认为，学习可以放在一边，先让程序能够很好地处理语言理解、问题解决或其他形式的抽象推理等任务。专家系统的设计师甚至似乎对此有一种大男子式的骄傲。他们谈论着所谓的"知识工程"，即通过与相关专家面谈数月时间来创建新的专家系统所需的数百条规则："这种情况怎么办？那种情况怎么办？"

平心而论，即使是知识工程师也不得不承认：如果这些程序只能像人一样通过教学和经验来学习它们的专业知识，如果有人能找到一种方法，在不使软件变得比现在更复杂和烦琐的情况下实现学习，事情将会更加顺利。但对霍兰来说，这正是关键所在。通过一些临时的"学习模块"来操纵软件并不能解决任何问题。学习是认知的基础，就像进化是生物学的基础一样。这意味着学习必须从一开始就被纳入认知架构，而不是在最后被强加上去。霍兰的理想仍然是赫布神经网络，在那里，来自每一个想法的神经冲动都会加强和强化最初使思考成为可能的联系。霍兰确信，思考和学习只是大脑中同一事物的两个方面。他想从他的适应性主体中捕捉到这种基本的洞察力。

尽管如此，霍兰并没有打算退回到做神经网络模拟的阶段。即使在 IBM 701 问世的 25 年后，计算机的性能仍然不足以进行霍兰所期望的完整赫布模拟。诚然，神经网络在 20 世纪 60 年代曾经因"感知机"（专门识别视觉特征的神经网络）而一时名声大噪。但感知机是赫布事实上一直在讨论的内容的极简版本，无法产生任何类似于共振细胞集群的东西。（它们在识别视觉特征方面的表现也不太好，这是它们失宠的原因。）霍兰对新一代神经网络也没有太多的好感，这些网络在 20 世纪 70 年代末重新流行起来，并在此后的几年里引起了很多关注。霍兰说，这些网络比感知机更为复杂，但它们仍然无法支持细胞集群。事实上，大多数版本根本没有共振；信号只能单向地从前到后级联传递。"这些联结主义网络在刺激-反应行为和模式识别方面非常出色，"他说，"但总体而言，它们忽视了内部反馈的需求，这正是赫布认为细胞集群所需要的。除了少数例外，这些神经网络的内部模型作用不大。"

最终，霍兰决定将模拟的适应性主体设计成一个混合体，兼具两种方法的优点。为了计算效率，他将继续使用专家系统中著名的 if-then 规则（如果这个条件被满足，那么这个结果就会发生）。但他会以神经网络的思路来运用这些规则。

霍兰说，实际上，if-then 规则在任何情况下都有很多值得称道的地方。在 20 世纪 60 年代末，早在专家系统被人们熟知之前，卡内基梅隆大学的纽厄尔和西蒙就引入了基于规则的系统作为人类认知的通用计算机模型。纽厄尔和西蒙将每条规则视为对应于一个知识片段或一个技能组成部分，例如，"如果崔弟是一只鸟，那么崔弟有翅膀"，或者"如果可以选择吃掉对手的兵还是对方的后，那么就选择吃掉后"。此外，纽厄尔和西蒙指出，当一个程序的知识以这种方式表达时，它会自动获得一些奇妙的认知灵活性。规则的条件–动作结构——"如果满足这种情况，那么就执行这个动作"——意味着，它们不会像用 FORTRAN 或 PASCAL 编写的子程序那样按照固定顺序执行。只有当条件满足时，规则才会被激活，从而使它的响应与当前情况相适应。实际上，一旦某个规则被激活，它很可能会触发一系列规则："如果 A，那么 B"，"如果 B，那么 C"，"如果 C，那么 D"，以此类推——实际上，这是一个全新的程序，一个根据当前问题即时创建并量身定制的程序。而这正是智能所需要的，而不是像发条玩具那样只能做出盲目、僵化的行为。

此外，霍兰指出，基于规则的系统在理解大脑的神经结构上具有重要价值。例如，一条规则，可以被视为计算机对赫布的共振细胞集群的等效表达。霍兰解释说："在赫布的理论中，一个神经细胞集群发出简单的信号：如果发生某种特定事件，我将高频率地活跃一段时间。"规则的相互作用，即一个规则的激活触发一连串其他规则的现象，也是大脑密集互联性的自然结果。霍兰说:"赫布的每一个细胞集群都涉及 1 000~10 000 个神经元,而这些神经元中的每一个都有 1 000~10 000 个突触将其联结到其他神经元。因此,每个细胞集群都会接触许多其他的细胞集群。"实际上,激活一个细胞集群相当于在内部公告板上发布信息,大脑中的几乎所有其他集群都可以看到:"细胞集群 295834108 现在处于活动状态!"当该消息出现时,那些与第一个细胞集群正确联结的集群也会活跃起来,并发布自己的消息,导致循环一次又一次地重复。

霍兰表示,纽厄尔-西蒙式的基于规则的系统内部架构,实际上非常贴近公告板的比喻。在系统运行时,内部数据结构就相当于公告板,其中包含一系列数字消息。同时,还有由数百甚至数千行计算机代码组成的大量规则。当系统运行时,每个规则都会不断扫描公告板,寻找与规则的"if"部分匹配的消息。一旦其中一个规则找到了匹配的消息,它就会立即发布一个由规则的"then"部分指定的新数字消息。

霍兰建议我们将这个系统想象成一个办公室。"公告板包含了当天需要处理的任务备忘录,每一条规则就像办公室里负责处理特定任务的一张桌子。新的一天开始,每张桌子都会搜集自己需要处理的任务;这一天结束,每张桌子都会发布自己完成的任务结果。"这个过程每天都会重复。霍兰还提到,有些备忘录可能是由探测器发布的,这些探测器能让系统跟踪外部世界的动态变化。还有一些备忘录可能会触发效应器,这些子程序能让系统影响外部世界。霍兰解释说,探测器和效应器就像计算机版的眼睛和肌肉。所以，原则上，一个基于规则的系统可以很容易地从环境中获取反馈，这也是霍兰的基本要求之一。

因此，霍兰在设计自己的适应性主体时也采用了同样的公告板比喻。然而，在处理细节时，他又回到了对传统的批判。

例如，在标准的纽厄尔-西蒙方法中，规则和公告板上的备忘录都被假定使用诸如"鸟"或"黄色"之类的符号来书写，这些符号旨在模拟人类思维中的概念。对于大多数从事人工智能研究的人来说，使用符号来表示概念是毫无争议的。这已经成为该领域几十年来的标准理论，纽厄尔和西蒙是其中最有说服力的拥护者之一。此外，这种方法似乎确实捕捉到了我们头脑中实际发生的很多事情。计算机中的符号可以被连入复杂的数据结构，以表示复杂的情境，就像概念被连接和合并形成心理学家的心理模型一样。而这些数据结构又可以被程序操作，以模拟推理和解决问题等心理活动，就像心理模型在思考过程中被大脑重塑和改变一样。实际上，如果你像许多研究人员那样，从字面上理解纽厄尔-西蒙的观点，这种符号处理就是思考。

然而，霍兰对此并不认同。"符号处理是一个很好的起点，"他说，"在理解有意识的思维过程方面，这是一个真正的进步。"但符号本身太过死板，而且它们忽略了太多的内容。一个包含字符 B-I-R-D 的数据寄存器如何能够真正捕捉到"鸟"（Bird）这个概念中微妙而不断变化的细节？如果程序没有办法与外界真实的鸟类互动，那么这些字符对它来说又有什么意义呢？即使暂时不考虑这个问题，这些符号概念最初是从哪里来的？它们是如何进化和成长的？它们是如何被来自环境的反馈塑造的？

对霍兰来说，这与人工智能主流学界对学习问题的兴致缺缺是一脉相承的。"你如果对物种进行分类而不了解它们如何进化，也会遇到同样的困难。"霍兰说，"你当然可以学到很多关于比较解剖学等方面的知识。但最终，这还不够深入。"他仍然坚信，必须用赫布的理论来理解概念——作为不断被来自环境的输入所调整、再调整的更深层次的神经基质中不断涌现的结构。就像云从水蒸气的物理和化学反应中涌现出来一样，概念是模糊、变化和动态的。它们不断重新组合和改变形状。"在理解复杂适应系统时，我们必须理解层级是如何涌现的，"他说，"如果你忽视了下面一个层级的规律，那就永远无法理解这个层级。"

为了表现适应性主体中的涌现的意涵，霍兰决定不用有意义的符号来表示他的规则和消息，而是使用二进制数字 1 和 0 构成的任意字符串。一个消息可能是一个序列，例如 10010100，类似于霍兰遗传算法中的染色体。而一条规则，用语言解释的话可能是这样的："如果公告板上有一个模式为 1###0#00 的消息，其中 # 代表'无关紧要'，那么发布消息 01110101。"

这种表示方式非常独特，霍兰甚至开始用一个新名词"分类器"来称呼他的规则，因为它们的 if 条件根据特定的数位模式，对不同消息进行分类。但他认为这种抽象的表达方式是必要的，至少是因为他看过太多的人工智能研究者，他们自己都搞不明白他们基于符号的程序所"知道"的内容。在霍兰的分类器系统中，消息的含义必须从它如何引发一个分类器规则来触发另一个分类器规则，或者从一些位是直接由观察现实世界的传感器写下的这一事实产生。概念和心理模型也必须以自我支持的分类器集群的形式出现，这些分类器集群可能会以类似自催化集的方式进行组织和再组织。

与此同时，霍兰也不认可有关基于规则的系统中的集中控制的通常看法。根据传统的观点，基于规则的系统非常灵活，因此需要某种形式的集中控制来防止无序状态的发生。当数百或数千条规则监视着一个充满信息的公告板时，总是可能有几条规则突然跳出来，争论谁可以发布下一条信息。人们普遍认为，它们不可能都这样做，因为它们的信息可能完全不一致（例如，"吃掉后"和"吃掉兵"）。或者，它们的信息可能会导致完全不同的规则级联，从而导致整个系统的行为完全不同。因此，为了防止计算机出现类似精神分裂的情况，大多数系统都实施了复杂的"冲突解决"策略，以确保一次只能激活一条规则。

然而，霍兰认为这种自上而下解决冲突的方式恰恰是错误的。难道世界真的如此简单和可预测，以至于你总能提前知道最佳规则？回答是：不大可能。如果系统被事先告知该做什么，那么称其为人工智能就是一种欺骗：智能并不在程序中，而在程序员身上。相反，霍兰希望这种"控制"能力是能够被学习到的。他希望看到系统的控制能力可以从底层涌现出来，就像智能从大脑的神经基质中涌现出来那样。去他的一致性：如果霍兰的两个分类器规则彼此不一致，那就让它们根据其表现和对当前任务的实际贡献来进行竞争，而不是根据软件工程师的预先编程设计。

"与主流人工智能相比，我认为竞争比一致性更为重要。"他说道。一致性只是一种幻想，因为在一个复杂的世界中，无法保证经验是一致的。但对于与环境进行博弈的主体来说，竞争是永恒存在的。"此外，"霍兰说，"尽管在经济学和生物学领域进行了大量研究，但我们仍然没有完全理解竞争的精髓。"我们对于竞争的丰富内涵，才刚刚开始领悟。想想这一神奇的事实：竞争能够产生非常强烈的合作动机，因为某些参与者会自发地建立联盟和共生关系，以获得相互支持。从生物学到经济学再到政治学，这种现象在各个层面和各种复杂适应系统中都会发生。"竞争和合作可能看起来是对立的，"霍兰说，"但在某种非常深的层次上，它们是同 枚硬币的两面。"

为了实现这种竞争，霍兰决定将消息发布的过程设计成一种拍卖的形式。他的基本理念是，不将分类器视为计算机的命令，而是视为一种假设，这些假设是关于在任何特定情况下应发布何种最佳消息的推测。他为每个假设分配了一个数值，用以衡量其可信度或强度，这就为出价提供了依据。在霍兰设计的消息发布版本中，每个周期的开始都和以往一样，所有的分类器都在扫描公告板，寻找匹配的消息。和以前一样，找到匹配消息的分类器会准备好发布自己的消息。但是，它们并不会立即发布消息，而是会先根据自身的强度喊出一个价。例如，一个以"明天早上太阳将从东方升起"这样的经验为坚实依据的分类器可能会出价1 000，而依据是"猫王还活着，每晚都会在瓦拉瓦拉6号汽车旅馆露面"的分类器可能只出价1。然后，系统会搜集所有的出价，并通过抽签的方式选择一组赢家，出价最高的分类器有最高的获胜概率。被选中的分类器会发布它们的消息，然后这个过程会再次重复。

这复杂吗？霍兰无法否认。而且，就目前的情况而言，拍卖只是用任意的可能性价值取代了任意的冲突解决策略。但是，暂且假设系统能够以某种方式从经验中学习这些可能性价值，那么拍卖将消除中央仲裁者，这正是霍兰所期望的结果。并不是每个分类器都能获胜：公告板虽然很大，但并非无限。比赛也不总是偏向速度最快的人：即使是猫王，如果他运气好的话，也可能有机会发布他的消息。但平均而言，对系统行为的控制将自动交给最强大和最可信的假设，而离谱的假设出现的频率恰好足够给系统带来一些自发性。如果其中一些假设不一致，那么这不应该是一场危机，而是一个机会，一个让系统从经验中学习哪些假设更可信的机会。

因此，一切又回到了学习的问题：分类器应该如何证明自己的价值，并赢得可信度评分？

对霍兰来说，显而易见的答案是实施一种类似赫布学习的强化机制。每当主体做对了某件事并从环境中获得积极的反馈时，它应该加强相应的分类器。每当它做错了某件事时，它同样应该削弱相应的分类器。而无论如何，它都应该忽略那些与当前情境无关的分类器。

当然，关键是弄清楚哪些分类器对应哪些行为。主体不能只奖励那些在获得回报时恰好处于活动状态的分类器。这就好比把触地得分的全部功劳归给恰好带球越过终点线的球员，而忽视了指挥比赛并传球给他的四分卫、阻挡对方队员并为他开辟跑动通道的前锋，或者在之前比赛中带球的其他球员。这就像把国际象棋胜利的全部功劳归给最后一步将死对方国王的棋子，而忽视了早在多步之前就为整个终局做好铺垫的关键策略。然而，替代方案是什么呢？如果主体必须预测回报才能奖励正确的分类器，那么在没有预先编程的情况下，它应该如何做到这一点？在对前置布局动作一无所知的情况下，它又该如何理解并学习这些动作的价值呢？

这确实是个好问题。遗憾的是，赫布强化的总体思路过于笼统，无法提供任何答案。霍兰一度感到困惑，直到有一天，他偶然回想起在麻省理工学院从著名经济学教科书作者保罗·萨缪尔森那里学习的基础经济课程，他意识到自己已经几乎解决了这个问题。通过在公告板上拍卖空间，霍兰在系统内部创造了一种类似市场的环境。通过允许分类器根据其实力进行出价，霍兰创造了一种货币。那么，为什么不进一步发展呢？为什么不创建一个完全成熟的自由市场经济，并通过利润动机来进行强化呢？

确实，为什么不呢？当你最终想到这个类比时，它太显而易见了。霍兰意识到，如果你将公告板上发布的信息看作待售的商品和服务，那么你就可以把分类器想象成生产这些商品和服务的公司。当分类器看到一条满足其 if 条件的消息并出价时，可以把它看作一家公司试图购买生产产品所需的物资。为了使类比完美，霍兰所要做的就是安排每个分类器为其使用的产品付费。他决定，当分类器赢得发布消息的权利时，它会将自己的一些能量转移给供应商，即负责发布触发它的消息的分类器。在这个过程中，发布消息的分类器会被削弱。但在下一轮竞标时，当它自己的消息在市场上传播时，它将有机会恢复实力甚至获利。

而财富最终会从哪里来呢？当然是来自最终的消费者——环境，这才是系统所有回报的来源。不过现在，霍兰意识到，奖励那些在回报时刻恰好处于活跃状态的分类器是完全合适的。由于每个分类器都向其供应商付费，市场会确保奖励在整个分类器集合中传播，并产生霍兰想要的那种自动奖惩机制。"如果你生产出正确的中间产品，那么你将会获利，"霍兰说，"否则就没有人会购买，你将会破产。"所有导致有效行为的分类器都会得到强化，同时所有中间阶段的分类器也不会被忽视。事实上，随着时间的推移，随着系统不断积累经验并从环境中得到反馈，每个分类器的强度将会与其对于主体的真实价值相匹配。

霍兰将适应性主体的这一部分算法称为"桶链"算法，因为它把奖励从每个分类器传递给前一个分类器，就像传递桶中的水一样。这在很大程度上类似于赫布的大脑理论中突触的强化，或者更进一步说，类似于用于训练计算机中模拟神经网络的强化方法。而一旦实现了这点，霍兰知道他就近乎成功了。通过利润动机进行的经济强化是一股极为强大的组织力量，就像亚当·斯密所提到的"看不见的手"在实际经济中具有巨大的组织作用一样。霍兰意识到，原则上，你可以用一组完全随机的分类器来启动系统，这样主体就可以在新生儿一样的软件中四处乱撞。然后，随着环境强化了某些行为，随着桶链开始工作，你可以看到分类器将自己组织成连贯的序列，至少会产生类似所需行为的东西。简而言之，霍兰从一开始就将学习融入了系统。

因此，霍兰几乎已经成功了，但还不够。通过在基本的基于规则的系统之上构建桶链算法，霍兰让适应性主体获得了一种学习方式。但还有另一种形式的学习尚未涵盖。这是开采现有资源与勘探新矿藏的区别。桶链算法可以强化主体已有的分类器，可以提升已有的技能，可以巩固已经取得的进展，但它不能创造新的事物。单靠它本身，系统只会陷入高度优化的平庸状态，无法探索那个可能出现全新分类器的巨大空间。

霍兰认定这就是遗传算法的任务。事实上，仔细考虑我们就会发现，达尔文和亚当·斯密的隐喻非常契合：企业会随着时间的推移而进化，那么为什么分类器不能呢？

霍兰肯定不会对这一见解感到惊讶，遗传算法一直占据着他的脑子，当他第一次建立分类器的二进制表示时，他一直在考虑这个问题。分类器的语言描述可能是："如果有两条消息的模式分别为1###0#00和0#00###，那么就发布消息01110101。"然而，在计算机中，它的各个部分会被连接在一起，并简单地写成一串数据位："1###0#000#00###01110101"。对于遗传算法来说，这看起来就像一条数字染色体。因此，这个算法可以按照完全相同的方式进行。在大部分时间里，分类器会像以前一样在数字市场上愉快地买卖。但是偶尔，系统会选择一对最强的分类器进行繁殖。这些分类器会通过性交换重新组合它们的数字合成砌块，从而产生一对后代。后代将取代一对较弱的分类器。然后，后代将有机会通过桶链算法证明它们的价值并逐渐变得更强大。

结果是，规则的群体会随着时间的推移而变化和进化，不断探索可能性空间的新区域。就这样，把遗传算法添加在桶链和基于规则的基本系统之上作为第三层，霍兰成功制造出一种适应性主体，它不仅可以从经验中学习，而且可以展现出自主性和创造性。

霍兰所要做的就是把它变成一个工作程序。

霍兰于1977年左右开始编写第一个分类器系统。说来也怪，事情并未如预想的那样一帆风顺。他说："我真的以为几个月内就能够构建出实用的系统。事实上，我做了大半年才做到完全满意。"

也有部分原因，是霍兰给自己增加了任务难度。他以一贯的霍兰风格完成了第一个分类器系统的编码：在家中全靠自己完成，用的是十六进制代码——30年前他为旋风计算机写的那种，还是在一台康懋达家用电脑上！

霍兰的BACH小组同事们在讲述这个故事时，仍然禁不住翻白眼。整个校园都是电脑：从VAX到大型机，甚至是高性能的图形工作站。为什么要用康懋达？还是十六进制的！现在几乎没人再用十六进制编程了。即使你是一名真正硬核的计算机迷，试图从机器里榨取它的最后一点性能，也会使用汇编语言来编程，它至少用MOV、JMZ和SUB这样的助记符替代了数字。不然，通常就会选用PASCAL、C、FORTRAN或LISP等更易于人类理解的高级编程语言。科恩尤其记得，他和霍兰有过一段长时间的激烈争论：如果这一切都用字母和数字的"乱码"来编写，谁会信任这个系统真的有效呢？即使有人相信，如果这个分类器系统只能在家用计算机上运行，又有谁会去用呢？

霍兰最终不得不承认这一点，尽管直到20世纪80年代初，他才同意将分类器系统代码交给研究生里克·里奥洛，由后者将其转化为一个通用软件包，几乎可以在任何类型的计算机上运行。"这不是我的天性，"霍兰承认，"我喜欢专注做一些事情，直到我看到它真的可以实现，然后我往往会失去兴趣，又回到理论上来。"

不管怎样，霍兰仍然坚持认为当时选择在那台康懋达计算机上操作是很有必要的。他解释说，校园里的计算机必须共享，这让它们使用起来很麻烦："我想连续在线仔细调试程序，但是没人可能会给我连续8个小时的时间。"霍兰将个人电脑革命视为上天的馈赠。"我意识到我可以在自己的机器上进行编程，把它放在家里，不必受任何人的束缚。"

此外，霍兰曾在旋风和IBM 701上进行编程，因此他一点也不认为这些小型桌面机器很原始。实际上，当霍兰最终获得这台康懋达计算机时，他觉得这是相当大的进步。1977年，霍兰就购买了全新第二代苹果电脑的竞争者微思（Micromind）计算机，尝试第一次进行个人计算。"那是一台非常不错的机器。"他回忆道。的确，它其实只是一个黑盒子里的一堆电路板，可以连接到电传打字机上进行输入和输出。它没有屏幕。但是它确实有8千字节的8位内存，而且只需3 000美元。

至于十六进制，微思计算机当时没有任何其他可用的编程语言，霍兰不想等待。"我过去习惯于用汇编语言编写程序，"他说，"但我可以像汇编程序一样轻松地使用十六进制机器语言，所以这并不难。"

在说完这些后，霍兰表示，微思公司竟如此迅速破产，他觉得相当遗憾。当霍兰开始感到 8 千字节的内存不够用时，他才转向使用康懋达。在当时，霍兰认为这是一个理想的选择。康懋达使用了与微思相同的微处理器芯片，这意味着它几乎可以原封不动地运行他的十六进制代码。而且康懋达拥有更大的内存，有显示屏。最棒的是，霍兰说："康懋达还能玩游戏。"

撇开同事们的不满不论，霍兰的第一个分类器系统运行得很好，使他确信它真的会按照他想要的方式工作——更为重要的是，它实际上已经蕴含了一个成熟认知理论的雏形。1978 年，霍兰与密歇根大学心理学教授朱迪·赖特曼合作发表了该系统早期版本的测试。在测试中，他们的主体使用遗传算法学会了快速走完一个模拟迷宫，其速度要比没有使用遗传算法时快大约 10 倍。同样的测试还证明，分类器系统可以表现出心理学家所说的"迁移"：它可以把在一个迷宫中学习的规则用于之后走其他的迷宫。

这些早期的成果足够引人注目，即使没有霍兰的推动，分类器系统的名声也传播开来。例如，在 1980 年，匹兹堡大学的斯蒂芬·史密斯构建了一个可以玩扑克的分类器系统，并将其与一个同样可以学习的老扑克程序进行了对比。这甚至不能被称为一场比赛，分类器系统轻松完胜。1982年，宝丽来公司的斯图尔特·威尔逊使用分类器系统来协调电视摄像机和机械臂的运动。他证明了桶链和遗传算法导致了分类器规则的自组织，使它们自行分成多个小组，这些小组能作为控制子模块，根据需要产生特定的、协调的行动。同年，霍兰的学生拉肖恩·布克完成了他的博士论文，在论文中他将一个分类器系统置入了一个模拟环境，系统需在这里寻找"食物"并避免"中毒"。系统很快就将其规则组织为该环境的一个内部模型——或者说，形成了一幅心智地图。

　　然而，对霍兰来说，最令人满意的演示是1983年由戴维·戈德堡做出的，当时他是一名攻读博士学位的土木工程师，几年前选修了霍兰的自适应系统课程，成为霍兰的忠实信徒。戈德堡成功说服霍兰成为他博士论文委员会的联合主席，他的论文展示了如何使用遗传算法和分类器系统来控制一个模拟的天然气管道。这是截至那时分类器系统所面临的最为复杂的问题。不管是哪种管道系统，其目标都是以尽可能少的成本满足管道末端的需求。然而，一条管道由数十甚至数百台压缩机组成，通过数千英里的大直径管道泵送气体。客户对天然气的需求，每个小时都会变化，不同的季节也不一样。压缩机和管道可能出现泄漏，影响系统以适当的压力输送气体的能力。安全方面的限制，要求天然气的压力和流速必须保持在适当的范围内。而且，一切都相互影响。即使是非常简单的管道优化问题，也远远超出了数学分析的能力范围。管道操作员通过长时间的学徒训练掌握这门技艺，然后通过本能和感觉来"驱动"他们的系统，就像其他人驾驶家用汽车一样。

事实上，管道问题似乎如此棘手，以至于霍兰担心戈德堡的需求可能超出了分类器系统的能力。然而，他多虑了。戈德堡的系统在模拟管道操作方面表现得非常出色：从一组完全随机的分类器开始，经过约 1 000 天的模拟经验，它便实现了专家级的性能。此外，该系统在实现所需功能时非常简洁。其消息只有 16 位二进制数字那么长，公告板一次只容纳 5 条消息，总共只包含 60 条分类器规则。实际上，戈德堡在家中使用仅有 64 千字节内存的苹果计算机运行了整个分类器系统和管道模拟。霍兰笑着说："这家伙甚合我心。"

管道模拟不仅让戈德堡在 1983 年获得了博士学位，还为他赢得了 1985 年的"总统青年研究者奖"。霍兰本人认为戈德堡的工作是分类器系统的里程碑。霍兰说："这非常有说服力，它真的在努力解决一个实际问题，或者至少是在解决对实际问题的模拟。"更有趣的是，这个截至当时被认为最"实际"的分类器系统，被证明在基本的认知理论方面也提供了最丰富的阐释。

霍兰说，你可以从戈德堡的系统如何整理关于泄漏的知识中明显看出这一点。系统从一组随机的分类器开始，首先学习了一系列广泛适用于正常管道操作的规则。在某次运行中实际出现的一个例子是一条可以简化为"始终发送'无泄漏'消息"的规则。显然，这是一个过于笼统的规则，只在管道正常时有效。但当戈德堡开始在各种模拟压缩机上打模拟孔洞时，系统很快就发现了这一事实。其性能立即急剧下降。然而，通过遗传算法和桶链，该系统最终从错误中恢复过来，并开始产生更具体的规则，例如"如果输入压力低，输出压力低，压力变化率明显下降，那么发送'泄漏'消息"。进一步说，每当这条规则被触发，它都会提供比第一条规则高得多的权重，并立即替代它。因此，在正常条件下，第一条规则起主导作用；而在异常条件下，第二条规则和类似的其他规则将启动，以实现正确的反应。

当戈德堡告诉霍兰这一切时，霍兰非常激动。在心理学领域，这种知识组织方式被称为"默认层级结构"，这正是霍兰当时极为关心的一个主题。自1980年以来，他一直与密歇根大学的3位同事——心理学家基思·霍利奥克、理查德·尼斯贝特以及哲学家保罗·萨伽德——密切合作，共同构建一个关于学习、推理和智力发现的综合认知理论。正如他们后来在1986年出版的《归纳法》一书中所述，这4位都各自认为，这样一个新理论必须建立在3个基本原则之上，而这3个原则恰好是霍兰分类器系统的核心：知识能够以表现得非常接近规则的心理结构来表达；这些规则处于相互竞争之中，经验会让有效的规则更为强大，而无效的规则则会减弱；合适的新规则会由旧规则的组合而生成。他们通过丰富的观察和实验数据支持了这一观点，认为这些基础原则能够解释各种"恍然大悟"的瞬间，从牛顿与苹果的故事到理解类比等日常认知活动。

特别是，他们认为，这3个原则应该导致作为所有人类知识基本组织结构的默认层级结构自发涌现。事实上，它们确实如此。形成默认层级结构的规则集群，本质上与霍兰所说的内部模型的含义相近。我们使用较弱的一般规则和较强的例外来预测事物应该如何分类："如果它是流线型的、有鳍且生活在水中，那么它是鱼"——但"如果它还有毛、呼吸空气并且体型庞大，那么它是鲸"。我们采用同样的结构来推断事情应如何进行："一般来说，在一个单词里 i 在 e 之前，除非后面出现 c"——但"对于像 neighbor、weigh 或 weird 这样的单词，e 在 i 之前"。我们再次运用相同的结构来推断因果："如果你向狗吹口哨，那么它会走过来"——但"如果狗在咆哮并竖起颈背部的毛，那么它大概就不会来了"。

霍兰指出，该理论认为，无论这些原则是通过分类器系统实现，还是以其他手段来实施，这些默认层级模型都应自然涌现。（实际上，《归纳法》一书中引述的许多电脑模拟都是通过 PI 完成的，PI 是由萨伽德和霍利奥克设计的一种更为传统的基于规则的程序。）尽管如此，他表示，在戈德堡的管道模拟中看到这些层级结构真正涌现是令人兴奋的。分类器系统一开始完全空白，其初始规则集完全随机，堪称计算机版的原始混沌。然而，令人震惊的是，这种绝妙的结构竟然从混沌之中涌现。

"我们狂喜，"霍兰说。"这是第一个真正能称得上是'涌现模型'的实例。"

心之归处

像往常那样，霍兰和阿瑟在餐桌上的对话持续了几个小时。

最终结束时，这场深夜讨论已经从国际象棋转到经济学，再从经济学到跳棋，然后又回到内部模型、遗传算法和国际象棋。阿瑟感觉他终于开始理解学习和适应的完整含义了。他们两人已经开始带着些许困意探讨一种可能解决经济学中理性预期问题的方法：与其假设你的经济主体是完全理性的，为何不用霍兰式的分类器系统来模拟它们，让它们像真正的经济主体一样从经验中学习呢？

是啊，为什么不呢？临睡前，霍兰写下一条便签，提醒自己找出那套他碰巧带着的关于塞缪尔跳棋游戏程序的旧投影片。阿瑟已经被这个能学习的游戏程序的想法深深吸引；他从未听说过这样的事情。霍兰想，他可能会在第二天就这个话题向与会者们做一次即兴演讲。

这场演讲大受欢迎，尤其是当霍兰向观众指出，塞缪尔的跳棋程序即便在 30 年后仍将是先进技术时。另外，霍兰的整个演讲方式也受到热烈欢迎，当时这种即兴交流在经济学会议中也并不罕见。与会者们很难准确地说出这场经济学研讨会的气氛是何时开始改变的。但在大约第三天的某个时候，当他们消除了早期的专业术语和相互理解的障碍后，会议开始变得热烈起来。

斯图尔特·考夫曼说："我觉得这非常令人兴奋。"在与阿瑟交谈了两周后，他觉得自己已经为经济学做好了准备。"有趣的是，这就像在幼儿园，你会接触到各种新事物，比如手指画。或者就像一只小狗，四处奔跑，嗅东西，有一种奇妙的探索感，感觉整个世界都是奇妙的未知之地。一切都是新的。这就是这场会议给我带来的感觉。我想知道其他人怎样思考。这个新领域的标准是什么？有哪些问题？这正符合我个人的风格。但我认为对很多人来说，参加这次会议都有这种感觉。我们长时间地互相交谈，直到能听到彼此的声音。"

有些讽刺的是，尽管物理学家们最初对经济学中的数学抽象持怀疑态度，最后却是数学成了他们的共通语言。尤金妮亚·辛格回顾说："现在看来，我认为阿罗做出了正确的选择。"她最初对于肯尼斯·阿罗没有把社会学家和心理学家纳入团队感到失望。然而，肯尼斯选择了最专业、接受过最好技术训练的经济学家，这为团队建立了信誉。物理科学家们对经济学家们的技术背景感到惊讶，后者对许多技术概念甚至一些物理模型都很熟悉。因此，他们开始使用共通的术语，建立起一种可以相互交流的语言。但如果团队中加入了很多没有技术背景的社会科学家，她不确定大家能否够跨越这个鸿沟。

在大部分的正式报告结束后，参与者开始形成非正式的工作小组，专注于讨论特定主题。混沌理论成了最受瞩目的话题之一，一个小组经常围绕达维德·吕埃勒在小会议室里进行深入探讨。阿瑟说："我们所有人都知道混沌理论，也读过相关的文章，甚至有些经济学家在这个领域做了大量的研究。但我记得，当我们看到物理学家们的模型时，大家都相当兴奋。"

与此同时，安德森和阿瑟参加了另一个小组，成员们在露台上会面，探讨如技术锁定或地区经济差异等经济"模式"。阿瑟说："我当时太累了，无法进行大量的讨论或倾听。我利用工作小组的机会向菲利普·安德森请教各种数学方法。"

阿瑟发现自己与安德森等物理学家的思维是同频的。"我很欣赏他们对计算机实验的重视。"阿瑟说。在经济学家中，计算机模型在20世纪60年代和70年代的名声并不好，因为许多早期的模型都被操纵，以便支持程序员偏好的政策建议。"所以，看到计算机建模在物理学中得到恰当的应用，我深受吸引。我认为这个领域的开放性吸引了我。它在思想上是开放的，愿意接纳新想法，对于什么是可以接受的并不教条。"

阿瑟也感到高兴，因为他发现报酬递增理论在会议上产生了很大的影响。除了自己的报告之外，还有其他一些经济学家也在独立地思考这个问题。例如，有一天，参与者通过电话连线收听了哈佛大学荣誉退休教授霍利斯·切纳里的讲座，他因病得太重无法亲自到场。切纳里的讲座是关于发展模式的——为什么各国在增长方式上表现出差异，尤其是在第三世界。在讲座中，他提到了报酬递增。"所以在切纳里挂断电话后，"阿瑟说，"阿罗跳到黑板前说：'霍利斯·切纳里提到了报酬递增。我来进一步解释这个概念。'然后在毫无准备的情况下做了一个半小时的关于报酬递增思想的历史及其在贸易理论中的应用的讲座。我从未想过阿罗对这个主题了解得如此深入。"

就在几天后，已经在将报酬递增应用于国际贸易方面做出开创性工作的何塞·施可曼，与加州大学洛杉矶分校的米凯莱·博尔德林一同熬夜至凌晨3点，共同构建了一个基于报酬递增的经济发展理论。

阿瑟表示，大家也不可避免地讨论了股市是否可能陷入正反馈循环，即因为看到其他投资者纷纷入市，股价就越来越高。或者反过来，如果人们看到其他投资者纷纷撤出，是否会产生相反的作用，引发股市崩盘？"鉴于当时的市场状况有些过热，"阿瑟说，"我们对这种可能性是否存在，是否曾真的发生，以及是否可能即将发生进行了大量讨论。"

大家的共识是："有可能。"但对于戴维·派因斯来说，这种可能性似乎很真实，他甚至打电话给经纪人，要求卖掉部分股票。然而，经纪人劝他别这么做。结果一个月后，也就是1987年10月19日，道琼斯指数在一天之内下跌508个点。

阿瑟说："这导致有谣言说，这次会议在股市崩盘前一个月就预见到了它。实际上我们并没有，但股市崩盘背后确实存在我们曾详细讨论过的正反馈机制。"

就这样：一场为期10天的马拉松式会议，只有一个星期六下午是休息的。每个人都筋疲力尽，但又充满了成就感。阿瑟说："在这10天结束时，我感受到了科研的高峰体验。难以置信竟然有人愿意倾听。"

确实有人愿意倾听。由于之前已经承诺在9月18日（星期五）在旧金山发表一场演讲，阿瑟不得不错过会议的最后一天，那天小组安排了一个总结会议和新闻发布会。（由于无法离开纽约，里德通过视频发来祝贺。）但是，在下周一的下午，当阿瑟一走进圣塔菲的门，派因斯就在走廊上微笑着朝他走来。

"会议顺利结束了吗？"阿瑟问道。

"哦！我们很满意。"派因斯说。尤金妮娅·辛格特别热情，正在准备一份满是赞誉的报告给里德。与此同时，他补充道，科学委员会在研讨会结束后立即召开会议。首先，他们想邀请阿瑟加入科学委员会。

阿瑟大吃一惊。科学委员会是该研究所的核心，是决策权的真正所在地。"千真万确。"派因斯确认。

"还有一个进一步的想法，"派因斯说，"我们非常担心错过这个机会。每个人都对这次会议感到非常兴奋，我们想将其扩展为一个完整的研究计划。大家一直在讨论这个问题，然后想知道你和约翰·霍兰是否能在接下来一年（也就是从当时开始，为期12个月的新学年）来启动这个研究项目。

阿瑟花了大约两秒钟才明白，原来科学委员会是希望他和霍兰来主导这个项目。阿瑟结结巴巴说了一通，大意是，他确实要休学术年假了，因此有时间，而且项目听起来很有趣。毫无疑问，他欣然接受了提议。

"荣幸之至，"阿瑟说，"我深感自身渺小。实际上从受邀参会到会议结束，我一直抱着疑惑：'邀请我？这里不是安德森就是阿罗，为什么会有我？而他们竟然在询问我的各种看法。所以我的第一反应是——他们邀请的阿瑟真的不是别人吗？当然，在我的学术生涯中从未发生过这样的事情。'"

"你知道，"他补充道，"一个科学家可能深信自己有能力，但并未得到学界认可。约翰·霍兰就经历了几十年这样的情况。我当然也有过这种感觉——直到走进圣塔菲研究所，那些聪明绝顶的、我只在书本上读到过的人物，都对我一见如故：'你怎么这么晚才来？'"

10天里，阿瑟一直在不停地交谈和倾听。他的脑海中充满想法，以至于胀痛。阿瑟筋疲力尽，需要补上大约3周的睡眠。但他觉得自己仿佛已经置身天堂。

"从那时起，"阿瑟说，"我不再忧心其他经济学家的看法。我只关心与圣塔菲的人们分享我的工作。圣塔菲是我的心之归处。"

第六章

混沌边缘的生命

1987年9月22日，星期二，这天一早阳光明媚，刚刚被任命为圣塔菲研究所一项新经济学项目联合主任的布莱恩·阿瑟睡意还未消，便钻进约翰·霍兰的车，与其一同前往洛斯阿拉莫斯参加一场"人工生命"研讨会。这场为期5天的会议从昨天就开始了。

阿瑟对"人工生命"究竟意味着什么还不甚清楚。事实上，在参加完上周的经济学会议后，他仍然疲惫不堪，对很多事情都不太清楚。霍兰解释说，人工生命类似于人工智能，区别在于，它不是用计算机模拟思维过程，而是用计算机模拟进化的基本生物学机制，乃至生命本身。霍兰说，这很像他一直试图用遗传算法和分类器系统做的事情，但是范围更广，雄心更大。

这整个人工生命研究项目是洛斯阿拉莫斯的一位博士后研究员克里斯托弗·兰顿的创意，他曾是霍兰和阿瑟·伯克斯在密歇根大学的学生。霍兰说，兰顿是个大器晚成的人。事实上兰顿今年已经39岁，比大多数博士后大了10岁，仍未完成博士论文的收尾工作。但据霍兰评价，兰顿一直是个优秀的学生，"富有想象力，善于吸收各方面的经验"。兰顿对这场研讨会投入了极大的精力。"人工生命"就像他的小孩，是他给了它名字。近10年来，兰顿一直试图阐明这一概念。他组织这场研讨会是为了将人工生命变成一门真正的科学，但他不知道到底会有多少人来参加。不过，兰顿成功激起了人们的信心——洛斯阿拉莫斯非线性研究中心为研讨会出资15 000美元，圣塔菲研究所则另外资助5 000美元，并且同意将会议成果收录在复杂性主题的新书系列中。从昨天的会议开幕情况来看，霍兰认为兰顿办得很不错。不过具体情况如何，还得布莱恩·阿瑟亲自过来看看才能更了解。

阿瑟确实亲自过来了。当他和霍兰走进洛斯阿拉莫斯的礼堂大楼时，他很快产生了两大感受。第一大感受是，他严重低估了自己的室友。"我就像是和甘地一起走进来似的，"他说，"我原来以为与我同住的不过是一个个子不高、性格和善的计算机高手。结果在这里，他被人们视为这个领域的泰斗。他们向他涌来，高呼'霍兰！霍兰！'，请教他对这个问题怎么看，对那个问题怎么看，问他是否收到自己寄给他的论文。"

阿瑟的这位室友尽量从容地应对这一局面。但无可回避的是，约翰·霍兰已经声名显赫，而这令他自己感到非常尴尬。确实，这已经不是他可以控制的了：25年来，他每年都会培养出一两个新的博士，所以现在就有了一大批追随者在传播他的理论。与此同时，他也日益受到全世界的青睐。神经网络又开始流行了，无独有偶，机器学习也成为主流人工智能研究中最热门的课题之一。1985年，第一届围绕遗传算法的国际会议召开，往后更多会议将接连举办。阿瑟说："每个人演讲的标准开场似乎都是，约翰·霍兰说过这个，说过那个，现在要讲的是我的一些看法。"

阿瑟的第二大感受是，人工生命很奇怪。他此前没见过兰顿，这天见到之后才发现兰顿是瘦高个，有一头棕色的头发和一张布满皱纹的脸，非常像年轻和蔼版的沃尔特·马修[①]。兰顿一直在忙来忙去，复印材料，安装设备，担心这，担心那，竭力使这场人工生命的研讨会能如预期顺利进行。

所以，阿瑟就花了大部分时间来参观那些计算机演示，这些演示布置在环绕着会议厅的走廊上。这是他所见过的最奇妙的演示：电子鸟群翩翩飞舞，栩栩如生的仿真植物就在眼前的屏幕上生长发育，奇异的分形生物，起伏闪烁的斑图……所有这些令人目眩，但它们到底在表达什么呢？

还有那些演讲！阿瑟听到的都是些混合着大胆的假设和务实的经验主义的言论。似乎每个演讲者在站起来发言之前，都没有人知道他会说些什么。有很多人留着马尾辫，穿着蓝色牛仔裤（有一位女士光着脚站起来演讲）。"涌现"这个词似乎在不断出现。最重要的是，空气中弥漫着一种不可思议的活力和同道情谊——一种打破障碍、释放新思想的感觉，一种自发的、不可预测的、无限制的自由的感觉。这场人工生命研讨会以一种奇怪的、理智的方式让人感到一种反叛的味道，仿佛它植根于越战之后的

---

① 美国著名演员，以其那张布满皱纹的脸、嘶哑的嗓音和犀利的喜剧表演而闻名。——译者注

反主流文化运动。

千真万确，就是一种奇怪而理智的范儿。

麻省总医院的顿悟

尽管具体日期记不清了，但克里斯托弗·兰顿仍然记得"人工生命"的理念诞生那一刻的感觉。那是在 1971 年底或 1972 年初，总之是冬季。凌晨 3 点，在波士顿麻省总医院的 6 楼，兰顿独自一人坐在心理学系 PDP-9 型计算机的大型控制台前调试代码——典型的计算机高手做派。

他喜欢这种工作方式。"我们没有规定什么时候必须来，"兰顿解释道，"这儿的主管弗兰克·欧文，是个创造力十足且时髦的家伙。他雇了一帮聪明的年轻人写代码，任其自由发挥。那些循规蹈矩的人白天过来用机器，做些乏味的工作，而我们习惯下午四五点过来，一直待到凌晨三四点，这段时间我们可以尽情地玩计算机。"

确实，在兰顿看来，编程就是有史以来人类所发明的最好的游戏。这并非刻意的职业选择。两年前从大学辍学后，身为越战反对者的兰顿出于良知拒绝服兵役，于是为履行服替代役的要求来到麻省总医院，机缘巧合加入了欧文的团队。事实上，除了高中时上过几门暑期课程，他的编程技能完全是自学的。但是兰顿一深入计算机世界就沉醉其中，在完成替代役后仍然待在这里。

"编程太棒了，"兰顿说，"我骨子里就是一名机械师。我喜欢建构东西，喜欢看到它们真正运转起来。"对于自己在PDP-9型计算机上所做的工作，兰顿说道："你必须直接跟硬件打交道，你的程序必须考虑到机器实际的运转情况，比如'从指定地址加载累加器并将其放回'这条指令，它是逻辑指令，但它同时也是与机械高度相关的。"

但兰顿也喜欢这项工作中那奇怪的抽象部分。他的第一个项目就是很好的例子。当时，他要让实验心理学家们能够在PDP-9型计算机上开展工作。多年以来，实验心理学家都是在一台老旧的PDP-8S型计算机上记录数据，这台计算机运转实在太过缓慢，令人难以忍受。但问题在于，在这个项目中，他们开发了各种有特殊用途的软件，而这些软件没法在PDP-9型计算机上运行，又没人愿意再重写一遍。兰顿的任务就是写一个程序，骗过这些旧软件，使它们能像在旧机器上一样，在新机器上顺利运行。事实上，兰顿要做的就是在PDP-9型计算机上创建一个PDP-8S虚拟机。

"我没有上过正式的计算机理论课程，"兰顿说，"所以我第一次深刻认识到虚拟机的概念，就是通过这次创建虚拟机。然后我就爱上了这个概念：你可以将一台实体计算机和它的运行规则抽象为一个程序，这意味着该程序涵盖了这台机器的所有重要性能。然后硬件就可以抛到一边了。"

话题回到那个调试代码的夜晚，兰顿知道一时半会程序还运行不了，于是从计算机的阴极射线管前面的盒子里拿出了一盘纸带，穿入读带器，在计算机上开始运行《生命游戏》(the Game of Life)。

那是他最爱的游戏之一。兰顿说："我们从比尔·戈斯帕和他团队那里弄到了代码。他们在麻省理工学院那边正试图破解这个游戏，我们也在玩。"这个游戏简直让人上瘾。《生命游戏》是由英国数学家约翰·康威在一年前开发的。事实上，它并不是一款让你玩的游戏，它更像是一个微缩宇宙，在你眼前不断进化。进入这个程序时，屏幕上首先显示的是这个宇宙的一个定格：二维平面上布满方格，有黑、白两种颜色，黑色方格代表"存活"，白色方格代表"死亡"。初始的黑白方格可以任意排布，但是程序一旦开始运行，方格就只能按照几条简单规则来决定是死亡还是存活。每一代进化中，每个方格都要首先看它的邻居方格（一个方格包括 8 个邻居），如果邻居方格中存活的过多（黑色方格大于 3 个），那么这个方格在下一代就会因为拥挤而死亡。如果邻居方格中存活的太少（黑色方格小于 2 个），那么这个方格在下一代会因为孤独而死去。但如果邻居方格中存活的数量恰到好处，也就是有 2 个或 3 个黑色的方格，那么这个方格就是存活状态，这包括两种情况：如果这个方块本来就是存活的状态，在下一代会继续存活；如果这个方格本来是死亡的状态，在下一代会"新生"。

规则就这么简单。它们只不过是一种漫画式的生物学。但《生命游戏》的神奇之处在于，当你把这几条简单规则编入程序，它们仿佛真的能使屏幕"活"起来。与当今我们能在计算机屏幕上看到的画面相比，当时的每一步都缓慢且不流畅，就像在VCR（盒式磁带录像机）上进行慢动作回放。但在当时看的人的脑海中，屏幕几乎已经沸腾起来，就好像透过显微镜观察一滴池水中的微生物那样。游戏开始时，你可以任意设置哪些方格处于存活状态，然后看它们立即自组织成各种各样的连贯结构。你能看到翻滚着的结构，还有像野兽呼吸一般振荡的结构。你能发现"滑翔机"结构，那是一小团活细胞以恒定的速度划过屏幕；还有"滑翔机枪"结构，它持续不断地向外发射滑翔机；以及淡定地吞没这些滑翔机的结构。如果你足够幸运，你甚至能发现一只"柴郡猫"，它逐渐暗淡消失，只留下一抹微笑和一个爪印。程序的每次运行都不一样，没有人能穷尽其中的可能性。"我看到的第一个图案是一个又大又稳定的钻石形结构，"兰顿说，"但是当你从外部引入一个滑翔机，就会打乱完美的晶体形状。这个结构会逐渐衰变直到彻底消失，就像滑翔机是外来的传染病。这整个就像在上演《天外细菌》①。

兰顿说，那天晚上，运行中的计算机发出嗡嗡声，计算机屏幕上翻滚着这些电子方格，而他在一旁调试代码。"某个时刻我抬头扫了一眼，"兰顿说，"看到《生命游戏》正在屏幕上进化。我又回过头看我的代码，突然间只觉得后脖颈汗毛都竖起来了。我感到有其他人在这屋里。"

兰顿环顾四周，以为是某个同事在悄悄向他走过来。这个房间很拥挤，排列着PDP-9型计算机的蓝色大机柜，还有电子设

① 美国著名畅销书作家迈克尔·克莱顿1969年出版的一部高科技惊险小说，讲述了美国一颗人造卫星坠落在一个偏僻小镇，不久导致镇民全部离奇死亡的故事。这本书后被改编成同名电影搬上银幕。——译者注

备的立架、一台旧的脑电图机、示波器、被推到角落里还拖着管子和电线的盒子，以及许多不再使用的东西。这是典型的编程专家的宝地。但是——并没有人在他身后，这里只有他自己。

兰顿又回头看了看计算机屏幕："我意识到这一定是《生命游戏》搞的。屏幕上好像有某个东西活了。那一刻，有一种我无法言说的感觉，我突然无法区分什么是硬件，什么是程序。我意识到在某种深层次上，计算机里所发生的和我身上可能发生的事情并没有那么大的差别——我所经历的生命进化和屏幕上进行的其实是同一种过程。"

"我记得当时望向午夜的窗外，周围的机器嗡嗡作响。那是个晴朗的寒夜，星光熠熠。在剑桥的查理斯河对岸，可以看到科学博物馆和川流不息的车辆。我思考着屏幕上这些活跃的斑图，以及窗外正发生的一切。这座城市就坐落于此，生生不息。它和《生命游戏》似乎是同一回事。虽然城市要复杂得多，但本质上，它们并没有什么不同。"

自组装的大脑

兰顿说，20 年后回想起来，正是那晚的顿悟改写了自己的人生。但彼时，它还停留在直觉层面，是一种难以名状的感觉。"这就是那种人生中少有的时刻，灵光乍现，然后一闪而过。就像是一场雷暴、一阵飓风或一股浪潮席卷而来，改变了陆地的面貌，然后就离去了。那种顿悟在我脑海中留下的真实印象其实已经淡出，但它使我建立了对某些事物特定的感觉。接下来，一旦有令我产生这种感觉的事物出现，我就会再次想起那些活跃的斑图。在我后来的职业生涯中，我一直在试图去追寻那种感觉。只不过，"兰顿补充说，"那种感觉常常在把我引至某处后就突然消失，留下我不知道接下来该怎么走。"

兰顿这样描述还是保守了，实际还要更缥缈一些。1971年的克里斯托弗·兰顿不仅对这种感觉意味着什么毫无头绪，而且此时距离他成为一名系统科学学者还很遥远。他追寻那种感觉的方法是去逛图书馆和书店，到处找相关文章，比如跟虚拟机、涌现、集群特征相关的，或是关于局部规则产生整体动力学的。他时不时会去哈佛大学、波士顿大学或者别的地方听一听课。但总体而言，兰顿还是安于现状，顺其自然。有太多其他的事在同时占据着兰顿的生活。他真正热爱的是弹吉他，他和一个朋友曾试图组建一支专业的蓝草乐队①，虽然没有成功。兰顿还将大量精力投入抵制征兵和抗议越战中。在兰顿看来，大学周边的反主流文化气氛使剑桥和波士顿成为一个极好的去处。克里斯托弗·兰顿在这儿比其他很多时候都快活。

"高中生活对我来说就是场灾难。"兰顿说。1962年，14岁的兰顿从家乡马萨诸塞州林肯市的一所很小的初级学校读完八年级后，前往林肯-萨德伯里高中就读，这是萨德伯里附近的一所

---

① 蓝草音乐是美国20世纪40年代兴起的一种乡村音乐，因 B. 门罗与他的乐队"蓝草男孩"得名，综合了美国东南部乡村舞曲、家庭娱乐与宗教民间音乐的元素。——译者注

大型地方学校。"在那儿每天就像是蹲监狱，"兰顿说，"这是一所实施高压管理的高中，学生被当成少年犯一样对待，除非能证明自己的不同寻常并逃进特殊班级。我的风格与这整个系统格格不入——我留长发，弹吉他，喜爱民谣。我是个嬉皮士，而周围没有其他嬉皮士。所以，我很孤独。"

兰顿的母亲简·兰顿是一位推理作家，父亲威廉·兰顿是一位物理学家，二人从人权运动和越战早期就一直是"激进分子"，他们对儿子的处境也无能为力。"高中的时候，父母偶尔会带我出去，我们去市里参加静坐集会和争取平等权利的宣讲。我们去了很多市内的学校，还乘车去华盛顿。我们抗议这个，抗议那个，我还因为抗议被逮捕过。他们为逮捕抗议者会用上任何借口。"

终于，兰顿在1966年毕业了。"这是幸福时光的开始，"他说，"那个夏天我和一个朋友乘坐巴士去了加州，那里在音乐方面要先进得多。我们直接去了海特-阿什伯里①。听传奇摇滚歌手贾妮斯·乔普林和摇滚乐队"杰斐逊飞机"的歌。那个夏天过得非常愉快。"

不幸的是，到秋天兰顿又得去伊利诺伊州的罗克福德大学报到了。就他个人而言，他对大学毫不在乎，而大学对他好像也是一样：由于兰顿的高中成绩徘徊在C附近，哈佛大学和麻省理工学院这类学校对他的申请一概拒绝，但父母坚持要求他上大学。正好罗克福德大学当时刚由一所女子精修学院（号称中西部的瓦

---

① 这里是加州著名的嬉皮士社区，曾是嬉皮士运动的风暴中心。——译者注

萨学院①）改为一所综合性文科大学，正在积极招生。

对兰顿来说，罗克福德大学新建的校园坐落在一片玉米地上，看起来就像是一所警戒不严的农场监狱。"它还不如在围墙顶部装上带刺的铁丝网。"他说。由于学校大力招生，近500名新生中也有差不多10位是来自东海岸的嬉皮士。"我们到了那里，环顾四周，发现身边都是些极端保守主义者，就像是反共武装成员的大本营，"兰顿说，"在东海岸，起码有一些新的事物开始兴起。但是在伊利诺伊州的这片玉米地上，一切仍然停留在麦卡锡时代。在1966年，一个生活在伊利诺伊州中部的嬉皮士基本只有死路一条。他们见到我后，直接让我选了女子健身课。一次，我们几个去一家甜甜圈店，几个州警跟在我们后面进来，其中一个说道：'我不知道是哪个，但就是你们中间的某个人女朋友特别丑。'所有餐馆都不欢迎我们，没人愿意接待我们，只因为我们留着长发。校方很快开始怀疑我们跟吸毒以及其他坏事都有关系。"

这种情况下，能做的显然只有去（更开放的）北方了。兰顿和他那同样"不受欢迎的"伙伴开始搭车前往麦迪逊的威斯康星大学，经常一待就是几个星期。"这才是我想待的地方，"兰顿说，"20世纪60年代的整个社会文化运动都席卷了麦迪逊，而罗克福德却丝毫没有被波及。麦迪逊当时发生了很多反战活动，很多嬉皮士开始尝试毒品，我也是。我有一把电吉他，有一个接触过阿巴拉契亚蓝草音乐的朋友，于是我们即兴演奏了一番，效果极

①　瓦萨学院是美国第一所女子学院，也是东海岸最负盛名的文理学院之一。——译者注

好。在麦迪逊发生了很多事情，但没有一件跟大学学业有关。"

到大二开始的时候，罗克福德大学不出意外地给兰顿开出了留校察看的处分。到了秋季学期结束时，校方让他退学，而兰顿表示自己正有此意。

"我想待在麦迪逊，"兰顿说，"但是我没有工作，也没有什么实际的谋生手段。最后我又回到了波士顿，参加了更多的政治运动和反战活动。"由于没有了学生身份，他不能再延期服兵役，于是申请了出于良知拒绝服兵役者的身份。经过漫长的斗争，他得到了征兵委员会的认可。"然后，我从1968年开始在麻省总医院服替代役。"

一到那里，兰顿就相信他终于找到了自己的定位。他乐意无限期地投入编程工作。"这是个很棒的工作。我学到了很多，我跟这里的人相处很愉快，没有理由离开那里。"但是到1972年，他没有选择了：这里的负责人弗兰克·欧文要去加州大学洛杉矶分校任教了，并且把实验室也打包带走了。无所事事的兰顿只好找上了另一组心理学家，他们正研究东南亚短尾猴的社会关系。到1972年的感恩节，兰顿已经身处热带丛林之中了，那是离波多黎各圣胡安40英里开外的加勒比灵长类动物研究中心。

事实证明，这并不是一份好工作。兰顿的确喜欢这些猴子，他每天花8~10个小时监测它们，并开始着迷于它们的文化，以及文化的代际传承。但问题在于，研究中心的工作人员跟他们的实验对象太相似了。"有一项实验是要了解猴群的社会体系如何应对压力，"兰顿说，"于是他们就给猴群中有一定地位的猴子下了一点麻醉药，看看如果这只猴子不能履职，这个群体的统治集团会如何反应。例如，处于最高等级也就是首领地位的公猴本应该威慑其他猴子，与所有母猴交配，解决猴群争端，四处追逐某些成员。所以，如果这只首领无法履行职责，猴群就会分成几个派别。副首领们可能对首领仍然十分恭敬，但也会偶尔攻击它，然后又很快退缩。你可以看到它们试图继续支持首领，但也必须承担起部分首领的责任。可首领还在那里，所以就会产生一种有趣的紧张氛围。"

"说起来，研究中心的头儿是个十足的酒鬼，一大早就要喝1 加仑 [①] 的血腥玛丽鸡尾酒，然后醉醺醺一整天。他不能履行自己的职责，其他人没有获得授权去做相应的工作，但又不得不去做。于是总会发生这类争吵：'你应该先和我商量！'如果我把观察猴子的数据表拿来观察研究中心内部发生的情况，会发现并无二致。研究中心内部也分裂成几个派别，发生了一场革命，我站队的一派输了。我被要求离开，而我本就打算离开。"

在波多黎各待了一年后，兰顿现在又无所事事了，他意识到是时候严肃思考人生了。"我不能一直这样跳来跳去地过一天算一天，对于自己的未来没有任何长远的想法。"但是，自己的未来究竟在哪儿呢？兰顿想知道波士顿那晚体验到的那种神秘感觉是不是在给自己一些启示。在波多黎各时，他就一直在追寻那种

[①]　1 加仑 ≈3.79 升。——编者注

感觉。兰顿开始觉得，自己可能——只是可能——已经找到了适合自己的发展路径：宇宙学和天体物理学。

"我在灵长类研究中心没有任何机会操作计算机，所以谈不上做了什么计算机工作。但是我读了非常多的书。"《宇宙的起源》《宇宙的结构》《时间的本质》——这一切给我的正是我一直追寻的那种感觉。"所以，当我在灵长类研究中心的处境恶化后，我回到波士顿，在波士顿大学开始修数学和天文学。"

他以前当然也学过很多数学。但是兰顿认为，还是从头开始比较好。"以前读书的时候不上心，上学不是因为想去学校，而是因为必须去。你就像置身一个高压流水线，被压迫着经历完高中，紧接着进入大学。"他只能以旁听生的身份一次修几门课程，因为还要做各种零散的工作。但因为全身心投入这些课程，所以他学得很好。后来，还是他的一位老师（此时也已经成为他的朋友）对他说："如果你真的想学天文学，就去亚利桑那大学。"波士顿大学很多方面都不错，但是亚利桑那大学才是世界的天文学之都。位于图森市的校园就坐落在索诺拉沙漠之中，在那里能见到地球上最清澈、最干燥、最黑暗的天空。遍布山顶的天文望远镜的穹顶就像蘑菇一样。基特峰国家天文台离那只有 40 英里，而且它的总部就设在亚利桑那大学校园里。亚利桑那大学才是你应该去的地方。

对兰顿来说，这很有说服力。于是，他向亚利桑那大学提交了申请，并于 1975 年秋季被接受入校。

在加勒比时，兰顿学会了潜水。身处珊瑚和鱼群中，他迷上了这种游弋于第三维空间的感觉。但是回到波士顿后，兰顿很快发现，在新英格兰地区那寒冷、深褐色的水域中潜水感觉完全不同。因此他改玩悬挂式滑翔，第一天他就沉迷了。在大地之上漂浮，在热气流间游弋——这是三维世界的极致。兰顿成了悬挂式滑翔的狂热爱好者，他买了自己的悬挂式滑翔机，一有空就去飞。

这就是为什么在 1975 年夏初，兰顿出发去图森时，同行的是几个玩滑翔机的年轻人，他们有辆卡车，正准备搬去圣迭戈。他们计划接下来几个月，慢悠悠地穿越美国全境，途中遇到合适的山，就停下来滑翔一番。他们也正是这么做的，沿着阿巴拉契亚山脉一路向南，到了北卡罗来纳州的祖父山。

作为蓝岭山脉的最高峰，祖父山风景壮观。实际上，它是个私人拥有的旅游景点，后来证明是个非常适合滑翔机飞行的场地。"当风况合适时，你能飞上几个小时。"兰顿说道。确实，山地的主人注意到，就在游客们驻足观望这些无视地心引力的滑翔机狂热分子时，他卖掉的热狗、汉堡和纪念品不计其数。于是主人提出，只要兰顿他们整个夏天都待在这里，每天可以支付给他们25 美元。

"看起来我们找了个不错的地方。"兰顿说。他们同意了。作为招揽游客的项目，滑翔机飞行项目颇受认可。与此同时，山地主人也对悬挂式滑翔飞行产生了浓厚兴趣，准备夏末在祖父山举办一场全国性的赛事。兰顿觉得如果自己参赛会有主场优势，所以整个夏天都在这儿练习。

然而，就在 8 月 5 日，事故发生了，兰顿回忆道。开卡车的那一帮朋友已经离开了，兰顿计划第二天自己出发，打算先去图森办入学，然后在开学前再回到祖父山参加比赛。但此时，他还想再练习几轮定点着陆，就是准确降落在地面靶心。

　　于是，兰顿开始了这天的最后一次练习。这种定点着陆要求的技巧性颇高，因为着陆点是在树丛中间的一块空地上，唯一的办法是从高空进入，再近乎失速地螺旋式下降。但那天风很强劲，风向又飘忽不定，几乎不可能完成这一目标。兰顿已经 4 次放弃着陆，十分沮丧。这是他在比赛开始前的最后一次练习机会了。

　　"我记得当时在想：'糟糕，接近着陆点了，但离地面太高了。管它呢，试一把！'然后高度降到了森林树顶线以下，在距地面大约 50 英尺处，我失去了空气托举。我飞得太慢，而且失速的高度不对。我当时脑海中想的是，'该死，这下完了'。我意识到自己马上会坠落，而且会摔得很重。'天啊，我要断条腿了，该死！'"兰顿拼命加速，重新控制滑翔机，换成俯冲模式。但还是没有成功。然后，他按照训练指示，伸出双腿来缓冲。"明知这样会摔断腿，但是不能收回，不然如果屁股着地，背都要摔断。"

　　"我不记得怎么着地的了，记忆完全断片了。只记得醒来时躺在那里，意识到自己摔得很重，知道我应该躺着别动。朋友们跑过来了。山上的人们听到消息也下来了。山地主人拍了现场照片，有一个拿着对讲机的人叫了救护车。很久之后，我记得医护人员出现了，问我哪里受伤了，我说，'全身'。我记得他们小声嘀咕着，把我抬上了担架。"

救护车带着兰顿下山，驶往北卡罗来纳州班纳埃尔克的坎农纪念医院的急救室，这是距离最近的急救室。过了很久，兰顿半昏迷地躺在重症监护室，他记得护士说："你摔断了腿，要在这待几周。之后你就能出院，很快就可以自由活动了。"

"我当时打了吗啡，"兰顿说，"所以信了护士的话。"

但实际上，兰顿的情况一团糟。防撞头盔保住了头骨，双腿减缓了冲击，保护了背部和骨盆。但是他撞碎了35根骨头，双腿和双臂因为受到撞击全部骨折，右臂几乎被从关节处扯下来。大部分肋骨都断裂了，一片肺也萎陷了。膝盖撞到了脸上，撞碎了一个膝盖、下巴和面部几乎所有部位。兰顿说："我的脸，几乎成了浆糊。"眼睛不听使唤了：颧骨和眼窝底部都碎裂了，眼周肌肉无处附着，无法收缩用力。脑子也摔得不太正常了：脸部挤压造成颅内创伤。"他们在急救室做了很多骨折复位手术，并为我的肺部重新充气，"兰顿说，"但我从麻醉中醒来的时间，比预期长了一天。他们担心我陷入昏迷。"

兰顿最后还是醒了过来。但在很长一段时间内，他的心智还没有恢复正常。"这是我的奇特经历，看着自己的心智一点点恢复，"兰顿说，"我能感觉到自己就像是个躲在暗处的被动观察者。所有这些事情都发生在我的头脑中，但它们都跟我的意识脱节了。这让我想起虚拟机，又或像在看《生命游戏》。我能看到这些支离破碎的模式开始自组织，聚集到一起，然后以某种方式与我融合。我不知道如何以一种客观可验证的方式来描述这一过程，也许这只是注射药物所造成的幻觉，但它就像你打散一个蚁群，然后看着它们又重新聚拢到一起，重新组织，重建蚁群。"

"我的心智就是以这种奇妙非凡的方式重建自身。然而，仍然有很多时候，我能感到，在心智层面我不是原来那个我了。我失去了一些东西——尽管我说不出失去了什么。就像是计算机启动，我能感觉到操作系统在一层层搭建，每一层的功能都比上一层更强。某天早上我醒过来，像被电击一样，摇晃摇晃脑袋，突然就到了更高的层级。我心想：'哈，我恢复了。'然后又意识到自己其实还没恢复。在之后的某个时间点，我会再次经历这种感受——所以我到底恢复了吗？直到今天我也不知道答案。几年前，我又经历了一次这样的情况，那次相当严重。所以，谁知道呢？当你身处某个层级时，根本不知道更高的层级上有什么。"

兰顿是班纳埃尔克的医生接诊过的最危重的事故病例之一，之前他们更多是处理枪伤和滑雪事故。此外，兰顿从头到脚都处于牵引状态，根本不可以动。然而，兰顿确实有一点不可思议的运气。坎农纪念医院的院长是劳森·泰特医生，他也是医院创始人的儿子。在回到班纳埃尔克之前，劳森曾在多所知名医学院实习，已经成为一位享誉全国的整形外科医生。此后数月，劳森重塑了兰顿那被碎裂的颧骨，并放进加固塑型材料来重建眼窝。他把兰顿的鼻窦腔拉开，重构了其面部骨骼。他用兰顿髋骨的碎片重组了碎裂的膝盖，还复位了兰顿脱臼的右肩，从而让瘫痪的手臂上的神经能够重新生长。到 1975 年圣诞节，当兰顿最终被空运到马萨诸塞州康科德的爱默生医院（那里离住在林肯市的父母家很近）时，泰特医生已经为他进行了 14 次手术。兰顿说："那里的医生都惊叹泰特一个人竟然能做这么多不同的手术。"

在康科德，兰顿终于恢复到可以开始练习重新使用自己的身体，这是个缓慢而漫长的过程。他说："我已经平躺了 6 个月，其中很多时间都在做牵引，下巴被固定住。我的体重从 180 磅掉到了 110 磅。而且在那段时间里，我没有做任何物理治疗。所以在这种情况下身体会发生很多变化。你会失去所有的肌肉，它就这么萎缩不见了。你所有的韧带和肌腱都收紧了。身体变得非常僵硬，因为如果关节不经常弯曲以保持一定的活动度，它们就会被取代磨损软骨的分泌物填满，直到关节完全没有活动的间隙。"

"所以我看起来就像个骨瘦如柴的厌食症患者，"兰顿说，"当然，因为我的上下颌被用金属丝固定住，所以我控制下巴活动的肌肉组织大部分都萎缩了。我花了很长时间才能重新将嘴张开到 1 英寸 ① 左右。吃饭很困难，嚼东西也很困难。至于说话，我几乎是咬着牙说话。我的脸型变得很奇怪，颧骨是凹陷的而不是像正常那样鼓出来，表情就像个鬼一样。我的眼窝形状也很不一样——到现在都是。"

爱默生医院的理疗师帮助兰顿站起来行走，还试着让他的右臂恢复工作。兰顿说："我主要是通过平躺在床上弹吉他来恢复右臂。我强迫自己这么做。我不在乎别的，但不能不弹吉他。"

与此同时，兰顿也在尽可能阅读自己找得到的所有科学书籍。

---

① 1 英寸 =2.54 厘米。——编者注

在班纳埃尔克，当眼窝复位，看东西不再重影时，他就开始看书了。"我让人寄书过来，"他说，"书源源不断地送来，我如饥似渴地阅读，其中一些是关于宇宙学的。我读了大量的数学书，做习题。但我也泛读思想史和生物学方面的书。我读了刘易斯·托马斯的《细胞生命的礼赞》。我还读了很多科学哲学和进化哲学方面的书籍。"兰顿说，他并不能真正集中精力。班纳埃尔克的医院让兰顿服用抗抑郁药和足量的止痛药哌替啶，使他彻底上瘾。而且，他的心智仍然处于一种重新组合的奇怪过程之中。"但是我像海绵一样。我对生物学、物理学、宇宙的概念以及这些概念如何随着时间演变，做了大量抽象的、发散的一般性思考。我之前所说的那种感觉再次出现，我一直在追寻它，但没有什么方向。宇宙学和天文学感觉很不错，但是我基本上还不甚了解。我仍然在寻找，因为我还不知道前方等待我的会是什么。"

人工生命

1976 年秋天，当兰顿最终得以进入位于图森市的亚利桑那大学校园时，他已经可以拄着拐杖蹒跚而行了，尽管膝盖和右肩还需要进一步做手术。这时的他是个已经 28 岁的大二学生，腿还瘸着，面无血色。兰顿觉得自己很怪异，就像马戏团玩杂耍的。

"那种感觉很怪异，"他说，"因为亚利桑那大学是个帅哥美女云集的地方，有各种兄弟会和姐妹会，非常养眼。此外，我发现自己精神状态欠佳，经常神志涣散，胡言乱语。无论谈话的内容是什么，我都会跑题，然后突然意识到我根本不记得刚才的谈话是从哪里开始的。我的注意力持续时间非常有限，我觉得自己在精神上和身体上都是个怪人。"

但另一方面，对兰顿来说很好的一点是，亚利桑那大学的校医院很好，有一流的理疗和运动医学项目。"这一项目使我受益匪浅，"兰顿说，"他们要你坚持不懈，不断取得进步。我就是在那里才认识到，自己必须跨过心理上的那道坎，必须经历思想转变，接受自己的处境并从这儿启程：不要对现状感到难过，而要对进步感到高兴。于是我决心去面对自己感觉到的排斥和异样眼光。我在课堂上仍然会回答问题，尽管有时候我会跑题，让人觉得有点奇怪。但我必须坚持不懈。"

然而不幸的是，尽管身体和意识在缓慢康复，兰顿还是发现亚利桑那大学有个不太好的地方：天文系。他之前从未想过确认一下这个"世界天文学之都"是否设置了天文学的本科课程。结果是，它并没有。这所大学的确有一流的天文学博士项目。但是要读博士，本科就必须先修物理学，毕业后再转入天文学系。对兰顿来说，现在的问题是，亚利桑那大学的物理系很差劲。"物理系混乱透顶，"他说，"课程讲师都不会说英语。实验室手册过时了，设备也不配套。没人知道在这能学到啥。"

这不是兰顿想学的那种科学。不到一个学期，他就先后放弃了物理学和天文学。就这样，那种难以捉摸的感觉把他带进了死胡同。（兰顿并不是唯一一个吐槽物理系的人；1986年，亚利桑那大学为了重振物理系，从洛斯阿拉莫斯请来一位新带头人，他就是皮特·卡拉瑟斯。)

好消息是，兰顿并不后悔来到这里。亚利桑那大学的哲学系非常优秀，这个学科吸引了兰顿，因为他对思想史很着迷。这里还有同样优秀的人类学系，它吸引兰顿则是因为他对波多黎各的猴子挺有感情。于是，第一个学期他就选修了哲学和人类学课程，以满足学校对综合课程的要求。到离开物理系时，兰顿已经决定攻读哲学和人类学双学位。

可以说，这是一个奇怪的组合。不过对兰顿来说，它们完美地契合在一起。从走进韦斯利·萨蒙的科学哲学课堂那天起，兰顿就感觉到了这一点。兰顿说，萨蒙对这门学科颇有见解，他很快就请萨蒙做自己的哲学课程导师。"萨蒙是维也纳学派科学哲学家汉斯·赖欣巴哈的学生。这些哲学家做了很多富有技术性的工作——关于时空、量子力学、引力作用下的时空曲率的哲学。我很快意识到，我更感兴趣的不是对宇宙具体的、当下的理解，而是我们的世界观本身是如何随着时间演变的。我真正感兴趣的是思想史，而宇宙学碰巧是对此展开研究的最佳方向之一。"

在人类学系，兰顿了解到了人类道德、信仰和习俗的多样性，了解到文明的兴衰起落，还有300万年来人类的起源和人种的进化。事实上，他的人类学专业的导师——体质人类学家斯蒂芬·泽古拉，既是一位出色的老师，也是一位对进化论有清晰把握的人。

于是在每个方面，兰顿说，"我都沉浸到了'信息进化'的想法中。这很快成为我的主要兴趣所在，我再次体会到那种感觉"。确实，这种感觉压倒一切，不知为何，兰顿觉得自己离一直寻找的那种感觉很近了。

兰顿最喜欢的漫画之一是加里·拉森的"远方"（*The Far Side*）系列中的一幅，画面里一位装备精良的登山者准备下到地面的一个大洞。当被问及他为何在这里，登山者宣称："因为这里没有山。"

"我也深有此感。"兰顿大笑道。他越深入研究人类学，越觉得这门学科存在一个巨大的漏洞。"人类学的底层就是二分的。一方面，存在完整清晰的化石记录，还有解释这些记录的达尔文进化论。进化论指出了信息的编码方式，以及信息如何在生物群体中代代相传。另一方面，也存在考古学家所发现的关于文化进化的完整清晰的化石记录。但是文化人类学界的人从不思考或者谈论，甚至不愿意听人谈论能够解释文化进化的理论。他们似乎在回避这个问题。"

兰顿的印象是，文化进化理论仍然带着19世纪社会达尔文主义时代的烙印，那时候人们以"适者生存"为由，为战争和严重的社会不平等辩护。兰顿当然能够看出问题所在——毕竟他大半辈子都在反对战争，反对不平等——但他就是无法接受这个漏洞。如果你能创立一套真正的文化进化理论，而不是为现状提供一些伪科学的理由，你就能真正理解文化是如何发展进化的。并且，你就可以做很多改变现状的事情，包括对战争和社会不平等有所行动。

现在兰顿有了一个值得为之奋斗的目标。最重要的是，他再次体会到那种感觉。兰顿意识到，这不只是文化如何进化的问题，生物进化、智力进化、文化进化，以及概念的组合、重组、跨时空传播——所有这些问题聚集一处。在最深的层次上，它们只是同一事物的不同方面。不止如此，它们就像是《生命游戏》，或者说像兰顿自己的心智，在摔成碎片后仍然能够进行自我重组。其背后是一个统一整体，一个共同的故事，即由部分聚合成整体、演变出结构、再演变成能生长和存活的复杂系统。如果能找到正确的方式看待这个统一性，如果能将其中的运行规律抽象为正确的计算机程序，那么兰顿就能掌握进化的精髓。

"对我来说，从这里开始，一切终于开始有了眉目。"兰顿说。因为还停留在愿景层面，所以几乎还不可能向其他人去阐述它。"但这就是一直以来驱使我前行的动力。这就是我一直在思考的问题。"

到1978年春天，兰顿将他的想法写成了一篇26页的论文，题为《信念的进化》。他的基本论点是：生物进化和文化进化是同一现象的两个方面，文化的基因是信念，而信念又被记录在文化的基本DNA——语言之中。回想起来，兰顿称之为相当天真的尝试。但那是他的宣言，也是他为自己设计的跨学科博士项目所做的开题报告，这个项目使他能够按照自己的想法开展研究。更重要的是，这篇论文足以说服兰顿的人类学导师泽古拉。"他是位真正的好人，好老师，一个有信仰的人，"兰顿说，"他是唯一一个真正理解我在说什么的人，他的态度是：'放手去做吧！'"但是泽古拉同时也告诫兰顿，要完成这样一个特殊的跨学科博士项目，兰顿还得找到其他系的导师。作为一位体质人类学家，泽古拉无法给予兰顿在物理学、生物学和计算机科学方面的指导。

所以兰顿大四这一年都在亚利桑那大学四处拜访导师。"就是从这时候起，我开始将我的研究主题称为'人工生命'，与'人工智能'相呼应，"他说，"我得给它起一个简洁恰当的名字，至少让别人知道它大概是什么。大部分人或多或少了解一点人工智能。'人工生命'意味着致力于把握进化的奥秘，就像'人工智能'意味着致力于理解神经心理学。我并不是要完全模拟爬行动物的进化，而是要在计算机上抽象出进化模型，并在此基础上做实验。因此'人工生命'这个词至少打开了一扇门，能让我更容易与别人展开话题。"

不幸的是，通常兰顿刚一开口，这扇门就被重重关上。"我跟研究计算机科学的人交谈，他们不知所云，"兰顿说，"他们热衷于编译程序、数据结构和计算机语言，甚至不了解人工智能。所以根本没人听我讲，只会点点头说：'你说的这个和计算机没有关系。'"

在生物学家和物理学家那边，兰顿得到的回应也如出一辙。"他们看我的表情，总是像在看疯子，"他说，"这很令人沮丧——尤其是那场事故之后，在我对何以立身与何以为人都感到疑惑的时候。"客观来讲，这时的兰顿已经进步巨大了。他能集中精力，身体变得强壮，能一口气跑 5 英里。但是对兰顿自己来说，他还是觉得自己怪异、畸形，心智不健全。"说不上为什么。由于这种神经系统的混乱，我对自己的任何想法都不再有把握，对人工生命也一样。没人理解我在说什么，这对我恢复自信是个打击。"

但兰顿仍然继续努力。"我感到这就是我要做的事，"他说，"我愿意继续推进，因为我知道这件事与我受伤前理智清醒时所思考的问题有关。我不断看到与此相关的东西。那时我对非线性动力学一无所知，但对涌现的特点，对整体中的各部分之间的相互作用，对个体无法做到但集合为整体就能做到的事情，有着强烈的直觉。"

可惜，单靠直觉不能解决问题。到大四结束时，兰顿不得不承认，尽管自己非常努力，但研究还是陷入了僵局。泽古拉是支持兰顿的，但是泽古拉没法自己一个人帮他承担。这时的兰顿只能先撤退，重新整顿。

在这期间，1979 年 12 月 22 日，兰顿和埃尔薇拉·塞古拉步入婚姻的殿堂，埃尔薇拉是一名图书馆学硕士，性格活泼，说话直率。他们在斯蒂芬·泽古拉的一堂人类学课上相识。"我们本来是好朋友，后来发展成了恋人。"兰顿说。1980 年 5 月，兰顿以双学位从亚利桑那大学毕业——很大程度上是因为积累了大量学分，学校规定如此。毕业之后，他和埃尔薇拉就搬到了校园北部的一个租来的小两居室里。

他们的生活暂时稳定了下来。埃尔薇拉在学校图书馆有个不错的职位，兰顿自己在做双份小时工——在一家装修公司当木匠，他认为这份工作有助于锻炼身体机能；还在一家彩绘玻璃店当助理。事实上，兰顿内心一方面觉得自己可以这样一直快乐地做下去。"好的玻璃自有其生命，"他说，"你可以把许多小块的玻璃拼在一起，形成一个漂亮的整体效果。"但是另一方面，兰顿知道自己不能只打零工，需要做出些严肃的决定，而且越早越好。在泽古拉的支持下，兰顿已经被亚利桑那大学人类学系的硕士项目录取了，但是有关人工生命的跨学科博士研究项目没有被批准，这意味着他必须花很多时间去修那些他不想修或不需要的课。那么兰顿该怎么做，干脆完全放弃人工生命？

不可能放弃。"我已经顿悟了，改信了，"兰顿说，"从现在开始，这毫无疑问就是我的生活。我知道自己想继续深造，在这个领域攻读博士学位，只是具体的路径还不太清晰。"

兰顿决定，要先弄到一台计算机，把一些想法用计算机明确展示出来。这样，他就可以在跟别人谈论人工生命时至少有东西可以展示。兰顿从彩绘玻璃店主那里借了笔钱，买了一台苹果第二代家用计算机，放在另一间卧室，他还买了台小型彩色电视用来当显示器。

"我一般晚上用计算机，因为白天有工作，"兰顿说，"我每天晚上几乎要忙 2~3 个小时。不知为何，我的脑子在晚上才最活跃、最清醒、最富有创造力。脑海中只要冒出一个点子，我就会清醒过来，并跳下床去研究它。"

埃尔薇拉对此很不高兴。"你还不回来睡觉吗！"她常在旁边卧室喊他，"你明天会累坏的。"如今再回过头看，埃尔薇拉觉得兰顿当时熬夜编程是值得的。但当时，她对丈夫把住处当作办公室的做法非常恼怒。对她来说，房子就是家，是陪伴家人、远离外界干扰的地方。然而，她也能理解，兰顿确实需要这么拼。

兰顿对人工生命的初次尝试极其简单：他创造的"有机体"不过是一个基因表。"表中的每条内容是有机体的基因型，"他说。"这些内容包括：有机体能活多久？多少年后会繁殖后代？它是什么颜色？它处于什么位置？此外，还应该有一些环境因素，就像是鸟儿飞过，会叼走一些最显眼的东西。如此，生物是不断进化的，因为它们在繁殖后代时，有可能会发生变异。"

一旦写完程序并使其运行起来时，兰顿就变得很兴奋——至少一开始是这样。有机体确实在进化，就在你眼前发生。但很快他就泄气了。"整个进化过程太过线性了"，兰顿说。有机体只是在进行一些简单的进化，并没有超出兰顿的理解范围。"这不是真正的有机体，"他说，"这不过是由外部的主宰者——程序操控的基因表，繁殖是神奇般地发生的。而我想要的是更加闭合的进化过程——这样繁殖过程就会自发产生，成为基因的一部分。"

在毫无头绪的情况下，兰顿决定去亚利桑那大学图书馆，做计算机文献检索。他试着搜关键词"自复制"（self-reproduction）。

"我搜到无数的条目！"兰顿说。有一本参考书立即引起他的注意：《自复制自动机理论》，作者是约翰·冯·诺依曼，编者是阿瑟·伯克斯。还有一本《元胞自动机论文集》，也是伯克斯编撰的。

接着的一本《元胞自动机》，作者是特德·科德，他发明了关系型数据库。后面还有很多很多。

"哇！这就对了。"兰顿说，"当我发现这一切，我对自己说：'我也许疯了，但这些人至少和我一样疯。'"兰顿找出了冯·诺依曼、伯克斯和科德的书，还有搜索结果列表上其他能在图书馆找到的书，并读了一遍。是的！进化、《生命游戏》、自组装、涌现繁殖，所有这一切。

兰顿发现，冯·诺依曼早在 20 世纪 40 年代就对自复制问题产生了兴趣，当时他与伯克斯以及戈德斯坦合作设计了一台可编程的数字计算机。那时候可编程计算机的概念还很新奇，数学家和逻辑学家们热切地想知道可编程计算能做什么，不能做什么。这样一来，有一个问题几乎无法回避：一台机器能通过编程来复制自己吗？

冯·诺依曼毫不犹豫地给出肯定回答，至少原则上是可以的。毕竟，植物和动物数十亿年来一直在自复制，从生物化学的层次来看，它们也都是跟恒星和行星遵循同样自然律的"机器"。但这一事实对于推进研究帮助不大。生物的自复制是极为复杂的，牵涉到遗传学、性、精子与卵子的结合、细胞分裂和胚胎发育等——更别说蛋白质和 DNA 的具体分子化学特性，这些在 20 世纪 40 年代完全是未知的。机器显然做不到那么复杂，所以冯·诺依曼在能够回答关于机器自复制的问题之前，必须将这一过程还原到底，即还原到其抽象的逻辑形式。事实上，冯·诺依曼必须用后世程序员们构建虚拟机时的精神来做这件事：必须撇开那些烦琐的生物化学机制，找出自复制的核心逻辑。

为了更好地理解问题，冯·诺依曼进行了一项思想实验。他设想在池塘里漂浮着一台机器，还有很多机器的部件。接下来，设想这台机器是一台通用构造器：只需给定对任何机器的描述，它就能自动搜集所需要的零件，并把相应的机器建造出来。特别是，如果给定对它自身的描述，它就能建造自己的副本。

这听起来就像是自复制，冯·诺依曼说。但实际上还不是，至少不完全是。新建的机器副本拥有所有正确的零件，但它没有对自身的描述，也就是说这个副本不能接着建造自身的副本。于是，冯·诺依曼假设原始机器还应该有一台描述复制器：该装置用来获取对机器的初始描述，复制这一描述，并将这份描述传递给下一代机器。一旦有了这个装置，后代机器就有了继续自复制的一切条件，这才是自复制。

作为一个思想实验，冯·诺依曼对自复制所做的分析是相当简单的。换个更正式一点儿的说法，他是在说，任何可以自复制的遗传物质，不论是自然的还是人工的，都要扮演两个完全不同的角色。一方面，它要充当一种程序，一种在构建子代时能被执行的算法；另一方面，它又必须是被动的数据，是一段传给后代的、可以被复制的描述。

但作为一个科学预言，这一分析事实上是令人惊叹的。仅在数年之后的 1953 年，沃森和克里克终于揭示了 DNA 分子的双螺旋结构，他们发现它严格满足冯·诺依曼提出的两个要求。作为一种遗传程序，DNA 编码了所有指令，用于建造各种执行细胞功能的酶和结构蛋白；作为遗传数据的储存库，DNA 双螺旋结构在每次细胞分裂时都会解开，然后进行自复制。进化就以如此令人赞叹的简洁方式，将遗传物质的双重性质构建到 DNA 分子结构中。

然而，思考并不是到此为止。与此同时，冯·诺依曼知道，光有思想实验是不够的。他给出的池塘中的自复制机器这一设想过于具体，太过依赖实现过程的物质细节。作为数学家，冯·诺依曼想要得出某种完全形式化的、抽象的解决方案。而这个方案，最终被称为元胞自动机，由他的同事斯塔尼斯拉夫·乌拉姆提出。乌拉姆是一位曾供职于洛斯阿拉莫斯的波兰数学家，曾长期思考这些问题。

乌拉姆所提出的方案正是 20 年后约翰·康威发明《生命游戏》时所用的框架。的确，康威很清楚，《生命游戏》就是元胞自动机的一种特殊情形。本质上，乌拉姆给冯·诺依曼提的建议是想象一个"可编程宇宙"。在这个宇宙中，"时间"由宇宙时钟的滴答声来定义，"空间"被定义为离散的元胞网格，每个元胞的位置上有一个被简单、抽象定义的计算机——有限状态自动机。在任何给定的时间和给定的元胞中，自动机只能处于有限多状态中的某一种，可以设想成红色、白色、蓝色、绿色、黄色等诸多颜色中的一种，或是 1、2、3、4 等数字中的某个，或是存活与死亡状态中的一种，又或是其他任何状态。并且在时钟每一次滴答时，自动机会转换到新状态，这个新状态由它自己的当前状态和它邻域的当前状态所决定。这个宇宙的"物理定律"因而就被编码到自动机的状态转换表中——这张表指明了，针对邻域每种可能的状态布局，每个自动机下一步应变成什么状态。

冯·诺依曼着迷于元胞自动机的想法。这个系统既足够简单和抽象，能用数学来分析；又足够丰富，涵盖了他想要理解的过程。而且，它正是那种可以真正在计算机上能够模拟的系统，至少原则上可以。冯·诺依曼在 1957 年患癌症逝世时，他在元胞自动机理论方面的工作还没有完成。阿瑟·伯克斯曾受命编纂冯·诺依曼在这项研究上的论文，他整理了已有资料，填补剩余细节，并在 1966 年将其结集出版为《自复制自动机理论》。该书的亮点之一是，冯·诺依曼证明了至少存在一种元胞自动机模式确实可以实现自复制。他发现的这种模式非常复杂，需要巨大的元胞空间，每个元胞的状态数多达 29 种。这远远超出了现有计算机的模拟能力，但其存在的事实回答了一个关键的原则性问题：自复制，这个曾被认为是生物独有的特性，确实也可以由机器来实现。

读完这些资料，兰顿说道："突然间我感到非常自信，我知道我的方向是对的。"他重新回到苹果第二代计算机上工作，很快写了一个通用的元胞自动机程序，这个程序中的元胞世界显示为屏幕上各种颜色的方格。苹果电脑 64 千字节的内存限制意味着每个元胞不能超过 8 种状态。这样就无法实现冯·诺依曼设计的 29 种状态的自复制机。但这并不排除在当前条件的限制下，找到自复制系统的可能性。兰顿将程序设定为可以尝试任何状态集合和任意状态转换表。由于每个元胞有 8 种状态，这样一共约

有 $10^{30\,000}$ 种状态表。他就这样开始。

兰顿知道自己的追求并非希望渺茫。他查阅到特德·科德曾在 10 多年前发现过一个 8 种状态的自复制机模式，当时科德在密歇根大学读研究生，导师是约翰·霍兰。尽管科德发现的模式对于苹果第二代计算机来说仍然太过复杂，兰顿却认为，通过研究这个模式中的各个组件，在现有条件下也许就能实现某种更简单的东西。

"科德的这个模式中的所有组件都像是数据通道。"兰顿说。也就是说，在科德的系统中，元胞的 8 种状态中有 4 种是作为数据位，而剩下 4 种发挥辅助功能。具体来看，有一种状态起导体作用，还有一种状态起绝缘体作用，它们一起定义了数据在元胞中流动的通道，就像导线一样。于是，兰顿首先着手实现科德的"周期性发射器"结构：它本质上是一个循环回路，其中一个数据位像时钟的秒针一样循环往复，还有从循环一侧延伸出来的"臂"，周期性发射循环数据位的副本。然后，兰顿开始修改这个发射器，给"臂"加上一个限制使信号不会逃逸，再添加一个循环信号用来产生限制，一轮又一轮地调整规则表。他知道，只要能让臂伸出去，再向里弯回来，形成一个回路，他就算成功了。

这是个缓慢的过程，兰顿每天忙到深夜，妻子埃尔薇拉则尽力保持耐心。"她在乎我对这事的兴趣，以及我认为会发生什么，"兰顿说，"但是她更关心的是：我们该怎么办？这些实验工作最后能给我们带来什么？它将怎么改善我们的生活处境？两年后我们会在哪儿？这些问题很难解释清。你已经做了这个，那接下来你要用它来做什么？我也没有答案，我只知道它很重要。”

兰顿只能不断摸索。“我一步一步地取得进展，”他说，“从一个规则开始，调整它，继续调整，然后就会陷入困境。我用15张软盘保存了各种规则表，这样可以备份回溯，并在新的方向上重新启动。因此，我必须仔细地记录，每种规则产生了什么行为，发生了什么变化，我备份到了哪一步，储存到了哪张盘上。”

总之，兰顿说，从读到冯·诺依曼到最终做出想要的东西，他大概用了两个月。一天晚上，这些碎片终于组合到了一起。他坐在那，看着那些循环回路延伸出臂，然后弯曲回来，形成新的、完全相同的循环回路，如此无止境地循环往复下去。看起来就像是珊瑚礁生长。兰顿创造出了迄今最简单的自复制元胞自动机。“我激动得不能自已，”他说，“简单的自复制自动机是可能的，它能够运转，它是真实的。进化现在变得有意义了。它不是只会操作表格的外部程序。它形成了闭合性循环，这样程序就是生物体。它是完整的。所有我一直在思考的那些事，那些我曾认为只要实现这一点就能证实的那些事，现在都证明是可能的。这就像一连串可能性的连锁爆发。多米诺骨牌倒下了，然后就会持续不断地倒下，再倒下，一直倒下去。”

混沌边缘

“我在某种程度上是个机械师，”兰顿说，“我必须动手去操作，把组件组合起来，看其是否能运转。一旦我真正把某个东西组装好，就不会再有疑虑。我能看到人工生命未来的路径。"在他看来，现在一切都清晰明了：既然在元胞自动机的世界中实现了自复制，那么接下来就应该进一步要求这些模型在自复制之前执行某种任务，比如搜集足够多的能源或正确组件。兰顿必须建立很多不同的人工生命模式，形成种群，使它们相互竞争资源，并赋予它们移动和彼此感知交互的能力。他还要允许复制过程中出现突变和错误。"这些都是要解决的问题，"他说，"但是一切还算乐观，我相信在冯·诺依曼的宇宙中，可以嵌入进化机制。"

兰顿带着最新的自复制元胞自动机重返校园，再次四处拜访导师，为自己的跨学科博士项目争取支持。"看这个，"他会指着屏幕上正在展开的结构，对别人说，"这就是我想做的研究。"

但这次仍然不成功。反响甚至比之前更冷淡。"在这个研究阶段，有太多东西需要解释。"兰顿说，"人类学系的人不了解计算机，更不用说元胞自动机了。'你这个跟电子游戏有什么区别？'计算机系的人也对元胞自动机一无所知，他们对生物学毫无兴趣。'自复制跟计算机有什么关系？'所以，当我试图描述整个项目图景时，听起来就像个彻头彻尾、胡言乱语的白痴。"

"嗯，我明白自己并没有疯，"兰顿说，"那时我觉得自己比其他任何人都要清醒。事实上，我对此有点担心——我相信疯子也是这样感觉的。"但是清醒也好，疯癫也罢，在亚利桑那，兰顿明显没有取得任何进展。是时候去别处看看了。

兰顿给他之前的哲学导师、此时已转到匹兹堡大学任教的韦斯利·萨蒙写信："我该怎么办呢？"萨蒙在回信中转述了他太太的建议："去跟伯克斯做研究。"

伯克斯？"我以为他已经不在人世了，"兰顿说，"那个时代的人几乎都已经离世了。"但伯克斯实际上还在密歇根大学活得好好的。并且，兰顿一联系他，伯克斯就热情鼓励兰顿。他甚至为兰顿安排担任助教和研究助理，让其获得经济资助。伯克斯在信中说：你只管申请。

兰顿迅速行动。他了解到密歇根大学的计算机与通信科学项目因研究的前瞻性而颇有声望，而这种前瞻性正是兰顿所追求的。兰顿说："他们认为，信息处理是整个自然界的重要组成，无论怎样的信息处理方式都值得研究。就冲着这个理念，我提出了申请。"

不久他就收到系主任吉迪恩·弗里德的回信。信中说："抱歉，你的学术背景不符合要求。"就这样，申请被拒了。

兰顿大为愤怒。他回了一封 7 页的信，核心意思是：你们究竟在搞什么鬼?!"这是你们的理念，你们的目标，你们宣称要为之而生、呼吸与共的东西。这也正是我的长期追求。而你却拒绝我？"

几周之后，弗里德又回信了，大意是："欢迎加入。"他后来向兰顿坦言："我就喜欢身边有人对系主任叫板。"

事实上，兰顿后来了解到，事情远没那么简单。伯克斯和霍兰都没能见到兰顿一开始的申请材料。由于一系列程序性和财政方面的原因，他们耗费 30 年心血建立的涵盖多领域的计算机与通信科学系即将与电子工程系合并，而电子工程系对于什么课题值得研究这一问题有着更坚定、更务实的想法。眼看着有这一趋势，弗里德和其他人已经在淡化像"自适应计算"（adaptive computation）这一类的研究了。而此时的伯克斯和霍兰正在竭力阻止这一改变。

也不知道是幸或不幸，兰顿那时候并不知情。他非常开心自己被录取了。"我不能错过这个机会，"他说，"尤其是当我知道自己是对的。"妻子埃尔薇拉也愿意陪他试试。确实，这样她就不得不放弃在大学的工作，而且要远离在亚利桑那州的家人。但是考虑到她怀上了第一胎，能享受到兰顿的学生健康保险，这也未尝不可。再者，尽管他俩都喜欢西南部的气候，但在密歇根州偶尔欣赏一下流云也挺有趣的。于是，在1982年的秋天，他们启程北上。

起码在知识上，兰顿在密歇根大学收获颇丰。作为伯克斯的计算机史课程的助教，他汲取了伯克斯早期亲身经历的学科发展史，并使用一些原始的硬件，帮伯克斯组织了一场关于ENIAC机器的展览。他遇到了约翰·霍兰。然后在修集成电路课时，兰顿设计并制造了一款芯片，能够极快地运行霍兰的部分分类器系统。

但最主要的还是，兰顿狂热地投入学习中。形式语言理论、计算复杂性理论、数据结构、编译器构建——他在系统地学习这些之前只是零星接触的内容。他乐此不疲。伯克斯、霍兰和其他教授都要求甚严。兰顿在密歇根大学时，他们有一次曾经给几乎所有参加博士项目口试的人都打不及格（不过那些不及格的学生最后获得了另一次机会。）"他们会问一些课程中没涉及过的问题，你必须答得有深度，"兰顿说，"我真的很享受这种学习过程。通过课程考试和真正掌握知识之间有很大区别。"

然而，在学术政治领域，事情进展得并不顺利。1984年底，兰顿修完课程，拿到硕士学位，通过了资格考试，开始准备博士论文的工作。令他感到痛苦的是，这时的形势已经很明显，他不会获准去做有关冯·诺依曼宇宙中人工生命的进化研究。伯克斯和霍兰的竭力阻止失败了。1984年，旧的计算机与通信科学系并入工程学院。在以工程文化为主导的新环境中，伯克斯-霍兰式的"自然系统"课程实际上正逐步被淘汰。（这也是霍兰明显为之动怒的少数几件事之一，他一开始是坚定支持院系合并的，确信自然系统的研究视角会被保留下来，而现在他觉得自己被骗了。事实上，也正是当时这种情况，使霍兰更有动机转而参与圣塔菲研究所的工作。）然而，作为更明智的选择，伯克斯和霍兰都劝说兰顿去做一个更偏向计算机科学而非生物学的论文。兰顿必须承认，从现实角度考虑，他们说得有道理。"那时我已经很有经验了，知道冯·诺依曼宇宙将是一个极其难以建立和运行的系统。"他说。所以他开始寻找一些可以用一两年而非几十年才能完成的事情。

兰顿想到，与其建立一个完整的冯·诺依曼宇宙，为什么不首先尝试更深入理解这个宇宙的"物理特性"呢？不妨先试着理解为什么有的元胞自动机规则表能生成有趣的结构，而另一些不能。至少，这将是在正确的方向上迈出一步。这一步很可能包含足够的核心计算机科学，足以使其符合工程学类的项目要求。如果幸运的话，还能与物理学产生有趣的联系。的确，元胞自动机和物理学的结合是最近兴起的热门研究。1984年，物理学奇才斯蒂芬·沃尔弗拉姆在加州理工学院时就指出，元胞自动机不仅包含了丰富的数学结构，而且与非线性动力系统有着深刻的相似性。

兰顿发现，沃尔弗拉姆的一个观点特别吸引他，即所有的元胞自动机规则可以分为4类。第1类规则你可以称之为"末日规则"：无论一开始生存和死亡元胞的斑图是什么样的，所有元胞都会在一两步之内死亡。计算机屏幕上的方格会变成单色。用动力系统的语言来说，这些规则只有单一的"点吸引子"。在数学上，这个系统就像一颗在大碗底部滚动的弹珠：无论弹珠一开始朝哪个方向滚动，它最后都会很快停在碗底的中心——也就是处于死亡状态。

沃尔弗拉姆的第2类规则要活跃一些，但也程度有限。在这类规则作用下，一开始在屏幕上随机散布的生存元胞和死亡元胞会快速归并成几种静止的团迹，或者还有少数几种团迹会在那里周期性振荡。这些元胞仍然给人冰冷死寂的总体印象。在动力系统语言中，这些规则似乎被归为周期性吸引子——也就是说，是在凹凸不平的碗底有一系列凹陷，滚珠可以沿着凹陷的边无限滚动下去。

沃尔弗拉姆的第3类规则走向了另一个极端：它们太活跃了。

这些规则产生了大量活动，屏幕看起来仿佛在沸腾。一切都不稳定，也不可预测：结构刚一形成就会立刻瓦解。用动力系统的语言来说，这些规则相当于"奇异吸引子"——更常见的说法是混沌。这就像滚珠在碗底快速而有力地滚动，永不停止。

最后还有沃尔弗拉姆的第4类规则，包括那些罕见的、难以归类的规则，它们既不产生静止的团迹，也不产生彻底的混沌。它们产生的是连贯的结构，以一种令人惊叹的复杂方式繁殖、生长、分裂和重组。它们本质上永无停歇。从这个意义上，它们都与第4类规则的著名代表——《生命游戏》很相似。而用动力系统的语言来说，它们对应着……

等等，这正是问题所在。在传统的动力系统理论中，没有与第4类规则对应的东西。沃尔弗拉姆推测这类规则代表了元胞自动机的特有行为。但事实上，没有人知道它们代表了什么。同样，也无人知晓为什么有的规则能产生这类行为，而别的规则不能。确定给定规则属于哪一类的唯一方法，就是运行它，然后观察结果。

对兰顿来说，这种情况不仅令人深思，而且使得他回忆起早年做人类学研究时的感受——"因为这里没有山"。看来，这些规则对于他建立冯·诺依曼宇宙的愿景至关重要，它们似乎捕捉到了生命自发涌现和自复制的很多重要因素。然而，它们似乎还隐藏在完全未知的动力学领域里。所以兰顿决定直面问题：沃尔弗拉姆的各类规则之间的关系是什么？是什么决定了一条给定规则应该属于哪一类？

兰顿很快有了灵感。巧的是，那段时间他正好在大量阅读关于动力系统和混沌理论的书。兰顿知道在很多真实的非线性系统中，运动方程包括一个数值参数，这个参数就像一个调节旋钮，可以控制整个系统的实际混乱程度。例如，假设系统是一个滴水的水龙头，那么这个参数就是水的流速。假设系统是一个兔群，这个参数就涉及兔子的出生率与由于过度拥挤导致的死亡率之间的比值。一般来说，较小的参数值对应着比较稳定的行为：同等大小的水滴，恒定的种群规模，等等。这让人不禁联想到沃尔弗拉姆的第 1 类和第 2 类规则作用下的静态行为。而随着参数值越来越大，系统的行为也越来越复杂——水滴大小不一，种群规模波动，等等——直到进入彻底的混沌状态。这种情况很像是沃尔弗拉姆的第 3 类规则作用下的场景。

兰顿还不确定第 4 类规则怎么与参数值相对应。但是这个类比看起来很吸引人，不能轻易放过。如果他能找到某种方法给元胞自动机规则分配一个类似的参数，那么沃尔弗拉姆的规则分类就说得通了。当然，兰顿不能随便给定一组数值，这个参数无论最后是什么样的，都得从规则本身推导出来。也许他可以测量每种规则的反应程度——例如，每种规则引起元胞自动机中心单元状态改变的频率。当然他还可以尝试其他任意指标。

于是兰顿开始编程，对每个他认为有可能的参数做一番尝试。（来到密歇根大学后，他最先做的事情之一就是将自己那台苹果第二代家用计算机上的元胞自动机程序升级，在高功率、超快的阿波罗工作站上实现一个更复杂的版本。）然而，他久久没有进展。直到有一天，兰顿尝试了一个他能想到的最简单的参数。他将这个参数以希腊字母 λ 命名，表示任意给定元胞在下一代的状态为"存活"的概率。如果一条规则的 λ 值为 0.0，那么在元胞自动机运行一步之后所有元胞都处于死亡状态，这条规则显然属于第 1 类。如果一条规则的 λ 值为 0.50，那么元胞方格将会活跃沸腾起来，然后大约一半元胞处于存活状态，另一半处于死亡状态。可想而知，这一规则要归为第 3 类，即混沌。问题在于，λ 值在介于 0.0 与 0.50 之间时，是否能揭示出一些有趣的性质。（λ 值如果超过 0.50，则元胞的存活与死亡状态会与前面的情形刚好相反，情况再次变得简单。如果 λ 值增加到 1.0，就会再次回到第 1 种类型。这就像是透过照片的底片观察同一个行为。）

为测试这些参数，兰顿写了个小程序让阿波罗工作站自动根据给定的 λ 值生成元胞规则，然后运行元胞自动机看看会有什么现象。他说："一开始我将 λ 值设为 0.50，以为会看到完全随机的状态——结果我得到的是一个又一个对应第 4 类规则的情形。我就想：'天哪，简直难以置信！'然后我发现，果然，实际上是程序写错了，让 λ 取了其他值，而这个值刚好是第 4 类元胞自动机规则的临界值。"

修复这个错误后，兰顿开始系统性地探索 λ 的不同取值。当 λ 很小，在 0.0 附近时，只能产生冰冷死寂的第 1 类规则。将 λ 值大一点，他开始得到第 2 类周期性的规则。再继续将 λ 值增加，兰顿注意到第 2 类规则的活跃时间越来越长。如果直接将 λ 值设为 0.5，则正如他所料，产生了完全混沌的第 3 类规则。但是就在第 2 类和第 3 类规则之间，在神奇的 λ 临界值（约为 0.273）附近的小区间内，他找到了一大片复杂的第 4 类规则。而且，《生命游戏》就在其中。兰顿惊呆了。不知为何，这个简单的 λ 值恰好将沃尔弗拉姆划分的 4 类规则对应插入了兰顿预期的序列——并且他找到了产生第 4 类规则的位置，就在临界值附近：

第 1 类和第 2 类→"第 4 类"→第 3 类

而且，这个序列意味着在动力系统中有相对应的、急剧的转变，即：

秩序→"复杂"→混沌

其中的"复杂"指的是第 4 类元胞自动机规则所呈现的那种永远出人意料的动力学行为。

"这立马让我想到了某种相变。"兰顿说。设想用 λ 参数表示温度，那么当 λ 值较低时所发现的第 1 类和第 2 类规则对应的是像冰一样的固态，水分子都被严格约束在晶格中。当 λ 值较高时所发现的第 3 类规则对应的是水蒸气一样的气态，分子处于完全的混沌状态，飘来飘去并随机碰撞。而临界值附近发现的第 4 类规则对应什么状态呢？——液态吗？

"我当时对相变所知甚少，"兰顿说，"但是我深入地了解了液体的分子结构。"一开始看起来很有希望，液体分子不断翻滚、旋转，以每秒钟数十亿次的频率相互结合、聚集，然后再次分离——这与《生命游戏》中的结构颇为相似。"在我看来，在一杯水中，像《生命游戏》这样的情况可能正在分子层面上演。"他说。

兰顿很喜欢这个想法。然而，深思之后，他发现这并不完全正确。第4类规则一般会产生"持续瞬态"，例如《生命游戏》中的滑翔机——这类结构可以存活和繁殖任意长的时间。然而普通的液体在分子水平上似乎没有这种性质。根据目前所知，液态水更像是完全混沌的状态，跟水蒸气类似。实际上，兰顿了解到，如果温度足够高和压强足够大时，水蒸气会变成一种特殊的流体，但并未经历相变。通常来说，气态和液态只是物质在同一流体状态时的两种样貌。所以，这种区别并非根本性的，而液体跟《生命游戏》的相似性也只是表面现象。

兰顿再次回归物理课本，继续研读。"终于，我偶然发现了一阶相变和二阶相变的基本区别。"他说。一阶相变就是我们所熟悉的：变化剧烈而精确。例如，将冰块的温度提高到 32 ℉（即 0℃），从冰到水的转变就会立刻发生。这个过程中分子基本上被迫在秩序与混乱之间做出非此即彼的选择。在这个临界温度以下，水分子低速振动，结晶成有序的冰；在这个临界温度以上，水分子剧烈振动，分子间化学键断裂的速度超过了重组的速度，于是就形成了混沌的水。

兰顿了解到，二阶相变在自然界中比较少见。（至少在适宜人类生存的温度和压强条件下很少发生。）但是其变化过程也不那么突兀，主要是因为系统中的分子不需要做出非此即彼的选择。它们结合了混沌和秩序。例如，在临界温度以上，大多数分子在一个完全混沌的流体状态中相互翻滚。然而，其中还有无数个亚微观的、有序的、呈晶格化的岛屿，分子在这些岛屿边缘不断分解和再结晶。即便是在分子尺度上，这些岛屿也既不大又不持久。所以这个系统仍然主要处于混沌状态。但是随着温度降低，那些较大的岛屿会变得更大，并且能持续存在更长时间。混沌和秩序之间的平衡开始转变。当然如果温度远低于临界点，情况就会反过来：系统会从一个零星点缀着固体岛屿的流体海洋，变成一个零星点缀着流体湖泊的固体大陆。但如果温度正处于临界点，就会产生完美的平衡：有序结构占据的体积恰好与混沌流体一样多。秩序与混沌在复杂的、不断变化的亚显微臂与分形纤维之舞中交织。最大的有序结构不断繁殖，空间上传播得任意远，时间上存在得任意长。没有任何事物会真正安定下来。

兰顿被这一点震惊到了。"这就是关键的联系！这与沃尔弗拉姆的第4类原则完全对应！"不断繁殖的、像滑翔机那样的"持续瞬态"，永不停止的动力学，以永远出人意料的复杂性生长、分裂、重组的结构的复杂之舞，全在这里了——这几乎就是二阶相变的定义。

于是兰顿又有了第三个类比：

元胞自动机类型：
第1类和第2类→"第4类"→第3类

动力系统：

秩序→"复杂"→混沌

物质态：

固态→"相变"→液态

问题在于，这些只是存在类比关系吗？兰顿重回研究之中，对物理学家的所有统计测试做了调整，并应用到冯·诺依曼宇宙之中。当他把结果以 λ 函数的形式绘制出来时，这些图形看起来就像教科书上的东西。物理学家看到它们会惊叫："这是二阶相变！"兰顿不知道 λ 参数为何这么好用，也不知道为什么它跟温度如此相似（的确，现在也没人知道）。但无可置疑，确实如此。二级相变不只是类比，它真实存在。

那一阵子，兰顿想了很多名字来描述这种相变："混沌的转换""混沌的边界""混沌的开始"。但最终真正准确捕捉到他内心想法的词是——"混沌边缘"（the edge of chaos）。

"它使我想起在波多黎各学潜水的经历，"兰顿说，"我们潜水的地方大多数时候离岸边很近，水清澈透明，能看到 60 英尺深的海底。然而有一天，潜水指导员带我们去大陆架边缘，在那里，60 英尺深的海底变成了 80 度的大陆坡，延伸至看不见的海洋深处，我估计陡坡之下水深一下增至近 2 000 英尺。这使我意识到，之前的潜水无论看起来多么勇敢和冒险，都不过是在海边玩耍。与真正的海洋相比，大陆架就只是个小水塘。"

"生命涌现于海洋之中，"兰顿又说，"所以我们就在海洋边缘生活，欣赏这浩瀚无垠的、流动的生命温床。这就是为什么'混沌边缘'带给我十分类似的感觉：我相信生命也起源于混沌边缘。我们就在这边缘生存，领会这样一个事实，那就是物理学本身竟然造就了这样一个生命温床……"

这当然是一种诗意的说法。但对兰顿来说，这种信念远不止停留在诗意层面。事实上，他思考得越深入，就越发确信相变和计算之间存在着深刻的联系——而计算和生命之间也是如此。

这种联系自然又可以回溯到《生命游戏》。兰顿说，在1970年《生命游戏》被发明之后，人们最初注意到的就是，滑翔机这类不断繁殖的结构可以在冯·诺依曼宇宙中传递信号。的确，可以把一列滑翔机纵队设想为一串二进制数位，滑翔机出现代表1，滑翔机不出现代表0。之后，随着人们对这游戏玩得更深入，又发现更多的结构可以储存信息，或者说可以发射编码了新信息的新信号。事实上，人们很快发现《生命游戏》中的结构能够用来建造一台具有数据储存、信息加工和所有其他功能的完整计算机。这种《生命游戏》计算机与运行该游戏的实际机器——无论是PDP-9、苹果第二代计算机，还是阿波罗工作站——并没有关系，后者只是作为元胞自动机运行的引擎。《生命游戏》计算机将完全存在于冯·诺依曼宇宙中，就像兰顿的自复制斑图一样。作为计算机，它的确有点原始、低效。但原则上，它能和西摩·克雷①最好的计算机相提并论。它是通用计算机，可以做任何可计

---

① 美国电子工程师，以创立超级计算机闻名于世。——译者注

算任务。

这个结果令人意外，兰顿说，尤其当你考虑到只有少数元胞自动机规则能够做到这一点。受第1类和第2类规则支配的元胞自动机中不可能造出一台通用计算机，因为它们产生的结构过于静态。在这样的情况下你可以储存数据，但没法实现信息传播。受第3类规则支配的、处于混沌状态的元胞自动机中也不可能造出通用计算机，因为信号会被噪声掩盖，存储结构也会很快成为碎片。事实上，唯有在像《生命游戏》这样受第4类规则支配的元胞自动机中，才有可能造出通用计算机。只有这类规则既提供了足够的稳定性可以存储信息，又提供了足够的流动性可以将信息发送到任意远处——这两个条件对于计算至关重要。当然，这些也是正处于混沌边缘的相变中的规则。

兰顿意识到，这样一来相变、复杂性、计算全都被紧密联系起来。至少在冯·诺依曼宇宙中是如此。但兰顿坚信在真实世界中也是如此——从社会系统到经济系统到活细胞等一切事物中。因为一旦涉及计算，就非常接近生命的本质了。"生命在极大程度上依赖于其处理信息的能力，"兰顿说，"它储存信息，处理感官信息，并且通过对信息的复杂加工产生行为。对此英国生物学家理查德·道金斯曾举过一个极好的例子。如果你抛一颗石子到空中，它会画出一道标准的抛物线，这是受物理定律支配产生的。石子只能对外界作用于它身上的力做出简单的反应。但如果你将一只小鸟抛到空中，它的行为就大不相同了。它可能会飞进树丛不见了。尽管同样受到物理定律影响，但鸟的内部进行了大量的信息处理来决定其行为。即使深入单个细胞的层次，这个观点也同样适用：它们与无生命的物质不同，不是只会简单地对外力做出反应。因此，我们可以提出一个关于生物的有趣问题：在何种条件下，从只会对物理力做出反应的事物中诞生了由信息处理主导的动力系统？信息处理和储存在何时何处开始变得重要？"

为了回答这个问题，兰顿说，"我戴上相变的'眼镜'，再来审视计算的现象论，发现有许多惊人的相似之处"。例如，当你上计算理论课时，最早学到的概念之一是程序停机与不停机之间的区别，停机就是一个程序能在有限的时间内接收数据并给出结果，反之程序将永远执行下去。兰顿说，这很像温度在相变临界点之下和之上时物质的行为区别。在某种意义上，物质在不断地试图"计算"如何在分子水平上安放自己：如果温度低，它就会很快得出结果——完全结晶；但如果温度很高，它就根本算不出结果，于是保持为流动状态。

与之类似，兰顿说，受第 1 类和第 2 类规则支配的元胞自动机最终会停机为静态构型，而受第 3 类规则支配的元胞自动机则会永远沸腾不息。例如，你有一个程序只会在屏幕上打出"HELLO WORLD!"，然后就结束退出。这个程序就对应第 1 类规则支配的元胞自动机，其 λ 值为 0.0，基本上一启动就迅速进入静止。再比如，假设你有一个程序存在严重错误，不断地打印垃圾信息，而且毫无重复。这样的程序就对应第 3 类规则支配的元胞自动机，其 λ 值约为 0.50，处于完全混沌状态。

兰顿继续说，设想从极端情况转到相变点。在物质世界里，你会发现瞬态越来越长，也就是说，随着温度越靠近相变临界温度，分子就需要越多的时间做出决定。同样，在冯·诺依曼宇宙中，当 λ 值从 0 开始增长时，你会发现元胞自动机在进入静止之前会运行一段时间，运行时间的长短取决于它的初始状态。这对应于计算机科学中所谓的多项式时间算法——在停止之前必须做大量的计算，但是通常很快也很高效。（多项式时间算法经常出现在像列表排序这类烦琐任务中。）如果更进一步，让 λ 值很靠近相变点，你会发现元胞自动机要运行很长时间。这对应的是非多项式时间算法——可能在宇宙存在的整个期间甚至更久都不会停机。这类算法实际上是无用的。（一个极端的例子是下棋程序试图预测每一步棋。）

如果刚好在相变点上会怎样呢？在物质世界中，一个给定的分子可能会进入有序相，也可能会进入流体相。这没法提前判断，因为混沌和秩序在分子水平上如此紧密地交织在一起。同样，在冯·诺依曼宇宙中，第 4 类规则最终可能产生静态的构型，也可能不会。但不管是哪种，兰顿说，混沌边缘的相变，都将对应于计算机科学家所说的"不可判定性"算法。这些算法在给定某种输入后可能很快就停止——就像《生命游戏》中从某个已知的稳定结构开始运行——但也可能在给定其他输入后永远不会停止。关键在于你无法提前判断——甚至理论上也不能。兰顿说，事实上甚至有这样一个定理，即 20 世纪 30 年代英国逻辑学家艾伦·图灵证明的"不可判定性定理"。简而言之，这个定理是说不管你认为自己多聪明，总有一些算法会做些你无法事先预测的事情。想看结果，唯一的方式是去运行它。

当然，这类算法正是用来模拟生命和智能的算法。难怪《生命游戏》和其他受第4类原则支配的元胞自动机如此富有生命力。它们存在于唯一一个可能产生复杂性、计算和生命本身的动态区域：混沌边缘。

兰顿现在有了4个详细的类比。

元胞自动机类型：

第1类和第2类→"第4类"→第3类

动力系统：

秩序→"复杂"→混沌

物质态：

固态→"相变"→液态

计算：

停机→"不可判定性"→不停机

以及更加基于假设的第5个类比：

生命：

过于静态→"生命/智能"→过于嘈杂

所有这些加起来说明什么呢？兰顿总结如下：固态和液态不只是像水和冰一样是物质的两种基本相。它们更是一般动力学行为的两种基本类型——其中包括那些完全非物质领域的动力学行为，如元胞自动机规则的空间以及抽象算法的空间。兰顿进一步意识到，这两种基本类型的动力学行为的存在，又意味着还存在第三种基本类型：混沌边缘的"相变"。在混沌边缘，存在着复杂的计算，甚至很可能还存在生命。

这是否意味着，有一天人们能写出相变状态的基本物理法则，既能够解释水的结冰和冰的融解，又能解释生命的起源？不无可能。生命可能起源于约40亿年前，是"原始汤"中某种真正的相变。兰顿无从断定。但他总是忍不住心存这样的构想：生命永远是在混沌边缘保持着平衡，总是面临着陷入过度秩序或者过度混沌的危险。他思索着，这或许就是进化的真谛：其实就是生命的学习过程，学习如何控制越来越多的自身参数，让自己有更大概率在混沌边缘维持平衡。

谁预料得到呢？完全搞清楚这一切可能要耗费一生。与此同时，到1986年，兰顿终于获得工程学院认可，将他关于"计算、动力系统和元胞自动机中的相变"的想法作为论文主题。但此时的兰顿仍有大量工作要做，因为还需要进一步丰富和完善论文的基本框架，才能满足论文委员会的要求。

没错，很棒，就这样继续！

时间回到两年前，1984年6月，兰顿去参加了麻省理工学院举办的一场关于元胞自动机的会议。某天午餐，他碰巧坐在一个高大、消瘦、扎着马尾辫的家伙旁边。

"你是做什么研究的？"多因·法默问道。

"我其实不知道如何描述它，"兰顿承认，"我一直叫它人工生命。"

"人工生命！"法默惊呼，"太棒了，咱们好好聊聊！"

于是，他们就此开启了深入的交谈。这次会议后，他们继续保持邮件联系。法默甚至多次特地邀请兰顿前往洛斯阿拉莫斯进行演讲和研讨。（事实上，正是在 1985 年 5 月的"进化、博弈和学习"会议上，兰顿首次公开讨论了他有关 λ 参数和相变的研究工作，给法默、沃尔弗拉姆、诺曼·帕卡德等与会者都留下了深刻印象。）当时，法默正与帕卡德和斯图尔特·考夫曼一起忙于生命起源的自催化集模拟研究，也就是说，他自己也开始深度参与复杂性问题的探索，更不用说此时他还正全力投入圣塔菲研究所的建设与运营。他觉得克里斯托弗·兰顿正是他想与之合作的人。作为一个曾经的反战活动家，法默成功使兰顿相信，在核武器实验室从事科学研究并不像看上去的那样令人毛骨悚然：因为法默与其团队所做的研究完全是非机密的，也是非军事的，你可以把这项研究视为对那部分"脏钱"的正当使用。

因此，1986 年 8 月，兰顿带着妻子以及两个年幼的儿子一起南下来到新墨西哥州，在洛斯阿拉莫斯的非线性研究中心接受博士后职位。这次搬家对埃尔薇拉来说是一个巨大的解脱：在密歇根州体验了 4 年的雨雪天气后，她迫切地想要重返阳光之下。对兰顿自己来说也不错，非线性研究中心正是他想去的地方。确实，他还需要再运行几轮程序才能完成博士论文，但对于刚开始从事第一份博士后工作的人来说，这种情况也不少见。他应该能在几个月内完成工作，并真正获得博士学位。

然而，情况并未如预期那样顺利发展。在洛斯阿拉莫斯，为了运行程序，兰顿需要用到工作站。这原则上不是问题。兰顿来到这里时，非线性研究中心已经收到了太阳微系统公司提供的一整套工作站，以及将工作站组成局域网所需的线缆和硬件设备。但组装成了大麻烦。机器都散落在不同的楼栋和拖车里，研究中心全是些物理学家，他们不会搭建系统。"而我是计算机科学家，"兰顿说，"所以他们默认我应该懂得如何操作。于是我成了所在办公区域默认的系统管理员。"

约翰·霍兰对此感到十分震惊。霍兰和伯克斯是兰顿的博士论文委员会的联合主席，他在兰顿过来不久之后也到了洛斯阿拉莫斯，做为期一年的访问学者。"兰顿这个人就是太好了，"霍兰说，"任何时候任何人遇到网络问题或者是关于系统的问题都会去找他。而兰顿则会不计时间地帮他们解决。我刚来的头几个月，他花在修网络上的时间比干其他所有事都要多。时不时就看到他在拉电线穿墙。但与此同时，他的博士论文基本没动。"

"伯克斯和我多次督促兰顿，多因也是。"霍兰补充道，"我们总是告诉他，'得赶紧忙你的博士论文'，否则将来会后悔的。"

兰顿完全明白这些，他跟催促他的导师们一样想早点完成论文。但是，即使网络搭好能运行了，他还需要重写曾在密歇根大学的阿波罗工作站编写的所有代码，才能在洛斯阿拉莫斯的太阳工作站上运行。此外，他还需要为 1987 年 9 月的人工生命研讨会做准备。（兰顿来到洛斯阿拉莫斯时，协议中的一项就是可以组织一场研讨会。）"好吧，时间就这样溜走了，"他承认，"第一年我几乎没做成任何跟元胞自动机有关的工作。"

兰顿真正完成的是人工生命研讨会。他全身心地投入其中。"我急切地想回到人工生命研究的世界，"兰顿说，"在密歇根，我检索了大量的电子文献，结果令人沮丧。如果你使用'自复制'作为关键词进行搜索，你会得到大量的信息。但如果你尝试搜索'计算机与自复制'，你将一无所获。然而，我总能在一些稀奇古怪、非同寻常的地方偶然发现相关文章。"

兰顿能觉察到，写这些稀奇古怪、非同寻常的文章的人就在某个地方：他们就像曾经的兰顿，作为孤独的灵魂独自追寻着一种神秘的感觉，却不清楚它究竟为何物，也不知道还有谁在进行同样的探索。兰顿想找到这些人，把他们聚集起来，这样大家就可以建立一个真正的科学学科。问题在于如何去寻找这些人。

最后，兰顿说，只有一个办法："我直接宣布将举办一场关于人工生命的会议，看看谁会出现。"他觉得"人工生命"仍然是一个好标签。"我从亚利桑那大学时期就开始使用这个词，人们一听到它立刻就明白我的意思。"另一方面，兰顿认为关键是要让别人非常清楚地理解人工生命的概念，否则他可能会吸引全国各地那些只想展示一款疯狂的电子游戏的人。"我花了很长时间构思邀请函，大约有一个月。"他说，"我们既不想让会议离题太远，也不想太科幻。但我们也不想局限于讨论 DNA 数据库。所以我把拟好的邀请函先发给洛斯拉莫斯的同事传阅，然后再修改，反复斟酌。"

邀请函拟好之后，接下来的问题是怎么宣传。也许可以通过全国性的电子邮件？在 UNIX 操作系统中，有一个名为 SENDMAIL 的实用程序。它有个众所周知的漏洞，可以利用该漏洞使电子信息在传播过程中产生多个副本。"我想过利用这个漏洞发送一条能自复制的消息，通过网络来把这场会议即将召开的消息传播出去，然后再自行撤销。"兰顿说，"但我想想还是算了，我不想人工生命跟计算机漏洞产生关联。"

回想起来，幸好没那么做。两年后的 1989 年 11 月，康奈尔大学的一个名叫罗伯特·莫里斯的研究生试图利用这个漏洞编写一种计算机病毒——结果由于一个编程错误导致病毒传播失控了，几乎令全国的科研网络陷入瘫痪。兰顿说，即使在 1987 年，计算机病毒也是少数几个他不希望在会议上讨论的主题之一。从某种意义上说，计算机病毒是一种自然现象，它可以生长、繁殖、对环境做出反应，而且总体上，碳基生命体做的所有事情，它们几乎都可以做。它们是否真正"活着"，曾经是（现在仍是）一个迷人的哲学问题。但计算机病毒也是危险的。"我真不想鼓励人们去尝试和使用它，"兰顿说，"坦白说，我都不知道那时候如果我们在研讨会上讨论计算机病毒，实验室的人会不会过来说：'不行，不能讨论这个。'我们可不想把黑客吸引到洛斯阿拉莫斯，然后让其闯入安全系统。"

兰顿表示，无论如何，他最终只把邮件发给了所有他所知道的、可能对人工生命感兴趣的人，并希望他们帮忙宣传。"我也无法预测会有多少人过来。可能是 5 个，也可能是 500 个，我无从判断。"

事实上，到场人数约为 150 人，其中包括少数来自《纽约时报》和《自然》杂志等机构的略显困惑的记者。"最终，我们吸引到了一批对的人，"兰顿说，"来参会的人中有一些狂热分子，还有几个尖酸嘲讽的，但是大部分人是靠谱的。"这里面当然有来自洛斯阿拉莫斯和圣塔菲的常客——像霍兰、考夫曼、帕卡德、法默等。除此之外，还有英国生物学家、《自私的基因》作者理查德·道金斯，从牛津赶来谈论他模拟进化的程序"生物形态"（Biomorph）。阿里斯蒂德·林登迈尔从荷兰赶来，介绍他用计算机做的模拟胚胎发育和植物生长。A. K. 杜德尼在《科学美国人》杂志的"计算机娱乐"专栏中宣传了这次会议，并过来组织计算机演示；他还举办了"人工 4-H"最佳计算机生物竞赛。来自格拉斯哥大学的格雷厄姆·凯恩斯-史密斯，阐述了他关于生命起源于黏土微晶体表面的理论。来自卡内基梅隆大学的汉斯·莫拉韦克讨论了机器人，他坚信机器人有一天会是人类的继承者。

参会人员名单还有很长。在大多数参会者演讲之前，兰顿也不清楚他们会讲些什么。"这次会议对我来说是一次激动人心的经历，"他说，"那种感觉不会再有第二次。每个人都在独立做人工生命研究，在业余时间，甚至常常在家里。每个人都有这种感觉，'这里一定隐藏着什么东西'。但是他们不知道向谁咨询或求助。这是一群面临着相同不确定性、相同疑惑的人，甚至会怀疑自己是不是已经疯了。而在这次会议上，我们彼此热烈拥抱。这是一种真正的同道情谊，那种'我可能是疯了，但周围人也都一样'的感觉。"

兰顿说，所有这些演讲并没有什么重大突破，但是你能看到无限潜力。演讲话题涵盖范围广泛，从模拟蚁群的集体行为，到由汇编语言代码构成的数字生态系统的进化，再到黏蛋白分子自组装成病毒的能力。兰顿说："看着人们各自研究得如此深入，实在振奋人心。"而更令人激动的是，相同的主题反复出现：几乎在所有情况下，这些流畅、自然、"栩栩如生"的行为，都源于自下而上的规则、非中心化的控制以及涌现现象。你已经可以感觉到一种新科学的轮廓正浮现出来。"这就是我们请大家在会议结束后再提交论文的原因，"兰顿说，"因为只有听完所有其他人的想法后，你才能更清楚自己一直在想的是什么。"

"很难说清研讨会上究竟发生了什么，"兰顿说，"但90%的内容旨在给人们注入继续研究的信心。在告别的时刻，我们仿佛已经摆脱了所有束缚。在此之前，我们的研究所遭遇的都是'停下''等等''不行'，就像我在密歇根大学无法开展人工生命的博士论文研究那样。但是现在，只有'没错，很棒，就这样继续！'。"

"我太兴奋了，仿佛进入了另一种意识状态中。"兰顿说，"我感觉自己看到了大脑的灰质海洋，无数思想在其中遨游、重组，从一片脑海跳跃到另一片。"

兰顿回忆那 5 天时光，"生命无比鲜活"。

研讨会结束后不久，兰顿收到一封和田英一的电子邮件。他当时从东京大学过来参加了会议。"研讨会议程太紧张了，我都没来得及告诉你，第一颗原子弹投在广岛时，我就在那里。"

和田英一再次向兰顿致谢，感谢在洛斯阿拉莫斯共议生命科技的那扣人心弦的一周。

第七章

玻璃罩下的经济进化

1987 年 9 月 22 日，星期二，即约翰·霍兰和布莱恩·阿瑟早起参加洛斯阿拉莫斯人工生命研讨会的当天，二人在下午 5 点钟左右离会，一路循山而下，前往圣塔菲。他们偶尔停下来欣赏傍晚时分东边天际的美景——桑格雷-德克里斯托山脉耸立于格兰德河河谷，高度近 7 000 英尺。除此之外，在数个小时的车程中，他们都在谈论鸟群（boids）①模型：这是在洛斯阿拉莫斯刚举办的人工生命研讨会中，由洛杉矶辛博利克斯（Symbolics）公司的克雷格·雷诺兹展示的一项模拟。

　　阿瑟对此饶有兴趣。雷诺兹宣称这个项目试图捕捉鸟群、羊群、鱼群等集群行为的本质。在阿瑟看来，雷诺兹做得相当出色。雷诺兹的基本构想是，把一大群自主的、像鸟一样的主体——也就是鸟状对象——放置于充满了阻隔和障碍物的屏幕中。每个鸟状对象都遵循 3 条简单的运动规则：

---

① boid 是 bird-oid object（鸟状对象）的缩写，用于模拟鸟群飞行等群体行为。——译者注

1. 与环境中的其他物体（包括其他鸟状对象）尽量保持一个最短距离；
2. 飞行速度尽量与周围邻近的鸟状对象一致；
3. 飞行方向尽量指向它所能感知的周围鸟状对象的质心。

这些规则令人震撼的地方在于，它们没有一条是明确要求"形成鸟群"的。恰恰相反，这些规则都是完全局部性的，只针对单个鸟状对象在自身范围内能够看到且能够做到的情况。如果要形成鸟群这一涌现现象，就必须以自下而上的方式。而按照这个模型，的确每次都能形成鸟群。雷诺兹能够从计算机屏幕上完全随机分布的鸟群开始模拟，它们自发聚集形成一个可以流畅而自然地飞越障碍物的鸟群。有时，鸟群甚至能分成两拨来绕过障碍物，而且在绕过障碍物之后又重新聚集起来，就像事先计划好了一样。实际上，在某轮模拟中，一个鸟状对象意外撞到柱子后拍动翅膀晃了片刻，仿佛被撞晕了，迷失了方向，但接着它又快速跟上，重新融入了正在前行的大部队。

雷诺兹坚称，这最后一点情况证明，鸟群的行为是真正的涌现。在这些行为规则或者计算机编码中，并没有任何一处告诉某个特定的鸟群要如此行动。因此，阿瑟和霍兰一上车就开始讨论这个问题：鸟状对象的行为中有多少是内置的，又有多少是真正意料之外的涌现行为。

霍兰仍然持保留意见，他见过太多所谓的"涌现"行为，实际上只是从一开始就写在程序里的策略。"我对阿瑟说，你要谨慎判断。也许这个程序中发生的每件事，包括撞到柱子的那只鸟，都能被规则轻易解释，因此不会带来什么创见。至少，我还想加入其他种类的障碍物，改变一下环境，看看它能否仍然合理地运行。"

阿瑟无法有力地反驳这点。"但是对我自己来说，"阿瑟说道，"我不清楚你如何定义'真正的'涌现行为。"在某种意义上，宇宙中发生的一切，包括生命本身，都内置了那些主宰夸克行为的规则。所以究竟什么才是涌现？当你面对涌现时，如何识别它？阿瑟补充道："这些问题直指人工生命的核心。"

由于霍兰和其他人都无法对此给出一个答案，他和阿瑟就自然也没有得到明确的结论。然而回想起来，阿瑟说那次讨论在他疲惫的头脑中播下了种子。1987 年 10 月初，阿瑟结束了在圣塔菲研究所的学术访问，回到斯坦福大学，他精疲力竭但心满意足。在补足睡眠后，他继续认真思考在圣塔菲学到的东西。"我被霍兰的遗传算法、分类器系统，还有鸟群模型以及其他东西深深震撼到了。我反复思考这些，以及它们所带来的新的可能性。直觉告诉我，这就是答案。但关键是，如果回到经济学领域，对应的问题是什么？"

"早些年，我对第三世界经济的演变和发展很感兴趣，"阿瑟说，"所以大约在 1987 年 11 月我给霍兰打电话，说我正在设想涌现等概念怎么应用到经济学上。我的想法是，可以在大学办公室一角的'玻璃罩'中，从小农经济开始模拟经济系统的进化。[①]
当然，这其实是在计算机上进行模拟。它必须包含许多小小的主体，这些主体通过预先设定变得聪明起来并有了交互行为。"

"然后在这个梦幻般的设想中，某天早上你来到办公室，惊叹道：'看这些小家伙，两三周前他们还只会物物交换，而现在他们已经组成股份公司了呢。'隔天过来你又会发现：'哈！——他们建立中央银行模式了。'再过几天，所有同事都过来围观：'哇！他们成立了工会！接下来还有什么新花样？'也有可能他们半数都是共产主义者了。"

"当时我还不能很好地阐述这个想法。"阿瑟说。但他明白，这样一个"玻璃罩下的经济系统"与传统经济模拟有着根本的差异，前者只是通过计算机整合一堆微分方程。阿瑟经济学中的经济主体不再是数学变量，而是被纠缠进一系列相互作用和偶然事件的网络中的实体。它们会犯错误，也会学习。它们有自己的历史。它们如同人类一样，不再受数学公式的支配。当然，从实际角度来看，它们会比真正的人类简单许多。但如果雷诺兹只用 3 条简单规则就能产生非常真实的群体行为，那么至少可以设想，一个充满了精心设计的适应性主体的计算机，也可能会产生同样非常真实的经济行为。

"我隐约觉得我们可以通过霍兰的分类器系统快速制造出这

---

① 这里是指在早期计算机中进行的经济系统模拟，因其屏幕阴极射线管显示器（CRT）材料为弧面玻璃，所以通常被称为"玻璃罩下的经济系统"。——译者注

些主体，"阿瑟说，"我不知道该怎么做。约翰也没有给出如何直接去做的建议。但他也很兴奋。"两人一致认为，明年圣塔菲研究所的经济学项目开始时，这将是一个首要任务。

初出茅庐的项目主任

与此同时，阿瑟在项目组织方面忙得不可开交。事实上，他这才开始领悟到自己所承担任务的全部意涵。

很快，霍兰便无法和阿瑟共同主持项目了。他在1986—1987年作为洛斯阿拉莫斯国家实验室的访问学者时，已经用完了一年的学术休假。回到密歇根大学后，霍兰仍然深陷计算机系并入电子工程学院的学术政治旋涡中。妻子毛丽塔也由于担任科学图书馆负责人而无法脱身。霍兰一次最多只能来圣塔菲待上一个月。

于是工作全部落到了阿瑟肩上。而他一生中从未主持运作过研究项目，更别说创办一个了。

约翰·里德想让我们在这儿做些什么？阿瑟问尤金妮亚·辛格，也就是他与花旗集团总裁的联络人。"任何你想做的事，"她跟里德确认后回复道，"只要别老套。"

你们呢，想让我们研究什么？阿瑟问肯尼斯·阿罗和菲利普·安德森。他们表示，希望让阿瑟基于复杂适应系统的视角，开创一套全新而严格的经济学研究方法——无论新方法是什么样。

研究所想让我们做什么？阿瑟又问乔治·考温和其他圣塔菲研究所的管理者。"科学委员会希望你们开辟全新的经济学研究方向，"他们回答说，"顺带提一下，你们第一年的预算是 56 万美元——部分来自花旗集团，部分来自麦克阿瑟基金会，还有部分来自国家科学基金会和能源部，我们确信他们还将给我们一些高额拨款。至少，我们是这样认为的。当然，这也是圣塔菲研究所成立以来第一个也是规模最大的重点项目，所以我们会密切关注项目进展。"

"我摇着头离开了，"阿瑟说，"50 万美元的预算在学术界只能算是中等水平。但这项研究的挑战却极大。好比有人给了你一把冰镐和一根绳子，就让你去爬珠穆朗玛峰。我震惊错愕，感到压力巨大。"

当然，阿瑟实际上不是孤军奋战。阿罗和安德森非常愿意给予精神支持、建议和鼓励。"他们是这个项目的基石和领袖。"阿瑟说。的确，阿瑟认为项目是阿罗和安德森的。但他们也非常明确，阿瑟才是负责人。阿瑟说："他们不插手，一切由我来主导和推动。"

阿瑟说，他一开始就做了两个重要决定。第一个是选择主题。他明显对将混沌理论和非线性动力学应用于经济学的想法不感兴趣，而这似乎是阿罗心目中非常重要的一部分。据阿瑟所知，有多个研究组都在做这类事情，然而收效甚微。阿瑟对于创建某种能够模拟全世界的巨型经济模型也不感兴趣。"这可能是约翰·里德想要做的，"他说，"似乎也是工程师或物理学家首先想做的。但这就好像我对你说：'你是天体物理学家，为什么不去建立一个宇宙模型呢？'"这样的模型只会跟真正的宇宙一样难以理解，这就是天体物理学家为什么不去这样做。相反，他们为类星体建立一套模型，为螺旋星系建立另一套模型，为恒星形成再建立一套模型，等等。他们使用有一把计算能力的"解剖刀"来剖析特定的现象。

而那也是阿瑟想在圣塔菲研究所想做的事情。他自然不想背离"玻璃罩下的经济学"的愿景。但他也想让人们学会循序渐进。特别是，阿瑟希望项目组能解决经济学中的一些经典的、老古董级别的问题，看看如果从适应、进化、学习、多重平衡、涌现、复杂性这些圣塔菲的研究主题切入，会有什么不同。例如，股票市场为何会有巨大的泡沫和崩溃？为什么会有货币？（也就是说某种特定商品，如黄金或贝壳，是如何被广泛接受为一般等价物的？）

但对这些古老问题的重视，使项目组随后陷入了麻烦，阿瑟说，当时圣塔菲研究所科学委员会的很多成员批评他们还不够创新。"然而我们认为，剑指经典问题，从科学、政治、程序方面来看都是明智之举。"他说，"这些都是经济学家公认的问题。而且最重要的是，如果我们能证明，将理论假设贴近真实世界能够颠覆通常的经济认知，也许能让这些认知更有现实感，那我们就可以向经济学界宣告：我们的确有所贡献。"

阿瑟说，出于几乎相同的原因，当默里·盖尔曼敦促他写一份挑战传统经济学的研究项目宣言时，他也拒绝了。阿瑟说：

"他好几次要推广这个想法，他想要的宣言类似于'新经济学的时代来临了'，云云。但我想了想还是拒绝了。更好的方式是逐个解决这些经济学中的经典问题，这样我们将会更有说服力。"

第二个重要决定是选择为该经济学项目招募哪种研究员。阿瑟需要思想开放的人，当然还要认同圣塔菲的主题。为期 10 天的经济学研讨会已经表明，这样的团队会多么高效和令人兴奋。"我早就意识到，无论是我、阿罗、安德森，或者其他任何人，都不能从顶层为圣塔菲方法设定框架，"阿瑟说，"这个框架必须基于每个人自己的想法，从我们的行动中，从我们解决问题的方式中，涌现出来。"

然而，有了尝试发表第一篇有关报酬递增理论的文章的惨痛经历，阿瑟深知，获得主流经济学家对研究项目的背书也至关重要。所以他希望项目参与者中能包含一些声誉卓著、无可挑剔的理论经济学家——例如阿罗，或者斯坦福大学的汤姆·萨金特。他们的加入，不仅能帮助尚在形成中的圣塔菲方法符合现有的严谨标准，而且如果他们也开始宣扬"圣塔菲主义"，那必将更具说服力。

不幸的是，组建这样一个团队说起来简单做起来难。在与阿罗、安德森、派因斯、霍兰商量并列出获选人名单后，阿瑟招到了几乎所有他想要的非经济学领域的人才。菲利普·安德森答应过来待一小段时间，他以前的学生，杜克大学的理查德·帕尔默也会过来。霍兰当然会来。还有戴维·莱恩，明尼苏达大学的一位头脑敏锐、爱好辩论的概率论学者。与阿瑟合作过的苏联概率论学者尤里·埃尔莫利耶夫和尤里·卡尼奥夫斯基甚至也答应加入。此外还有斯图尔特·考夫曼、多因·法默和其他来自洛斯阿拉莫斯与圣塔菲的研究者。但是当阿瑟开始邀请经济学家时，他很快发现之前关于研究所是否能被人信任的担忧不无道理。几乎每个人都有所耳闻，圣塔菲发生了一些事情。阿罗逢人必讲圣塔菲。但圣塔菲研究所里都有谁？它是一个什么机构？阿瑟说："我打电话时，经济学家们总是说：'噢，有点晚了，我已经有安排了。'我接触到有几位说他们要等等，看事情展如何。基本上，想让没参加圣塔菲经济学研讨会的经济学家对这个项目感兴趣，很难很难。"

但好在参加过经济学研讨会的经济学家阵容超强——毕竟当初是阿罗挑选的。而且外部的回应也并非完全没有。阿罗答应过来几个月，萨金特也是。约翰·拉斯特和威廉·布洛克答应从威斯康星大学过来。拉蒙·马里蒙预计会从明尼苏达大学过来。约翰·米勒将从密歇根大学过来，他刚完成的博士论文中大量使用了霍兰的分类器系统。让阿瑟对这个团队感到尤为满意的是，英国的顶尖理论经济学家弗兰克·哈恩同意从剑桥大学过来。

总之，阿瑟说，第一年大概有 20 个人或多或少地参与了这个经济学研究项目，而在任意时间研究成员都是控制在七八个人以内。这大概是一所小型高校经济学系的规模。这些人将聚在一起彻底改造经济学。

圣塔菲方法

经济学研究项目定于 1988 年 9 月在研究所开始，以一场为期 2 周的经济学研讨会揭开序幕。所以阿瑟从 6 月份开始常驻这里，用整个夏天的时间去做准备。他需要珍惜每一分钟。等到了秋天参与者陆续抵达时，他发现事情更多了。

"人们每天都过来找我，"阿瑟说，"比如一个人说不知道怎么换灯泡，问我会不会。而且由于办公的地方比较小，有时候我不得不解决这样一些问题：诸如抽烟的人应该安排到哪个办公室？一个腿毛很多还一直穿短裤的人，与另一个完全受不了这一点的人，能否共用办公室？组织研讨会的事情也落在我身上。其中有部分工作是出去招募人员，跟他们交谈，获取建议，也做宣传。"

阿瑟发现，一旦身居要职，你便不能总是和其他小伙伴一起玩耍。你不得不花费大量的时间去做"成年人"该做的事情。他还发现，尽管有研究所全体正式员工勤勤恳恳的协助，自己仍然有大约 80% 的时间都用在非科研方面了，并且这对于他并没有多少乐趣可言。他说，有一次回到在圣塔菲租的房子，在妻子苏珊面前抱怨自己几乎没时间进行科研。"她最后对我说：'别再抱怨了，你从来没有像现在这样快乐过呢。'她说得没错。"

她的确没说错。尽管有这么多管理上的琐事，但剩下的 20% 的时间足以弥补所有了。到 1988 年秋天时，圣塔菲研究所已经活力满满——不仅是因为经济学研究项目。前一年深秋，国家科学基金会和国家能源局下发了承诺已久的联邦资助。考温没能说服这些机构给到他想要的全部资金——所以仍然没有钱聘请终身研究员——但他成功争取到了从 1988 年 1 月开始未来 3 年内 170 万美元的资助承诺。因此研究所到 1991 年前财务方面都是安全的。现在这些人终于有资金来认真地做些事情，实现创立研究所的使命了。

在盖尔曼和派因斯的主持下，科学委员会批准举办 15 场新的研讨会。其中一些研讨会希望从硬核的物理学角度去研究复杂性问题，这方面的主要例子是"信息、熵和复杂性的物理学"研讨会，由来自洛斯阿拉莫斯的年轻波兰物理学家沃伊切赫·茹雷克主持。茹雷克的想法是从计算机科学中的信息和计算复杂性等概念出发，探索它们与量子力学、热力学、黑洞的量子辐射以及（理论上）宇宙的量子起源等学科的深层联系。

其他研讨会希望从生物学角度探索复杂性，两个典型的例子是由来自洛斯阿拉莫斯的生物学家艾伦·佩雷尔森组织的关于免疫系统的两场研讨会。事实上，佩雷尔森早在 1987 年 6 月就于圣塔菲研究所主办过一次大型免疫系统研讨会，如今他正在那里牵头进行一个小型项目。他的观点是，人体免疫系统和生态系统及大脑类似，是一个复杂适应系统，由数十亿高度敏感的细胞组成，这些细胞能在细菌或者病毒等入侵时让血液充满抗体，以起到抑制作用。因此，这个机构的观点和技术，理应有助于揭示诸如艾滋等免疫相关问题以及多发性硬化或关节炎等自身免疫性难题。反之亦然，鉴于我们对于免疫系统分子层面的知识掌握得相当详尽，在该领域开展科学探索，将有助于确保圣塔菲的高深理念能紧扣现实。

与此同时，科学委员会也大力赞成引进没有参加特定项目或研讨会的访问学者和博士后。这是延续了圣塔菲研究所自创立初期便一直秉持的方法：让那些很优秀、很聪明的人聚在一起，然后观察会发生什么。科学委员会成员间流传着一个笑谈——圣塔菲研究所本身就像是个涌现现象。然而这句玩笑话，大家可都当真了。

这一切对考温来说都恰到好处。他总是满腹热忱，去寻找更多在灵魂深处闪耀着同样难以名状的火焰的人。如他所言，寻找到人才本身不是问题。你可以跟很多优秀的人聊圣塔菲，但他们并不理解你在做什么。相反，你必须寻找一种共鸣："他们要么听得目光呆滞，要么就此开始交流，"考温说，"如果是后者，你就在行使一种强大的力量：智性的力量。如果你能找到一个人，他是从大脑深处理解这一概念，并且这个概念一直在那里挥之不去，那你就能抓住这个人。你不是从身体上强迫他，而是通过一种力量堪比强迫的智力吸引，牢牢抓住他。你抓住这些人是因为思想，而非武力。"

现在要找到这些人并不比过去容易。但他们就在世界的某处。这些人越来越多地开始涌入圣塔菲——这个小小的修道院已经人满为患了。事实上，小教堂里研讨会和讲习班长年不断，三四个人挤在原本只能容纳一个人的办公室内，研究者们在办公室的黑板上不停地写写擦擦，自由讨论的人们在走廊或树下的露台上结队和重新结队，这些经常让人几乎无法安静思考。然而，那种活力四射的气氛和同道情谊却像电流一般感染着人们。就像斯图尔特·考夫曼说的那样："我看待世界的方式每天都会被刷新两次。"

他们都有同感。阿瑟说："在那里典型的一天是，大多数人上午都躲在自己的办公室里，你会听到电脑终端和敲动键盘的咔嚓声。然后有个人会在你的门外东张西望。你做过这个吗？想过那个吗？你有半个小时的时间跟某个来访者聊聊吗？然后我们去吃饭，经常会一起去，最常去的是峡谷咖啡馆，我们称之为'员工俱乐部'。我们是那里的熟客，服务员甚至都不再给我们拿菜单了。我们总是说，'给我来一个5号餐'，所以他们都不用问。"

谈话似乎永无止境，而且大部分都引人入胜。事实上，阿瑟说他记得最清楚的就是那些即兴研讨会或者自由讨论，这些讨论永远是快中午或下午的时候突然开始。"我们一周讨论三五次，某个人会到过道里喊一声，'嘿，咱们来聊聊这个'。大概就会有五六个人出来，有时候在小教堂，更多时候是在厨房旁边的小会议室。那里光线很暗，但是挨着咖啡和可乐机。房间的装饰是纳瓦霍风格的①。墙上挂着爱因斯坦头戴印第安羽毛帽的照片——对我们露出灿烂笑容。"

---

① 美国西南部土著部落，其装饰以复杂的几何图案、鲜艳的颜色和动植物等自然主题著称。——译者注

阿瑟说："我们就这么围桌而坐，斯图尔特·考夫曼或许会倚靠在壁炉架上。有人可能会在黑板上写下一个问题，接着我们开始探讨无数多的问题。这些争论其实非常有建设性，从不带有敌意。但它们十分尖锐，因为被反复提及的都是根本性的议题，并非像一般经济学中遇到的那种技术难题，比如如何求解某个不动点定理，也不像物理问题，例如此材料为何在-253℃时变成超导体，等等；而是关于科学未来应当走向何方的大问题：你怎样看待有限理性？当经济学问题变得非常复杂，就像围棋一样时，应该怎么去处理？你又将如何思考一个永远在进化、从不会达到平衡态的经济体呢？如果你要进行经济学的计算机模拟实验，那会是怎样的过程？"

"我认为这就是圣塔菲独树一帜的地方，"阿瑟说，"因为在我看来，我们试图给出的答案和试图运用的技术，正在开始定义经济学领域的圣塔菲方法。"

有一个系列讨论令阿瑟记忆犹新，因为它对阿瑟形成自身的想法帮助很大。那次讨论肯尼斯·阿罗和剑桥大学的弗兰克·哈恩都在场，他说，所以应该是在 1988 年 10 月或者 11 月他们来访期间。"我们经常聚在一起——我和霍兰、阿罗、哈恩，有时还有斯图尔特和其他一两个人——探讨经济学家对于有限理性能做些什么。"也就是说，如果不再假设人们对任何经济学问题（甚至是像国际象棋那样难的问题）都能立刻计算出结果，那么经济学理论会发生什么变化？

他们几乎每天就这个问题在小会议室讨论。阿瑟记得有一次，哈恩指出经济学家之所以使用完全理性假设，是因为它可以作为一个基准。如果人们是完全理性的，经济学家就能准确预测其反应。哈恩追问：那么如果完全非理性，人们会怎么反应呢？

"布莱恩！"哈恩说，"你是爱尔兰人，你应该知道。"

阿瑟正要发笑，哈恩接着道：说正经的，完全理性只有一种方式，而不完全理性则有无数种。那么对人类而言，哪种方式才是正确的？他问："理性的仪表盘应该拨向何处？"

理性的仪表盘应该拨向何处？阿瑟说："这是哈恩打的比方，却使我深受触动。此后很长一段时间，我都在反复思考这个问题，咬坏了很多铅笔头。我们讨论了很多次。"慢慢地，就像看着照片从显影盘中浮现出来一样，阿瑟和其他人开始有了答案：设置理性仪表盘的方法，就是不去干预它，而让经济系统中的主体们自行决定。

阿瑟说："你得把霍兰拉上，把你的这些主体建模成分类器系统，或神经网络，或其他形式的自适应学习系统，然后让理性仪表盘随着主体的经验学习而变化。所有的主体都会从完全的无知开始，也就是说它们一开始会做出随机的、错误的决定。但是随着互相作用，它们会变得越来越聪明。"也许它们会变得很聪明，也可能不会，这完全取决于它们的经验。但阿瑟意识到，不论是哪种情况，这些自适应的、具有人工智能的主体，正是真实的经济动力学理论所需要的。如果把它们放到一个稳定、可预测的经济场景中，很可能会发现，它们做出的高度理性的决策与新古典主义理论的预测如出一辙——但这并不是因为主体们有完全的市场信息和极其快速的推理能力，而是因为稳定的场景会给它们时间去学习。

　　然而，如果你将这些同样的主体置于模拟的经济变化和动荡中，它们仍然能够运行。也许并不顺畅：它们会跌跌撞撞，会遭遇失败，会像人类一样做出许多错误尝试。但是，在内置学习算法的驱动下，它们会慢慢摸索出一些合理的新行动。同样，如果将这些主体放置于类似国际象棋的竞争性场景中，每一步都要互相对抗，你就可以观察它们如何做出各自的选择。而如果将它们放到模拟的繁荣期经济系统中，你将看到它们探索巨大的可能性空间。事实上，无论将它们放到什么场景下，这些主体都会尝试做出一些行动。新古典主义经济学理论不太能解释经济的动态和变化，而由适应性主体组成的模型则不同，它内在地包含了动力学机制。

　　阿瑟恍然大悟，适应性主体组成的经济系统与他设想的"玻璃罩下的经济系统"显然异曲同工。并且，这与近10年前他读完《创世纪的第八天》之后形成的图景，在本质上也是一致的。只是现在，他能极其清晰地看到这个图景。这就是捉摸不定的"圣塔菲方法"：与新古典主义理论中强调的回报率递减、静态平衡、完全理性相反，圣塔菲团队强调的是回报率递增、有限理性、进化的动力学，以及学习。他们不再基于数学上更易操作的假设来建立理论，而是试图建立在心理层面上符合现实的模型。他们不把经济体看作某种牛顿式的机器，而是将其看作有机的、适应性的、充满意外的、有生命力的存在。他们不会如克里斯托弗·兰顿所说的那样，把世界视作深藏于冰冻状态下的静态事物，而是学习如何将世界理解为处于混沌边缘且永恒变化的动态系统。

"当然，在经济学中这并非全新观点。"阿瑟说。大经济学家约瑟夫·熊彼特可能不知道"混沌边缘"这个词，但他早在20世纪30年代就呼吁从进化视角来研究经济学。耶鲁大学的理查德·纳尔逊和悉尼·温特自从20世纪70年代中期就在推动经济学中的进化运动，并取得了一些成就。还有其他研究者为了给经济中的学习效应建模，做过一些初期的尝试。阿瑟说："但这些早期的学习模型，会假定主体对于它所处的情况已经形成了一个大体正确的模型，而学习只是通过调节几个参数来优化模型。我们想要的则是更为真实的东西。我们希望这些'内在模型'是主体在'学习'的过程中涌现出来的——也就是在主体头脑内部形成的。而且我们有大量的方法来分析这个过程：霍兰的分类器系统和遗传算法；理查德·帕尔默刚刚写完一本神经网络的书；戴维·莱恩和我知道如何从数学上分析基于概率的学习系统；埃尔莫利耶夫和卡尼奥夫斯基则是随机学习方面的专家；我们还有心理学方面的全部文献。这些方法为我们提供了一种真正细密的方式来模拟'适应'，使其在算法上精确无误。"

阿瑟补充说："事实上，在最初的一整年里，起到关键知识性作用的是机器学习，具体来说是约翰·霍兰的理论——不是凝聚态物理、报酬递增或计算机科学，而是学习和适应。当我们开始与阿罗、哈恩和其他人开始探讨时，很明显引发所有人激情的是一种直觉——我们可以用这种全然不同的方式来研究经济学。"

然而，如果说圣塔菲的经济学家们对这一前景感到振奋，他们同时也隐约有一丝不安。阿瑟解释道，其中的原因是他很久之后才明白的。他说："经济学在实践中经常采用的是纯演绎的范式，每个经济场景首先被转换为数学运算，经济主体可以用严格的分析推理来求解。但随后出现了霍兰、神经网络专家，还有其他机器学习理论家们。他们所谈论的都是在某种归纳模式下运行的主体，这些主体试图从零星数据中推理得到有用的内部模型。"归纳法能让我们在看到消失在拐角处的尾巴时，推断出那里有猫；让我们即使从没见过红冠凤头鹦鹉，也可以辨别出这种羽毛奇异的生物是鸟；让我们在凌乱、不可预测而且经常无法理解的世界中有能力生存。

阿瑟说："这就好比你突然空降到日本，参加一场谈判会议。此前你从没去过日本，也不了解日本人的思维模式、行为习惯和工作方式。你不太能理解眼前正在发生什么，因此你做的大部分事情都和日本的文化背景格格不入。但是随着时间推移，你注意到自己所做的某些事情竟然奏效了。于是渐渐地，无论是你还是你的公司都在某种程度上学会了适应。"（当然，日本人买不买你们的产品，那又是另一回事。）阿瑟说，再想想国际象棋这样的竞争性场景。棋手只能零星地了解对手的意图和能力。为了填补这一信息空白，他们确实需要运用逻辑，进行演绎推理。但是棋手通过这种方法最多只能预测未来几步，更多的时候是靠归纳去应对。他们试图通过形成假设、进行类比、借鉴以往经验、使用启发式的经验法则等方式，在行动中填补信息空白。只要有效，就是成功——即使他们不知道为什么有效。也正因为如此，归纳不能依赖于精确的演绎逻辑。

阿瑟承认，当时连他也很疑惑。他说："在去圣塔菲之前，我一直以为经济学问题必须先有一个清晰的定义，然后我们才能谈论它。如果问题都没有被清晰定义，还能做些什么呢？我们当然不能靠逻辑推演。"

"但是约翰·霍兰教会了我们，事情并非如此。我们跟约翰讨论并阅读他的论文，开始意识到他谈论的是那些问题背景并没有明确的定义并且环境也随时间变化的情况。我们问他：'约翰，你怎么能在这样的环境中学习？'"

霍兰的回答大体是，你在那样的环境下学习，是因为你只能如此："进化并不关心问题被定义得好或不好。"他指出，适应性主体只是对奖励做出反应。它们不是非得假设奖赏从何而来。事实上，这正是他的分类器系统的全部要义。从算法角度，这些系统可以被定义得相当严格。但是它们能在定义完全不明确的环境中运作。因为分类器规则只是关于世界的"假设"，而非"事实"，分类器之间可能相互矛盾。而且，由于系统总是在测试这些假设，并找出那些有用且能获得奖励的假设，因此即使面对糟糕的不完备的信息，甚至环境的意外变化时，它也能持续学习。

"但它的行为不是最优的！"经济学家们抱怨道，他们总以为理性的主体就应当最优化其"效用函数"。

"相对于谁的最优？"霍兰反问。来看看所谓最优的定义多么模糊：在任何真实的环境中，可能性空间是如此巨大，主体根本没有办法找到最优解——甚至无法辨别出什么是最优的。更不用说还得考虑环境在以不可预知的方式发生变化。

"整个关于归纳的问题让我着迷，"阿瑟说道，"有了归纳，你就能考虑在经济主体所面临的问题甚至没有明确定义，环境不明且变化无法预知的情况下，展开经济学研究。当然，只需思考片刻就能明白，生活本身正是如此。人们日常决策所面对的情形就是没有明确定义的，他们甚至没有意识到这点。你摸索着前进，你调整想法，你模仿别人，你尝试过去行之有效的方法，你试验各种方法。事实上，经济学家以前已经谈论过这种行为。但我们在寻找一些方法使它们能够被精确地分析，使其融入理论核心中。"

阿瑟记得同一时期还发生了一次关键的争论，触及了问题的核心。他说："那是1988年10月到11月的一次漫长讨论，阿罗、哈恩、霍兰，还有我，一共五六个人参与。我们开始意识到，如果用这种方式做经济学——假设存在这种圣塔菲方法——那么经济学中就根本不存在平衡点。经济就像生物圈一样，总是在进化、在变动、在不断探索新领域。"

"这样一来，困扰我们的是，似乎无法在这种情况下研究经济学。"阿瑟说，"因为经济学意味着对平衡态的探究。过去我们习惯于像观察蝴蝶一样检验问题，通过将其钉在标本板上维持平衡来进行研究，而非让它们在你身边翩翩环绕。因此弗兰克·哈恩质问道：'如果事物不再重复，不会处于平衡状态，我们作为经济学家还有何发言权？还怎么去做预测？又该如何建立科学理论呢？'"

霍兰非常严肃地回应了这个问题；他此前就已仔细思考过它。他对他们说，看看气象学吧。天气永远不会静止不变，也不会百分百重复自己。要提前一周或者更长的时间预测，基本做不到。然而我们能理解和解释看到的大部分天气现象。我们能识别锋面、气流和高压系统等重要特征。我们也理解这些现象背后的动力学。我们能在局部和区域尺度上理解它们如何相互作用产生某种天气。简而言之，尽管不能完全预测天气，但我们有真正的气象科学。我们能这么做是因为，预测不是科学的本质，理解和解释才是。这正是圣塔菲研究所希望能在经济学和其他社会科学领域实现的目标。霍兰说，我们可以寻找的事物类似于气象学中的锋面——那些可以理解和解释的动态社会现象。

"霍兰的回答令我深受启发，"阿瑟说，"它几乎让我惊讶地屏住了呼吸。对于大部分经济现象都无法趋于平衡的观点，我已经思考了近10年，但始终没想好怎么抛开平衡来研究经济。约翰的评论解开了我多年的心结，令我茅塞顿开。"

阿瑟说，正是在1988年秋季的那些对话中，他才真正开始领略到圣塔菲方法将给经济学带来多么深刻的改变。"许多人，包括我自己在内，曾天真地以为我们从物理学家和像霍兰这样的机器学习专家那里得到的将是新的算法，是解决问题的新技术和新框架。但结果全然不同——更多时候，我们收获的是一种新的态度、新的方法论，乃至一种全新的世界观。"

达尔文主义的相对性原则

在圣塔菲的日子也是霍兰一生中的美好时光。他最喜欢的莫过于和一群头脑敏锐的人坐在一起讨论各种问题。不过更重要的是，这些讨论促使他的研究发生了重大的路线改变——正是这些谈话，再加上不知如何拒绝默里·盖尔曼。

"默里是个游说天才。"霍兰大笑道。1988 年夏末，盖尔曼给身在密歇根大学的约翰·霍兰打电话说："约翰，你一直在做遗传算法相关的工作。你看，我这儿就需要一个例子来驳斥那些神创论者。"

与"创世科学"斗争是盖尔曼热衷的众多事情之一。几年前，路易斯安那州提出一项法案，要求学校一视同仁地教授创世科学和达尔文学说，该州高等法院就此法案听取支持和反对意见。盖尔曼参与其中，说服了几乎所有被他称为科学界"瑞典奖"（即诺贝尔奖）的美国获奖者共同签署一份"法庭之友意见书"①，敦促废除该法案。而且，法院最终确实以 7 比 2 的投票结果推翻了

---

① 法庭之友是美国的一项重要司法制度，其核心内容是指法院在审理案件的过程中，允许当事人以外的个人或组织利用自己的专门知识，就与案件有关的事实或法律问题进行论证并给出书面论证意见书。——编者注

这项法案。但即使决议通过了，当看到报纸上的读者来信时，盖尔曼意识到，问题远不止几个宗教狂热者的活动那么简单："人们来信说：'我当然不是基要主义者，也不相信创世科学的胡说八道。然而学校里教授的著名的进化论似乎也有问题。难道只是随机的巧合造就了所有事物吗？'还有其他诸如此类的言论。这些人并非神创论者，但他们也不怎么信服只凭偶然和选择，就能产生我们看到的一切。"

因此，盖尔曼向霍兰提出，他打算开发一系列的计算机程序，甚至是电脑游戏，来向人们展示大自然的进化过程。这些程序和游戏要能揭示大自然如何借助偶然性和选择压力，经过无数代的繁衍，实现巨大的进化变迁。你只用设定一个初始条件——基本上有一颗行星就够了——然后就能让事物飞速发展。盖尔曼说，事实上他想在研究所组织一个研讨会讨论这类游戏，问霍兰愿不愿意做点什么。

实际上，霍兰并不愿意。他当然认同盖尔曼要做的这件事。但是霍兰已经有一大堆研究项目了——包括正在为阿瑟编写的、应用于经济模型的分类器系统。从霍兰的角度来看，盖尔曼的进化模拟器会分散他的精力。此外，他已经完成了遗传算法的工作，看不出以另一种形式从头再做一遍会有什么新的启发。于是霍兰尽量坚定地拒绝了。

"那好吧，你要不再考虑考虑？"盖尔曼说。不久后，他又打来电话："约翰，这件事真的很重要。你就不能改变主意吗？"

霍兰试着再次拒绝——尽管他已经预见到，要继续坚持说不，没那么容易。所以最后经过一番长谈，他放弃了继续抵抗。霍兰对盖尔曼说："好吧，我试试。"

实际上，霍兰承认，那时候他已经不怎么抵抗了。自上次盖尔曼来过电话以后，他一开始是在思考如何让盖尔曼接受自己说"不"，但后来更多地开始考虑如果不得不答应自己能够做什么。霍兰意识到其中或许会有很多机会。进化显然不仅仅是随机突变和自然选择，它还涉及涌现和自组织。尽管斯图尔特·考夫曼、克里斯托弗·兰顿以及许多其他人都竭尽全力去理解这个问题，但真正深入理解涌现和自组织的人还是寥寥无几。也许这是一个进步的机会。"我开始考虑它，"霍兰说，"并且意识到我可以构建一个模型来满足默里的需求——或者至少是满足其部分需求，并且从研究角度来看仍然不乏有趣之处。"

霍兰解释说，这个模型实际上是对他在20世纪70年代初期所做工作的复现。那时他正努力推进遗传算法研究和《自然与人工系统中的适应》一书的写作。然而，当霍兰被邀请去荷兰的一场会议上做演讲时，出于好奇，他决定尝试回答一个截然不同的问题：生命的起源。

霍兰说，基于此，他把这场演讲和相关论文命名为"自发涌现"。回想起来，它采用的方法与同一时期由斯图尔特·考夫曼、曼弗雷德·艾根和奥托·勒斯勒尔各自独立发现的自催化模型颇为相似。霍兰说："我的论文不是一个计算机模型，它是个形式化模型，你可以用来做数学运算。我想展示的是，你可以设计一个自催化系统，从中得到简单的自复制实体，并且实体出现的速度比常规计算预测的要快很多个数量级。"

常用的那些计算方式最早是在 20 世纪 50 年代由一些颇具声望的科学家提出的，而现在的神创论者们仍然热衷引用。其论点是，自复制的生命形式不可能从原始汤的随机化学反应中产生，因为所需要的时间比整个宇宙的年龄还要长。这就好比让那些虚构的猴子在大英博物馆的地下室随机敲打字机，期望能敲出来一套莎士比亚全集：虽然理论上是可能的，但所需时间长得惊人。①

然而，霍兰不像考夫曼或其他人那样因为这个论点而泄气。他想，我们尽可以承认随机反应耗时过长，但如果有化学催化这个明显非随机的过程呢？于是霍兰在数学模型中引入了一种"分子"汤——连接成不同长度字符串的任意符号，它们受到自由漂浮的催化"酶"（即对字符串进行操作的运算符）的作用。"这些酶是非常基础的运算符，就像'复制'，可以附着在任何字符串上并制作其副本。"霍兰说："我实际上证明了一个定理。如果你有一个系统，其中有些运算符四处漂浮，并且你允许不同长度的任意字符串——实际上是合成砌块——相互重组，那么该系统产生自复制实体的速度会大大超过纯随机的尝试。"

那篇关于自发涌现的论文被霍兰称为"奇点"，它不像霍兰

_____

① 这一说法来自"无限猴子定理"，是 E. 博雷尔在 1909 年出版的一本关于概率的书中提出的，讲的是假如把无限只猴子放在无限的时间中让它们一直不停地敲击键盘，相信总有那么一天它们会成功地敲出莎士比亚全集。——编者注

之前做过的工作，自那以后霍兰也没有从事过类似的工作。然而，涌现和自组织的这些问题一直萦绕在他的脑海。就在去年，在洛斯阿拉莫斯，霍兰还花了很多时间跟多因·法默、克里斯托弗·兰顿、斯图尔特·考夫曼等人讨论这些。他说："在默里的游说下，我想可能是时候沿着自发涌现的路线做更多探索了，可能我现在可以为这些东西建立一个真正的计算机模型。"

霍兰表示，他这些年一直深入研究分类器系统，对于构建计算机模型的方法了如指掌。在他最初的论文中，自由浮动的运算符已经发挥了规则的效用——"如果你遇到某种字符串，那么执行以下操作"。因此，需要做的就是将这些规则编写到程序中，并让整个系统看起来尽可能像一个分类器系统。然而，当他开始以这种方式思考时，霍兰也意识到自己必须正视分类器系统存在的重大哲学缺陷。他说，在那篇关于自发涌现的文章中，自发性是真实存在的，涌现完全是内在的。但在分类器系统中，尽管它们具备学习能力并能发现规则的涌现集群，但仍然存在"机械降神"①，这些系统仍然依赖于程序员的看不见的手。霍兰说："分类器系统产生结果，只是因为我制定了输赢规则。"

这是一直困扰霍兰的问题。他说，撇开宗教问题不谈，真实世界似乎不需要一个宇宙裁判就能运转良好。生态系统、经济体、社会——它们都遵循一种达尔文主义的相对性原则：每个个体都

---

① 机械降神（deus ex machina）源自古希腊戏剧，其中扮演神的演员通过机械装置被带入舞台，为紧张的情节或场面解围。——编者注

在不断地适应其他个体。由于这个原因，不可能看着任何一个主体说："它的适应度是1.375。"自达尔文时代以来，生物学家已经为"适应度"是什么这个问题争论了很久，但不管它是什么，都不会是一个固定的数值。这就好像在问一个体操运动员比一个相扑选手更好还是更差一样，这问题本身是无意义的，因为并没有共同的尺度去衡量他们。任何特定生物的生存和繁殖能力取决于其占据的生态位、周围有哪些生物、能获得哪些资源，甚至还取决于它的过往历史。

霍兰说："这一视角的转变非常重要。"确实，进化生物学家还专门为它造了一个词来凸显其重要性：生态系统中的生物体不只是进化，而且是协同进化。生物体并非像费希尔那一代生物学家所认为的，通过爬上某个抽象的适应度景观[①]的顶峰来改变自己。（在经典种群遗传学中适应度最优的生物，实际上与新古典主义经济学中效用最优的主体非常相似。）而真正的生物体是在无穷复杂的协同进化之舞中循环往复、相互追逐。

霍兰说，表面上看，协同进化似乎造成了混沌。在研究所里，斯图尔特·考夫曼喜欢把它比作在由橡胶做成的适应度景观中攀爬，每迈出一步，都会让整个景观变形。然而霍兰说，某些时候协同进化之舞产生的结果一点也不混沌。在自然界，协同进化造就了由蜜蜂滋养的鲜花和以花蜜为食的蜜蜂；造就了为追逐

---

① 适应度景观：描述不同生物适应度差异及其变化（表现为生存繁衍能力）的理论模型，类似在一个高低起伏的地理空间中停驻在某个山谷位置（某个适应度水平），或行进至另一个位置（适应度升高或降低）。——译者注

瞪羚而进化的猎豹和为躲避猎豹而进化的瞪羚；还造就了无数精妙适应彼此及所处环境的生物。在人类世界，协同进化之舞也产生了同样精妙、相互依赖的经济和政治网络——同盟、竞争、客户-供应商关系等。它是阿瑟设想的玻璃罩下的经济系统的底层动力学，其中人工经济主体以你能观察到的方式互相适应。它是构成阿瑟和考夫曼分析自催化技术变迁过程之基础的动力学。它还是在一个没有中央权威的世界里让国际事务运转起来的动力学。

霍兰直言，协同进化无疑是任何复杂适应系统中产生涌现和自组织的强大动力源。因此，他明白如果要深入理解这些现象，就必须从消除外部奖励这一环节开始着手。然而不幸的是，霍兰也深知外部奖励的假设与分类器系统的市场隐喻紧密绑定。霍兰构建了一个系统，其中分类器规则是很小、很简单的主体，它们和其他规则一起参与内部经济体系，这个经济体的货币是"强度"，而唯一的财富来源便是最终的消费者（即程序员）支付的回报。如果不彻底改造分类器系统的框架，就无法绕过这个问题。

这正是霍兰所做的。他断定，自己需要一个更根本的、与以前不同的互动隐喻——战斗。因此，霍兰设计出一个生态系统程序（Echo，即 ecosystem 的简写），一个高度简化的生物群落，其中数字生物在数字环境中漫游，寻找生存和繁殖所需的资源，例如数字模拟的水、草、坚果、浆果等。当生物体相遇的时候，它们当然也会争夺对方的资源。"我把它比作我女儿曼雅玩的一款游戏——《邮购怪兽》，"霍兰说，"你有很多进攻和防御的方式，而如何组合它们，决定了与其他怪兽战斗的输赢。"

霍兰详细解释道，生态系统程序将环境描绘成一片广阔平原，其中到处布满"泉眼"，不断涌出各种各样的资源（用字母 a、b、c、d 来表示）。每个生物体在环境中随机移动，像羊一样默默吃掉所遇到的任何资源，并将其储存在内部资源库中。然而，当两个生物体相遇时，它们立刻从羊模式变换到狼模式，开始互相攻击。

霍兰说，接下来的战斗，其结果取决于每个生物体的"染色体"对，所谓"染色体"对，其实只是将资源符号拼到一起组成的两个序列，如 aabc 和 bbcd。他解释说："如果你是一个生物体，就会把表示'进攻'的第一序列染色体和对方表示'防守'的第二序列染色体相匹配。如果正好匹配得上，你就获得了高分。这很像是免疫系统：如果一方的进攻刚好克制对方的防御，那就找到了突破口。反之亦然，对方的进攻也会试图匹配你的防御。这里的交互极其简单，关键是，你的进攻和防御能力能否压倒对方？"

如果答案是肯定的，霍兰说，那么你就得到一顿丰盛大餐：对手的资源库和它的一对染色体中的所有资源符号，都会进入你的资源库。而且，如果吃掉对手使你的资源库中有充足的资源符号来复制一份你的染色体，那么你就可以繁殖创造出一个全新的有机体——可能会有一两处变异。如果资源还不够，那你就要回去继续觅食。

委婉地说，生态系统程序还不是盖尔曼想要的结果。它没有让用户亲身参与的元素，也缺乏炫丽的图像。而霍兰却不为这些因素所扰。他运行这个程序时只需输入一串神秘的数字和符号，然后就能看到屏幕上呈现出更加神秘的由一列列数字字母乱码组成的瀑布。（这时霍兰已经升级到了麦金塔第二代计算机。）尽管如此，生态系统程序对霍兰来说就是游戏。他最终在生态系统程序中摒弃了明确的、外部的奖励。他说："这是循环的结束，一切都会回到这一点上，即如果我没有获得足够的资源来复制自己，我就不能存活下去。"霍兰捕捉到了生物竞争的本质。现在他可以把生态系统程序看成智力游乐场，一个能探索和理解协同进化真正能力的地方。"我搜集了一些发生在生态系统中的现象，"他说，"想看看在这种极简结构中，每种现象是否也会以某种方式出现。"

在霍兰搜集的清单中，第一个便是英国生物学家理查德·道金斯提出的"进化军备竞赛"，比如，植物会进化出越来越坚硬的表皮和毒性更高的化学成分来抵御饥饿的昆虫，而昆虫也会进化出越来越有力的下颚和更加复杂的化学抵抗机制来抵抗攻击。进化军备竞赛也叫"红皇后假说"，得名于刘易斯·卡罗尔《爱丽丝梦游仙境》一书中的角色红皇后，她告诉爱丽丝，只有尽可能快地奔跑才能留在原地。进化军备竞赛似乎是自然界中复杂性和特化不断增加的主要推力，就如同真正的军备竞赛在冷战期间推动了武器更加精密化、专门化。

在 1988 年秋天，霍兰在进化军备竞赛方面的研究进展有限，那时候生态系统程序还只是纸面上的设计。但大约一年后，它已经能很好地工作了。霍兰说："如果从很简单的生物体开始，用一个字母表示攻击染色体，一个字母表示防御染色体，那就能得到使用多个字母的生物体。（该生物体可以通过突变来延长其染色体。）它们产生了协同进化。某个生物体可能会增加一些攻击能力，另一个生物体会增加一些防御能力。于是它们会逐渐变得更加复杂。有时候它们会分裂，从而形成新物种。"

霍兰说："我是在看到只用如此简单的装置就能再现进化军备竞赛和物种形成时，才兴趣倍增。"

霍兰说，他尤其想理解进化中的一个深层悖论：造成进化军备竞赛的无情竞争，同样也造成了共生和其他形式的合作。在霍兰搜集的清单中，各种形式的合作是其共同基础，这并非偶然。在进化生物学中，这是个根本问题，更别说在经济学、政治科学和所有人类事务中了。在一个充满竞争的世界中，生物为什么会合作？为什么把自己置身于可能会被盟友轻易背叛的风险之中？

这个问题的本质在一个名为"囚徒困境"的思想实验里得到了精确刻画。它源于数学的分支——博弈论。故事是这样的：有两个囚徒被分别关押在两个房间，警方正在审问两人共同犯下的罪行。每个囚徒都有选择：可以告发同伙（即"背叛"）或保持沉默（即"合作"——与同伙而非警方合作）。现在的问题是，囚徒知道，如果两人都保持沉默，那他俩都会被释放，因为警方不能在没有供词的情况下定罪。而警方当然也清楚这一点，所以会给囚徒一点刺激：如果其中一个人背叛并告发了同伙，那么他将被豁免释放——还能额外得到一笔奖励。同时，被告发的同伙则会被判处最高刑罚——而且雪上加霜的是，还要对他判处罚款以支付奖励告发者的费用。当然，如果两个囚徒互相背叛，那么他们都会被判处最高刑罚，而且都没有奖励。

所以囚徒应该怎么做呢，合作还是背叛？表面上看，他们应该互相合作，都保持沉默，因为这样的话，两者都能得到最好的结果：自由。但是接着他们会开始思考。聪明的囚徒 A 很快意识到，自己无法相信同伙不会向警方提供证据，然后领取丰厚奖励，大摇大摆离开，留下自己蹲牢房。这种诱惑太大了。囚徒 A 还意识到，同伙也不傻，对自己也会有一样的想法。所以囚犯 A 断定，唯一明智的选择是背叛同伙并向警方坦白一切。因为如果同伙蠢到不按常理出牌，一直保持沉默，那囚徒 A 就可以拿钱走人。而如果同伙按常理出牌，也选择背叛——那么对囚徒 A 来说，反正是要判刑，选择背叛至少不用再多交罚款。所以，最终结果就是，两个囚徒都被罔顾对方死活的常理引向了他们最不想看到的结局：入狱。

当然，在现实世界中，信任与合作的困境很少会这么残酷。谈判、个人关系、强制性合同以及很多其他因素，都会影响参与者的决策。然而，囚徒困境的确揭示了不信任和需要防范背叛这一令人沮丧的真相。想想冷战期间，两个超级政体陷入一场长达 40 年的军备竞赛中，最终两方都没有获益；看看似乎无休无止的阿以冲突僵局，或者是对于国家来说，建立贸易保护主义壁垒的永恒诱惑。在自然界也是如此，过于信任对方的生物体很可能会被吃掉。所以再次回到这个问题：为什么生物会敢于和其他生物体进行合作呢？

这个问题的答案已经在 20 世纪 70 年代末的一场计算机比赛中揭晓了大部分。这场比赛是由霍兰的 BACH 小组同事罗伯特·阿克塞尔罗德在密歇根大学组织的，他是一位政治学者，长期以来一直对合作问题感兴趣。阿克塞尔罗德办比赛的想法很简单——参加者都要提交一份计算机程序，程序将扮演因徒困境中的角色。于是，这些程序会互相配对形成各种各样的组合，通过选择合作或背叛来进行囚徒困境的博弈。但一个不同的设计在于，每一组程序并非只博弈一次，而是反复进行 200 轮。这是博弈论研究者所谓的"迭代囚徒困境"，可以说这更真实地反映了我们通常与他人建立的长期关系。而且，这种多轮博弈使得每个程序可以依据对方程序之前的行为来决定本轮是合作还是背叛。如果两个程序只相遇一次，背叛显然是唯一理性的选择。但如果它们相遇多次，那么每个程序都会形成自己的决策历史和声誉。这种情况下，对手如何决策就不那么显而易见了。而这正是阿克塞尔罗德想从比赛中了解的主要问题之一：哪种策略能在长期多轮博弈中取得最高回报？一个程序是否应该无论对方如何都选择合作，还是说它应该始终选择背叛对方？或者，它是否应该根据对方行动而采取更复杂的方式回应？如果是这样，又应该如何做呢？

事实上，第一轮比赛提交的 14 个程序体现了许多复杂的策略。但令阿克塞尔罗德和其他所有人吃惊的是，获胜者是所有策略中最简单的那个：以牙还牙。采用以牙还牙策略的程序是由多伦多大学的心理学家阿纳托尔·拉波波特提交的。该策略在第一轮总是会选择合作，然后从第二轮开始，它都会完全模仿对手在上一轮博弈中的策略。也就是说，以牙还牙策略包含了"胡萝卜加大棒"的精华。它是"善意的"，因为它从不首先背叛；它是"宽容的"，因为它会通过下一次的合作来奖励合作的行为。但它也是"强硬的"，因为它通过下一次的背叛来惩罚不合作的行为。而且它也是"简明的"，因为策略简单清晰，对方的程序很清楚自己在跟谁打交道。

当然，由于参加比赛的程序寥寥可数，因此以牙还牙策略的成功总有可能是出于偶然。但也有可能并非如此。在提交的 14 个程序中，有 8 个是"善意的"，不会首先背叛。它们每一个都比其他 6 个非善意程序表现得更好。因此，为了进一步理解善意策略，阿克塞尔罗德又进行了第二轮比赛，专门邀请人们试着击败以牙还牙策略。这次有 62 个程序参与——以牙还牙策略再次获胜。结论几乎是不可忽视的了。好人——或更确切地说，善意的、宽容的、强硬的、策略简明的人——的确能够成为赢家。

霍兰和 BACH 小组的其他成员对此自然深感欣喜。霍兰说："囚徒困境一直让我非常困扰，它是我极不喜欢的东西之一。看到它被解决，实在令人愉悦又振奋。这个比赛太棒了。"

没有人会忽略以牙还牙策略的成功对生物进化和人类社会

带来的深刻启发。阿克塞尔罗德在他 1984 年出版的《合作的进化》一书中指出，以牙还牙式的互动能够在各种社会环境中促成合作——包括某些看似最令人绝望的场景。他最喜欢的例子是第一次世界大战期间自发形成的"互留活路"体系：只要对方也保持克制，那么前线战壕中的部队就不会开枪射杀。在战场无人区，一侧军队与另一侧军队没有机会交流，而且他们显然是敌人而非朋友，但由于双方都陷入数月之久的僵持之中，这给了他们相互适应、形成默契的机会，从而让互留活路的策略得以生效。

《合作的进化》中有一章是阿克塞尔罗德与 BACH 小组的另一成员——生物学家威廉·汉密尔顿合著的（改编自 1981 年《科学》杂志的一篇获奖论文）。在这一章中，阿克塞尔罗德还指出，即使没有人类智能，以牙还牙式的互动也能在自然界中产生合作。例如，地衣中的真菌从岩石中提取营养，同时为藻类提供栖息地，而藻类则为真菌提供光合作用；金合欢树为一种蚂蚁提供巢穴和食物，而蚂蚁反过来保护这种树；无花果树的花是无花果黄蜂的食物源，而无花果黄蜂则为其授粉并散播种子。

从更广泛意义上讲，阿克塞尔罗德指出，协同进化应该让"以牙还牙式"合作在一个普遍背信弃义的世界中依然蓬勃发展。他设想在这样一个世界中，因为变异，出现了少数几个以牙还牙型个体。只要这些个体相遇得足够频繁，足以在未来再相遇时形成利害关系，它们就会开始形成小范围的合作。而这种情况一旦发生，以牙还牙型个体就会比周围"背后藏刀"型的个体表现更好，其数量也会增多，而且是快速地增多。阿克塞尔罗德说，事实上，以牙还牙式合作最终会占据上风。一旦这样的合作模式确立下来，合作型个体将会稳定存在。如果不合作型个体想要入侵群体并利用前者的善意，那么以牙还牙的策略将会严厉惩罚它们，使之无法扩散。"因此，"阿克塞尔罗德写道，"社会进化过程具有不可逆性。"

《合作的进化》一书出版后不久，阿克塞尔罗德便与霍兰当时的研究生斯蒂芬妮·福里斯特合作，利用计算机模拟了这个思想实验。他们探讨的问题是，一个通过遗传算法协同进化的个体种群能否发现以牙还牙策略。答案是肯定的：在计算机运行中，以牙还牙或极类似的策略会出现，并很快在种群中传播开。霍兰说："当这个结果出现时，我们都举手高呼万岁！"

霍兰曾说，圣塔菲应该致力于在社会科学领域中寻找类似于"锋面"这样的机制。而作为合作起源的以牙还牙机制，正属此类。他说，当开发生态系统程序时，整个合作问题就潜藏于他的脑海深处。显然，第一版程序无法实现这点，因为他在其中内置的假设是，个体生物总是处于斗争状态。但在最新版本中，霍兰试着拓宽生物体可采取行为的范围，将合作的可能性囊括其中。事实上，他正试着把生态系统程序变成一种协同进化的统一模型。

"除了生态系统程序，研究所现在还有三个正在开发的模型，"霍兰解释道，"我们有股票市场模型、免疫系统模型，还有斯坦福大学的经济学家汤姆·萨金特做的一个有关贸易的模型。我意识到这些模型都有相似的特征。它们都涉及'交易'，即以某种方式进行物品交换。它们都有'资源转换'过程，比如说由酶或生产流程而产生。并且它们也都有'配对选择'，这是技术创新的源泉。所以我开始构建统一模型。我记得斯蒂芬妮·福里斯特、约翰·米勒与我一同坐下来，试图弄清楚：怎样用最小的装置在生态系统程序中模拟所有这些事物？结果表明，在基本模型不变的情况下，只需在进攻染色体和防御染色体上添加元素就可以实现。通过增加额外的由染色体定义的标识符，我加入了交易的可能性；这些标识符类似于商标，或者细胞表面的分子标记。当我做出这个调整时，我不得不第一次在程序中添加类似规则的东西：'如果对方展示了某种识别标签，那么我将尝试交易而非战斗。'这使得合作的进化成为可能，也允许了撒谎和模仿等'异常'行为存在。有了这些，我就大致勾画出了一个萨金特模型的版本。然后我开始探索如何将生态系统程序向另一个方向延伸，使其看起来像是一个免疫系统模型，等等。现在的生态系统程序版本便由此而来。"

霍兰说，这个统一版本的生态系统程序相当成功。他已经能用它同时展示一个生态系统中的合作进化和捕食者-猎物关系的进化。这一成功鼓舞霍兰继续研究更复杂的生态系统程序变体："我正在编写一个更高级的版本，之后会发布，它可以让系统进化出多细胞生物。所以现在我探讨的不限于交易之类的东西，而希望探讨个体和组织的涌现。当每个主体试图最大化其繁殖率，但又必须保证整个组织的延续时，有很多东西值得去研究。癌症就是这方面失败的一个典型例子——至于美国汽车工业，就更不用多说！"

霍兰表示，这些模型要实际应用还需要些时日。但他坚信，这些领域的几个优秀的计算机模拟，会比圣塔菲议程上的其他几乎所有事情都更能造福世界。他说："如果我们进展顺利，那么科学家之外的群体——比如华盛顿的政策制定者——就能通过创建模型来感知各种政策选项的影响，而无须了解模型实际运行的全部细节。"霍兰认为，这些模型就像政策的飞行模拟器，让政治家们练习经济"硬着陆"，而不用真的带上 2.5 亿人。只要能够让人们真实地感受到事态在如何发展以及最重要的变量之间如何相互作用，这些模型甚至无须太复杂。

霍兰承认，当他在华盛顿谈论政策飞行模拟器的想法时，听众并不买账。大多数政界人士忙于招架眼前的挑战，无暇顾及下一场斗争的策略。另外，霍兰显然不是唯一一个提出模拟器想法的人。1989 年，加州奥林达的麦克塞斯公司上市了一款名为《模拟城市》（SimCity）的模拟游戏，玩家可以扮演市长的角色，努力应对犯罪、污染、交通拥堵、逃税等问题，以将城市打理得更繁荣。这款游戏很快蹿升到畅销榜榜首。真正的城市规划人员极其信赖它。他们说，尽管模型简单，省略了很多细节，但《模拟城市》的总体感觉十分真实。霍兰当然也立即购买了这款游戏，并喜爱有加。他说："《模拟城市》是我所知道的实现政策飞行模拟器想法的最佳范例之一。"圣塔菲研究所正在与麦克塞斯公司认真商谈如何将《模拟城市》风格的界面做些调整，用于自己的一些模拟项目。而霍兰正与麦克塞斯公司合作，开发一款对用户友好的生态系统程序版本，任何人都可以用它做计算机实验。

心智的湿实验室

在圣塔菲经济学项目的初期，布莱恩·阿瑟也对计算机实验深感兴趣。他说："大多时候我们是在程序中做数学分析和定理证明，和标准经济学一样。但是因为我们在研究报酬递增、学习，还有这个难以明确定义的适应与归纳的世界，问题往往就会变得过于复杂，以至于数学无法处理。因此我们不得不借助计算机看看事情如何发展。计算机就像一个湿实验室，能让我们看到自己的想法如何实际运作。"

然而，阿瑟遇到的问题是，即使是在圣塔菲，一想到计算机建模，很多经济学家都会感到恐慌。有一天午饭时，阿罗闷闷不乐地对他说："我想我们可能必须得在经济学中引入模拟了，但我年纪太大，跟不上了。"

"感谢上帝，孩子，我快退休了。"60多岁的哈恩在另一个场合说道："如果定理的时代即将终结，我不想见证那一刻。"

阿瑟不得不承认，经济学家的疑虑是非常有道理的，在很多方面他自己也有同感。他说："经济学领域的计算机模拟一向糟糕透顶，在我职业生涯的早期，我和同事杰弗里·麦克尼科尔花了大量时间研究经济学中的模拟模型，我们得出两个结论，而且这两个结论广受认可。其一，总体而言，只有不会做分析性思考的人才会求助于计算机模拟。经济学的整个文化是要求推导、逻辑分析，而计算机模拟正好与之相悖。其二，你可以通过微调模型的假设来证明任何你想证明的东西。人们经常会从基本的政治立场出发，比如"我们需要降低税率"，然后就会微调假设，证明降低税率能带来更好的结果。杰弗里和我甚至将其视为一种游戏——进入模型，找出哪个假设调整后可以改变全部结果。其他人也这么干过。因此，计算机模拟在社会科学尤其是经济学中名声很坏。就像一种耍无赖的手段。"

即使这么多年过去，阿瑟发现自己仍对"模拟"一词反感。他更愿意把他和同事在经济学项目中所做的工作称为"计算机实验"——这个表述更能体现霍兰和圣塔菲其他物理学家所展现的严谨和精确。阿瑟说，当时，他们的计算机建模方法令人大开眼界。"在我看来，这太不可思议了，"阿瑟说道，"在那些严谨细致的人手中，所有假设都被仔细罗列，整个算法都被明确给出，模拟是可复现且严格的——就像科学实验——于是我意识到计算机实验其实是无懈可击的。事实上，物理学家告诉我们，目前的科学研究有三种途径：数学理论、实验室实验和计算机建模。你需要反复尝试并交替使用这些方法。你可能用计算机模型发现了一些异常现象，然后就需要通过理论推导试着理解它。有了理论，你又要回到计算机前或实验室中做更多实验。对我们很多人来说，在经济学中似乎也能如此，而且收获巨大。我们开始意识到，在经济学领域我们一直在限制自己，只探索那些适用于数学分析的问题，这很不正常。现在我们进入了这个需要归纳和适应的世界，情况开始变得异常复杂，我们可以将研究扩展到那些也许只能用计算机实验来做的问题。我认为这是发展的必然，也是一次解放。"

当然，希望在于圣塔菲的经济学项目能够做出足以说服其他经济学家的计算机模型——或至少不让他们比现在更失望。事实上，到1988年秋天，阿瑟与其团队已经在着手做这样的计算机实验了。

阿瑟自己的工作始于和霍兰的合作，这项工作直接源自他最初的"玻璃罩下的经济系统"构想。他说："1988年6月来圣塔菲时，我就意识到我们应该从一个更简单务实的问题开始，而非建立整个人工经济系统。于是，研究转向了人工股票市场。"

阿瑟解释说，在经济学的众多经典问题中，股票市场行为是最古老的一个。原因在于新古典主义理论完全不能解释华尔街的行为。根据该理论，如果所有经济主体都是完全理性的，那么所有投资者也必定是完全理性的。而且，由于完全理性的投资者对于所有股票在所有未来时期的回报率都有同样的信息，他们始终会对每只股票的价值——即将未来收益按利率折现后的"净现值"——达成一致。因此，完全理性的市场绝不会出现泡沫和崩溃，最多也只是当各种关于股票未来收益的新信息出现时，市场会略微上下波动。但不管哪种情况，逻辑推演的结论都是，纽约证券交易所大厅应该是个很安静的地方。

当然，现实中的纽交所交易大厅就像在上演一场几乎无法控制的骚乱。这里一直为泡沫和崩盘带来的混乱所困扰，更不必提那些恐惧、不确定、狂喜以及从众心理等各种可能的组合了。阿瑟表示，确实，假设有一个火星人订阅了星际版《华尔街日报》，他很可能会认为股票市场就是个生命体。"报道描绘的市场总仿佛有主观情绪一样。市场紧张，市场低迷，市场有信心。"这地方就像是某种形式的人工生命。阿瑟说，所以在 1988 年，以圣塔菲风格建模股票市场，再合适不过："我们的想法是，舍弃完全理性的主体，以能像人类一样学习和适应的人工智能主体取而代之。因此，在模型中会有一只股票供主体们买卖。在它们学习到交易规则后，你就能观察到涌现出的市场行为。"

显然，问题在于最终会出现什么样的涌现行为。主体是会保持冷静，按照标准的新古典主义理论预测的价格交易股票，还是会进入一种更真实的持续动荡模式？阿瑟和霍兰断定会是后者。但事实上，即使在圣塔菲研究所内部，很多人也对此颇为怀疑。

阿瑟尤其记得 1989 年 3 月的一次会议，那时霍兰从安阿伯回来待了一阵子，还有另外几位也来到修道院小会议室参加经济学研讨会。当讨论到股票市场模型的主题时，汤姆·萨金特和明尼苏达大学的拉蒙·马里蒙坚决表示，适应性主体的出价将会很快稳定到股票的"基本价值"——也就是新古典主义理论所预测的价格。他们表示，市场可能会有些许随机波动，但主体不会真的做出其他行为。基本价值会像巨大的引力场一样把它们拉回来。

阿瑟说："约翰和我相视摇头，我们说不是这样——我们拥有一种强烈的直觉，即我们建立的股票市场具备自组织、复杂化的巨大潜力，从而必然涌现出丰富新奇的行为。"

阿瑟回忆道，争论很激烈。他当然知道，萨金特从 1987 年第一次经济学研讨会开始就是霍兰方法的热情支持者。事实上，萨金特此前就开始研究学习对经济行为的影响了。同样，马里蒙对计算机实验的热情并不亚于阿瑟。但在阿瑟看来，马里蒙和萨金特似乎并不把学习看作经济学中全新的东西。他们似乎认为它只是一种强化标准观点的方式，用于理解经济主体在并非完全理性的情况下，如何逐步走向新古典主义经济学的行为模式。

平心而论，阿瑟必须承认这两位有充分的理由做出如此判断。萨金特关于"理性预期"的研究广为人知，而除了理论成果之外，他们还手握大量实验证据。在一系列实验室模拟中，研究者让学生扮演简单股票市场的交易者，发现实验主体的报价很快就会趋于基准价格。而且，马里蒙和萨金特自己也有圣塔菲式的计算模型：一个被称为"维克赛尔三角"的经典问题。在这个场景中，三类主体生产和消费三种商品，其中一种最终会成为交换媒介——货币。马里蒙和萨金特把初始模型中的理性主体替换为分类器系统，他们发现系统每次都趋于新古典主义的解。（即交换媒介是具有最低存储成本的商品——例如金属圆盘，而不是新鲜牛奶。）

然而，阿瑟和霍兰立场坚定。阿瑟说："问题在于，真实的适应行为能否带来理性预期的结果？在我看来，答案是会的——但前提是问题足够简单，或者环境条件能够一再复现。基本上，理性预期意味着人们并非无知。就像玩井字棋游戏：经过几轮之后我学会预判对手的动作，我们双方都玩得游刃有余。但如果情况持续变动且永远不会复现，或者环境极其复杂，以至于主体需要进行大量计算，那理性预期就要求太多了。因为你在要求主体了解自己的预期、市场的动态机制、他人的预期、他人对其他人预期的预期等。很快，经济学就把这些几乎不可能完成的任务强加给了倒霉的主体。"阿瑟和霍兰认为，在这种情况下，主体离平衡状态相当远，理性预期结果所产生的"引力"变得微乎其微。此时，动态变化和突发事件才是一切。

阿瑟回忆道，这场争论既友好又激烈，并且持续了一段时日。当然，最终双方都没让步。不过阿瑟敏锐地觉察到了挑战：如果他和霍兰相信股票市场模型能够展示现实中的涌现行为，那么他们就应该去证明这一点。

不幸的是，在此之前股票市场模型的编程工作只是断断续续进行，大部分时候处于停滞状态。阿瑟和霍兰在 1988 年 6 月的一次午餐时初步制订了模拟方案，当时他们都在圣塔菲研究所的首届复杂系统暑期学校上课。那个夏天回到安阿伯后，霍兰用阿瑟唯一熟悉的计算机语言 BASIC 编写了一个完整的分类器系统和遗传算法。（这件事使霍兰最终放弃了用十六进制符号写程序，他不得不自学 BASIC，并且此后也一直用 BASIC 编写程序。）当秋天来临，霍兰回到圣塔菲开始为期数月的经济学项目时，他们试着进一步完善股票市场模型。但由于霍兰转而去做生态系统程序，阿瑟又被行政事务缠身，事情进展得很慢。

更令人头疼的是，阿瑟开始意识到，分类器系统尽管理论上很出色，实操中却经常有麻烦。"一开始，"他说，"圣塔菲的人都觉得分类器系统是万能的，可以解决股票市场问题，甚至可以在早上为你制作咖啡。所以我常常和约翰开玩笑说：'嗨，约翰，分类器系统真的可以产生冷核聚变吗？'"

"但是，到了1989年初，戴维·莱恩和理查德·帕尔默组织了一个霍兰思想研究小组，我们每周会有4次午餐前聚会。当时霍兰已经离开了，但我们花了大约一个月的时间深入拆解他的《归纳法》一书。当我们从技术角度探讨分类器系统时，发现必须非常谨慎地设计以确保架构发挥实际作用。你要小心处理一条规则和另一条规则的联系。此外，你可以有'深度'分类器系统，即在长链中以规则触发规则的系统；或者可以有'广度'分类器系统，例如刺激-响应类型的系统，在稍微不同的条件下会产生150多种不同的反应方式，但这些规则各自独立。我的经验是，广度分类器系统能学得很好，而深度分类器系统学得不怎么好。"

这些问题，阿瑟跟霍兰以前的学生斯蒂芬妮·福里斯特深入探讨过。福里斯特现在任职于阿尔伯克基的新墨西哥大学，是圣塔菲研究所的常客。她告诉阿瑟，问题出在霍兰为规则分配贡献值所设计的桶链算法。如果一个桶链必须通过几代规则向后传递贡献值，那么当回溯到最初的规则时，贡献值通常已经所剩无几。因此，浅层系统比深度系统学得更好并不出人意料。实际上，对桶链算法进行改进和替代，已经是分类器系统研究最深入的主题之一。

"由于这些原因，我开始对分类器系统产生了怀疑，"阿瑟说，"随着对它越发熟悉，它的缺点也越发明显。然而我越是了解它，就越欣赏它背后的思想。我实在是喜欢这个想法，你可以有许多互相冲突的假设，这些假设可以竞争，这样就不必预设专业知识。我开始从与霍兰稍微不同的角度来看待他的系统。我把它们看作有很多模块和分支的普通计算机程序，但程序需要自己学习在任意给定的时刻触发哪个模块，而不是按固定的顺序去触发它们。而一旦开始将它们设想为自适应的计算机程序，我就觉得舒服多了。我认为这就是霍兰的成功之处。"

阿瑟表示，不管怎样，他们最终做出了一版股票市场模型，并且运行起来了。萨金特自己也提出了很多简化原有设计的方法，帮了不少忙。1989年春，杜克大学物理学家理查德·帕尔默加入该项目，为团队带来了卓越的编程技能。

出于跟霍兰和阿瑟同样的原因，帕尔默而被这个模型深深吸引。"它涉及自组织，而这是我十分着迷的领域，"他说，"大脑是如何组织的，自我意识的本质，生命如何自发产生——这是我长期思考的几大问题。"

此外，帕尔默还表示，另一个项目——双向口头拍卖竞赛，已经占用了他在圣塔菲的绝大部分时间，他对此有些焦躁不安。这是他跟卡内基梅隆大学的约翰·米勒和威斯康星大学的约翰·拉斯特共同推动的项目。这个竞赛最初是他在1987年9月第一次经济学研讨会期间构思的，最终在1990年初举办。其核心思想和10年前阿克塞尔罗德举办的竞赛颇为相似。不过，这次不是进行迭代囚徒困境的博弈，而是关于商品市场（如股票交易所）上经纪人应该采取什么策略：是否应该在竞标开始时就公开出价？你应该保持沉默等待更好的价格吗，还是有其他选择？

在这样的市场中，买家和卖家都同时出价——这也是"双向拍卖"的名字由来——所以答案并非显而易见。

帕尔默说，比赛预计会很有趣，他和同事们为此而做的编程工作当然挑战重重。但是模型中的参与主体基本上是静态的。对帕尔默来说，这个比赛没有阿瑟和霍兰的模型那样有魅力——可以期待主体变得愈加复杂，并进化出自己的真实的经济生活。

于是，1989 年早春，帕尔默就加入了。到 1989 年 5 月时，他和阿瑟有了一个初步的股票市场模型，并且开始运行起来。按照计划，它们的主体从完全无知、遵循随机规则开始，然后学会如何出价。不出所料，他们看到主体的学习劲头十足。

每次运行模型，他们都会看到这些可恶的主体精准地按照汤姆·萨金特的预言行动。阿瑟说："模型中只有一只股票，股息为 3 美元，折现率是 10%，所以基本价值是 30 美元。而股票价格确实就在 30 美元附近波动。它证实了标准古典理论！"

阿瑟既懊恼又失望。唯一能做的似乎就是给斯坦福大学的萨金特打电话表示祝贺。"但是后来有一天早上，理查德和我走进办公室，在我的麦金塔计算机上运行模型。我们持续观察它，讨论怎么改进。然后注意到每次股价达到 34 美元时，主体们就会买入。我们可以用图形表示，这似乎是个异常行为。我们以为可能是模型有问题。但是经过一个小时苦思冥想，我们意识到模型并没有任何错误！主体们发现了技术分析的原始形式。也就是说，它们开始相信，如果价格上涨得足够多，那么它还会继续上涨。因此，它们选择买入。当然，这个信念成了自我实现预言：如果足够多的主体在价格达到 34 美元时买入，又会引起价格进一步上涨。"

不仅如此，当价格跌到 25 美元时情况正好相反，主体们会尝试卖出，从而形成一个导致价格下降的自我实现预言。这就是股市的泡沫和崩盘！阿瑟心花怒放，就连平时最谨慎的帕尔默也被他的热情感染。这个结果在后来更完整的模型版本中被反复证实。而 1989 年 5 月的那个早上，他们就知道，模型成功了。

阿瑟说："我们立即意识到，我们看到了人工模型涌现特性的第一缕微光。我们看到了生命初现的第一缕微光。"

第八章

等待卡诺

1988 年 11 月底，洛斯阿拉莫斯国家实验室非线性研究中心的秘书交给兰顿一封密封信件，看上去像公函。兰顿在信封里发现一份由实验室主任西格弗里德·赫克签署的内部通告：

　　我们最近注意到，今年已经是你成为博士后研究员的第3 年，但你尚未完成你的博士论文。根据能源部第 40-1130 条规则，对于尚未获得博士学位的博士后研究员，我们的雇用时间不得超过 3 年。具体到你的情况，由于文书工作的差错，我们忘记向你提前发出可能违反这条规则的警告。鉴于这一事实，我们已从能源部办公室获准延期，这样你无须退还 1989 财政年度的工资。然而，在获得博士学位之前，你的聘期只能持续到 1988 年 12 月 1 日。

　　简而言之，"你被解雇了"。兰顿惊慌失措，匆忙找到研究中心副主任加里·杜伦。他严肃地告知兰顿，确实有这样一条规则，而且赫克也确实有权这么做。

兰顿至今一想起这件事仍然心有余悸。那些家伙让他整整慌乱了两个小时，然后才透露这是为他准备的一个惊喜的生日派对。"能源部的规则编号实际上已经泄露天机，"杜撰那封内部通告函并导演这场恶作剧的多因·法默说，"兰顿即将40岁，生日正是11月30日。"

幸运的是，等兰顿从这场恶作剧中反应过来后，这个派对立刻就变成一场美妙的聚会。毕竟，博士候选人过40岁生日这种事不是每天都有。法默甚至还动员兰顿在研究中心和实验室理论小组的同事凑钱，买了把崭新的电吉他送给兰顿。"但我很认真地试图催促他完成学业，"法默说，"因为我真的很担心如果兰顿迟迟拿不到学位，这终会成为隐患。而且我怀疑可能真的会有某种规则针对这一点。"

人工生命论文

兰顿非常明白法默的良苦用心，他早已意识到这个问题。没有人比他更急于完成自己的博士论文。自人工生命研讨会召开之后的一年里，兰顿实际上已经取得了相当大的进展。他将自己在密歇根大学时写的旧版元胞自动机代码，转移到洛斯阿拉莫斯国家实验室的太阳工作站上运行。兰顿通过海量的计算机实验来探索混沌边缘的相变，甚至深入钻研物理学文献，学习如何用严格的统计力学来分析相变。

但一年时间倏忽而逝，兰顿还没来得及实际动手撰写论文。事实上，人工生命研讨会之后，兰顿的大部分时间都被研讨会的后续事务吞噬了。乔治·考温和戴维·派因斯邀请他将研讨会上的谈论内容整理成文章，并以圣塔菲研究所的名义出版，以作为该研究所正在出版的复杂科学系列书籍之一。但派因斯和考温也坚持要求这些论文要和其他学术出版物一样，经过外部科学家的严格评审。他们告诉兰顿，研究所经不起草率行事。人工生命必须得是科学，而非电子游戏。

兰顿非常赞同这个观点，他自己也一直这么认为。但结果是他耗费了数月时间充当编辑——这意味着将45篇论文平均每篇阅读4遍，把每篇论文寄给数位审稿人，再将审稿人的意见连带重写要求反馈给作者，以及通常而言，他还要耐心劝说作者们不要拖稿拖到地老天荒。然后，他又耗费数月时间给书撰写了序言和导论。"这花费了我大量时间。"兰顿叹息道。

另一方面，整个过程也令他收获颇丰。兰顿说："就像是为了取得博士资格努力学习一样。哪些是精华？哪些是糟粕？这个过程让我对这些资料有了深入理解。"当整本论文集终于完成——完全符合考温和派因斯的严格要求——兰顿觉得自己的成果远不止这一系列论文。他的博士论文或许仍没有任何进展，但这本研讨会论文集将奠定人工生命作为一门严肃科学的基础。而且，兰顿将学者们在研讨会上提出的想法和见解提炼为文集的序言和47页的导论，为人工生命的主旨撰写了最清晰、最有力的宣言。

兰顿写道，人工生命本质上恰好是传统生物学的逆向过程。传统生物学通过分析来理解生命：将生物群落分解成物种、生物体、器官、组织、细胞、细胞器、细胞膜，以及最终的分子；人工生命则是通过合成来理解生命：将简单的碎片拼凑起来，在人造系统中产生类似生命的行为。人工生命的信条是，生命并非物质本身的属性，而是物质的组织形式。人工生命的运作原则是，生命的法则必然是动态形式的法则，而与40亿年前偶然出现在地球上的特定碳基化学细节无关。人工生命的未来是，通过在新媒介——计算机，或许还有机器人——中探索其他可能的生物学，人工生命研究者可能实现像空间科学家通过向其他星球发送探测器那样所取得的成果：以宇宙视野观察其他世界发生了什么，从而形成对我们自己的世界的全新理解。兰顿宣称："只有当我们能够从'可能存在的生命'的背景来观察'我们所知的生命'，我们才能真正理解生命的本质。"

兰顿说，从抽象组织的视角来看待生命的想法，或许是研讨会中最引人瞩目的洞察。而这一洞察与计算机密切关联并非偶然：生命和计算机有着许多相同的智力根源。至少从法老时代开始，人类就一直在寻找自动机（能够产生自身行为的机器）的秘密。当时，埃及工匠便根据水通过小孔滴落到下面的容器时每滴水的时间间隔是固定的这一原理，创造了时钟。公元1世纪，亚历山大里亚的希罗撰写了著作《气动力学》（*Pneumatics*），其中描述了（包括但不限于）如何利用加压空气使得各种动物和人类形状的小装置中产生简单的运动。在欧洲，一千多年后迎来钟表制造业的黄金时代，中世纪和文艺复兴时期的工匠们设计了越来越精巧的人形装置，被称为"敲钟人偶"，它们可以从钟表内弹出，敲击报时；一些公共时钟甚至发展到包含多个人物形象，足以表演一出戏剧。工业革命期间，发条自动机技术催生了更为复杂的过程控制技术，工厂机器由复杂的旋转凸轮和相互联结的机械臂引导。此外，19世纪的设计者通过纳入可移动的凸轮或带有活动栓的滚筒等改良设备，很快开发出可以通过调整使同一台机器产生许多动作序列的控制器。兰顿指出，随着20世纪初计算机器的发展，"这种可编程控制器的引入是通往通用计算机道路上的一个重要里程碑"。

兰顿说，与此同时，逻辑学家们正在为计算的一般理论奠定基础，他们正试图将程序（即逻辑步骤的序列）的概念形式化。这一努力在20世纪初的几十年里达到高峰，阿朗佐·丘奇、库尔特·哥德尔、艾伦·图灵等人指出：机械过程的本质——驱动其行为的"东西"——并非实体。它是抽象的控制结构，是可以被表达为一套规则的程序，而无须考虑机器由什么材料制成。兰顿说，事实上，正是这种抽象允许你从一台计算机中取出软件，并在另一台计算机上运行：机器的"机械性"体现在软件中，而非硬件。兰顿说，一旦你接受了这一点（就像他18年前在麻省总医院的顿悟一样），只需再往前迈一小步，你就会洞察到，生物体的"生命力"也存在于软件中——在分子的组织形式中，而非分子本身。

现在回过头来看，兰顿坦言，这一步迈得并不算小，尤其当你考虑到生命是多么流动、自发和有机，而计算机和其他机器是多么受控。乍一看，用这些术语来谈论生命系统似乎很可笑。

然而，答案在于第二个伟大的洞察。它在研讨会上被反复提及：生命系统的确是机器，只不过这种机器的组织方式与我们熟知的机器截然不同。生命系统并非如人类工程师那样自上而下地设计，而似乎总是自下而上地涌现，从简单得多的系统中产生。细胞由蛋白质、DNA 和其他生物大分子构成。大脑由神经元构成。胚胎由相互作用的细胞构成。蚁群由蚂蚁构成。同样，经济体由公司和个人构成。

当然，这正是约翰·霍兰和其他圣塔菲科学家提出的关于复杂适应系统的总体观点。不同的是，霍兰把这种群体结构主要看作合成砌块的集合，可以通过重新组合来实现非常有效的进化，而兰顿把它主要看作通往丰富的、类生命的动力学的机会。"在计算机上模拟复杂的物理系统，我们从中学到的最令人意外的经验是，复杂的行为不必然有复杂的根源。"他特意强调这句。"事实上，极其有趣、吸引人的复杂行为可以从极其简单的合成砌块的集合中涌现。"

兰顿说这些时是发自内心的，因为这句话清楚地反映了他发现自复制元胞自动机的经历。但这句话同样适用于人工生命研讨会上另一个极为生动的演示：克雷格·雷诺兹的鸟群模型。雷诺兹没有编写全局的、自上而下的指令告诉鸟群应该如何行动，也没有让鸟群听从一只头鸟的指挥，而是只使用了局部的鸟与鸟之间互动的 3 个简单规则。正是这种局部性，使得鸟群能够相当灵活地适应不断变化的环境条件。这些规则总是倾向于将鸟群聚集起来，就像亚当·斯密"看不见的手"倾向于保持供需平衡。但就像在经济中一样，聚集只是一种趋势，是每只鸟对周围其他鸟的行为做出反应的结果。因此，当鸟群遇到柱子之类的障碍物，它们会迅速分开向两侧流动，因为每只鸟都在按自己的方式独立飞行。

兰顿觉得，如果试图用一套单一的顶层规则来实现这种效果，系统会变得无比烦琐和复杂。规则需要准确地告诉每只鸟在每种可能的情况下该怎么行动。事实上，他见过这样的模拟；它们通常最后看起来呆笨且不自然，更像是动画片，而不是动态的人工生命。兰顿还说，由于实际上不可能预见所有可能的情况，自上而下的系统总会遇到一些不知如何处理的事件组合。这些系统往往敏感且脆弱，经常在犹豫不决中陷入停滞。

荷兰乌得勒支大学的阿里斯蒂德·林登迈尔和加拿大里贾纳大学的普热梅斯瓦夫·普鲁辛凯维奇展示的图形植物，同样是自下而上的种群思维的结果。这些植物不仅仅是在电脑屏幕上画出来的，它们是"生长"出来的。它们从单个根茎开始，然后用一些简单规则告诉每个分支如何长出叶子、花朵和更多分支。这里的规则也无法告知我们最终植物的整体形状会是什么样子，它们是用来模拟植物发育过程中，众多细胞如何分化和相互作用。尽管如此，由规则产生的灌木、树木或花朵看起来都栩栩如生。事实上，如果仔细选择规则，这些规则可以产生与已知物种高度相似的计算机植物。（而规则哪怕是稍做改变，就可能会产生截然不同的植物。这恰恰说明自然进化只要在植物发育过程中做出微小改变，就很容易导致外观上的巨大飞跃。）

兰顿说，研讨会上反复听到的主题就是：实现类生命行为的方法是模拟一群简单单元，而非模拟一个大的复杂单元；采用局部控制，而非全局控制；让行为自下而上涌现，而非自上而下指定。同时，应该关注正在进行的行为，而非最终结果。正如霍兰乐于指出的，生命系统永远不会真正停歇。

事实上，兰顿表示，如果将这种自下而上的观念推向其逻辑极致，你可以将它看作活力论哲学的全新且彻底的科学版本：这一古老的观点认为，生命涉及某种超越单纯物质存在的能量、力量或精神。事实是，生命确实超越了单纯的物质存在——不是因为生命系统被某种超出物理和化学规律的"活力"所驱动，而是因为遵循简单互动规则的简单事物的集群，能够以永远令人惊异的方式行动。他说，生命可能真的是一种生物化学机器。但要激活这样一台机器，"不是为其注入生命，而是以一种方式组织机器集群，使其相互作用的动力机制'活跃起来'"。

最后，兰顿提出，从研讨会报告中还可以提炼出第三个伟大的洞察：生命不仅仅像一种计算，其特性体现在其组织形式而非组成分子。生命本身，就是一种计算。

要理解这一点，兰顿说，可以从传统的碳基生物学入手。正如生物学家一个多世纪以来所强调的那样，任何生物体的一个最显著特征，是其基因型（编码在 DNA 中的遗传蓝图）和表型（根据这些遗传指令创建的结构）之间的区别。当然，在实践中，一个活细胞的实际运作极为复杂，每个基因作为一种蛋白质分子的蓝图，无数的蛋白质在细胞内以无数种方式相互作用。但实际上，兰顿说，你可以将基因型看作一系列并行运行的小型计算机程序，每个基因对应一个程序。当程序被激活时，它们就进入逻辑运算的"争斗"中，每一个激活的程序和所有其他激活的程序展开竞争与合作。而在集体层面，这些相互作用的程序共同执行着一个整体计算，这就是表型：在生物体发育过程中逐渐展开的结构。

接下来，从碳基生物学转移到更普遍的人工生命生物学。同样的概念依然适用，兰顿说。为了刻画这一事实，他创造了广义基因型这一术语，指代任何低层级规则的集合。他还创造了广义表型这一术语，指代当这些规则在一些特定环境下被激活时产生的结构和 / 或行为。例如，在传统的计算机程序中，广义基因型显然就是计算机代码本身，广义表型是程序对用户输入的响应。在兰顿的自复制元胞自动机中，广义基因型是指示每个元胞如何与近邻互动的一组规则，广义表型是整体模式。在雷诺兹的鸟群程序中，广义基因型是指导每只鸟飞行的 3 条规则，广义表型是鸟群的群体行为。

兰顿进一步指出，广义基因型的概念与约翰·霍兰的"内部模型"概念本质上相同；唯一的区别是，他比霍兰更强调它作为计算机程序的作用。而且绝非巧合的是，广义基因型的概念完全适用于霍兰的分类器系统，其中一个特定系统的广义基因型就是它的一组分类器规则。它同样适用于霍兰的生态系统模型，其中一个生物的广义基因型由其进攻和防御染色体组成。它还适用于阿瑟的"玻璃罩下的经济模型",其中一个人工主体的广义基因型是它辛苦习得的一组经济行为规则。并且原则上,它也适用于任何复杂适应系统——任何根据一套规则进行互动的主体所构成的系统。随着它们的广义基因型展开为广义表型,它们都在执行计算。

兰顿说,这一切的美妙之处在于,一旦在生命与计算之间建立联系,就可以引入大量理论。例如,为什么生命确实充满了新奇性?因为,通常而言,不可能从一组给定的广义基因型规则开始,预测其广义表型行为会是什么,甚至在理论上也不可能。这就是不可判定性定理,计算机科学最深刻的成果之一:除非一个计算机程序极其简单,否则了解它将做什么的最快方法就是运行它并观察。没有任何通用程序能够读取源程序的代码和输入,然后比源程序更快地给出答案。这就是为什么有"计算机只做程序员让它们做的事情"的惯常说法,既完全正确,也几乎并无意义;任何一段足够复杂而有趣的代码,总是会让程序员感到惊喜。这就是为什么任何像样的软件包在发布之前都要经过无休止的测试和调试——这也是为什么用户总是很快发现,调试工作永远不完美。最重要的是对人工生命来说,这就是为什么生命系统可以是一台生物化学机器,完全受作为程序的广义基因型控制,但广义表型中仍然有新奇而自发的涌现行为。

相反,兰顿说,计算机科学中还有其他深刻的定理表明,你也不能反其道而行之。对于特定的期望行为,即一个广义表型,没有通用程序能找到产生该行为的一组规则，即广义基因型。当然在实践中，这些定理并不能阻止人类程序员在明确定义的环境中，使用经过良好测试的算法来解决精确指定的问题。但在生命系统所面对的定义不明、不断变化的环境中，兰顿说，似乎只有一种可行的办法：试错，也就是达尔文的自然选择。他指出，这个过程可能看起来非常残酷且浪费资源。实际上，大自然进行编程的方式，就是使用大量随机不同的广义基因型来建造大量不同的机器，然后摧毁那些表现不佳的。但实际上，这种混乱、浪费的过程可能是大自然所能采取的最好方式。同理，约翰·霍兰的遗传算法可能是编程计算机处理混乱、定义不明的问题的唯一现实方法。"要寻找具有特定广义表型特征的广义基因型，这很可能是唯一有效、通用的程序。"兰顿写道。

在撰写导论时，兰顿极其谨慎地避免声称人工生命学者所研究的实体是"真正"活的。显然，它们并不是。鸟群模型、图形植物、自复制元胞自动机——它们都不过是一种模拟，一种高度简化的生命模型，而这些生命在计算机之外根本不存在。然而，由于人工生命研究的全部要义在于探讨生命的最基本原则，有一个问题就无法避免：人类最终能否真正创造出人工生命？

兰顿发现问题很棘手，尤其是因为，无论是他还是其他人都不清楚"真实的"人工生命是什么样子。也许是某种基因改造的超级有机体？也许是自复制的机器人？一种极其智能的计算机病毒？生命到底是什么？你如何确切地知道它何时被创造出来，何时没有？

毫不奇怪，研讨会期间，这一点引发了大量讨论，不仅在会议环节，在走廊上甚至晚餐时都会引发激烈辩论。计算机病毒是一个特别热门的话题：许多与会者认为，病毒已经令人不安地几近于跨越生命和非生命的界线。这些讨厌的东西几乎满足人们可以想到的每一条生命准则。计算机病毒可以将自己复制到另一台计算机或软盘上来进行繁殖和传播。它们可以将描述自身的信息存储在计算机代码中，类似于 DNA。它们可以控制宿主（计算机）的新陈代谢来执行自身功能，就像真正的病毒控制被感染细胞的分子代谢一样。它们可以对它们环境（仍然是计算机）中的刺激做出反应。而且，在某些恶趣味黑客的帮助下，计算机病毒甚至能够变异和进化。的确，计算机病毒完全生活在计算机和计算机网络组成的赛博空间中，在物质世界没有任何独立的存在。但这并不一定就排除它们作为生命的可能性。如果像兰顿所主张的，生命本质上真的只是一种组织形式，那么一个适当组织起来的实体，无论由什么构成，都可能是有生命的。

不过，无论计算机病毒是否可以被看作是有生命的，兰顿坚信"真实的"人工生命总有一天会出现，而且不会太晚。并且，随着生物技术、机器人技术和先进的软件开发技术的发展，人工生命会因为商业与（或）军事原因而出现，无论他和同事们是否研究这个问题。但这恰恰让研究显得更加重要。兰顿辩称：如果我们真的即将踏进人工生命的美丽新世界，那么我们至少应该睁大眼睛见证这一切。

兰顿写道："到 20 世纪中叶，人类获得了让地球上的生命灭绝的能力。到下个世纪中叶，人类将能够创造生命。很难说这两者中的哪一个才是更大的责任。未来不仅是将存在的特定种类生物，甚至生命进化轨迹本身，都会越来越多地受到人类控制。"

兰顿说，因为预见到这种前景，他觉得这个领域的每个人都应该马上去读读《弗兰肯斯坦》这本书：显然在书中（虽然同名电影中没有），科学家不承认对自己的创造物负有任何责任。我们不应该让这种事情在现实世界发生。他指出，我们现在所做的改变对未来的影响是不可预测的，即使在理论上也难以预测。然而，我们还是要对后果负责。而这反过来意味着，关于人工生命可能的影响，科学家需要进行公开辩论，需要听取公众的意见。

此外，他说，假设你可以创造生命，那么突然间，你就会被卷入远比生物和非生物的技术定义大得多的问题当中。事实上，你很快会发现自己陷入一种经验神学。例如，创造了一种生物体之后，你是否有权利要求它崇拜你和为你牺牲？你是否有权利充当它的上帝？如果它的行为并非如你所愿，你是否有权利摧毁它？

兰顿说，这些都是很重要的问题。"无论是否有正确答案，这些问题都必须得到诚实、公开的处理。人工生命不仅仅是一项科学或技术挑战，更是对我们最基本的社会、伦理、哲学和宗教信仰的挑战。就像哥白尼的日心说一样，它将迫使我们重新审视人类在宇宙中的位置和在自然界的角色。"

新的热力学第二定律

和大多数科学文章相比，兰顿的文章措辞显得调门颇高，而这种表达在洛斯阿拉莫斯一点都不罕见。比如，多因·法默就因在高深概念层面漫游而闻名。一个典型的例子是《人工生命：即将到来的进化》（Artificial Life：The Coming Evolution），这是他和妻子——环境律师阿莱塔·贝林于 1989 年共同撰写的一篇非技术性论文，随后在加州理工学院庆祝盖尔曼 60 岁生日的研讨会上发表，他们写道："随着人工生命的出现，我们可能是第一批创造自己继任者的生物。……如果我们作为创造者的任务失败了，它们最终可能是冷酷而恶毒的。然而，如果我们成功了，它们可能是美好而文明的，在智力和智慧方面远超我们。当未来的智慧生命回望今日时，我们最夺目的成就很可能并不在于自身，而在于我们所创造的东西。人工生命有可能是人类最美丽的创造。"

尽管措辞华丽，但法默是完全发自内心地将人工生命作为一种新科学的。（《人工生命：即将到来的进化》这篇论文的大部分内容，实际上对该领域希望实现的目标做了相当清醒的评估。）毫不意外，他也同样发自内心地支持兰顿。毕竟，当初是法默将兰顿带到了洛斯阿拉莫斯。尽管对兰顿多次拖延论文感到气愤，但他一点也不后悔这么做。法默说："克里斯托弗·兰顿绝对值得这一切。像他这样有真正的梦想、对自己想做的事情满怀憧憬的人是非常罕见的。克里斯托弗的效率也许不高，但我认为他有一个好的愿景，一个我们真正需要的愿景。而且我认为他在实现愿景的过程中做得很好。他并不害怕深入细节。"

事实上，法默全心全意地担任兰顿的导师，尽管兰顿比他还大5岁。在山下的圣塔菲研究所，法默是核心圈子里为数不多的年轻科学家之一，他说服考温，向兰顿1987年组织的那场人工生命研讨会提供5 000美元的资金支持。法默确保兰顿能受邀在研究所会议上发言。作为圣塔菲研究所科学委员会的成员，他积极倡导引进访问科学家来研究人工生命。他还鼓励兰顿在洛斯阿拉莫斯开展一系列持续的人工生命研讨会，其中一些活动也可以偶尔到圣塔菲举办。也许最重要的是，当法默在1987年同意担任洛斯阿拉莫斯理论部门内新成立的复杂系统小组的领导时，他将人工生命、机器学习和动力系统理论确立为该小组的三大主要研究方向。

法默并非天生的管理者。在35岁时，这位身材高大、面部棱角分明的新墨西哥州人，仍然保留着研究生时期的马尾辫，穿着写有"质疑权威！"之类字眼的T恤。官僚式的琐碎工作让他痛苦，更痛苦的是，他得撰写研究计划，向"华盛顿的某个笨蛋"要钱。不过，法默在筹措资金和激发学术热情两方面都有着公认的优秀天赋。他最初获得声誉是在数学预测领域，至今仍然在这一领域投入大部分的研究时间，如今他身处领域最前沿，试图寻找方法来预测那些似乎随机和混沌得让人绝望的系统的未来行为——包括股票市场这类人们有动机去预测其未来的系统。此外，法默毫不后悔自己将小组的大部分"通用"资金输送给兰顿和负责人工生命研究的极少数骨干，同时让自己的非线性预测工作和其他工作自负盈亏。法默说："预测会产生实际结果，所以我可以向资助机构承诺在一年内有所收获，而人工生命研究要产生实际结果将在更远的未来。在目前的资助环境下，这让人工生命研究几乎无法得到资助。我意识到这一点，是因为当时资助我预测工作的一个机构打来电话，询问他们收到的一份人工生命研究提案的情况。从他们的态度中我可以明显感觉到，他们把人工生命与飞碟或占星术相提并论。看到我的名字出现在推荐人列表中，他们感到不悦。"

这绝非法默设想的理想状态。他对预测工作充满热爱，但他要兼顾预测工作和行政琐事，就几乎没有时间研究人工生命了。而人工生命却不知为何比其他任何工作更能触动他的心弦。法默说，人工生命让人能直入涌现和自组织的深层问题，而这些问题始终萦绕在他脑海中。

法默说："我在上高中的时候就已经在思考自然界中的自组织问题，虽然最初是通过阅读科幻故事，思考也是模模糊糊的。"他对艾萨克·阿西莫夫所写的一个故事记忆深刻，那就是《最后的问题》。在故事中，来自遥远未来的人类向一台宇宙超级计算机咨询如何废除热力学第二定律，即由于原子试图随机化，宇宙中的一切都不可避免地有冷却、衰变和耗尽的趋势。人类问道：我们要如何才能逆转熵增，也就是逆转物理学家所说的分子尺度的无序？最终，在人类消失和所有恒星冷却黯淡之后很久，超级计算机终于学会了如何实现这一壮举——于是它宣布："要有光！"一个全新的低熵的宇宙，创生了。

法默读到阿西莫夫的故事时才14岁，但那时的他就觉得这个故事指向了一个深刻的问题。他问自己，如果熵永远在增加，如果原子尺度的随机性和无序不可阻挡，为什么宇宙仍然能够孕育出恒星、行星和云朵、树木？为什么物质在大尺度上不断变得越来越有组织，同时在小尺度上却变得越来越无组织？为什么宇宙中的一切没有早早消散为无形的气体？法默说："坦率地讲，对这些问题的兴趣是驱使我成为物理学家的动力之一。在斯坦福大学时，比尔·伍特斯（即物理学家威廉·伍特斯，后任职于威廉姆斯学院）和我经常在物理课后，围坐在草坪上谈论这些问题。我们的脑袋里冒出各种想法。几年之后我才发现，其他人也思考过这些问题，而且还有很多文献——诺伯特·维纳和控制论，伊利亚·普里戈金和自组织，赫尔曼·哈肯和协同学。"他说，事实上，你甚至可以发现，赫伯特·斯宾塞的作品中潜藏着同样的主题，这位英国哲学家在19世纪60年代创造了"适者生存"这样的概念，让达尔文的理论深入人心，而且他认为，达尔文进化论只是驱动宇宙结构自发产生的更广泛力量的一个特例。

因此，这些问题是在许多人的头脑中独立涌现出来的，法默说道。但在当时他感到沮丧："我找不到一个公开探讨这些问题的地方。生物学家们不做这些——他们沉浸在蛋白质之间相互作用的细枝末节中，忽略了一般性原理。而就我所知，物理学家似乎也没有在做这样的事情。这是我投身混沌理论研究的原因之一。"

这个故事在詹姆斯·格雷克的畅销书《混沌》中占据了整整一章：20世纪70年代末，法默和他的终生好友诺曼·帕卡德在加州大学圣克鲁兹分校攻读物理学研究生时，如何迷上了轮盘游戏；计算飞行球运动轨迹的尝试，如何让他们切身感受到物理系统中初始条件的微小变化可以导致结果的巨大变化；他们和另外两名研究生——罗伯特·肖和詹姆斯·克拉奇菲尔德——如何认识到这种对初始条件的敏感性可以用新兴科学"混沌"，或更为人知晓的"动力系统理论"来描述；以及他们4个人如何下定决心深耕这个领域，以至于被誉为"动力系统集体"。

"然而过了一段时间，我就对混沌理论感到厌烦了。"法默说道，"我在想：'那又怎样？'基本理论已经充实起来了，所以没有那种身处前沿、面对未知的兴奋感了。"他还认为，混沌理论本身走得不够远。它大量地揭示了一些简单的行为规则是如何产生惊人的复杂动态变化的。但是，除了分形之类的美丽图像，混沌理论实际上对生命系统或进化的基本原理所言甚少。它没有解释开始时处于随机虚无状态的系统，如何将自己组织成复杂的整体。最重要的是，它没有回答法默一直以来的疑问——宇宙中的秩序和结构为何会不可阻挡地增加。

不知怎的，法默确信，研究还需要达到一个全新的理解层次。因此，他与斯图尔特·考夫曼和诺曼·帕卡德一起研究自催化集和生命起源，并热情地支持兰顿的人工生命研究。就像洛斯阿拉莫斯和圣塔菲周围的其他许多人一样，法默能感觉到——一种理解、一个答案、一套原理、一条定律似乎触手可及。

法默说："我认同的那一派观点是，生命和组织的进程是不可阻挡的，正如熵增不可阻挡一样。生命和组织的出现之所以看起来更具偶然性，是因为它们是断断续续的过程，而且建立在自身之上。生命反映了一种更为普遍的现象，我相信这种现象应该由某种与热力学第二定律相对的定律来描述——这个新定律将描述物质自组织的倾向，并预测我们期望在宇宙中看到的组织形态的一般特性。"

这个新的热力学第二定律会是什么样子？法默并没有清晰的想法。他说："如果我们知道，就会有一个明确的线索告诉我们如何到达那里。此刻，一切纯粹是推测，是当你远远静观、抚须沉思时，直觉所暗示的东西。事实上，法默不知道那将是一条定律，还是几条定律。然而，他所知道的是，人们最近发现了关于涌现、适应和混沌边缘等概念的许多线索，至少可以开始勾勒这个假想的新热力学第二定律的粗略轮廓了。

涌现

首先，法默说，这个假想的定律需要对涌现做出严格解释：整体大于部分之和的真正含义是什么？"这不是魔法，但对我们这些脑袋瓜原始粗陋的人类来说，这感觉就像是魔法。"他说道。在模拟的鸟群模型中，飞翔的小鸟主体适应其周边其他主体的行动，从而形成鸟群，真实的鸟群亦然。生物体在协同进化的舞蹈中合作与竞争，从而形成精妙协调的生态系统。原子相互之间形成化学键以寻找最低能量状态，从而形成被称为分子的涌现结构。人类试图通过买卖和相互交易来满足其物质需求，从而创造出被称为市场的涌现结构。同样，人类通过互动交流来满足不易量化的目标，从而形成家庭、宗教和文化。通过不断地寻求相互适应和自我协调，主体的集群总在设法超越自身，成为更大的存在。关键在于，我们要弄清楚这一切是如何做到的，同时不至于落入无果的哲学辩论或新时代神秘主义。

而这正是计算机模拟，特别是人工生命的魅力所在。法默说道：你可以在计算机桌面运行一个简单模型进行实验，测试各种想法，看看它们是否可行。你可以尝试以越来越精确的方式确定模糊概念。你还可以尝试提炼自然界涌现现象的本质。而且，如今有各种各样的模型可供选择。法默特别关注的一个是联结主义，其理念是把一群相互作用的主体表示为相互"联结"的"节点"组成的网络。有很多人支持这一理念。在大约过去10年间，联结主义模型在各领域突然出现。一个明显的例证是神经网络的研究热潮，研究者利用人工神经元的网络来模拟感知和记忆检索等事物，而且并非偶然的，对主流人工智能的符号处理方法发起猛烈攻击。紧随其后，还出现了很多从圣塔菲研究所发源的模型，包括约翰·霍兰的分类器系统，斯图尔特·考夫曼的基因网络、生命起源的自催化集模型，以及他和帕卡德在20世纪80年代中期与洛斯阿拉莫斯的艾伦·佩雷尔森合作提出的免疫系统模型。法默说，诚然，这些模型中的一些看起来不是那么联结主义，很多人第一次听到以这种方式描述事物时会感到很惊讶。但这仅仅是因为，这些模型是由不同的人在不同的时间为解决不同的问题而创造的——然后又用不同的语言描述。他说："当你剥开层层外壳，会发现它们最终看起来是一样的。你完全可以将一个模型映射到另一个。"

当然，在神经网络中，节点-联结的结构显而易见。节点对应于神经元，联结对应于联结神经元的突触。例如，如果程序员有一个视觉的神经网络模型，他／她就可以通过激活特定的输入节点来模拟落在视网膜上的明暗斑图，然后让激活状态通过联结扩散到神经网络的其余部分。这种效果有点像把一船又一船的货物送到沿海的几个港口城市，然后用无数的卡车沿着内陆城市之间的公路运送货物。如果这些联结安排得当，网络很快会进入自洽的激活模式，这对应于视觉的场景分类："那是一只猫！"此外，即使输入数据是嘈杂和不完整的，甚至即使一些节点遭到毁坏，它也能做到这一点。

在约翰·霍兰的分类器系统中，节点-联结的结构相当不明显，法默说，但它确实存在。节点的集合正是所有可能的内部信息的集合，如 1001001110111110。而联结正是分类器规则，每个分类器规则都在系统的内部公告板上寻找一条特定的消息，然后通过发布另一条消息来回应它。通过激活特定的输入节点，即在公告板上发布相应的输入信息，程序员可以让分类器激活更多信息，然后进一步激活更多。结果将是一次信息的级联，类似于神经网络中的扩散激活。而且正如神经网络最终会进入一种自我维持的状态，分类器系统最终会成为包含激活信息和分类器的稳定集合，这个集合能够解决手头的问题——或者在霍兰的图景中，代表一种涌现的心智模型。

网络结构也存在于他和考夫曼、帕卡德所做的关于自催化和生命起源的模型中，法默说道。在这种情况下，节点的集合是所有可能的聚合物种类的集合，比如 abbcaad。而联结是这些聚合物之间的模拟化学反应：聚合物 A 催化聚合物 B 的形成，以此类推。通过激活特定的输入节点，也就是说，通过从模拟环境向系统源源不断地输入小的"食物"聚合物，它们中的 3 个就可以引发级联反应，最终稳定下来，形成一种可以自我维持的活性聚合物和催化反应的模式——一个"自催化集"，大概相当于从原始汤中涌现的某种原始有机体。

法默说，无论是考夫曼的基因网络模型，还是其他众多的模型，它们的分析几乎一样。它们的基础都是同样的节点和联结框架。事实上，当几年前第一次认识到模型间的相似关系时，法默非常高兴，并将自己的全部发现写成一篇题为《联结主义的罗塞塔石碑》的论文发表。他说，存在一个共同框架至少会让人安心，因为这说明，看起来大多数盲人摸到的是同一头大象。但不止如此，一个共同框架可以消除不同术语的干扰，帮助研究这些模型的人更容易沟通。"我认为那篇论文的重要之处在于，确定了一个事实上的翻译机制，能从一个模型转换到另一个模型。我可以拿来一个免疫系统模型，然后说：'如果它有一个神经网络，那应该是这样的。'"

但是，构建一个共同框架的最重要原因或许在于，它可以帮助你提炼模型的精髓，这样你就可以专注于它们对涌现的真正解释，法默说道。在这种情况下，结论显而易见：联结就是力量。这就是许多人对联结主义如此兴奋的原因。你可以从极其简单的节点开始——线性"聚合物"、只是二进制数字的"信息"、本质上只是开关的"神经元"——仅仅从它们的互动方式中，就可以产生出乎意料且复杂的结果。

以学习和进化为例。由于节点非常简单，整个网络的行为几乎完全由联结决定。或者用兰顿的语言来说，联结编码着网络的广义基因型。所以要修改系统的广义表型行为，只需要改变这些联结。事实上，法默说，你可以用两种不同的方式改变它们。第一种方式是保留联结，但修改其"强度"。这对应于霍兰所说的"开采现有资源式学习"：改善已经拥有的东西。在霍兰的分类器系统中，这是通过桶链算法完成的，该算法奖励带来良好结果的分类器规则。在神经网络中，它通过各种学习算法完成，这些算法向神经网络提供一系列已知输入，然后调整联结强度，直到神经网络给出正确的响应。

第二种调整联结的方法更为激进，是改变网络的整体线路图。断开一些旧的联结，建立新的联结。这对应于霍兰所说的"勘探新矿藏式学习"：冒着把事情搞砸的高风险，换取高回报的机会。例如，在霍兰的分类器系统中，当遗传算法通过独特的有性重组将规则混合起来时，发生的就是这种情况；所产生的新规则往往会将之前从未有联系的信息联系起来。在自催化集模型中，当偶然形成的新聚合物被允许自发形成时（像现实世界中那样），发生的也是这种情况；由此产生的化学联结可以给自催化集一个开端，去探索整个全新的聚合物空间。在神经网络中，联结最初用来模拟不能移除的突触，因此断开联结并不是通常发生的情况。但法默说，最近，一些神经网络爱好者用那些在学习过程中可以重建线路的网络做实验，其根据是任何固定的线路图都是任意的，应该允许改变。

因此，简而言之，联结主义思想揭示了，即使节点（即单个主体）没有大脑也没有生命，学习和进化的能力仍然能涌现出来，法默说道。在更广泛的意义上，通过强调联结而非节点，联结主义指向了一条通往精确理论的道路，也就是兰顿和人工生命学者所说的：生命的本质在于其组织，而非分子。同样，联结主义也为更深刻地理解宇宙中生命和心智如何从无到有产生指明了道路。

混沌边缘

然而，尽管前景可能很美好，但针对你想要了解的有关新热力学第二定律的一切，联结主义模型还远远无法揭示出来，法默说道。首先，在经济、社会或生态系统中，节点是"智能的"，并不断相互适应。但联结主义模型无法告诉你在这些系统中，涌现如何运作。要了解这样的系统，你必须理解合作与竞争的协同进化之舞。而这意味着需要使用协同进化模型进行研究，比如近年来逐渐流行起来的霍兰生态系统模型。

法默认为，更重要的是，无论是联结主义模型还是协同进化模型，都没能解释生命和心智最初是怎样成为可能的。宇宙中的什么东西让这些得以发生？仅仅说"涌现"是不够的。宇宙中充满了像星系、云朵和雪花这样的涌现结构，但它们仍然只是物理实体，没有任何独立的生命。还需要更多东西。而这个假想的新热力学第二定律必须告诉我们，这个还需要的东西是什么。

显然，这有赖于那些试图揭示世界的基础物理和化学原理的模型，例如兰顿非常喜欢的元胞自动机。法默说，这并非巧合，兰顿在元胞自动机中发现的这种奇特的、混沌边缘的相变，似乎是答案的重要部分。在人工生命会议期间，鉴于当时论文的完成状态，兰顿谨慎地对这个问题保持沉默。但从一开始，洛斯阿拉莫斯和圣塔菲周围的很多人就发现，混沌边缘的想法非常令人信服，法默说。兰顿基本上是说，使生命和心智成为可能的神秘"东西"，是秩序的力量和无序的力量之间的某种平衡。更确切地讲，他是说，你应该从系统的行为方式，而非它们的构造方式来看待系统。当你这样做时，他说，你会发现秩序和混沌这两个极端。这很像固体和流体之间的区别，固体中的原子被固定在特定位置，流体中的原子则随机地彼此翻滚。但就在这两个极端之间，他说，在一种被称为"混沌边缘"的抽象相变中，你也会发现复杂性：系统的组件永远不会固定在特定位置，但也永远不会终止为混沌的湍流状态。这些系统既足够稳定，可以储存信息，又足够灵活变化，可以传输信息。这些系统可以被组织起来进行复杂的计算，对世界做出反应，变成自发的、有适应性和有生命的。

当然，严格说来，兰顿只在元胞自动机中证明了复杂性和相变之间的联系。没有人真正知道它在其他模型，或者在现实世界中是否成立。不过，法默说，有一些强有力的线索表明，它可能成立。例如，以后见之明来看，多年来类似相变的行为一直出现在联结主义模型中。早在20世纪60年代，这就是斯图尔特·考夫曼在他的基因网络中最先发现的现象之一。如果联结太稀疏，网络基本上会冻结，静止不动。而如果联结太密集，网络就会陷入完全的混沌。只有在这两者之间，当每个节点精确地有两个输入时，网络才会产生考夫曼所寻找的稳定状态循环。

然后，在20世纪80年代中期，法默说，自催化集模型的情况也差不多。这个模型有很多参数，如反应的催化强度，以及"食物"分子的供给速率。法默、帕卡德和考夫曼不得不人为设置所有这些参数，基本上是通过试错的方法。他们最先发现的一件事是，除非将这些参数设定在一个特定范围内，否则模型中几乎不会发生什么变化，而一旦将参数设定在这个范围，自催化集将迅速启动和发展。法默说，这种行为再次让人强烈地联想到相变——尽管还不清楚它与其他模型的相变有什么关系。他说："人们可以感觉到存在相似性，但要精确地描述它们非常困难。这是另一个需要人们进行仔细的交叉比较的科学领域，类似于破解罗塞塔石碑的论文。"

与此同时，法默说，我们更不清楚混沌边缘的想法是否适用于协同进化系统。他说，当你研究生态系统或经济之类的对象时，你甚至不清楚像秩序、混沌和复杂性这些概念该如何精确定义，更不用说它们之间的相变了。尽管如此，我们感觉有些关于混沌边缘的原则仍然适用。以苏联为例，他说："现在很清楚，极权的、过度中心化的社会组织方式并不能很好地运作。"从长远来看，斯大林建造的系统过于迟钝，过于封闭，控制过于严格，因而无法生存下去。或者看看 20 世纪 70 年代底特律的三大汽车制造商，它们变得如此庞大，如此僵化地固着于某些做事方式，甚至没能认识到来自日本的日益严峻的挑战，更不用说应对挑战了。

不过，法默说，无政府主义也无法很好地运作——正如苏联的一些部分在解体后所展示的那样。不受约束的自由放任制度也不行：看看英国工业革命时期的狄更斯式贫穷，或者最近美国的储贷危机。常识和最近的政治经验表明，健康的经济和健康的社会都必须保持秩序和混沌的平衡——而且不是那种摇摆不定、平均主义、中庸式的平衡。就像活细胞一样，它们必须用密集的反馈和调节网络进行自我调节，同时为创造、变化和响应新环境留出足够的空间。法默说："在自下而上的组织的系统中，因为具备灵活性，进化蓬勃发展。但与此同时，进化必须引导这种自下而上的方式，以避免破坏组织。必须有层级控制——信息在自下而上流动的同时，也自上而下流动。"他说，混沌边缘的复杂动力学似乎是这种行为的理想选择。

复杂性的增加

无论如何，法默说："在一个模糊的、启发式的层面上，我们自认为对这种有趣的组织现象出现的区域有所了解。"然而，这也绝非故事的全部。即使为了讨论方便，假设这个特殊的混沌边缘区域确实存在，假想的新热力学第二定律仍然需要解释：涌现系统如何到达那里，如何保持在那里，以及它们在那里做什么。

法默说，在同样模糊的、启发式的层面上，人们很容易说服自己，达尔文已经回答了前两个问题（约翰·霍兰做了进一步归纳）。既然那些能够做出最复杂、最精密响应的系统，总是在一个竞争的世界中占据优势，那么僵化的系统总是可以通过放松一点而表现得更好，而动荡的系统总是可以通过提高组织性而表现得更好。所以，如果一个系统还没有处于混沌边缘，那么你会期望学习和进化将它推向那个方向。如果它处于混沌边缘，那么你会期望一旦它开始偏离，学习和进化会将它拉回来。换句话说，学习和进化会让混沌边缘变得稳定，使其成为复杂的自适应系统的天然驻地。

第三个问题，即当系统处于混沌边缘时它们会做什么，则有点微妙。在所有可能的动力学行为空间中，混沌边缘就像一个无穷薄的薄膜，一个包含特殊而复杂的行为的区域，它将混沌与秩序分开。但别忘了，海洋表面也只有一个分子那么厚；它只是将水和空气分开的界面。混沌区域的边缘，就像海洋表面一样，仍然超乎想象地广阔。它包含几乎无穷多种方法，让主体既复杂又具有适应度。的确，当约翰·霍兰谈到"永远新奇"，以及适应性主体探索进入一个巨大的可能性空间时，他可能并未使用这样的比喻——但他所谈论的确实是适应性主体在这个巨大的混沌边缘薄膜上移动。

那么，新的第二定律对此会做何解释呢？当然，在一定程度上，它可以谈论合成砌块、内部模型、协同进化，以及霍兰等人研究过的所有其他适应机制。但包括法默在内的人都怀疑，从本质上讲，这与其说是机制问题，不如说是方向问题：一个看似简单的事实是，进化不断地产生比之前更复杂、更精妙、更结构化的东西。法默说："云朵比大爆炸后最初的气体更具结构性，原始汤比云朵更具结构性。"而我们人类又比原始汤更具结构性。就这一点而言，现代经济比美索不达米亚城邦的经济更具结构性，就像现代技术比罗马时代的技术更复杂一样。学习和进化似乎并不只是把主体拉到混沌边缘，而且是缓慢、断断续续但又不可阻挡地，使主体沿着混沌边缘朝越来越复杂的方向前进。为什么？

　　"这是一个棘手的问题。在生物学领域，很难清晰地表达'进步'这个概念。"法默说道。一种生物比另一种生物更高级意味着什么？以蟑螂为例，它们比人类存在的时间要长数亿年，而且作为蟑螂，它们已经进化得相当好了。人类比它们更高级吗，还是仅仅有所不同？6 500万年前人类的哺乳动物祖先真的比霸王龙更高级吗？还是仅仅因为他们更幸运，在彗星四处撞击的灾难中幸存下来？法默说，由于对"适应度"没有客观定义，"适者生存"实际上变成了一种同义反复：幸存者生存。

　　"但我也不相信虚无主义，即认为一切皆无优劣之分。"法默说道，"并不是进化不可避免地导致了人类出现；这个想法是可笑的。但如果你退后一步，纵观整个进化过程，我确实认为可以用一种有意义的方式谈论进步。你会看到一种整体趋势，那就是精巧度、复杂性、功能性在不断增加；相比于最早的有机体和最新的有机体之间的差异，福特T型车和法拉利之间的差异根本不算什么。尽管难以捉摸，但这种进化设计的'质量'不断提高的总体趋势，是探寻生命是什么的最迷人、最深刻的线索之一。"

法默最喜欢的一个例子，是他与帕卡德和考夫曼一起做的自催化集模型中进化进行的方式。他说，自催化的一个奇妙之处在于，你可以从头开始追踪涌现过程。一些化学物质因为可以共同催化彼此的形成过程，其浓度会自发地比平衡浓度高出几个数量级。这意味着这个自催化集作为整体，现在就像一个从平衡背景中涌现出来的新个体——这正是解释生命起源所需要的。"如果我们知道如何在真实的化学实验中做到这一点，就能在生物和非生物之间找到平衡点，"他说，"这些自催化个体没有遗传密码。不过，在一种原始层面上，它们可以自我维持和繁殖——虽然远不如种子，但比一堆石头好得多。"

当然，在最初的计算机模型中，并没有集合的进化，因为不存在与任何外部环境的交互作用。该模型假设所有事情都发生在一个充分搅拌的化学物质罐中，所以一旦集合出现，它们就是稳定的。然而，在40亿年前的真实世界中，环境会使这些定义模糊的自催化个体遭受各种各样的冲击和波动。因此，为了观察在这种情况下会发生什么，法默和研究生理查德·巴格利让模型自催化集受到"食物"供应（作为集合原材料的小分子流）波动的影响。法默说："真正有趣的是，一些自催化集就像熊猫一样，只能消化竹子。如果改变其食物供应，它们就会崩溃。但其他集合就像杂食动物，有很多代谢途径，可以用一种食物分子代替另一种。所以当你改变其食物供应时，它们几乎不受影响。"据推测，这种稳健的集合应该就是在早期地球上幸存下来的类型。

法默说，最近，他、巴格利和洛斯阿拉莫斯的博士后沃尔特·丰塔纳对自催化模型做了另一项修正，以允许偶然发生的自发反应——已知这种反应会在真实的化学系统中发生。这些自发反应导致许多自催化集的瓦解。但那些被破坏的集合为进化的跃迁铺平了道路。"它们引发了一连串雪崩式的新奇变化。一些变化会被放大，然后再次稳定下来，直到下一次崩盘。我们看到一系列自催化代谢过程，每一个都取代了之前的一个。"

法默说，也许这是一个线索。"看看我们能否清楚地表达'进步'的概念，将是一件有趣的事情，它将包含（为了稳定而）具有特定反馈循环的涌现结构，这些反馈循环在此前的结构中并不存在。关键在于，在斯宾塞的意义上，有一系列进化事件让宇宙中的物质结构化，其中每一次涌现都为下一个层次的涌现奠定了基础。

法默说："实际上，谈论这些让我很沮丧。这里存在一个真正的语言问题。人们试图定义'复杂性'和'涌现计算的趋势'之类的东西。我只能用无法以数学术语精确定义的词语，在你的大脑中勾勒出模糊的图像。这就像 1820 年前后热力学刚出现时的情况。人们知道有一种叫作'热'的事物，但他们用来谈论热的术语在后来听起来很荒谬。"事实上，他说，他们甚至不确定热是什么，更不用说它如何运作了。比如说，当时大多数著名科学家都相信，一根烧得通红的拨火棍上密集地充斥着一种被称为"热量"的没有重量的无形流体，一旦有机会，这种流体就会从拨火棍中流出，进入温度更低、热量更少的物体中。只有少数人认为，热量可能代表拨火棍中原子的某种微观运动。（这部分人是对的。）此外，当时似乎没有人想象到，像蒸汽机、化学反应和电池这些混乱而复杂的事物，都能被简单而普遍的定律支配。直到1824年，一位名叫萨迪·卡诺的年轻法国工程师才首次阐述了后来被称为热力学第二定律的原理：热量不会自发地从冷的物体流向热的物体。（卡诺当时在为工程师同行写一本关于蒸汽机的通俗读物，他非常准确地指出，这个简单、日常的事实严格限制了蒸汽机的效率——更不用说内燃机、发电厂涡轮机或任何其他依靠热量运行的发动机了。对热力学第二定律的统计解释，即原子不断地试图随机排列，大约在70年后才出现。）

法默说，同样，直到19世纪40年代，英国酿酒师、业余科学家詹姆斯·焦耳才为热力学第一定律奠定了实验基础，它也被称为能量守恒定律：能量可以从一种形式转变为另一种形式（热能、机械能、化学能、电能），但永远不能被创造或毁灭。直到19世纪50年代，这两条定律才以明确的数学形式被表述出来。

法默说："我们在自组织方面的研究正慢慢走向那个卡诺时刻。但事实证明，组织比无组织更难理解。我们仍然缺少一个关键概念——至少缺乏一个清晰的定量形式。我们需要类似于氢原子的东西，可以拆开来清楚地描述其运作机制。但我们还做不到这点。我们只理解这个谜题的零星部分，每一部分都有自己孤立的语境。例如，我们现在对混沌和分形有了深入理解，它们展示了由简单部分组成的简单系统如何产生非常复杂的行为。我们对果蝇的基因调控有相当多的了解。在一些非常具体的情况下，我们掌握了大脑如何实现自组织的一些线索。而在人工生命领域，我们正在创造一组新的'玩具宇宙'模型系统。它们的行为是对自然系统中实际情况的微弱反映。但是我们可以完全模拟它们，可以随心所欲地改变它们，可以确切了解是什么驱使它们如此行动。我们希望最终能从更高的视野，将所有这些碎片整合成一个关于进化和自组织的统一理论。"

"这个领域不适合那些喜欢明确界定问题的人，"法默补充道，"但令人兴奋的地方正在于一切尚无定论。一切仍在发展之中。据我所知，还没有人知道通向答案的清晰路径。但有很多微妙的线索在四处飘荡。有很多迷你的玩具宇宙模型和模糊的想法。因此，在我看来，二三十年后我们或许会形成一个真正的理论。"

榴弹的弧线

斯图尔特·考夫曼则真切希望，理论成形的过程不要太久。

他说道："我听多因说过，这就像萨迪·卡诺出现之前的热力学。我认为他是对的。我们在复杂科学中真正寻找的，是宇宙中非平衡系统模式形成的普遍规律。我们需要发明合适的概念来实现这一目标。但有了如混沌边缘之类的所有这些线索，我觉得我们似乎正处于突破的边缘，就像处在卡诺出现之前的几年。"

事实上，考夫曼显然希望这位新的卡诺，就是他自己。和法默一样，考夫曼设想了一个新的第二定律，来解释涌现实体在混沌边缘如何表现出有趣的行为，以及适应如何不可阻挡地将这些实体推向更高层级的复杂性。但与法默不同的是，考夫曼不用管理一个研究小组，因此他没有被官僚主义的琐事束缚和困扰。几乎从抵达圣塔菲研究所的那一天起，他就一头钻进这个问题。考夫曼说话的口气就像一个急需找到答案的人——仿佛他长达30年的对理解秩序和自组织含义的探寻，已经使接近答案而不得的感觉如同切身之痛。

考夫曼说："对我来说，向混沌边缘进化的想法，只是理解自组织和选择的结合这一宏大挑战的下一步。真令人烦躁，因为我几乎能闻到它的气息，看到它的形状。我不是一位严谨的科学家。什么事都没做到尽善尽美过。很多东西我都只是匆匆一瞥。我觉得自己更像是一颗榴弹，穿过一堵又一堵墙，留下一片狼藉。我觉得自己在一个又一个话题间匆忙流转，试图看到榴弹飞行弧线的尽头在哪里，而不知道在返回的路上如何清理残迹。"

考夫曼说，这条榴弹飞行的弧线始于20世纪60年代，当时他刚开始研究自催化集和基因网络模型。在那些日子里，他真的很想相信，生命几乎完全由自组织形成，自然选择只不过是插曲罢了。没有什么比胚胎发育更好说明这一点的了：在胚胎发育中，相互作用的基因自组织成不同的结构，对应于不同的细胞类型，相互作用的细胞则自组织成胚胎的各种组织和结构。考夫曼说："我从未怀疑过自然选择的作用。只是在我看来，最深层的事情与自组织有关。"

"但在 20 世纪 80 年代初的一天，"他说，"我去拜访了约翰·梅纳德·史密斯。"他和考夫曼是老朋友了，也是苏萨克斯大学的著名种群生物学家。当时是考夫曼在研究果蝇胚胎发育 10 年后，刚刚重新开始认真思考自组织。他说："约翰和他妻子希拉还有我一起在唐村散步。约翰说我们离达尔文的家不远。他认为，总的来说，认真对待自然选择的人都是像达尔文那样的英国乡绅。他看着我，微微一笑，接着说道：'而认为自然选择与生物进化没有多大关系的人都是城市犹太人！'这让我捧腹大笑，笑得坐到了树篱中。但他接着说：'斯图尔特，你真的必须考虑选择问题。'而我不想这样做。我希望一切都是自发的。"

但考夫曼不得不承认，梅纳德·史密斯是对的。自组织不能独自完成这一切。毕竟，突变基因与正常基因一样容易进行自组织。当结果是，比如说，一只果蝇怪物在应该长触角的地方长了腿，或者没有头，那么仍然需要自然选择来区分哪些是可行的，哪些是不可能的。

"于是在 1982 年，我坐下来，列出了书的大纲。（即《秩序的起源》，这是对考夫曼过去 30 年的思想多次修订总结后的成果，最终于 1992 年出版。）这本书关乎自组织和选择：如何将两者结合起来？我一开始的想法是两者之间存在冲突。选择可能想要实现的是某一种情况，但系统的自组织行为所允许的情况是有限的。所以它们相互拉扯，直到达到某种平衡，此时，选择再也无法对事物产生影响。在这本书的前 2/3 部分，这个图景一直伴随着我。"——或者更准确地说，一直伴随到 20 世纪 80 年代中期考夫曼抵达圣塔菲研究所，开始接触混沌边缘这一概念的时候。

考夫曼表示，最终，混沌边缘的概念再次颠覆了他对自组织与自然选择问题的观点。然而，当时他对这个概念的心情显然是复杂的。不仅是自20世纪60年代以来，他在自己的基因网络研究中已经观察到类似相变的行为，而且在1985年，他差一点就独立提出混沌边缘的概念。

考夫曼谈到这里仍然带着一种自责的神情："有很多论文是我应该写却没有写的，那就是其中之一，对此我始终深感遗憾。"他说，这个想法是1985年夏天产生的，当时他正在巴黎高等师范学校度过自己的公休假期。他与物理学家热拉尔·魏斯布赫和研究生弗朗索瓦丝·福热尔曼-苏莱一起离开巴黎，在耶路撒冷的哈达萨医院待了几个月，福热尔曼-苏莱当时正在做关于考夫曼的基因网络的论文。一天早上，考夫曼开始思考他的网络中所谓的"冻结组件"。他说，他第一次注意到它们是在1971年。他用灯泡做类比，这就好像网络中各处的联结节点集群要么全部亮起，要么全部变暗，然后保持这种状态，而网络中其他地方的灯泡继续忽明忽暗。密集联结的网络中一团混沌的闪烁，根本没有出现冻结组件。而在联结非常稀疏的网络中，冻结组件似乎起到主导作用，这就是为什么这些系统往往会完全冻结。但是他想知道，在中间状态会发生什么？在中间状态下，可以找到联结稀疏程度不等的网络，这些网络似乎与真实的基因系统最接近。在后者中，网络既非完全冻结也非完全混沌……

考夫曼说："我记得那天早上我闯进弗朗索瓦丝和热拉尔的

房间，说：'快看，伙计们，就在冻结组件融化、彼此产生微弱联结而未冻结的孤立岛屿也开始与外界联结的地方，应该能产生最复杂的计算！'那天早上我们深入讨论了这个问题，都认为它很有趣。我把它记下来，打算稍后研究。但是——我们转而做其他事情去了。此外，那时我还在想：'啊，估计没有人会关心这些事情。'所以我再也没有把注意力放在这上面。"

结果，考夫曼听着所有这些关于混沌边缘的讨论，心里混杂着似曾相识、遗憾和兴奋的奇怪感觉。他忍不住觉得这个想法本应由自己提出。然而，他不得不承认，是兰顿把相变、计算和生命联系起来，并发展成远超自己那天早上一时兴趣的深刻思考。兰顿的努力付出使这个想法变得严谨而精确。此外，兰顿还认识到了考夫曼没有认识到的东西：混沌边缘远非一个将纯粹的有序系统与纯粹的混沌系统分开的简单边界。事实上，是跟兰顿长谈几次后，考夫曼才最终明白了这一点：混沌边缘本身是一个特殊区域，在那里你可以找到具有类生命的复杂行为的系统。

因此，兰顿显然完成了一项重要的工作，而且完成得简要明了，考夫曼说。但是，由于考夫曼自己参与了经济学、自催化和圣塔菲研究所的各种其他项目，更不用说在关于自组织和自然选择之间关系的著作上所花的大量时间，所以直到几年之后，他才最终理解了混沌边缘的全部含义。确切地讲，那是1988年夏天，诺曼·帕卡德从伊利诺伊州来到圣塔菲研究所，就他自己在混沌边缘方面的研究工作举办了一个研讨会。

帕卡德几乎与兰顿同时独立提出了相变的想法，而且也对适应度进行了大量思考。因此，他不禁好奇：适应得最好的系统是否也是计算能力最强的系统——也就是那些处在有趣的混沌边缘的系统？这个想法很吸引人。所以帕卡德做了一个简单的模拟。他从大量的元胞自动机规则开始，要求每一条规则执行特定的计算。然后，他应用霍兰式的遗传算法，根据规则的表现让它们进化。他发现，最终的规则，那些可以很好地进行计算的规则，确实聚集在边界处。1988 年，帕卡德在一篇名为《混沌边缘的适应》（Adaption to the Edge of Chaos）的论文中公布了测试结果——这是第一次有人在出版物中正式使用"混沌边缘"一词。（兰顿此前在正式场合仍然使用的是"混沌的开始"。）

听到这些，考夫曼深受震撼。"在那一刻我恍然大悟，'原来如此！'那几乎是一种认知层面的震撼。我曾经想到可以在相变阶段进行复杂计算，但没想到，自然选择可以引领系统到达混沌边缘。我太愚蠢了，根本没有想到这一点。"

现在既然考夫曼意识到了，他关于自组织与自然选择的老问题也前所未有地清晰起来。生命系统并不根植于有序体系，这基本上是他过去 25 年里一直在说的，考夫曼声称自组织是生物学中最强大的力量。生命系统实际上非常接近这种混沌边缘的相变，在那里，物质更松散、更不稳定。自然选择并不是自组织的对立，它更像是一种运动规律——一种不断将涌现的自组织系统推向混沌边缘的力量。

"我们将网络作为基因调节系统的模型来讨论，"考夫曼带着一种皈依者的热情说道，"我的观点是，处于有序状态下但离混沌边缘不远的稀疏联结网络，在拟合真实胚胎发育、真实细胞类型和真实细胞分化的许多特征方面做得很好。如果这是真的，那么可以合理地猜测，10 亿年的自然进化实际上将真实细胞类型调整到接近混沌边缘。这是一个强有力的证据，表明混沌边缘一定有其优势。"

"所以我们可以说相变是进行复杂计算的理想之地。"考夫曼说，"然后我的第二个断言就是：'突变和自然选择会引领系统进入这个地带。'"当然，帕卡德已经在他的简单元胞自动机模型中证明了这一点。但那只是一个模型。无论如何，考夫曼希望在自己的基因网络中也看到这些现象，哪怕只是为了支持他的有关进化将真实细胞类型引向混沌边缘的观点。所以在听完帕卡德的演讲后不久，他就与一位刚从宾夕法尼亚大学毕业的年轻程序员桑肯·约翰逊合作设计了一个模拟程序。遵循与帕卡德相同的基本策略，考夫曼和约翰逊为成对的模拟网络提出一个挑战——"错配游戏"。他们的想法是将每个网络联结起来，这样 6 个模拟灯泡就可以被对手看到，然后设置网络以不同的模式互相闪烁灯泡；"最适应"的网络是能够按照一系列与对手尽可能不同的模式闪烁的网络。他们可以调整错配游戏，使之对网络来说更复杂或更简单，考夫曼说道。问题是，选择压力加上遗传算法，是否足以引导网络到达处在混沌边缘的相变区域？在每种情况下，答案都是肯定的，他说。事实上，无论考夫曼和约翰逊是从有序区域还是从混沌区域开始建立网络，答案始终是肯定的。进化似乎总是通向混沌边缘。

这能证明那个猜想吗？几乎不能，考夫曼说道。少量的模拟本身并不能证明任何事情。他说："如果事实证明，对于各种各样的复杂游戏，混沌边缘都是最佳位置，突变和自然选择会将系统带到那里，那么也许整个松散而奇妙的猜想能够得到证明。"但考夫曼承认，这是他没时间清理的众多榴弹废墟中的一堆，他感到有太多奇妙的猜想正在向他招手。

丹麦出生的物理学家佩尔·巴克是混沌边缘游戏中的一匹黑马。1987年，他和长岛布鲁克海文国家实验室的同事们首次发表了关于"自组织临界性"的观点，从那时起，菲利普·安德森就一直对他们的工作赞不绝口。1988年秋天，当巴克终于来到洛斯阿拉莫斯国家实验室和圣塔菲研究所来谈论这个问题时，人们发现这是一个35岁左右的圆胖小伙，长着一张娃娃脸，行为举止带着一种日耳曼式的鲁莽甚至挑衅态度。有一次兰顿在研讨会上向他提问，巴克回答说："我知道我在说什么。你知道你在说什么吗？"不可否认，他也非常聪明。巴克对相变理论的表述至少和兰顿的一样简洁优雅，但又如此不同，有时很难看出两者之间有什么联系。

巴克解释说，他与合作者汤超和库尔特·维森菲尔德在1986年发现了自组织临界性，当时他们正在研究一种被称为电荷密度波的不寻常的凝聚态现象。但他们很快认识到，这种现象实际上要更为普遍和影响深远。他说，最好也最生动的比喻是，想象桌面上有一堆沙子，不断有新的沙粒细流从上空洒落。（这个实验实际上已经在计算机模拟场景以及真正的沙堆中完成了。）沙子堆得越来越高，直到无法再往上堆：旧沙子像瀑布一样顺着侧面和桌子边缘滑落，和新沙子流下的速度一样快。反过来，巴克说，从一大堆沙子开始也可以达到完全相同的状态：侧面会坍塌，直到所有多余的沙子都滑落下来。

巴克认为，无论哪种方式，最终形成的沙堆都是自组织的，它完全自发地达到稳定状态，未经任何外力塑造。而且它处于临界状态，也就是说，表面的沙粒只是刚好稳定。事实上，临界沙堆非常像达到临界质量的核燃料钚，其中链式反应刚好处在核爆炸的边缘，但并未爆炸。沙粒的微观表面和边缘以每一种可以想象到的组合紧密贴合，又随时准备解体。所以当一颗沙粒掉落，谁也不知道会发生什么。也许什么也不会发生。也许只是几个沙粒细微移动。也许，一次微小的碰撞恰好引发连锁反应，进而引发的灾难性滑坡将会带走沙堆的整个表层。事实上，巴克说，所有这些事情都在时不时地发生。大的"雪崩"很少发生，小的崩塌则经常发生。但细雨般持续流下的沙子会引发各种大小的级联反应——这一现象在数学上表现为雪崩的"幂律"行为：特定规模沙崩的平均频率，与其规模的某个幂次成反比。

巴克说，这一切的关键在于，幂律行为在自然界非常普遍。它出现在太阳活动中，来自星系的光中，通过电阻器的电流中，流经河道的水流中。大的脉冲很罕见，小的脉冲很常见，但所有脉冲的频率都遵循这种幂律关系。事实上，这种行为如此普遍，以至于解释其普遍性已经成为困扰物理学的谜团之一：为什么？

沙堆的比喻提供了一个答案，巴克说。正如源源不断流下的沙子形成的细流促使沙堆自组织进入临界状态一样，源源不断的能量、水或电子的输入也促使自然界中的许多系统以同样的方式自组织。它们变成一大堆错综复杂的子系统，恰好处在临界边缘——各种规模的崩塌不断让系统撕裂和重新组织，其发生的频率恰好使系统处在临界边缘。

巴克说，一个最好的例子是地震分布。任何住在加州的人都知道，震得盘子晃动作响的小地震要比登上国际头条的大地震常见得多。1956年，地质学家贝诺·古登堡和查尔斯·里克特（著名的里氏震级就是以他的姓氏命名）指出，地震实际上遵循幂律：在任何给定地区，每年的地震会释放一定能量，这些地震的数量与能量的某个幂次成反比。（根据经验，幂次大约是3/2。）对巴克来说，这听起来像是自组织临界性。因此，他和汤超对加州圣安地列斯断层进行了计算机模拟，该断层两侧被地壳持续且不可阻挡的运动拉向相反的方向。标准地震模型认为，两侧的岩石被巨大的压力和摩擦锁定在一起；它们抗拒运动，直到突然灾难性地滑移。然而，在巴克和汤超的版本中，两侧的岩石不断弯曲、变形，直到最终随时可能脱离彼此——其间断层经历了持续的大大小小的滑移，恰好足以将张力保持在临界点。他们认为，正如所期望的那样，地震表现出幂律关系；这说明，地球长期以来持续扭曲断层，使其处于自组织临界状态。事实上，他们模拟的地震遵循的幂律与古登堡和里克特发现的非常相似。

巴克说，在那篇论文发表后不久，人们开始在各个领域发现自组织临界性的证据。例如，股票价格波动，或者变幻莫测的城市交通。（走走停停的交通堵塞相当于临界的雪崩。）他承认，目前还没有通用的理论来说明哪些系统会达到临界状态，哪些不会。但显然很多系统都处在临界状态。

不幸的是，巴克补充道，自组织临界性只能给出雪崩的总体统计数据，而无法预测任何一次的雪崩。这个例子再次说明，理解和预测并非一回事。试图预测地震的科学家最终可能成功，但不是因为自组织临界性。他们的处境就像一群想象中的极小的科学家生活在临界的沙堆上。这些极小的研究人员当然可以对附近的沙粒进行大量详细的测量，并通过巨大的努力预测这些沙粒何时会坍塌。但了解雪崩的整体幂律行为并不能对他们有所帮助，因为整体行为并不依赖于局部细节。事实上，即便科学家们试图阻止他们预测会到来的崩塌，也不会有任何影响。他们当然可以通过搭建支架和支撑结构等来阻止坍塌，但这最终只是把雪崩转移到了别的地方。整体的幂律保持不变。

"绝对是极好的研究成果，"考夫曼称，"当佩尔·巴克造访圣塔菲研究所时，我爱上了他的自组织临界性。"兰顿、法默和圣塔菲其他人员都有同感，尽管这位讲述者的脾气糟糕。显然，这是混沌边缘谜题的另一块关键拼图。关键在于，要弄清楚它到底应该插入哪个位置。

自组织临界状态显然处于某种边缘。而且从很多方面而言，这和兰顿在论文中努力描述的相变很相似。例如，在兰顿认为对混沌边缘很重要的那种"二级"相变中，一种真实物质在所有尺度上都显示出微观的密度波动；事实上，在相变过程中，这种波动遵循幂律关系。此外，兰顿在冯·诺依曼宇宙中发现的更抽象的二级相变中，像《生命游戏》这样的第4类元胞自动机也在所有尺度上显示出结构、波动和"持续瞬态"。

事实上，甚至可以用数学语言精确地刻画这种类比。在兰顿的有序体系中，系统总是收敛到稳定状态，这就像亚临界的核燃料钚，链式反应无法持续，或者像小沙堆，雪崩永远不会真正发生。而在他的混沌体系中，系统总是偏离到不可预测的震荡中，就像一块超临界的钚中链式反应爆发，或者像巨大的沙堆因为无法支撑自己而坍塌。混沌边缘，就像自组织临界状态一样，恰好位于边界处。

然而，两人的概念也存在一些令人费解的差异。兰顿的混沌边缘理论的全部意义在于，处于混沌边缘的系统有可能进行复杂计算，并表现出类生命的行为。而巴克的临界状态似乎与生命或计算没有任何关系。（地震能进行计算吗？）此外，在兰顿的表述中，并没有说系统必须处于混沌边缘；正如帕卡德指出的那样，它们只有通过某种形式的自然选择才能到达那里。巴克的系统由输入的沙子、能量或者其他东西驱动，自发进入临界状态。精确理解这两种相变概念如何结合起来，从过去到现在都是一个悬而未决的问题。

不过，考夫曼对此并不十分担心。很明显，这些概念确实相互契合；无论细节如何，自组织临界性有某些东西让人感觉是对的。更妙的是，巴克看待事物的方式便困扰了考夫曼一段时间的问题得到澄清。谈论处于混沌边缘的单个主体是一回事，正是这个动力区域让它们思考和生存。但如果将一群主体作为一个整体来讨论呢？以经济为例，人们谈论经济时，好像它是有情绪的，会做出回应，还会短暂过热。它处于混沌边缘吗？生态系统呢？免疫系统呢？国际社会呢？

考夫曼说，从直觉上，你会倾向于相信它们都处在混沌边缘，即使仅仅为了理解涌现。分子共同组成活细胞，而细胞是有生命的，所以很可能处于混沌边缘。细胞共同组成有机体，有机体共同组成生态系统，以此类推。因此，通过类比，我们可以合理地认为，每一个新的层级在同样意义上都是"有生命"的——因为它们处于或非常接近混沌边缘。

但这就是问题所在：不管合理与否，要如何验证混沌边缘之类的概念呢？兰顿能够通过观察元胞自动机在计算机屏幕上显示出的复杂行为来识别相变。然而，我们并不清楚，在现实世界的经济或生态系统中如何做到这一点。当观察华尔街的行为时，怎么能分辨什么是简单的，什么是复杂的呢？说全球政治或巴西雨林处于混沌边缘，到底意味着什么？

考夫曼意识到，巴克的自组织临界性给出了一个答案。如果一个系统在所有尺度上都显示出变化和动荡的迹象，并且变化的大小遵循幂律，那么就可以判断它处于临界状态和 / 或混沌边缘。当然，这只是用数学语言更精确地表达兰顿一直在说的东西：一个系统只有在稳定性和流动性之间取得恰当的平衡，才能表现出复杂的类生命行为。但幂律是可以测量的。

想要了解这一切如何运作，考夫曼说，可以想象一个稳定的生态系统或成熟的工业部门，其中所有主体都能很好地相互适应。几乎没有进化压力驱动改变。然而，这些主体不可能永远保持这种状态不变，因为最终总会有某个主体遭遇足够大的突变，失去平衡。也许是一家公司年迈的创始人最终离世，新一代领导者带着新的理念接管公司。又或者，一个随机的基因杂交让一个物种能够比以前跑得更快。考夫曼说："所以那个主体开始改变，然后诱导他的邻居发生变化，之后雪崩般的变化发生，直到一切都停止变化。"但是之后又会有其他突变。事实上，可以预期，种群会经历如雨水般持续降临的随机突变，就像巴克的沙堆面临如雨水般持续流下的沙粒——这意味着可以预期，任何主体间紧密相互作用的种群都会进入一种自组织临界状态，并伴随着遵循幂律的雪崩式变化。

考夫曼说，在化石记录中，这一过程表现为长时间停滞，之后便是快速爆发的进化变化——这正是许多古生物学家，特别是斯蒂芬·J. 古尔德和奈尔斯·埃尔德雷奇声称他们在记录中确实看到的那种"间断平衡"。此外，按照间断平衡的思路进行逻辑推理，可以认为这些雪崩式剧变是地球历史上大灭绝事件背后的原因，在那些大灭绝事件中，整个种群从化石记录中消失，被全新的物种取代。大约 6 500 万年前，一颗坠落的小行星或彗星很可能导致了恐龙灭绝——目前所有证据都指向这个方向。但是大多数或所有其他的大灭绝事件可能是纯粹的内部事件——处于混沌边缘的全球生态系统中发生的只是比平常更大一些的雪崩。考夫曼说："没有足够的关于大灭绝事件的化石数据可以证明这一点。但你可以绘制出已有数据的曲线，看看是否存在幂律，而且大致是能找到的。"事实上，他在听完巴克的报告后不久就绘制了这样的曲线图表。图表完全不符合完美的幂律，它并非一条缓慢衰减的平滑曲线，而是发生了弯曲，表明与小雪崩相比，大雪崩不够多。不过，图表并不必然要符合幂律关系。因此，考夫曼说，这些结果可能没有说服力，但是考虑到数据的不确定性，它们肯定是有启发性的。

这次暂时的成功让考夫曼好奇，幂律式的级联变化是否成为处于混沌边缘的"生命"系统的普遍特征，比如股票市场、相互依赖的技术网络、雨林等。虽然证据还不充足，但他认为这个预测仍然相当合理。然而，与此同时，对处于混沌边缘的生态系统的思考把考夫曼的注意力转移到了另一个问题上：系统是如何到达混沌边缘的？

帕卡德最初的答案和考夫曼自己的答案是，系统通过适应达到混沌边缘。考夫曼仍然相信这个答案是基本正确的。然而问题是，当他和帕卡德实际完成模型时，他们都要求系统适应他们从外部施加的某种任意的适应度定义。然而，在真实的生态系统中，适应度根本不是由外界决定的，而是源于每个个体不断尝试适应所有其他个体的协同进化之舞。正是这个问题导致霍兰开始研究生态系统模型：从外部施加适应的定义是一种作弊。考夫曼意识到，真正的问题不在于适应本身是否能将系统带到混沌边缘。真正的问题是，协同进化是否能做到。

为了找到答案，或者至少解决自己心中的问题，考夫曼决定再做一次计算机模拟，还是和桑肯·约翰逊合作。他承认，就生态系统模型而言，模拟结果是一个相当好的联结主义网络。（这个项目的核心是他的"NK 景观"模型的一个变体，他在过去几年里一直在开发这个模型，以更好地理解自然选择，以及一个物种的适应度取决于很多不同基因究竟意味着什么。这里 NK 指的是每个物种有 N 个基因，每个基因的适应度取决于其他 K 个基因。）霍兰的生态系统模型已经足够精妙高深了，这个模型甚至更加抽象。但考夫曼说，它从概念上讲其实相当简单。首先想象一个生态系统，其中物种可以自由突变，并通过自然选择进化，但它们只能以特定的方式相互作用。所以青蛙总是试图用黏糊糊的舌头捕捉苍蝇，狐狸总是猎杀兔子，等等。或者，也可以将模型想象成一个经济体，其中每个公司都可以按照内部喜欢的方式自由组织，但它与其他公司的关系由各种合同和法规限定。

考夫曼说，不管怎样，在这些限制条件下，仍有足够的空间留给协同进化。例如，如果青蛙进化出了更长的舌头，苍蝇就必须学会如何更快地逃生。如果苍蝇进化出一种化学物质让自己的味道变得恶心，青蛙就必须学会如何忍受这种味道。怎么形象化地描述呢？他解释道，一种方法是依次观察每个物种，比如从青蛙开始。在任何特定时刻，青蛙都会发现一些策略比其他策略更有效。因此，在任何给定时刻，青蛙的所有可用策略的集合形成一种想象的"适应度"景观，最有用的策略在顶峰，最没用的在山谷。随着青蛙的进化，它会在这个适应度景观上移动。每经历一次突变，它都会从当前策略向新策略迈进一步。当然，自然选择保证了物种总体是向上朝着更高的适应度移动：使生物体向下移动的突变往往会消亡。

苍蝇、狐狸、兔子等也是如此，考夫曼说道。每个物种都在自己的适应度景观中移动。然而，协同进化的关键在于，这些景观并非彼此独立，而是相互耦合的。对青蛙来说的好策略取决于苍蝇在做什么，反之亦然。"因此，当每个主体适应时，会改变所有其他主体的适应度。"考夫曼解释道，"可以想象这样一幅图景，一只青蛙在朝着它的策略空间的顶峰爬，一只苍蝇也在朝着它的策略空间的顶峰爬，但景观在随着它们的移动而变形。"就像每个物种都在橡胶上行走一样。

接着考夫曼问道：这样的系统具有什么样的动力学呢？会看到什么样的整体行为？这些行为之间有何联系？他说，这就是模拟的用武之地。当他和约翰逊建立并运行 NK 生态系统模型，他们发现了与兰顿完全相同的三种状态：有序状态、混沌状态和类似混沌边缘的相变。

考夫曼说，这令人欣慰。"这并非必然，但事实确是如此。"然而，回过头来看，原因很容易理解。"想象一个大的生态系统，所有景观都耦合在一起。只有两种情况可能发生。要么所有物种都在爬向顶峰，而它们脚下的景观不断变形，所以物种一直移动，永不停歇；要么一群邻近的物种停止移动，因为它们达到了约翰·梅纳德·史密斯所说的进化稳定策略。"也就是说，群体中的每个物种都已经很好地适应了其他物种，没有改变的直接动机。

"这两个过程可以在一个生态系统中同时发生，这取决于景观的精确结构以及它们如何耦合，"考夫曼说道，"所以看看那些因为处于局部最优而放弃移动的玩家，把这些家伙涂成红色，其他的涂成绿色。"他和约翰逊这样做实际上是为了在计算机屏幕上显示模拟结果。当整个系统深陷混沌状态时，几乎没有物种会停留在原地。因此，屏幕上呈现出一片绿色的海洋，只有少数红色岛屿在这里或那里闪烁，这是少数物种设法找到了暂时的平衡。相反，当系统处于有序状态时，几乎所有物种都被锁定在平衡状态。所以屏幕上呈现出一片红色区域，斑驳的绿色在这里或那里蔓延，那是单个物种无法安顿下来。

当系统处于相变过程中，有序与混沌达到平衡。一切都恰到好处，此时屏幕上的图案似乎随生命脉动。红色和绿色岛屿相互交织，像随机分形一样伸出卷须。部分生态系统永远处在平衡状态并变成红色，而其他部分一直在闪烁，并在找到新的方式进化时变成绿色。各种尺度的变化如波浪般席卷屏幕——包括偶尔自发席卷屏幕的巨浪，它们让生态系统变得面目全非。

考夫曼说，这看起来像是进行中的间断平衡。但是，尽管看到以这种方式展示的三种动力学机制很有趣，看到协同进化模型确实存在混沌边缘的相变也很令人欣慰，但这只是故事的一半。它仍然没有解释生态系统是如何到达这个边界区域的。此外，尽管探讨了像橡胶一样可变形的适应度景观，但到目前为止，他唯一谈论的是单个基因的突变过程。那么，每个物种基因组的结构——告诉我们一个基因如何与另一个基因相互作用的内部组织图——的变化是怎样的呢？这种结构可能和基因本身一样是进化的产物，他说道。"所以可以想象一个进化的元动力过程，它会协调每个主体的内部组织，使它们都处于混沌边缘。"

为了验证这一想法，考夫曼和约翰逊允许模拟中的主体改变它们的内部组织。这就相当于约翰·霍兰所说的"勘探新矿藏式学习"，也很像法默在《联结主义的罗塞塔石碑》论文中谈到的较为激进的重新联结。但结果是，当物种被赋予让内部组织进化的能力时，整个生态系统确实走向了混沌边缘。

考夫曼说，回过头来看，同样很容易明白原因。他说："如果我们深陷于有序状态，那么每个人都处于适应度的顶峰，我们相互一致——但这些是糟糕的顶峰。"这就相当于，每个人都被困在山麓，没有办法挣脱出来，朝着整个山脉的顶峰前进。就人类组织而言，这就像是工作太过细分，所有人都没有回旋的余地；人们所能做的就是学习如何完成自己被雇来从事的工作，除此之外别无其他。无论用什么比喻，显而易见的是，如果不同组织中的每个个体都被允许有更多自由去标新立异，那么每个人都将受益。考夫曼补充说道，这样一来，深度冻结的系统将变得更加流动，总体适应度将上升，主体将集体向混沌边缘靠近一些。

反过来，考夫曼说："如果我们深陷在混沌状态，那么我的每一次改变都会让你陷入困境，反之亦然。因为一直彼此妨碍，我们永远无法到达顶峰，就像西西弗斯试图推着石头上山一样。因此，我的整体适应度很低，你也是如此。"从组织角度来说，这就好像一家公司的指挥系统混乱不堪，大家都不知道自己应该做什么，而且有一半时间他们都在为不同的目标工作。无论哪种方式，对于单个主体来说，加强他们的耦合显然是有好处的，这样他们就可以开始适应其他主体的行为。考夫曼说，混沌系统将变得更加稳定，总体适应度将上升，整个生态系统将向混沌边缘靠近一些。

当然，在秩序和混沌状态之间的某个地方，总体适应度将达到最大值。考夫曼说："从我们所做的数值模拟来看，最高的适应度恰好出现在相变阶段。所以问题的关键在于，就像有一只看不见的手令所有参与者都改变自己的适应度景观，每个主体都是为了自己获益，最终整个系统共同进化到混沌边缘。"

考夫曼说，事实就是这样：化石记录中存在一种幂律关系，表明全球生物圈处在接近混沌边缘的状态；几个计算机模型表明，系统可以通过自然选择适应混沌边缘；现在，有一个计算机模型表明，生态系统可能通过协同进化达到混沌边缘。他说："到目前为止，这是我所知道的唯一证据，证明复杂系统为了解决复杂任务，实际上会处在混沌边缘。模型很粗糙。所以虽然我非常喜欢这个假设，认为它绝对是合理、可信、有趣的，但我不知道它是否普遍正确。"

"但如果这个假设是普遍正确的，那它的重要性就不言而喻了。它将适用于经济系统和其他所有领域。"这将帮助我们以一种前所未有的方式理解世界。这将是假想的新热力学第二定律的关键。而且，它一定会大大推进30年来考夫曼对于将自组织和自然选择相结合的追求。

最后，考夫曼说，新热力学第二定律至少还有一个更深的方面："自生命开始以来，生物体变得越来越复杂，这一基本事实背后肯定有某种原因。我们需要知道生物体为什么变得越来越复杂。复杂性带来了什么优势呢？"

当然，唯一诚实的回答是，目前还无人知晓其答案。考夫曼说："但这个问题隐藏在我的另一条思路后面。它从生命起源的自催化聚合物集合模型开始，然后通过复杂性和组织理论继续下去。"他承认，这个理论仍然十分模糊和极其不确定。考夫曼对此尚不满意。"但我对私下都在传的卡诺式突破的深切希望，就在于此。"

讽刺的是，从考夫曼自身的角度来看，自催化集的想法在相当长一段时间内都处于搁置状态。考夫曼说，自从他、法默和帕卡德在 1986 年公布生命起源模型以来，法默转而更多地去做关于预测理论的工作，帕卡德在帮助斯蒂芬·沃尔弗拉姆在伊利诺伊大学建立一个复杂系统研究所，考夫曼觉得自己无法凭一己之力进一步发展这个模型。不仅是因为他想深挖圣塔菲研究所每天冒出来的一堆让他热血沸腾的想法，而且是因为他既缺乏耐心，也缺乏编程技能，无法日复一日坐在电脑屏幕前寻找一个复杂软件的漏洞。（事实上，生命起源模型的研究直到 1987 年才重新开始，当时法默找到了一个叫理查德·巴格利的研究生，巴格利有兴趣将这个模型作为自己的论文题目。巴格利通过加入更真实的热力学解释和其他一些修正，极大地改进了这项模拟，并且将计算机代码速度提高了 1 000 倍。他最终在 1991 年获得博士学位。）

考夫曼说，结果是在大约 4 年时间里，他在自催化方面的研究相对较少——事实上，直到 1990 年 5 月，他听了沃尔特·丰塔纳的一次研讨会才又重新开始。丰塔纳是一位年轻的博士后，德裔意大利人，最近加入法默在洛斯阿拉莫斯的复杂系统小组。

丰塔纳从一个听起来很简单的宇宙观测开始。他指出，当我们在从夸克到星系的尺度上观察宇宙时，会发现与生命相关的复杂现象只出现在分子尺度上。为什么？

丰塔纳说，一个简单的答案是"化学"：生命显然是一种化学现象，只有分子之间能自发地经历复杂的化学反应。但是，为什么呢？是什么让分子做到夸克和类星体不能做的事情？

有两点，他解释道。化学的强大之处的第一个来源是多样性：夸克只能三个一组结合起来形成质子和中子，而与夸克不同，原子可以排列和重新排列，形成大量的结构。分子的可能性空间实际上是无限的。第二个来源是反应性：结构 A 可以操纵结构 B 形成新的结构 C。

当然，这个定义忽略了许多因素，比如反应速率常数和温度的相关性，这些对理解真正的化学至关重要。但丰塔纳这么说其实是有意为之。他的观点是，"化学"这一概念实际上适用于各种复杂系统，包括经济、技术，甚至思想。（商品和服务与商品和服务相互作用产生新的商品和服务，思想与思想相互作用产生新的思想，等等。）出于这个原因，他说，如果一个计算机模型能提炼出化学最纯粹的本质——多样性和反应性，那么它应该能为我们提供一种全新的方法来研究世界上复杂性的增加。

为了实现这一目标，丰塔纳回归计算机编程的本质，定义他所谓的算法化学（algorithmic chemistry），英文简称为 Alchemy（炼金术）。他说，正如冯·诺依曼很久以前指出的那样，一段计算机代码具有双重生命：一方面，它是一个程序，包含一系列命令告诉计算机该做什么；另一方面，它只是数据，是位于计算机内存中的一串符号。因此，丰塔纳说，我们可以利用这一事实来定义两个程序之间的化学反应：程序 A 只是将程序 B 作为输入数据读取，然后"执行"以产生一串输出数据——这时计算机将其解释为一个新程序，即程序 C。（由于这显然不能很好地适用于 FORTRAN 或 PASCAL 等计算机语言，丰塔纳实际上用计算机语言 LISP 的变体编写了他的反应程序。在 LISP 语言中，几乎任何一串符号都可以代表一个有效的程序）。

丰塔纳说，接下来，取数十亿这样的符号串程序，放在一个模拟容器里，让它们可以在那里随机地相互作用，然后观察会发生什么。事实上，结果与考夫曼、法默和帕卡德的自催化模型并无不同，但是有一些古怪而奇妙的变化。当然，也有自我维持的自催化集，但也有一些集合可以无限制地增长。如果删除一些"化学"成分，有些集合可以自我修复；如果注入新的成分，有些集合可以自我适应和改变。甚至有成对的集合，没有共同成分却可以相互催化。他说，简而言之，算法化学程序表明，仅仅是大量的计算机进程——符号串程序——就足以自发涌现出一些非常活跃的结构。

考夫曼说："对沃尔特所做的事情，我真的非常非常兴奋。

很长时间以来，我一直把自催化聚合物作为经济和技术网络的模型，但我无法突破聚合物的范畴。但是当我听到沃尔特的报告，一下子豁然开朗。他已经找到了正确的道路。"

考夫曼立即决定跟随丰塔纳的脚步，重新回归自催化研究——不过是以自己独有的方式。考夫曼意识到，丰塔纳发现抽象化学是一种思考涌现和复杂性的全新方式。但他得到的结果是抽象化学的普遍性质吗，还是仅仅取决于他实现算法化学程序的方式？

这也是考夫曼在 1963 年首次设计网络模型时，对基因调控系统提出的问题。他说："正如我想要找到基因网络的一般属性一样，我也想了解抽象化学的一般属性。随着你调整化学的复杂性，还有比如初始分子集合的多样性之类的事情，这会对后续逐渐展开的行为有什么普遍后果或影响？"因此，考夫曼没有直接遵循丰塔纳的算法化学方法——无论如何，这是丰塔纳的方法——而是进一步抽象了这个想法。考夫曼仍然使用符号串来表示系统的"分子"。但他甚至没有坚持将它们视作程序。它们可能只是一串符号：110100111、10、111111 等。他的模型的"化学"只是一组规则，规定特定的符号字符串如何改变其他特定的符号字符串。由于符号字符串就像语言中的单词，考夫曼将这套规则称为"语法"。（事实上，这种符号字符串转换的语法已经从计算机语言的角度被广泛研究过，考夫曼正是由此获得灵感来源。）结果是，他可以随机生成一组语法规则，然后观察是哪种自催化结构产生的结果，从而对各种化学反应产生的行为进行取样。

"我的直觉是,"考夫曼说道,"从一堆符号串开始,让它们根据语法规则相互作用。有可能新的字符串总是比旧的字符串长,这样就永远无法产生以前出现过的字符串。"我们称之为"喷流":在所有可能的字符串空间中,它是一种向外喷射得越来越远、从不回头的结构。"或者当出现一团字符串时,可能会产生以前出现过的字符串,但采用的是不同的路径。我们称之为'蘑菇'。这些是我所说的自催化集,它们模拟了如何依靠自身的力量而存在。然后你可能会得到一组字符串,它们作为一个集体而诞生,并且只是在字符串空间中巡游。我们称之为'蛋'。它作为一个整体可以自复制,但其中任何一个实体都不能自复制。或者也可能产生我称之为'金丝雾'的东西——各种各样的字符串遍布各处,但有一些特定字符串是无法产生的,比如110110110。所以这里有一些新东西可以探索。"

这一切与神秘而不可阻挡的复杂性增加有什么关系呢?考夫曼说,关系可能很大。"复杂性增加确实与远离平衡的系统的自我建构有关,级联反应到达越来越高的组织层级。从原子到分子,再到自催化集等。但关键是,一旦这些更高层次的实体涌现,它们也可以相互作用。"一个分子可以与另一个分子联结形成一个新的分子。他说,在字符串的世界里,这些涌现的事物也会发生同样的事情:创造它们的相同化学物质使它们仅仅通过交换字符串就能进行丰富的相互作用。"例如,这里有一个蛋,你从外面引进一个字符串,它可能会变成一股喷流,或者变成另一个蛋,或者变成一团金丝雾。对其他物体也一样。"

考夫曼说，一旦有了相互作用，无论谈论的是分子还是经济，只要条件合适，自催化就会发生，这在通常情况下应该都是正确的。"一旦在更高层次上积累足够的实体多样性，就会经历一种自催化相变，并在那个层次上繁殖得到大量实体。"然后这些增殖实体继续相互作用，并在更高层次上产生自催化集。"所以最终会得到一个从低层级到高层级的层级级联——每一层都经历类似这种自催化相变的过程。"

考夫曼说，如果这确实是真的，那么我们就能理解为什么复杂性的增长显得如此不可阻挡：这只不过是反映了（可能）与生命起源有关的自催化法则。当然，这肯定是假想的新热力学第二定律的一部分。尽管如此，考夫曼也相信这并非故事的全部——正是出于同样的原因，他最终意识到自组织并不是生物学的全部。实际上，仔细思考，这种层层向上的级联只是另一种自组织形式。那么级联又是如何受到自然选择和适应的影响呢？

考夫曼说，这正是事情真正变得不确定的地方。但他确实有一些设想。"这要么是一个深刻的洞见，要么是个愚蠢的想法，但最近有一天我突然意识到：如果从字符串的某个初始集合开始，可能产生字符串的自催化集，可能产生自催化集中的'喷流'，可能产生'蘑菇''蛋'或其他东西，但也可能产生'死'的字符串——它是指没有活性的字符串。它不能作为催化剂，也不会和任何东西发生反应。"

考夫曼说，现在很明显，如果这个系统最终产生了大量死的字符串，那么它就不会扩张得太远——就像一个经济体将其大部分产出转移到小摆设上，这些小摆设既没有人想买，又不能被制造成其他任何东西。"但如果'活'的、可复制的字符串能以某种方式自组织，这样它们就不会产生那么多死的字符串，而会有更多活的字符串。"所以净生产率提高了，而且这群活的字符串比那些不能以这种方式自组织的字符串有选择优势。事实上，当你观察计算机模型时，会发现随着模拟的进行，趋向变成死字符串的字符串规模确实会减小。

"我认为这个观点也有待深化，"考夫曼说道，"假设从初始集合中产生两股喷流，它们可以互相竞争字符串。但如果一股喷流能学会帮助第二股喷流避免产生死的字符串，而第二股喷流也能学会帮助第一股喷流避免产生死的字符串，那么两者就会形成互惠关系。"这一对合作的喷流接下来可能成为一种新的"多喷流"结构的基础，这个结构将在更高层级上涌现成为一个新的更复杂的个体。考夫曼说："我有一种预感，更高层级的事物之所以能涌现，是因为它们能更快地吸收更多的物质流，无论我们谈论的是大肠杆菌、生命起源前的进化，还是公司。所以我希望看到所有这些指向一个关于耦合过程的理论——该过程一方面产生了相互竞争并赢得物质流的事物，另一方面又将自身推向混沌边缘。"

考夫曼说，不可否认，到目前为止这一切都只是直觉。"但我觉得这是对的。在某种程度上，新热力学第二定律的下一步，是理解这个向上的、汹涌的级联过程的自然展开。如果我能证明你所看到的就是那些发生得最快并且从中吸收最多物质流的实体，并且带有某种特征分布，那么问题就迎刃而解了。"

宇宙为家

科学涉及很多方面，法默说道。它涉及系统地积累事实和数据、建立逻辑上一致的理论来解释这些事实，以及发现新材料、新药物和新工艺等。

但在本质上，法默说，科学就是讲故事——这些故事要能解释世界是什么样子的，以及世界如何变成现在这个样子。就像创世神话、史诗传说和童话故事等更为古老的解释一样，科学所讲的故事帮助我们了解人类是什么，以及人与宇宙的关系。有些故事讲述的是宇宙如何在大约150亿年前大爆炸的瞬间形成；有些故事讲述的是夸克、电子、中微子和所有其他物质如何以一种热得难以描述的高温等离子体形式从大爆炸中飞出来；有些故事讲述的是这些粒子如何逐渐凝聚成我们今天在星系、恒星和行星中看到的物质；有些故事讲述的是太阳为何是一颗恒星，就像其他恒星一样，而地球为何是一颗行星，就像其他行星一样；有些故事讲述的是生命在地球上如何诞生，并在40亿年的地质时间里进化；有些故事讲述的是人类如何在大约300万年前首次出现在非洲大草原上，并逐渐获得工具、文化和语言。

而现在，我们有了复杂性的故事。法默说："我几乎把它看作一个宗教议题。作为一名物理学家，一名科学家，我内心深处的动机一直是理解我周围的宇宙。对我这个泛神论者来说，自然就是上帝。所以通过理解自然，我能离上帝更近一步。事实上，直到读研究生三年级之前，我甚至做梦也没想过自己能成为一名科学家。我只是将理解自然视为我一直在做的修行，只不过我没进修道院。

"因此，当我们追问生命是如何出现的，以及为什么生命系统是这样的时候——这些问题对于理解我们是谁，以及我们与无生命物质的区别是什么而言，至关重要。我们对这些事物理解越深，就越接近诸如'生命的目的是什么？'这样的根本问题。如今在科学领域，我们甚至不能试图直面这样的问题。但是，通过解决一个不同的问题——比如，为什么复杂性会不断增加？——我们也许能够了解一些关于生命的基本知识，从而揭示生命的目的，就像爱因斯坦通过理解引力阐明了空间和时间是什么一样。这就像是天文学中的眼角余光法：如果你想看到一颗非常暗淡的星星，应该稍微向旁边看，因为这样眼睛会对微弱的光线更敏感——一旦你直视那颗星星，它就消失了。"

同样，法默说，理解复杂性的不断增长并不能给我们提供一个关于道德的完整科学理论。但如果新热力学第二定律能帮助理解我们是谁，我们是什么，以及导致我们拥有大脑和社会结构的过程，那么它可能会让我们对道德也了解得更多。

"宗教试图将道德规则写在石碑上来强加给人们。"法默说道，"现在确实面临一个真正的问题，当我们放弃传统宗教以后，就不知道该遵守什么规则了。但当你剥开宗教和伦理规则的外衣，会发现它们提供了一种框架，以便人类的行为能够构建出一个正常运转的社会。我的感觉是，所有道德都在这个层面上运作。这是一个进化过程，在这个过程中，社会不断进行实验，而这些实验是否成功，决定了哪些文化思想和道德训诫会传承下去。"如果是这样，法默说，那么一个严格解释协同进化系统如何被推向混沌边缘的理论，可能让我们对文化动力学，以及社会如何在自由和控制之间达到那种难以捉摸、不断变化的平衡，有更深的理解。

兰顿表示："我从这些理论中得出了很多推断性的结论。这源于我习惯通过相变的透镜来观察世界：这个视角可以应用到很多事情上，基本上都能讲得通。"

法默说，见到苏联及其东欧卫星国家体系的崩溃，整个局势似乎太容易让人想到混沌边缘的稳定和动荡的幂律分布。"想想看，冷战是一个变化不大的漫长时期。尽管我们可以指责美国和苏联政府将世界拉到危险的边缘——唯一阻止世界走向彻底崩溃的就是"相互保证毁灭"原则——但那个时期世界还是很稳定的。而现在，这段稳定时期结束了。我们已经看到巴尔干半岛和其他地方的动荡局势。我对不久的将来更加忧虑。因为根据模型，一旦脱离一个亚稳态时期，就会进入一个剧烈变化的混沌时期。这个时期会发生大量变化，战争的可能性大大增加，有些战争甚至可能导致世界大战。如今的局势对初始条件更加敏感。"

"那么，正确的行动方针是什么呢？"法默问道。"我不知道，不过这就像是进化史上的间断平衡。它的发生伴随着大量物种的灭绝，而且不一定会带来更好的结果。在一些模型中，在剧变后的稳定时期占主导地位的物种，可能不如在剧变前占主导地位的物种更适应。所以这些进化剧变的时期可能是非常糟糕的阶段。这是一个美国作为世界强国可能消失的时代。谁知道世界另一端会出现什么？

"我们要做的是试着确定，是否可以将这种观点应用于历史——如果可以，我们是否也在历史上看到了这种间断平衡，比如罗马的灭亡。因为在这种情况下，人类历史的确是进化过程的一部分。如果我们真的深入研究历史进化，也许可以将这种思考纳入政治、社会和经济理论中，这样我们就会意识到我们必须非常谨慎，并制定一些全球协议和条约来帮助我们渡过难关。但接下来的问题是，我们想控制自己的进化吗？如果答案是肯定的，那么这是否会阻止进化推进？进化的推进是件好事。如果单细胞生物找到一种方法阻止进化，维持自己占据主导地位的生命形式，人类就不会出现。所以我们并不想阻止进化。不过，可能你想知道，如何在没有杀戮和物种灭绝的情况下，让人类历史继续演变发展。"

兰顿说："所以，也许我们应该吸取的教训是，进化并没有停止。它仍在继续，表现出许多与生物历史上的进化相同的现象——只不过现在发生在社会文化层面。我们可能会看到很多类似的灭绝和动荡。"

"对于这一切意味着什么，我可以做出部分解答。"斯图尔特·考夫曼说，言语中透露出他最近有所反思的原因。1991 年感恩节前夕，他和妻子在一场车祸中身受重伤，险些丧命；他们花了数月时间养伤。

"例如，假设这些关于生命起源的模型是正确的。那么生命就不再是悬而未决的事情。它并不取决于某个温暖的小池塘是否恰好产生了如 DNA 或 RNA 这样的复制模板分子。生命是复杂物质的自然表达。它是化学、催化以及远离平衡态的一种深层属性。这意味着宇宙就是我们的家园，生命的产生是被"期待"的。这是一个多么令人欣慰的观点啊！这与将有机体看作由各种零部件胡乱拼凑而成的复杂装置的观点有着天壤之别，在后一种观点看来，一切是偶然的盲目堆砌。在那个机械论世界里，除了随机变异和自然选择，没有什么更深刻的生物学法则；这样说来，宇宙并不是我们的家园。

"接下来，假设你多年后回到家园，在自催化集彼此协同进化并相互喷射字符串之后，仍然存在的将是那些进化出竞争性互动、食物网、互惠以及共生关系的生物。你所看到的，将是那些塑造了它们如今共同生活的世界的生物。这提醒我们，我们共同创造了我们所生活的世界。在逐步展开的故事中，我们是参与者，而非受害者或局外人。我们都是宇宙的一部分，你和我，甚至某条金鱼。我们共同创造了这个世界。"

考夫曼说："现在假设协同进化的复杂系统真的会将自己推向混沌边缘。这很像盖亚假说。它认为存在一个吸引子，一种我们共同维持自身处在其中的状态，一种持续变化的状态，在这种状态下，物种总是在灭绝，而新物种不断出现。或者如果我们想象这种状态真的延续到经济系统中，那么这就是一种技术出现并取代其他技术，等等。如果这是真的，那意味着总体而言，混沌边缘是我们能达到的最佳状态。我们注定为自己创造的这个永远开放、永远变化的世界，从某种意义上说，已经是最好的了。"

考夫曼说："这就是关于人类自身的故事。物质已经尽其所能地进化。我们以宇宙为家。这不是过度乐观，事实上我们会面临很多痛苦，可能会灭绝，也可能破产。我们处在混沌边缘，因为总体而言，这就是我们所能达到的最佳状态。"

受到责难

1989 年末，法默一直担心的事情终于还是发生了。兰顿向洛斯阿拉莫斯国家实验室总部申请一笔内部拨款。在处理文件的过程中，实验室高层发现兰顿已经在那里做了整整 3 年博士后，但仍然没有"博士"学位。法默说："这引起了大麻烦。我之所以还记得这事，是因为我当时正在意大利度假。他们不知用什么办法追踪到了我所在的利古里亚海岸小镇，我不得不拨打了一连串电话，把几千里拉硬币扔进了一部老旧到看起仿佛是亚历山大·格雷厄姆·贝尔本人亲自制作的电话里。回来以后，我不得不在博士后委员会面前为兰顿辩护，作为他的导师同时也为自己辩护。我真是四面受敌。'怎么会发生这种事呢？'之类的问题迎面袭来。我唯一能做的，就是指出兰顿是人工生命这一全新领域的开创者。当然，这样做只会使他们更加怀疑。最后，因为兰顿还没有完成研究，我们甚至不得不要求将他的博士后任期再延长 3 个月。"

法默，还有兰顿任职的非线性研究中心的主任戴维·坎贝尔将继续予以支持。但毫无疑问，无论是他们还是兰顿都清楚，压力已经逼近。此外，第二次人工生命研讨会已经定于 1990 年 2 月举行。虽然这次在会议组织方面兰顿得到了法默和其他几个人的帮助，但这场研讨会仍然是他最看重的。兰顿必须完成这该死的论文，所以他像发了疯似的拼命工作。1989 年 11 月，兰顿飞往安阿伯，准备在由约翰·霍兰和阿瑟·伯克斯共同主持的论文委员会面前进行答辩。如果他们认可兰顿的工作，会当场授予他博士学位，也就结束了他的痛苦。

遗憾的是，委员会的意见很一致："还不够。"他们表示，混沌边缘的基本概念很好，而且有大量的计算机实验作为支持。但是其中也有一些关于沃尔弗拉姆类型、计算涌现等非常笼统的陈述，而且与数据的联系相当模糊。因此，他需要做的事情是调整陈述，使之更有说服力，并与数据更好地匹配对应。

"但这意味着要重写整篇论文！"兰顿绝望地说道。

"那你最好赶快开始。"霍兰、伯克斯和其他人回应道。

兰顿说："那是一段非常压抑的时光。我以为自己已经准备好答辩了，但没有成功。而第二次人工生命研讨会即将在 2 月举办，所以我不得不再次将论文搁置一旁。"

第九章

未竟终章

1989 年圣诞节前，布莱恩·阿瑟开着车从圣塔菲向西行驶，准备返回斯坦福的家中，车里堆满书和衣物。他察觉到自己正出神地凝视着新墨西哥州壮丽的日落，赤霞遍洒无垠沙漠。"我心想，'这天地竟然浪漫至此，让人感觉它一点也不真实'。"阿瑟笑着说。

但此情此景又恰如心境。阿瑟说："那时我在圣塔菲研究所待了大约 18 个月，脑子里加载了各种信息，我觉得自己需要回家了——回去写作、思考，把心头的思绪厘清。那段经历简直太丰富了，我在圣塔菲一个月的学习收获，超过了在斯坦福大学一年所学的。所以，离开那里让我十分痛苦，我感到非常、非常、非常悲伤，深深怀念在圣塔菲度过的时光。沙漠、阳光、日落——整个场景让我意识到，那 18 个月很可能是我科学生涯的巅峰，但它已然结束，难以再现。我知道还会有其他人前赴后继地来到圣塔菲。我知道在未来的几年里，自己可能还会回去，甚至有机会重新领导经济学项目。但我怀疑，圣塔菲研究所可能永远都不会再如从前一样了。能参与它的黄金时期，我很幸运。

复杂之"道"

3年后，作为经济学与人口研究院院长以及弗吉尼亚·莫里森讲席教授的阿瑟，坐在位于校园一角的办公室，俯瞰着斯坦福大学绿树成荫的人行道，承认自己对于在圣塔菲研究所的经历仍未完全洞彻清晰。"随着时间的推移，我开始更深刻地领会它了，"阿瑟说，"但我觉得，关于圣塔菲研究所取得和即将取得的成就，仍是一个正在展开的故事。"

阿瑟说，从根本上，他开始意识到，无论是过去还是现在，圣塔菲研究所就是变革的催化剂，那些变革无论如何都会发生，只不过原本的进程要缓慢得多。显然，经济学研究项目就是如此。在阿瑟离开后，该项目在明尼苏达大学的戴维·莱恩和耶鲁大学的约翰·吉纳科普洛斯联合主导下继续推进。阿瑟表示："到1985年前后，我观察到各路经济学家都开始坐立不安，他们开始环顾四周，嗅探氛围的变化。经济学家们意识到，在过去一代人中占主导地位的传统新古典主义经济学框架已经触到了天花板。这一框架曾经使得他们深入探索了可以通过静态平衡分析解决问题的领域。但它几乎忽略了过程、进化和模式形成等问题——在这些领域，事物并不处于平衡状态，偶然事件频发，历史因素至关重要，适应和演化可能永无止境。当然，在那时，对这些问题的研究已经陷入了困境，因为凡是不能完全数学化的理论都不被认为是经济学理论，而当时的人们只有在平衡条件下才能做到将理论完全数学化。然而，一些顶尖经济学家已经洞察到，经济学领域必定还有其他的探索正在进行，有其他的方向可能有所突破。"

"圣塔菲研究所所做的，就是充当这场变革的强力催化剂。这是一个供杰出人物相聚交流的场所，弗兰克·哈恩和肯尼斯·阿罗这样的主流经济学家，与约翰·霍兰和菲利普·安德森这样的物理学大家在此互动。并且，经过数次交流访问后，他们开始意识到：是啊！我们可以采用归纳学习，而不是一定要遵循演绎逻辑，我们能斩断经济均衡理论的无解症结，并处理开放式的演化，因为其中许多问题在其他学科中已经得到解决了。圣塔菲研究所提供了所需要的行话、隐喻和专业知识，以便研究者快速掌握从事另类经济学研究的技能。但更重要的是，圣塔菲研究所使这种另类的经济学观点变得名正言顺。因为有消息传开，像阿罗、哈恩、萨金特等人都在撰写这类论文，其他人再从事这样的研究就变得合情合理。"

在这些日子里，每当阿瑟去参加经济学会议，他都可以亲眼见证这种发展。他说："那些对经济进程和变革感兴趣的人，其实一直都在。"事实上，早在20世纪20年代和30年代，其中的许多基本理念就被伟大的奥地利经济学家约瑟夫·熊彼特倡导过。"但我觉得，在过去四五年里，持这种观点的人变得更加自信了。他们不再为只能对经济变化进行冗长、定性的描述而感到抱歉。现在他们有了技术加持，形成了一场日益壮大的运动，正在成为全球新古典主义主流的一部分。"

阿瑟指出，这场运动无疑让他的生活更轻松了。他关于报酬递增的理论，曾经几乎无法出版，现在却有了一批追随者。他发现自己收到各种邀请，开始到遥远的地方做重要演讲。1989年，他受邀为《科学美国人》撰写了一篇关于报酬递增经济学的专题文章。"那是最激动人心的时刻之一。"阿瑟说。这篇发表于1990年2月的文章，帮助阿瑟成为1990年度熊彼特奖的共同获得者。该奖项由国际熊彼特学会发起设立，以表彰演化经济学领域的最佳研究成果。

然而，对阿瑟来说，对圣塔菲方法最令人满意的评价出现在1989年9月，当时肯尼斯·阿罗正在为一场为期一周的大型研讨会做总结。这场研讨会回顾了经济学项目迄今为止取得的进展。有些讽刺的是，当时阿瑟几乎没有听清楚阿罗的发言。他回忆道，那天中午他正要走出修道院前门去吃午饭，却不慎绊倒，脚踝严重扭伤。于是整个下午，阿瑟都在由小教堂改成的会议室里，一边忍受剧痛一边听着研讨会的闭幕总结。考夫曼博士为他小心包扎后，他用面前椅子上的一袋冰支撑起受伤的脚。实际上，直到几天后，当阿瑟无视医生、同事和妻子的所有建议，蹒跚地前往西伯利亚贝加尔湖沿岸的伊尔库茨克参加一场计划已久的会议时，阿罗的话才给他带来了深刻的触动。

阿瑟说："就像凌晨3点一道极度清晰的灵光闪现。那时，俄罗斯国际航空公司的喷气式飞机刚降落伊尔库茨克，有个人骑着自行车在跑道上，手里挥舞着一根闪光棒，指示我们哪里可以乘坐出租车。这时我回想起阿罗在闭幕总结中所说的话，感觉其直击要害。阿罗那时说：'我认为我们可以有把握地说，在圣塔菲诞生了另一种经济学形态。此前我们所熟悉的是标准经济学，而现在有了一种新模式，那就是圣塔菲式的演化经济学。'在这里，阿罗非常谦虚，没有将所谓的标准经济学直接称为阿罗–德布鲁体系，但基本所指的就是新古典主义的一般均衡理论。阿罗明确表示，在他看来，圣塔菲的经济学项目在这一年内已经证明，这是另一种有效的经济学研究方法，它与传统理论同等重要。阿罗说，这并不是对标准模型的否定，而是我们正在探索一种新的方式来看待经济中不适用于传统方法的部分。因此，这种新方法是对标准经济学研究方法的补充。他也承认，不知道这种新的经济学会把我们引向何方。这只是一个研究项目的开始，但让他觉得非常有趣和振奋。"

"这让我欣喜异常，"阿瑟说，"但阿罗还提出了第二个观点。他将圣塔菲的研究项目与他在 20 世纪 50 年代初参与的考尔斯基金会的项目进行了比较。阿罗认为，尽管圣塔菲方法到现在只有两年历史，但在现阶段，它似乎已经比考尔斯基金会项目小组在同一时期的工作更为人所接受。这让我惊讶并深感荣幸，因为考尔斯基金会项目成员都是那个时代的翘楚——阿罗、科普曼斯、德布鲁、克莱因、赫维茨等。其中 4 人已经获得了诺贝尔奖，未来可能还有更多人获得这一奖项。他们是经济学数学化的先驱，为后世设定了经济学发展方向，他们才是真正革新了经济学这个领域的人。"

当然，从圣塔菲研究所的角度来看，这种催化经济学变革的努力，只是它在整个科学领域所催化的复杂性革命的一部分。阿瑟表示，这种追求也许最终会被证明是不切实际的。尽管如此，他依旧坚信，乔治·考温、默里·盖尔曼等人已经精准把握了一系列关键议题。

阿瑟解释说："科学界之外的人倾向于认为，科学是通过演绎推理来运作的，但事实上，科学主要是通过隐喻来工作的。现在的情况是，人们心目中的隐喻类型正在变化。"客观来看，想想艾萨克·牛顿爵士的出现对我们的世界观产生了什么影响。"在17世纪之前，世界充满了树木、疾病、人类的心灵和行为。它混乱而有机。天空也同样复杂，行星的轨迹似乎随机无序。试图弄清世界运转的秘密，更像是一门艺术。"然而，直到17世纪60年代，牛顿登场。他提出了一些定律，创立了微分学——突然间，行星就被看作沿着简单、可预测的轨道在运行了！

阿瑟说："牛顿的工作对人们的心理产生了极其深远的影响，一直延续至今。天堂——上帝的居所，已经被科学解释清楚，我们不再需要依靠天使来推动万物运转，也不再需要上帝来维系宇宙的秩序。因此，在上帝缺位的情况下，这个时代变得越发世俗。然而，面对毒蛇、地震、风暴和瘟疫，人们仍然迫切需要确认，确实有某种力量在掌控一切。所以在启蒙运动时期——从大约1680年一直持续到18世纪，人们转而相信大自然至高无上的主导地位：只要让万物自由发展，大自然就会确保一切都朝着符合共同利益的方向演进。"

阿瑟指出，那个时代的隐喻变成了行星的机械式运动：宇宙就是一个简单、有规律、可预测并且能够自主运行的牛顿式机器。在接下来的两个半世纪里，还原论科学以牛顿物理学为模型。"还原论科学倾向于说：'嘿，整个世界虽然复杂、混乱，但你看，只需要两三条定律，就能将其还原为一个极度简洁的系统！'"

　　"因此，当爱丁堡周围的苏格兰启蒙运动达到高潮时，剩下来的事情就是指望亚当·斯密去理解经济背后的那台机器是如何运作的。"阿瑟说道，"1776年，斯密在《国富论》中提出，如果你让人们独自追求个人利益，那么供求这只'看不见的手'会确保一切都朝着符合共同利益的方向发展。"显然，这并非故事的全部：斯密本人还指出了工人异化和剥削等令人困扰的问题。不过，斯密对经济的牛顿式观察中有如此多简明、有力且正确之处，以至于从那以后它便成为西方经济学的主导思想。阿瑟说："斯密的想法太精彩了，令人叹服。很久以前，经济学家肯尼思·博尔丁问我：'你在经济学领域想做些什么？'我当时年少气盛，毫不谦虚地回答：'我想把经济学带入20世纪。'他看着我说：'难道你不认为应该先把它带进18世纪吗？'"

　　事实上，阿瑟认为，在20世纪，相比于其他所有科学领域，经济学都滞后了一个时代。例如，20世纪初，罗素、怀特海、弗雷格和维特根斯坦等哲学家开始证明，所有的数学都可以基于简单逻辑。他们的观点部分正确——大多的数学理论确实如此，但不是全部——在20世纪30年代，数学家库尔特·哥德尔证明，即使是一些非常简单的数学系统，比如算术，也存在内在的不完备性。它们总是包含在系统内无法证明真假的陈述，即使定律也是如此。大约在同一时间（通过使用本质上相同的论点），逻辑学家艾伦·图灵表明，即使是非常简单的计算机程序也可能是不可判定的：你无法提前判断计算机是否会得出答案。在20世纪60年代和70年代，物理学家从混沌理论中得到了大致相同的信息：即使是非常简单的方程也能产生令人惊讶且本质上不可预测的结果。阿瑟说，事实上，这一信息已经在一个又一个领域被证明。"人们意识到逻辑和哲学是混乱的，语言是混乱的，化学动力学是混乱的，物理学是混乱的，最后，经济学自然也是混乱的。这种混乱并不是因为显微镜玻璃上的污垢造成的，而是系统本身固有的。你无法捕捉到它们中的任何一个，并将其限制在一个整齐的逻辑框中。"

阿瑟说，结果就是引发了复杂性革命。"从某种意义上说，复杂性与还原论正好构成对立面。复杂性革命始于首次有人宣称：'你看，我可以从这个非常简单的系统开始，见证它引发一些极其复杂和不可预测的后果。'"复杂性并不依赖于牛顿学说中机械式的可预测性的隐喻，而似乎是基于一些类似自然生长的隐喻，比如一粒微小的种子成长为参天大树，或是几行代码演变成一个计算机程序，甚至头脑简单的鸟类以一种有机、自组织的方式形成集群。这当然也是克里斯托弗·兰顿的人工生命研究中所包含的隐喻：他主张复杂的、类生命的行为是由简单规则自下而上逐渐演化所产生的。同样，这种隐喻也影响了阿瑟在圣塔菲的经济学项目中的思考："如果说我有一个目标或愿景，那就是展示经济中的混乱和活跃可以从一个极其简单甚至优雅的理论中发展而来。这就是为什么我们创建了一些股市的简单模型，在这些模型中，市场看起来喜怒无常，时而崩溃，时而出人意料地暴涨，呈现出某种我们称之为个性的特质。"

然而，颇具讽刺意味的是，在圣塔菲研究所期间，阿瑟实际上几乎无暇去研究兰顿的人工生命、混沌边缘，以及那个假想的新热力学第二定律。因为经济学项目占据了他 110% 的工作时间和精力。但仅仅是接触到这些理念，就让阿瑟感到着迷。在他看来，人工生命以及相关理论，捕捉到了圣塔菲研究所的精神内核。阿瑟指出："马丁·海德格尔曾经说过，存在是哲学的根本问题。进而，我们作为有意识的实体，存在的目的是什么？为何宇宙不仅仅是一团互相碰撞、混乱无序的粒子？为什么会有结构、形态和模式出现？意识的出现为什么会成为可能？"圣塔菲研究所很少有人像兰顿、考夫曼和法默那样直面存在问题。但阿瑟说，他感觉到每个人都在以各自不同的方式，探索存在问题的部分答案。

此外，阿瑟感到这些思想与他和同事们在经济学领域所追求的目标产生了强烈的共鸣。例如，当你透过克里斯托弗·兰顿的相变视角审视这一主题，所有的新古典经济学都瞬间可以被概括为一句简单的论断：经济深处于有序状态中，市场总是达到均衡，事情即使有变化也会很慢。圣塔菲方法同样可以被概括为一种简单论断：经济处于混沌的边缘，主体不断地相互适应，事情总是在不断变化。阿瑟一直都很清楚，哪种观点更接近现实。

和圣塔菲的其他人一样，阿瑟在推测这场革命更为深远的意义时犹豫不决。现在的成果依然处于萌芽阶段，过于随意的推测很容易造成新时代的异端之感。但和其他人一样，他忍不住去思考其背后更深远的意义。

阿瑟说："你可以从近乎神学的角度来看待复杂性革命。牛顿的机器隐喻，类似于标准的新教思想。简而言之，宇宙是有秩序的。但这并不是说我们依赖上帝维持秩序——这听起来有点过于天主教了——而是因为上帝设定了世界，所以只要我们做好自己，秩序就会自然显现。如果我们作为独立个体，追求自身的正当利益，努力工作且不打扰别人，那么世界的自然平衡就会建立。然后，在所有的可能中，我们将得到那个最好的世界——我们所应得的世界。这可能并不严格符合神学观点，但这是我对某些基督教派别的理解。"

"相比之下，复杂性方法则完全符合道教思想。在道教中，没有固有的秩序。'道生一，一生二，二生三，三生万物。'在道教的观念里，宇宙是广阔、无定形且永恒变化的，你永远无法将其固定下来。元素总是保持不变，却总在重新排列自身。"因此，这就像一个万花筒：世界是不断变化的模式，会有部分重复，但永远不会完全重复，每次都新颖而独特。

"我们与这样的世界有什么关系？其实，我们都是由相同的基本元素构成的。所以，我们就是这个永恒不变却又时刻改变的存在的一部分。如果你认为自己是一艘蒸汽船，可以逆流而上，那你就是在自欺欺人。事实上，你只是一艘顺流而下的纸船的船长而已。如果试图逆着水流，就只会停留在原地。然而，如果你静心观察水流，意识到自己是其中的一部分，意识到水流不息且始终在孕育新的复杂性，那么你在某些时刻就可以把桨插进水中，使自己撑过一个又一个旋涡。

"那么，这跟经济和政策有什么联系呢？当然有，在政策视角下，这意味着你需要不断观察，时刻洞察，并在适当的时机出手干预，使事情向更理想的方向发展。这意味着，你要努力看清现实，明白所处的博弈局势正不断变化，因此你需要在博弈进行的过程中理解当前的规则。这意味着，你需要像鹰一样审视日本的经济与政策，不能再天真，不能再期望与之公平竞争，不能再坚持那些建立在过时假设上的标准模型。你不能再寄希望于：'只要能达到这种均衡，我们就会富裕起来。'你要做的就是观察。然后，在可以采取有效行动的地方，你要行动起来。"

阿瑟说，请注意，这并不是倡导消极或宿命论。"这是一种强大的策略，充分利用系统天然的非线性动力机制。你可将其力发挥到极致，而不要浪费它。这正是威斯特摩兰在南越采取的策略与北越的人民所采取的策略之间的区别。威斯特摩兰动用重兵、大炮和铁丝网，烧毁村庄，而北越人会像潮水般暂退。三天后，他们就又回来了，没人知道他们从何而来。这也是所有东方武术背后的理念。不要试图阻止对手，而是任其出击，然后找准时机顺势精准一击。这种理念的核心就是认真观察、勇敢行动，精准地把握时机。"

阿瑟不愿深入探讨这一切对政策问题的影响。但他确实记得，

1989年秋天，就在他即将离开圣塔菲研究所时，默里·盖尔曼说服他共同主持一个小型研讨会。研讨会的目的是探究像亚马孙这样的地区，在经济、环境价值和公共政策的相互作用下，如何应用复杂科学来分析。因为那里的雨林正在以惊人的速度被砍伐，用于修建道路和农场。阿瑟在演讲中给出的答案是，你可以在三个不同层面上制定雨林（或任何其他主题）的政策。

阿瑟说，第一个层面是传统的成本效益分析：每项具体行动的成本是什么？收益是什么？如何在二者之间达到最优平衡？阿瑟表示："这种科学方法确实有其存在的价值。它迫使你深思各种替代方案的影响。当然，在那次会议上，我们确实有很多人在论证雨林的成本和收益。难点在于，这种方法通常假设问题已被明确定义，选择方案也是被明确定义的，并且政策资源已经到位，所以分析师的任务就只是将每个选项的成本和收益量化。这就好像世界是一个铁路调度场：列车正沿着一条轨道前进，我们可以通过切换道岔来引导列车走向其他轨道。"但遗憾的是，对于标准理论来说，现实世界几乎从不会被定义得如此清晰，尤其当涉及环境问题时。往往看似客观的成本效益分析实则是对主观判断赋予任意数值，然后将无法评估的因素赋值为零。"我在课堂上嘲笑过一些这样的成本效益分析，"他说，"拥有斑点猫头鹰的'效益'是根据有多少人会参观森林、多少人可能看到斑点猫头鹰以及他们观看斑点猫头鹰的体验价值等标准来定义的。这完全是胡说八道。这种环境成本效益分析让我们好像站在大自然的橱窗前随意挑选，然后说：'对，我们想要这个，或者那个。'但我们实际上只是旁观者，并非大自然的一部分。因此，这些研究从未引起我的兴趣。只关心什么对人类有利，这是极度傲慢且自以为是的态度。"

阿瑟说，政策制定的第二个层面是全面的制度-政治分析：弄清楚是谁在做什么，以及为什么这么做。"一旦你开始对巴西雨林进行分析，你就会发现有各种各样的参与主体：土地所有者、定居者、擅自占用者、政治家、农村警察、道路建设者、土著人民。他们的出发点并不是环境问题，但他们都参与了这个复杂的、互动式的'大富翁游戏'，在这个游戏中，环境受到了严重影响。此外，政治制度并不是什么外生事物。政治制度实际上是游戏的结果——由此形成的政党和联盟。"

阿瑟说，简而言之，你要把这个问题当成一个系统来分析，就像一位道教徒坐在纸船上观察复杂多变的河流一样。当然，历史学家或政治学家会本能地审时度势。近期，经济学中也有一些精彩的研究开始采取这种方法。但阿罗说，在1989年的研讨会上，这个观念对许多经济学家来说仍然像是一种新发现。"在我的演讲中，我强烈呼吁采用这种分析方法。"阿瑟说，"我告诉他们，如果你真想深入解决环境问题，你必须追问，这些问题都牵涉谁，有什么利害关系，可能形成什么样的联盟，并基本了解整个情况。然后你才有机会找到可以干预的点。"

阿瑟表示："所有这些都引领我们进入第三层面的分析。在这个层面上，我们或许会看到两种不同的世界观对环境问题的看法。其中一种是我们从启蒙运动中继承的标准平衡观，即人与自然之间存在着二元性，两者之间存在一种对人类最有利的自然平衡。如果你接受这一观点，那么就可以谈论'环境资源政策的优化'——这是我在研讨会上从前面一位发言者那里听到的一个表述。"

"另一种观点是复杂性，复杂性理论认为人与自然之间本质上不存在二元性。"阿瑟如是说，"我们本身就是自然的一部分，并且深处其核心。行动者与被动者之间界限模糊，因为我们都是这个环环相扣的网络的一部分。如果我们作为人类，在不知道整个系统将如何适应的情况下，试图采取有利于我们的行动，比如砍伐雨林，我们就可能引发一系列事件。这些事件很可能会对我们形成反作用，形成一种不同的模式，迫使我们调整适应，比如全球气候变化。"

"所以一旦你放弃了二元性，"阿瑟说，"那么问题就变了。你不能再谈论优化了，因为它变得毫无意义。这就像父母试图从'父母与孩子'的对立角度来优化其行为，但如果你将自己视为家庭成员，那么这个角度就显得荒谬了。你需要谈论共处和共同适应——这才对整个家庭都有好处。"

"总的来说，我所表述的观点在东方哲学看来一点也不新鲜。它一直以来就把世界看成一个复杂的系统。这种世界观在西方正变得越来越重要，无论是在科学领域还是在整个文化领域。人与自然的关系，正在以非常非常缓慢的方式，从强调对自然的剥削逐渐转向强调人与自然的相互适应。于是，在面对世界的运转方式时，我们放下了天真与幼稚。当我们开始理解复杂系统时，就开始意识到，我们本就是一个不断变化、环环相扣、非线性的万花筒世界的一部分。"

"所以，问题是你在这样的世界里如何做到游刃有余。答案是，你要尽可能保留更多的选择。你寻求的是可行性，一种实际能行得通的方法，而不是所谓的'最优'方案。很多人对此会问：'这难道不就是接受次优吗？'不，并不是，因为最优已经不再有明确的定义。面对不确定的未来，你想做的是最大限度地提高稳健性或生存能力。而这反过来又促使我们尽可能地理解非线性关系和因果路径。你需要慎之又慎地观察世界，并且不能期待环境永恒不变。"

那么，圣塔菲研究所在这场复杂性革命中扮演什么角色呢？阿瑟说，它绝不会仅仅成为另一个政策智库，尽管总有人似乎对此抱有期待。他说，实际上，圣塔菲研究所的职责是帮助我们观察这条永恒变化的河流，并理解我们所看到的一切。

"如果你面对的是一个真正的复杂系统，"他说，"那么，确切的模式是不可重复的。然而，有些主题却是可以识别的。比如，我们可以谈论历史上的'革命'，尽管每一场革命可能都与另一场革命截然不同。所以我们要使用隐喻。事实证明，很多决策的制定都与找到合适的隐喻有关。相反，糟糕决策的背后几乎总是使用了不恰当的隐喻。比如，用枪支和袭击来隐喻一场毒品'战争'，可能并不妥当。

"因此，从这个角度来看，建立圣塔菲研究所这类机构的初衷，正是为了在此创造复杂系统中的隐喻和概念。比如，如果有人在计算机上进行了一项精彩的研究，那么你可以说'这是一个新的隐喻，让我们姑且称之为混沌边缘'或者其他什么。因此，如果圣塔菲研究了足够多的复杂系统，那么它要做的，是向我们展示可能观察到的各种模式，并提供适用于不断变化的、正在发展中的、错综复杂的系统的隐喻，而不是提供简单的机械隐喻。"

阿瑟说："所以，关于圣塔菲研究所的角色，我认为明智的做法，就是让它专注于科学。把它变成一个政策咨询机构将是一个严重的错误。这会贬低整件事的价值，最终会适得其反。因为我们目前缺少的就是对复杂系统运行方式的精确理解。这将是未来 50 年到 100 年里，科学领域的下一个重大任务。"

"我认为从事这样的科学适合特定个性的人，"阿瑟说道，"我指的是喜欢过程和模式的人，而不是满足于静态和秩序的人。我发现在生活中，每次遇到简单规则下涌现出了复杂、混乱的结果时，我都会惊叹：'哇，这不是很可爱吗！'但我想，当其他人遇到同样情形时，可能会恐惧退缩。"

阿瑟回忆，大约在 1980 年，当他仍在努力阐述自己对一个动态、演化的经济的构想时，碰巧读到了遗传学家理查德·列万廷的一本书。书中一段话深深触动了阿瑟。列万廷说，科学家有两种类型，第一类科学家认为世界基本上处于平衡状态。如果无序之力有时会使系统稍微脱离平衡，那么他们觉得关键就是再次将其推回平衡。列万廷称这些科学家为"柏拉图主义者"，因为这位著名的雅典哲学家曾宣称，我们周遭混乱、不完美的物体只是完美"原型"的反映。

然而，第二类科学家将世界视为一个流动和变化的过程，相同的物质不断地以无尽的组合方式循环往复。列万廷称这些科学家为"赫拉克利特主义者"，因为这位爱奥尼亚哲学家热情且富有诗意地主张，世界处于不断流变的状态中。赫拉克利特生活在柏拉图之前近一个世纪，他以观察到"踏入同一条河流的人，会不断遇到新的水流"而闻名，而柏拉图将这句话解读为"人不能两次踏入同一条河流"。

"当我读到列万廷这段话时，"阿瑟回忆，"那是一个顿悟的时刻。就在那一刻，我终于看清了周边的世界。我心中默叹：'原来如此！我们终于开始从牛顿的世界中走出来了。'"

褴褛行者

几乎就在布莱恩·阿瑟迎着夕阳西行的同一时间，乔治·考温，这位回归圣塔菲研究所的赫拉克利特主义者所长，正在准备告别舞台。尽管经济学项目确实取得了成功，尽管混沌边缘、人工生命等主题在智识界掀起了激烈的浪潮，乔治·考温却十分清楚，研究所的永久捐赠基金仍然为零。6年过去了，他厌倦了不断向人乞讨运营资金。他也厌倦了为经济学项目而忧心，忧心它成为一个"800磅的大猩猩"①，主导了整个研究所。说到这里，

① 英语中的一句俚语，常用来形容某人或某组织十分强大，行事无须顾忌。——译者注

考温也厌倦了与默里·盖尔曼无休止的意志较量，这种较量主要聚焦于如何定义圣塔菲研究所的全部意义——包括复杂性革命如何启示我们为人类建设一个更可持续的未来。考温只能说——他累了。现在，他已经成功创建起圣塔菲研究所并使其顺利开始运行，只想把余生投入这门奇特新颖的复杂科学的研究中。因此，在1990年3月研究所董事会的年会上，考温抓住机会，提交了正式的辞职信。他告诉董事会成员们，自己还将留任一年，让他们寻找继任者，同时会尽最大努力稳定研究所的资金。但这就是考温能做的全部了。

考温说："我只是觉得是时候换一张新面孔掌舵了。董事会会议恰好是在我70岁生日后的一周举行的。其实，早在年轻时，我就曾向自己承诺，到了70岁时，不再将自己视为任何事务的必要之人。我见证了太多的老家伙挡道。有很多颇有想法的人，是时候给他们机会了。"

考温宣布这一决定，对任何曾在圣塔菲研究所待过的人来说都并不意外。他最近看起来颓废不堪，以至于他的同事开始担心他的健康。他的脾气反复无常，可能前一天还满面笑容，第二天就郁郁寡欢。考温经常告诉大家，自1984年接任所长职务那天起，他就已经公开宣布辞职了，只是为年轻的接班人先暖热这把椅子。他早已多次声称要辞职，都被劝阻下来。实际上，在1989年3月的董事会会议上，他曾大胆暗示自己离任的时机已到，并指派了一个寻找继任者委员会——如今这个委员会必须加速行动起来。

但这正是寻找继任者委员会和其他所有人面临的难题。考温就是那个提出创办圣塔菲研究所构想的人。他最早预见到复杂性将作为一门科学存在，那时其他人甚至都还不清楚如何命名它。他比其他任何人都付出得更多，使圣塔菲研究所成为大家心目中有史以来最令人激动的知识殿堂。正如克里斯托弗·兰顿所说，当你看到乔治坐在所长办公室里时，你会莫名觉得一切安好。目前还无法确定是否有其他人能够做到这一点。

领导圣塔菲研究所的如果不是乔治·考温，还能是谁？

考温自己对此也毫无头绪。至少目前，他并没有太多时间担心这件事，因为在接下来的 12 个月里，他的压力只会越来越大。"在我可以安心离任之前，"他说，"我希望能确保研究所未来 3 年的资金到位，这样我的继任者就不会刚上任就立刻陷入财务困境。"这意味着，考温最紧要的优先事项是必须完成向美国国家科学基金会和美国能源部提交的两项重大提案。这两个机构最初提供的 3 年期资助——总额约为 200 万美元——是在 1987 年发放的，并即将到期；如果不能继续获得资助，那么研究所几乎无法维持下去，更别说有人愿意担任其领导者了。

然而，对考温来说，这些提案的利害关系远不止金钱本身。事实上，如果只是资金的问题的话，他的生活会轻松很多。圣塔菲研究所原本可以像许多大学里的科学与工程系一样，坚持让研究人员自己去向各个资助机构争取经费，这并不难。毕竟，这里都是聪明且经验丰富的学者，他们成年之后就一直在为获取资助而奔走，他们深知游戏规则。但考温深信，这样的方法最终会摧毁圣塔菲研究特所特有的东西。

"在我看来，"考温说，"最重要的问题是，我们正在创造一个新型的科学共同体——一种涵盖硬科学、数学艺术和社会科学所有领域的、具有一定普世性的科学社区。我们从寻找能找到的最杰出的人才出发，再施以我只能称之为"品位"的黑魔法——我们特意将那些必然会引发激烈知识碰撞的人聚集起来。我认为我们建立的社区在广度和质量上都是独一无二的。我从未在历史上任何其他科学机构中见过类似的阵容——尽管我一直在寻找这类机构，希望能效仿借鉴。"

"但是，如果我们仅能获得零散的资金，"考温继续说道，"我们很快就会四分五裂。"除了资助机构通常将其个人资助限定用于某个具体、公认学科的特定研究（这与圣塔菲模式截然相反）之外，个人资助还往往导致各自为政的局面。考温说："你看，当申请人申请资助时，他要为此花很多时间。然后，当他得到了5万或10万美元资助时，实际上，他就变成了这笔钱的主人。如果你试图以任何方式侵犯他使用这笔钱的自主权，你就犯下了不可饶恕的罪行。"因此，即使出于世界上最美好的意愿，即使每个人都试图保持开放、友好和跨学科的态度，单个研究者最终还是会不可避免地在自己的项目上投入越来越多的时间，而彼此间的交流却越来越少。"不存在中央协调机制。大家又回到了学术孤岛。"

当然，在现实中，圣塔菲科学社区无论如何都会去积极争取各类专项资助。考虑到资金现状，圣塔菲研究所没有富足到可以完全放弃这类资助。事实上，花旗集团对经济学项目的资助就是一项典型的大规模专项资助——布莱恩·阿瑟在担任该项目主管期间就花了许多时间向各个基金会写提案，以寻求更多的资金支持。因此，为了抵消这种离心力，考温非常希望能得到他所说的"保护伞拨款"：这笔钱能覆盖所有在复杂性研究方面有杰出想法的人，无论这个想法是否符合预设的框架。比如像克里斯托弗·兰顿、约翰·霍兰或斯图尔特·考夫曼那样的人。"如果你想要一系列连贯的复杂性研究计划，"考温说，"那么必须创造一个社区，在这个社区中，连贯性会自下而上地涌现出来，而不需要去告诉人们应该怎么做。保护伞拨款就是其中至关重要的一部分。"

这就是为什么考温一开始就找上了美国国家科学基金会和美国能源部。在找到那位能为研究所提供捐款的慷慨捐赠者之前，这些机构是他唯一可以寻求保护伞拨款而不必迫使研究项目走向特定学科模式的地方。这也解释了为什么考温如此重视这次资助续约：如果保护伞收起，阿瑟、考夫曼、霍兰等人发掘出的那极度激动人心的创新热潮，将会在极短时间内消沉并失去活力。

因此，那年春天，考温和执行副所长迈克·西蒙斯以及科学委员会众成员一道，投入无数时间与精力去准备新的提案。他们深知这份文件必须具有极强的说服力。在 1987 年第一次说服这两个机构为研究所提供资金时就已经足够艰难了，尽管当时圣塔菲团队仅仅需要证明他们有一批优秀的人才和一个出色的想法。

更何况，这一次他们向美国国家科学基金会和美国能源部提出将资助金额增加至原来的 10 倍，从 3 年 200 万美元增至 5 年 2 000 万美元，这无疑是一次更为艰难的游说。而且，他们提出这一加码要求的背景是，联邦政府的科学预算正在逐渐收紧。传统学科的研究人员对资金的需求比以往任何时候都更为迫切，美国国家科学基金会和美国能源部的中层管理者还曾公开质疑，为什么资金会流向圣塔菲这种高风险、跨学科的项目，而大学里那些稳妥可靠的项目却在苦苦求援。

鉴于这种情况，考温、西蒙斯和整个圣塔菲团队显然无法再单纯靠做出承诺来证明自己的价值。他们必须证明自己在过去 3 年里已经取得了一些实际成果，并有能力在接下来的 5 年里完成价值 2 000 万美元的任务。这当然有些棘手，因为他们无法诚实地声称已经解开了复杂性的全部谜团。他们最多只是在这个方向上迈出了探索的第一步。但他们确实有底气宣称，经过 3 年全职运营，他们已经创建了一个致力于研究复杂性问题的可行机构。正如 1987 年最初的提案中所承诺的，他们写道，圣塔菲研究所"已经开发出了一个综合性的研究程序，建立了一套创新的治理机制，打造了一支素质极高的研究人员队伍，并且初步形成了一套开始满足广泛需求的基础设施"。

事实上，考虑到提案陈述部分的措辞，考温和西蒙斯可以提出一个相当有力的论据。他们指出，在过去 3 年内，圣塔菲研究所主办了 36 场跨学科研讨会，参会人数超过 700 人。此外，还接待了 100 多名访问研究者，他们后来在各大知名科学期刊上发表了约 60 篇关于复杂性的论文。研究所开设了一年一度的复杂系统暑期学校，通过为期一个月的课程向学员传授复杂性研究的数学和计算方法，每届约有 150 名科学家参加。同时，它开始出版"圣塔菲研究所复杂科学研究"系列丛书。并且就在提案撰写时，研究所正在与几家学术出版商进行洽谈，希望推出一份关于复杂性的新研究期刊。

接着是研究本身的成果。"特别值得一提的是，"考温和西蒙斯写道，"从才华横溢的研究生到诺贝尔奖得主、资深企业高管和知名公职人员，这些杰出伙伴对圣塔菲研究项目的投入在不断增加，圣塔菲模式不再停留在未经验证的层面。代表各个相关学科最高水平的互动小组及互动网络已经开始形成并提供支持，这无疑是圣塔菲研究所至今为止做出的最重要贡献之一。"

同样，他们可以用一系列具体的成果来佐证这些提案措辞。实际上，该提案的主要内容就是致力于此，并对从人工生命到经济学项目等的各种研究项目进行了深入讨论。考温和西蒙斯在谈到经济学项目时表示："这是圣塔菲研究所最为成熟的项目，无论从实质层面还是组织层面，它都被视为研究所其他项目努力效仿的典范。"

当然，就像任何还算和谐的家庭在外人面前总会展现最好的一面，圣塔菲团队在提案中也有略去不提的秘密，比如，经济学项目以及其他一些事情让乔治·考温感到极度困扰，这一点他们并未明说。

部分原因是老问题：资金。在稍微没那么通情达理的时候，考温有时会觉得经济学家们好像希望由研究所去筹集所有资金，而他们则尽情享受乐趣。但即使在情绪缓和的时候，他也深知经济学项目在智识上的成就远超其经济收益。花旗集团对该项目颇为满意，并继续为其每年提供 12.5 万美元的资金。但这远远无法覆盖其全部成本。阿瑟试图从拉塞尔·塞奇基金会、斯隆基金会和梅隆基金会等大型基金会那里获取更多资金，但都宣告失败。残酷的事实是，即便是主流经济学的研究资金都捉襟见肘，更别说这种颇有风险的圣塔菲项目了。

考温说："事实证明，美国对经济学的支持非常有限。单个经济学家通过企业项目获得丰厚报酬，但他们从事基础研究却未得到相应回报。同时，由于经济学是一门社会科学，它从国家科学基金会和其他政府机构那里获得的研究资金少之又少，因为政府并不是社会科学研究的主要赞助者。这带有'计划'的色彩，而计划不是一个好词。"因此，他说，很多经济学家似乎把圣塔菲研究所视为又一个资金来源，但并未给它带来额外的支持。因此，研究所不得不用考温原本希望用于其他项目的联邦拨款，来补充经济学项目上花旗集团的资助缺口。

考温继续说道，此外，肯尼斯·阿罗一直在努力招募一位顶尖的经济学家，在 1989 年底布莱恩·阿瑟离任后接替其常驻项目主任的职位。"其实，我们是靠着年度筹款勉强维持，几乎无法考虑下一年的预算情况，"他说，"但当你试图吸引那些有能力去任何地方、做任何事情的人时，你必须开始承诺未来将提供何种资源。尽管在经济学项目启动初期，研究所的不确定性非常明显，但一两年后，这种不确定性逐渐淡化。"它开始看起来比实际情况更加可靠。因此，与我们接洽的人开始将我们与斯坦福或耶鲁等机构同等对待。由于没有资助，我们要么让他们认清现实，要么就得满足他们的期待，挖掘一些资源。这是一种不同的压力，游戏的性质发生了改变。"

然而，考温真正关心的并非资金本身，而是脆弱的圣塔菲科学社区。经济学项目的巨大成功有可能将这个地方转变为一所全日制经济学研究所，这完全背离了圣塔菲的初衷。"创建一个没有院系划分的机构，然后只专注于一个学科，这在概念上就是矛盾的。"考温说，"还不如一开始就设立一个院系。我们必须从某处起步，但也需要确保从一起步就防止经济学成为研究所唯一的关注点。"

这也难怪考温与阿瑟会在经济学项目资金和进度上不止一次地争吵。考温说："在科学委员会上，阿瑟以经济学家的角度来看待问题，认为该项目已经取得了巨大成功——只要该项目如此成功地进行下去，我们就不应该将其资金支持分流到其他任何事情上。不要停止对正在获胜的马下注。现在，阿瑟坚定地捍卫自己的观点。这是好事。但是研究所的整体理念是复杂系统包含多个方面。复杂系统，尤其是当涉及人类的复杂系统，包括神经行为、人类行为、社会行为，以及经济学无法专门处理的许多其他事物。因此，我竭力支持至少一个与经济学项目规模相当的其他项目。我们需要拓宽圣塔菲的学术议程，分散下注。科学委员会整体是非常支持这一点的，尽管对此进行了大量讨论。"

考温心目中的那个其他项目就是"自适应计算"：它致力于开发一套数学和计算工具，可应用于包括经济学在内的所有复杂科学。"如果有一个共同的概念框架，"他说，"就应该有一个共同的分析框架。"他补充道，在某种程度上，启动这样一个项目只需要认识到已经存在的东西，并给予它更广泛的支持。约翰·霍兰关于遗传算法和分类器系统的理念早已渗透到圣塔菲研究所，很有可能构成自适应计算的支柱。不过斯图尔特·考夫曼的布尔网络和自催化集、克里斯托弗·兰顿的人工生命，以及布莱恩·阿瑟和其他经济学家正在构建的各种计算机经济模型中，也相继涌现出类似的观点。多因·法默的《联结主义的罗塞塔石碑》，见证了一场生动的跨领域交叉——法默在论文中指出，神经网络、免疫系统模型、自催化集和分类器系统本质上只是同一基本主题的不同形式变体。实际上，1989年的一天，迈克·西蒙斯发明了"自适应计算"这个术语，当时他和考温坐在考温的办公室里探讨什么样的名字能覆盖所有上述观点，但又不像"人工智能"一样带有知识性负担。

因此，考温表示，在某个层面上，自适应计算项目只是给这种热闹纷扰的跨学科活动带来一些正式的认可和协调，尚且难以为研究生、访问学者和研讨会提供额外的资金。然而，从长期看，他也希望这个项目能将精确性和严谨性带给经济学家、社会学家、政治学家甚至历史学家，就像牛顿发明微积分给物理学所带来的改变。考温说："我们还在等待一套真正丰富、有力、通用的算法——可能需要10年或15年，用于量化复杂的适应性主体之间如何相互作用。现在社会科学领域进行辩论的常规方式是，每个人都对问题进行二元划分，然后坚称他们所持的观点是最重要的。'我的观点比你的更重要，因为我可以证明财政政策比货币政策更重要'，等等。但其实你无法证明这一点，因为自始至终都是言辞之争。而计算机模拟则提供了一份明确标识参数和变量的目录，这样人们至少能就同样的事情展开讨论。计算机还可以让你处理更多的变量。因此，如果同一模拟中同时包含了财政政策和货币政策，那么你就可以开始探讨为什么一个比另一个更重要了。结果可能正确，也可能错误。但这是一场结构更严谨的辩论。即使所使用的模型出错了，计算机模拟的方式在组织引导讨论方面，仍具有巨大优势。"

然而，不论计算机模拟是否有那么好的效果，启动一个自适应计算项目肯定至少会带来一个令人欣喜的额外收获：这会给考温和圣塔菲团队一个理由，从密歇根大学聘请约翰·霍兰成为首位全职研究员。他不仅是该项目常驻主管的理想人选，而且有着源源不断的能量与创意。人们总是喜欢有霍兰在场。

因此，考温和西蒙斯在写给国家科学基金会和能源部的提案中，特别为自适应计算留出了 10 页的专题内容，其中大部分是由热情洋溢的约翰·霍兰亲自撰写。他们于 1990 年 7 月 13 日将整整 150 页的申请材料寄往华盛顿。从那时起，他们所能做的就是祈祷和等待，并希望评审人员能予以善意。

关于圣塔菲研究所想将霍兰招募为全职研究员这件事，还不乏一丝讽刺意味。早在研究所初创时期，考温和其他创始人就曾满怀期待想要聘请长期研究员，并参照纽约洛克菲勒大学的模式，将其打造成一个成熟的研究机构。然而，财政现实却阻挡了他们的步伐。到了 1990 年，考温、西蒙斯以及一大批圣塔菲常客开始怀疑，这种特殊限制也许存在某种优点：没有长期研究员，圣塔菲研究所反而可能运营得更好。

考温说："优点就在于我们比过去更具灵活性。"毕竟，他意识到，一旦你雇用了一批全职研究人员，你的研究项目基本上就会相当稳固，直至这些人离开或离世。那么，为何不让圣塔菲研究所继续扮演催化剂的角色呢？至今为止，这种模式运行得相当成功：一批又一批访问学者轮流到来，在这里停留一段时间，参与激烈的知识碰撞，然后返回各自所属的机构，继续远距离合作，并顺道在同事中间传播这场复杂性革命。

尽管如此，每个人都非常愿意为霍兰破例。最棒的是，愿意为霍兰的研究提供资金支持的人已经出现——罗伯特·马克斯韦尔闪亮登场：这位前捷克反法西斯抵抗运动的斗士，后白手起家成为伦敦报业大亨和亿万富翁，并且对复杂性等事物抱有异乎寻常的热情。

当然，现在回想起来，罗伯特·马克斯韦尔之所以为大众所知，还因为他在 1991 年末神秘溺亡，随后他那负债累累的媒体帝国便轰然倒塌。但在那个时刻，马克斯韦尔看起来就像天使降临。圣塔菲研究所与马克斯韦尔建立联系始于一年多以前，当时默里·盖尔曼偶然遇到了马克斯韦尔的女儿克里斯汀·马克斯韦尔。克里斯汀则在 1989 年 5 月安排了盖尔曼与她父亲共进午餐。

当盖尔曼向考温汇报说，老马克斯韦尔似乎对圣塔菲所做的事情颇感兴趣时，圣塔菲团队便立即进入了筹资模式。没人能准确估计出马克斯韦尔的财富，但他们知道那一定是个天文数字。

在多次传真和电话交流后，1990年2月，一份来自伦敦的特殊传真抵达圣塔菲，其中提出两个要点。马克斯韦尔说，首先，他希望捐赠10万美元，以此与圣塔菲研究所开始合作，这笔捐款将用于复杂适应系统的研究。其次，对于圣塔菲研究所要创办一本关于复杂科学的新期刊的构想，他颇感兴趣，并愿意通过其子公司——佩加蒙出版公司这一学术出版机构来出版发行。

想"开始"合作?！考温和西蒙斯仔细考量了这封传真的措辞。最终，考温决定冒一次险，他要提高筹码："我想向他要求更多。"在考温的回信中，他附上了研究所期刊委员会的工作草案，概述了他们对于期刊的构想，并额外提出了一个建议，即由他在圣塔菲研究所设立"罗伯特·马克斯韦尔讲席教授职位"，每年资助30万美元。考温解释道，这笔钱不仅能覆盖马克斯韦尔讲席教授的薪水，还可以用于支付博士后、研究生、秘书的费用，以及差旅费和其他杂费。

伦敦方面迟迟没有回应。正如考温和西蒙斯早已预料到的，马克斯韦尔几乎不把决定权下放给任何人。他们所能做的就是通过设置实时传真提醒、写信、打电话以及盖尔曼与克里斯汀·马克斯韦尔和她兄弟们之间的联络来保持沟通顺畅。最终，就在1990年3月董事会会议举行之前，他们收到了"原则上接受"的答复。于是，就在这次会议上，圣塔菲研究所正式向约翰·霍兰提供了为期 5 年的马克斯韦尔教授职位。

在密歇根大学，霍兰全力以赴地利用这个机会进行谈判。那时，他仍对自己原来的计算机与通信科学系被并入工程学院感到愤怒，因为不满那里流行的短视、应用导向的风气，他已经中途退出。几年前，加州大学洛杉矶分校开始向霍兰暗示可以给他一个讲席教授的职位。于是，霍兰在学术社交技巧方面表现出了前所未有的天赋，他立即找到密歇根大学的教务长。"如果要我留下来，"他说，"至少需要为我提供一个心理学系的兼职岗位。"——密歇根大学心理学系在美国排名靠前，他在写《归纳法》一书时就与该系有广泛联系。教务长伊迪·戈登堡深表同情，并希望霍兰能留在密歇根大学，于是做出了必要的安排。

如今，霍兰手中握着圣塔菲研究所的邀请，他再次找到戈登堡。"从做研究的角度看，这个马克斯韦尔讲席教授职位几乎可以说是一个理想选择，"霍兰告诉她，"我非常倾向于接受这个职位——除非我在密歇根大学能有更多时间从事研究。"这一次，戈登堡同样认真倾听了霍兰的需求。她找到了资金，做出相应安排，并帮助霍兰达成一项交换条件：霍兰将在心理学系得到一份全职岗位，并减轻其教学负担，以便他有更多时间进行研究。作为回报，霍兰将在圣塔菲研究所和密歇根大学之间建立永久联系——密歇根大学的教授、博士后和研究生将定期到圣塔菲研究所度过一段时间，并且两个机构将定期联合主办会议。于是，在密歇根州安阿伯的雪地中，搭建起了圣塔菲研究所的前哨站。

这项协议在 1990 年夏天达成。为了宣告前哨站的启动，霍兰在 1990 年秋天组织了一场为期两周的研讨会，特别邀请布莱恩·阿瑟、斯坦福大学的马克·费尔德曼以及默里·盖尔曼来开场。在这场会议期间，霍兰度过了一段美好时光，从各方面看，其他参会者也是如此。霍兰表示："（密歇根大学校长）詹姆斯·杜德施塔特参加了开幕研讨会，并全程在场！他甚至做了笔记。这真是一次有趣的体验，每个人都兴致勃勃。"此外，从那时起，除了去圣塔菲研究所和参加各种会议外，霍兰大部分时间都愉快地待在家中书房和他的麦金塔第二代电脑一起度过，他的家是一座独特的山顶城堡，在那里能够俯瞰安阿伯西部连绵起伏的山林。最近，他甚至开始认真谈论起要从大学里退休，这样就可以有更多的时间进行研究。"人的时间是有限的，"霍兰说，"我已经上了年纪（他此时 63 岁了），文件夹里还有很多想法想要去深入研究……"

回到圣塔菲研究所，听到霍兰拒绝讲席教授职位，考温感到很遗憾。但他不得不承认，霍兰巧妙摆脱了在密歇根大学的困境，这令他印象深刻。更让他惊讶的是，霍兰为了确保圣塔菲研究所与密歇根大学建立持续的联系而"赌上自己的工作"，这让圣塔菲研究所异常欣喜，倘若不是霍兰，这种联系大概率永远都建立不起来。

在此期间，考温还必须与马克斯韦尔打交道。1990 年初夏，他和西蒙斯与对方保持着频繁的传真交流，以礼貌的方式提醒对方：请别忘记汇款。终于在 8 月，马克斯韦尔的 15 万美元个人支票——也就是当年 30 万美元资助的首期款项——到达了圣塔菲研究所。直至那时，他们才告诉马克斯韦尔，霍兰无法接受职位。"你认为我去密歇根大学和他面谈会有帮助吗？"马克斯韦尔回应道。

答案是否定的。但圣塔菲研究所提出了一种折中方案：霍兰和盖尔曼将在刚开始的1990年秋季学期共同担任马克斯韦尔讲席教授职位，在此期间，霍兰将为这个新的自适应计算项目奠定基础。到1991年，该职位将由斯图尔特·考夫曼和戴维·派因斯轮流担任。同时，研究所会发挥其灵活性引进若干一流的年轻人才，如赛思·劳埃德、詹姆斯·克拉奇菲尔德以及阿尔弗雷德·许布勒。

对方通过传真回复说，马克斯韦尔对这个方案完全可以接受。事实证明，所有人都同意通过马克斯韦尔的佩加蒙出版公司来发行这本新的复杂性研究期刊。考温和马克斯韦尔在一次漫长的跨大西洋电话交谈中敲定了这些细节——就在马克斯韦尔突然决定出售佩加蒙出版公司以筹资用于其他投资之前。1991年2月底，在一连串越来越迫切的跨大西洋催款后，马克斯韦尔甚至记得再汇来15万美元支付讲席教授职位下半学年的费用。

在1990年的整个夏天和秋天，每当提及考温的继任者问题时，都能听到默里·盖尔曼以无奈的口吻叹息道："我想必须我来做了。"

盖尔曼留给大家的印象是，他并不愿意担任研究所的所长。他讨厌烦琐的行政工作。盖尔曼一生中始终拒绝此类职位，例如加州理工学院物理、数学与天文学系主任的职位。但鉴于圣塔菲研究所和复杂科学是如此重要，还有谁能对其接下来的发展有如此清晰的远见？还有谁能如此精准地阐述复杂科学？还有谁拥有如此高的声望和广泛的人脉网络，能够赋予圣塔菲研究所所需的影响力？

确实，还有谁呢？研究所的寻找继任者委员会立即陷入僵局。他们都明白，默里·盖尔曼其实非常渴望成为所长。问题是他们是否敢让他担任这一职位。有些人认为，应该认真考虑这种可能性。毕竟，他们说，我们面前的是一位在科学史上具有开创性意义的人物，并且是诺贝尔奖得主。如果他真心想要担任这个职位，为什么不给他机会呢？

而其他更了解他的人，一想到盖尔曼真的要试图掌管一切，都心惊胆战。无人质疑盖尔曼的智识视野、活力或筹款能力。对于哪些科学问题值得研究，他总有源源不断的创意。他似乎与世界各地的人都有交往，有着令人难以置信的能力，可以将各领域顶尖的人才汇聚在一起。如果没有他，圣塔菲研究所就不会有今日之模样。然而，担任所长？他们仿佛预见了盖尔曼的桌子上堆积如山的未签名的文件和未回应的电话，而他本人可能忙着去保护雨林了。更让人担忧的是，他们害怕圣塔菲研究所变成事实上的"盖尔曼研究所"。

一位与盖尔曼相交多年的物理学家说："默里和我所认识的其他所有人都不同，他对生活抱持一种纯粹理智的态度。他所有的对话，以及他生活中的其他方面，都受他的智识追求的驱动。

他极其关心圣塔菲研究所的学术议程。他希望圣塔菲向着他所看到的方向发展。他对此有过深入思考，并希望确保我们朝着那个方向前进。"

"现在，这种情况既有好处也有坏处。我认为对于研究所来说，有默里这样智力出众的人来引领它朝着有成效的方向发展是好的。但是另一面是，当默里在场时，其他人很难有机会发言。一旦他分析了一个问题，他就认为这个问题已经被分析得很彻底了。如果有人不同意他的观点，他倾向于认为他们可能没听见他说的，或者是没理解他的意思。他要么就完全忽视别人的观点，要么就倾向于为了更清楚地表达，重复他自己的观点。因此，通过强大的智力和个人魅力，他往往会排挤其他所有的观点。大家都意识到的危险是，圣塔菲研究所可能会成为盖尔曼施展个人热情的工具。"

这也正是考温所担忧的风险。公平地说，考温也曾亲耳听到盖尔曼发表关于圣塔菲研究所需要拥抱多样性和多重观点的言论，所有这些言论没有任何不当之处。然而，他也深知，盖尔曼一旦成为所长，就会破坏这个充满活力、多元化的社区，尽管他并不是有意的，届时所有真正的原创思想家都会为了保全理智而离开。考温说："默里将成为主导一切的教授。他总是认为自己的观点是唯一正确的观点。他总在试图纠正别人。"

考温的担忧是有原因的。自圣塔菲研究所成立以来，他一直在这一点上以各种方式与盖尔曼进行斗争。当然，他都尽力保持低调处理，避免事态恶化。考温深知他和研究所对盖尔曼的需求之重，以至于常常不得不向这位大人物让步，这导致许多人怀疑他是否只是被诺贝尔奖得主的威望所震慑。但有些时候，考温实在是难以忍受。

比如，关于研究所应当研究什么主题，长期以来他们争论不休。盖尔曼说："我认为这门学科是对简单性和复杂性的研究。在我看来，宇宙的简单法则及其概率特性构成了整个学科的基础，另外还有信息和量子力学的本质。我们在圣塔菲已经两次讨论过信息和宇宙。早期，我们举办了一场精彩的超弦理论研讨会，全面覆盖了数学、宇宙学和粒子物理学。但是，研究简单性面临着巨大的阻力，我们再也没有进行过超弦理论的探讨。身为圣塔菲研究所的所长，乔治·考温对这些东西极为不满。我不明白原因。"

实际上，考温并不讨厌这些东西。超弦理论——一种假设的"万物理论"，试图将所有基本粒子描绘为无限小、剧烈振动的纯能量线，非常奇妙。考温只是认为，已有许多其他地方可以研究弦、夸克和宇宙学，而圣塔菲研究所并没有多余的时间和金钱可以去重复这些研究。（考温并不是唯一这样想的人，科学委员会的大多数成员看了那次超弦理论研讨会后都说："不要再做了。"）对于考温来说，盖尔曼口中的"简单性"才是他真正不能容忍的，在他看来，这就像是伪装的还原论。他还发现一个严重的问题，盖尔曼很喜欢贬低那些他个人不感兴趣的领域，如化学或固体物理学。（他甚至当着菲利普·安德森的面称固体物理学为"肮脏态物理学"，显然只是为了激怒安德森。）考温说，也许盖尔曼只是想调侃一下。但其所传达的不甚含蓄的信息是：对集体行为的研究在某种程度上是实用主义的、混乱的，而并非"知识性的"。

对于局外人来说，围绕盖尔曼的简单性理念的争论，听起来有点像中世纪对神学细枝末节之处的深奥辩论。然而，考温和盖尔曼为此争执不休，这个话题引发了无数争论，并多次以突然挂断电话告终。考温特别记得的一次是在1987年，当时五六位圣塔菲的资深成员在一次小型私人会议上围坐在桌子旁，讨论圣塔菲研究所应如何自我定位。"每次我们表达对复杂科学的兴趣时，"考温说，"默里总会补充——'以及构成复杂系统的基本原理'，也就是夸克。其言下之意是社会组织由众多夸克构成，你能通过夸克了解各种不同的聚合现象。"

"这正是我所说的对理论物理学的信仰，"考温说，"它坚信对称性和彻底的还原论。我找不出任何理由去接受这种观点，我已经明确表示我们不会那么做。"考温的观点得到了在座大多数人的支持。他们认为，涌现出来的复杂系统代表了一种新事物——理解其宏观行为所需的基本概念远远超出了基本的力学定律。

考温说："默里斩钉截铁地表示他赞同。这是我第一次意识到，默里仅凭他的主观意愿和断言就希望其他人按照他的方式行事。我觉得这是极度以自我为中心，我无法保持冷静。"

事实上，考温愤怒至极，大发雷霆。他拿起文件，说了一句"我辞职"，然后就走出了房间——埃德·纳普和皮特·卡拉瑟斯赶紧追出去，大喊："乔治，回来！"

考温最终还是回来了。在那次事件之后，盖尔曼很少再提"简单性"。

　　然而，对考温来说，相较于圣塔菲研究所的"全球可持续性"项目给他带来的不满，简单性所造成的烦恼几乎微不足道。起初这是考温发起的项目，一个不甚起眼的计划，反映了他对人类在地球上的未来的最深切的忧虑。而且，他当初甚至并未在项目名称中使用"可持续性"。考温原本的构想是使用"全球稳定性"或"全球安全性"，后者是他在 1988 年 12 月组织的首个小型研讨会的主题。"这个主题一开始像是关于国家安全的，但它迅速扩展到了更广泛的领域。"考温解释说，"我们如何能在未来 100 年避免'A 级'灾难，即那种非一代人之力所能纠正的事态？"在混沌边缘的视角下，避免这样的灾难意味着要找到一种方法来抑制最大规模的、最具毁灭性的雪崩式变革。考温说："最初，在我的 A 级灾难清单上，第一名是核战争；B 级灾难则类似于第二次世界大战。但在第一次研讨会召开时，俄罗斯和美国之间的和解使得核战争问题降至清单第五位左右。随之迅速登上清单前列的变成了人口爆炸这种保罗·埃利希式的灾难。接着就是可能发现的环境灾难，如温室气体引发全球变暖，我个人并不认为它是 A 级灾难，但其他人对其大为关注。"

　　这个项目以一种低调的方式进行了一段时间，主要是因为考温总是在空闲时间自发组织小型会议。但后来，盖尔曼开始对此产生了更大的兴趣。以全球性、整体性视角审视人类的长远生存能力，这个想法引起了他的强烈共鸣。毕竟，盖尔曼首次接触科学是他 5 岁的时候在中央公园漫步于大自然中。他最深切关注的就是保护全球环境，尤其是保护雨林的生物多样性。于是，他逐步介入，以不可阻挡之势将考温的这一全球稳定性项目推向了他所期望的方向。到 1990 年，他实质上已经重新定义了该项目议程，并将其化为己用。

盖尔曼的议程比考温的更加积极主动。盖尔曼并不仅仅想避免灾难，他期望实现全球的"可持续性"——无论这个出了名地难以定义的词可能意味着什么。

在 1990 年 5 月的一场圣塔菲研讨会上——此时的盖尔曼已经与考温共同主导这一项目——盖尔曼指出，"可持续性"实际上已经变成了最近流行的一个话题，引发了无休止的老生常谈。对大多数人来说，它似乎意味着一切如常——只不过是"可持续的"。然而，盖尔曼认为，一切如常正是问题所在。在世界资源研究所——盖尔曼以麦克阿瑟基金会理事的身份帮助设立的位于华盛顿的环境智库，创始理事格斯·斯佩思和其他人主张，只有人类社会在几十年内至少经历 6 次根本转型，全球可持续性才有可能实现：

1. 人口转型：世界人口结构趋向于大致稳定。

2. 技术转型：技术发展趋向于人均对环境影响最小。

3. 经济转型：经济模式趋向于真正地尝试收取商品和服务的实际成本（包括环境成本），从而鼓励世界经济的运行依靠自然的"收入"，而非消耗自然的"资本"。

4. 社会转型：社会趋向于更广泛地分配利益，同时增加全球贫困家庭获得对环境无害的就业机会。

5. 制度转型：制度趋向于由一系列超国家联盟制定，这些联盟有助于世界共同应对全球性问题，并使政策的各个方面相互融合。

6. 信息转型：信息发展趋向于科学研究、教育和全球监测，使民众能够理解他们所面临的挑战的本质。

当然，关键在于如何在避免考温所谓的 A 级全球性灾难的前提下，实现全球可持续性的未来。盖尔曼表示，如果我们对实现这一目标尚且抱有一丝希望，那么对复杂适应系统的研究就显得至关重要。要理解这六大根本转型，就意味着要理解那些深度交织、互相依赖的经济、社会和政治力量。你不能像过去那样，仅针对问题的每一个部分进行单独考察，并期望描述出整个系统的行为。唯一的方法是将世界视为一个紧密相连的系统——即便模型还比较粗糙。

但盖尔曼说，更重要的是，通往可持续性未来的关键，在于确保未来是一个值得生活的世界。一个可持续的人类社会也许很容易滑向奥威尔式的反乌托邦，那是一个实施严格管控，几乎所有人的生活空间都极度狭窄、受限的社会。然而，理想中的未来社会应该具有适应性、稳健性，能抵御较小规模的灾难；要能从错误中学习，而非一成不变；要能看到人类生活质量的提升，而不仅仅是数量增长。

盖尔曼表示，实现这一目标显然是一场艰苦的战斗。在西方，知识分子和管理者都倾向于高度理性主义，着重剖析不良影响产生的途径，并寻求阻止这些影响的技术解决方案。因此，我们拥有了避孕工具、排放控制、军备控制协议等。这些无疑都很重要。然而他强调，真正的解决方案还远不止这些。它需要我们抛弃、升华或转变我们的传统欲望：过度繁衍、消费过剩以及征服对手，特别是征服其他族群中的竞争对手。这些冲动可能曾经是具有适应性的。实际上，它们甚至可能内在于我们的大脑，但我们再也无法容忍这些冲动欲望了。

盖尔曼指出，其中存在一个关键问题。一方面，人类正受到各种因素的严重威胁，比如迷信和神话，坚决不承认紧迫的全球性问题的存在，以及各种形式的狭隘种族主义。要实现上述六个根本转型，我们需要在原则上达成广泛共识，并以更理性的方式思考地球的未来，当然更需要在全球范围内以更理性的方式进行自治。

但另一方面，盖尔曼又说："你如何在指认和描述错误的同时，对文化多样性保持宽容——不仅是宽容，还要对其进行颂扬和保护？"这并非只是政治正确与否的问题，而是尖锐的现实问题。文化无法通过法令来消灭；看看伊朗末代国王巴列维试图西化伊朗所引起的暴力反抗就知道了。世界的治理必须多元化，否则就完全无法治理。而且，文化多样性在可持续世界中的重要性不亚于基因多样性在生物学中的重要性。"我们需要跨文化的催化。"盖尔曼说，"尤其重要的一点，也许是要发现（我们自己的文化）如何抑制对物质商品的欲望，并代之以精神上的追求。"他表示，从长远看，解决这一难题仅有敏锐的直觉还远远不够，可能还需要行为科学领域有深远影响力的新发展。毕竟，治愈个体的神经症并不容易，治愈整个社会的神经症也是如此。

盖尔曼说，当然了，研究这种多层级、高度互联的系统正是圣塔菲研究所成立的初衷。但他认为，圣塔菲研究所规模太小，无法独自进行全球可持续性研究，需要与诸如世界资源研究所、布鲁金斯学会和麦克阿瑟基金会等机构合作开展研究（这些机构正是这场专题研讨会的共同主办）。盖尔曼说，在这些机构关注政策层面的同时，由圣塔菲研究所聚焦于基础理论研究，这样它们就可以开始全方位地解决可持续性问题。

当然，到 1990 年 5 月的研讨会召开时，如今被称为"全球可持续性"的项目早已脱离了考温的控制。对此，他唯一能做的就是默默地看着。毕竟，盖尔曼是圣塔菲研究所科学委员会的联合主席，这让他在任何特定项目的发展方向上都比考温更有发言权。盖尔曼可以而且确实按照他想要的方式定义了这个项目，而作为所长的考温，则必须承担起筹集资金的责任。

好像这些还不足以激怒考温似的，盖尔曼的项目议程中的实际内容更是火上浇油。准确来说，考温并不认为这个内容是完全错误的。他首先赞同世界目前远未达到可持续，迫切需要一些根本性变革。真正令考温愤怒的是，盖尔曼以及他那来自布鲁金斯学会、麦克阿瑟基金会和世界资源研究所的伙伴们显得过度自信。

尽管盖尔曼曾反复否认这一点，但当你真正听他们发言时，你会忍不住觉得他们对问题已经了如指掌，对解决方案胸有成竹，他们真正想做的无非是继续保护雨林。

考温并不是唯一有这种感觉的人。无论当时还是现在，圣塔菲研究所的许多人都非常怀疑全球可持续性项目会演变成某种形式的全球环保行动主义。"如果你已经知道该做什么，那么它就不是一个研究项目，"圣塔菲研究所的一位常驻学者说，"它就是一项政策执行计划，而那不是我们的职责。"

可事实是，至少对于考温来说，他已经没有精力再与盖尔曼争论了。就让他掌管那该死的全球可持续性项目吧！在卸任所长后，考温将重新回归自己对全球稳定性的构想——如果还有机会的话。"我感觉我和盖尔曼在深层次的认知方面并无太大分歧，"考温说，"我们两个其实太过相似。也许这就是问题所在。默里的社交技巧很容易让我感到被冒犯。有此感受的并不只是我。但我没有理由容忍他，因此我可能更容易失去耐心。如果我更圆滑些，就不会有任何问题。但我已经到了不必察言观色、委曲求全的年纪了。"

时间来到1990年底，此时盖尔曼仍然是圣塔菲研究所所长的唯一正式候选人，考温碰巧与埃德·纳普聊天。纳普此时已经回到洛斯阿拉莫斯，领导介子物理实验室。纳普是一位身材高大、性格随和的物理学家，一头银白色波浪卷发引人注目。他提到，洛斯阿拉莫斯正在提出一项非常诱人的提前退休方案，至少部分是为了缓解冷战结束后国防预算削减的压力。事实上，已经

58 岁的纳普表示他正在考虑借这个机会退休。

两人都无法确切记起当时是谁先开口。但很快，一个显而易见的问题就出现在两人面前：纳普有兴趣担任圣塔菲研究所的所长吗？

对考温来说，纳普是非常合适的人选。纳普曾参与过圣塔菲的早期筹建工作，当时圣塔菲研究所还只是实验室高级研究员之间流传的一个设想。纳普总是很愿意尽己所能为研究所帮忙，甚至同意担任两年的董事会主席。他曾是华盛顿国家科学基金会的负责人，而后领导了大学研究协会。这个协会是由 72 家成员组成的大学联盟，负责管理位于芝加哥郊外的费米国家加速器实验室和美国能源部的新超导超级对撞机项目。纳普显然关心圣塔菲研究所以及它所代表的东西。然而，与其他某些候选人不同的是，他对圣塔菲研究所应该做什么或不应该做什么，没有强硬的个人立场。

"乔治，"纳普重申，"记住，我不是一名理论科学家，我是一名行政管理者。"

"那太好了。"考温回答。

讨论就此展开。纳普同意，如果圣塔菲研究所董事会提供这份职位给他，他将接受。当考温把风声传出去后，董事会成员们明显都松了一口气。一直以来，大家始终担心的问题是，盖尔曼是否愿意或是否能够转型为行政管理者，以及是否愿意从众多兴趣中抽出足够多的时间来在圣塔菲做好这份工作。直到 1990 年底，大家的普遍共识是，他不会。现在既然有了一个可接受的替补候选人，包括盖尔曼在内的所有人都很快明白，即使强迫董事会投票，他也不会当选。

与此同时，盖尔曼也开始意识到自己一直追求的是什么。包括戴维·派因斯在内的一些人，花费了大量时间试图向他解释成为一名行政管理者意味着什么——预算、会议、无尽的人事纠纷。"默里，"派因斯反复强调，"这并非你在圣塔菲所期望的工作，你想做的是当一名教授。"

因此，最后的结局看起来很体面。在1990年12月召开的一次董事会特别会议上，盖尔曼亲自提名了纳普的名字，最后纳普全票通过。

"我有点失望，"盖尔曼说，"我本来很想要这份工作。这是我有生以来第一次对这种工作感兴趣。但我对埃德·纳普的当选很满意。我很高兴我们选择的这个人能力出众，且容易共事。"

正如一年前所承诺的，乔治·考温在1991年3月的董事会会议上卸任了圣塔菲研究所所长的职务。而且，他如愿地做到了问心无愧地卸任。美国国家科学基金会和美国能源部将资助周期从5年缩减为3年，并且金额维持在原来的200万美元，而没有增至2 000万美元。但是，无论如何，研究所继续获得了资金支持。同时，麦克阿瑟基金会决定将每年的捐款从35万美元提高到50万美元。包括戈登·格蒂和小威廉·凯克在内的多位个人捐赠者也都许诺增加捐款。罗伯特·马克斯韦尔则承诺每年以30万美元的额度资助其设立的讲席教授职位，尽管他仍然是按学期发放这笔钱。因此，考温确实做到了在使圣塔菲研究所短期内财务状况稳健的状态下离任；继任者埃德·纳普可以有精力去寻求新的捐赠来源，而不必奔波于筹集日常运营经费。（实际情况并非如此理想：马克斯韦尔于 1991 年底去世后，讲席教授职位不复存在，这使纳普 1992 年的预算面临相当大的缺口，迫使研究所削减了访问学者和博士后的数量。幸运的是，这个缺口只是暂时的，并且可以弥补。）

一完成职位的安稳交接，考温便脱身离开了。他此时已经 71 岁，经历了 7 年的焦虑和行政琐事之后，他迫切地需要休息——对他来说，这意味着能重新投入和几位洛斯阿拉莫斯的同事规划了将近 10 年的双 β 衰变实验中，这个实验现在已经接近完成。数月以来，他在研究所内鲜少露面。（1990 年 10 月，美国能源部授予考温著名的费米奖时，引用了他一长串研究项目，其中一项就是双 β 衰变实验。费米奖的设立旨在表彰在原子能开发、使用或控制方面取得杰出科学成就的人。以往的获奖者包括约翰·冯·诺依曼和 J. 罗伯特·奥本海默等人。双 β 衰变是一种罕见且非常特殊的放射性形式，它为标准的基本粒子理论提供了灵敏的实验检测。令考温欣喜不已的是，他和同事们成功检测到了衰变，并证明其与标准理论完全吻合。）

对于考温来说，这次休息显然有疗养的效果。1991 年秋天，他再次成为圣塔菲研究所的常客，并与克里斯托弗·兰顿共用一间小办公室。不止一个人说他看起来特别健康，精神焕发。

考温现在回忆道："我真不知道该如何描述我卸任时的心情。或许可以借用一个老故事，说的是一个人坐在持续高噪声的环境中，当噪声停止时，他惊讶地问：'那是什么声音？！'又或者，就像你一直穿着苦行僧的粗布衣衫，当你突然脱下它时会觉得有些异样。如果你本身有着苦行僧般的性格，脱下衣服时你甚至会感到一丝内疚。但现在我换上了改良版的苦行僧服，感觉好多了。"

特别是，考温说，现在自己有更多的时间思考关于复杂性的新科学，他发现自己比以往任何时候都更沉迷其中。"谈到智识想法的诱惑力！我觉得自己比任何人都更受其影响。这些想法牢牢吸引住了我，让我始终处于兴奋状态。我甚至觉得自己在头脑之中重获新生。对我来说，这是一项重大成就，这让我在圣塔菲所做的一切都变得有价值。"

考温说，最能吸引他的问题就是适应，或者更准确地说，是在不断变化和不可预测的环境下的适应问题。无疑，他认为这是在全球可持续性的迷雾中求索的核心问题之一。而且，他发现在所有关于向可持续世界"转型"的讨论中，适应问题总是被忽视。"不知为何，"考温说，"讨论议题似乎已经变成了从当前状态 A 到可持续状态 B 的一系列转变。问题在于，并不存在那样一种状态。你必须假设这一转变会永远持续下去。你必须探讨那些始终保持动态的系统，以及那些嵌入持续动态变化的环境中的系统。"正如约翰·霍兰所说，稳定即死亡，世界必须适应永远新奇、处于混沌边缘的状态。"我还没有找到合适的词来描述这一点，"考温说，"最近，我一直在思考哈夫洛克·埃利斯的《生命之舞》一书的书名。这个书名并不准确。生命并不是一场舞蹈，它甚至没有固定的节奏。因此，如果要用什么词来表示的话，我们可能要回归赫拉克利特的'万物皆流'。像'可持续性'这样的术语并没有真正抓住本质。"

考温补充道，当然，混沌边缘和自组织临界性等概念可能告诉我们，无论我们做什么，A级灾难都是不可避免的。他说："丹麦理论物理学家佩尔·巴克已经证明，在各种尺度（包括最大尺度）上发生剧变和雪崩，都是一种相当基本的现象。我准备接受这一观点。"但在这种神秘的、看似不可阻挡的复杂性随着时间而增加的趋势中，考温也找到了乐观的理由。"巴克所关注的系统没有记忆和文化，"考温说，"而我的信念是：如果人类能够比过去更好地一代一代传递记忆和精确信息，那么智慧就能积累。对于世界会变成一个没有痛苦和悲剧的美好天堂的想法，我持强烈怀疑态度。但我坚信，人类愿景的必要组成部分，就是相信我们可以塑造未来。即使我们不能完全塑造未来，我们也能够控制损害。也许可以让每一代人面临灾难的概率都降低一些。例如，10年前，发生核战争的概率可能尚有几个百分点，现在这个概率已经大大降低。我们现在更关注环境和人口灾难。因此我推测，如果我们能日复一日迭代，并不断进行路线修正，那么相比于只是接受'一切都是上帝的旨意'，我们将为社会创造一个更好的未来。"

除此之外，作为圣塔菲研究所的创始人之一，考温在评估自身成就时显得特别谨慎。"对于创立圣塔菲的探索，我很满意。"他说，"至于它将获得多大的成功，还有待观察。有一个迹象显示我们并未白白努力，那就是许多人认为，我们已经使自然科学的学者以合理的方式进入其眼中的'软'科学领域——无论我们称之为经济学、社会科学还是其他什么。实际上，这些人放弃了他们在职业生涯中一直坚持的一项原则，即只处理那些可以严格分析的现象，而转向曾经被他们斥为'模糊'的领域。这导致他们受到更保守的同行的批评，因为他们自己也变得模糊了。然而，随着一门名为'复杂科学'的学科横空出世，上述那场跨学科的探索变得倍受尊敬——因为这事关国家福利乃至全球福祉的核心问题。我认为这代表了一个趋势，国家和学术界将从这种趋势中获得双赢。因为一旦成功，它将会引发非常重要的科学革命。在我看来，这象征着科学事业的一种重新整合：在过去几个世纪中，科学几乎已经完全碎片化，而现如今，自然科学的严谨分析将与社会科学家和人文主义学者的愿景重新融合。"

考温补充道，迄今为止，这种整合在圣塔菲研究所已经取得了显著的成功，尤其是在经济学项目方面。但这种成功能持续多久呢？尽管所有参与者都竭尽全力，但即使是圣塔菲研究所，总有一天也可能会变得安于现状、固守传统甚至老迈陈旧。机构本就如此。"这可能就像是一场（为躲避警察捕捉）可随时转移的掷骰子赌博，"考温说，"你可能不得不在某时某地关闭，而在另一处重新启动。我认为这是一项必要的事业。我坚信它会持续下去，无论是否一直在圣塔菲。"

日照前路

1991年5月底的一个星期五，午餐时间刚过，新墨西哥州的灿烂阳光洒满克里斯托·雷伊修道院的小巧庭院。克里斯托弗·兰顿博士坐在一张亮白的露台桌子旁，尽力回答一位特别执着的记者的提问。

近些天来，兰顿博士明显更加放松和自信了。大约6个月前，也就是1990年11月，他成功通过了关于混沌边缘的博士论文答辩，从此驱散了生活中的一团巨大乌云，也因此获得了作为科学家必备的职业资格证书。圣塔菲研究所随即将兰顿列入"外聘教员"名单，名单上的这些研究人员与研究所的关系被视为近乎永久性的，并且在其科学方向上有重要发言权。事实上，在冷战结束后洛斯阿拉莫斯预算日益紧张、以生存为首要目标的背景下，圣塔菲研究所已成为人工生命领域的主要支持机构。兰顿在研究所感受到前所未有的归属感。

他显然不是唯一有归属感的人。午后阳光下，庭院内挤满了来访者与常驻学者。在一张桌子旁，斯图尔特·考夫曼正在与沃尔特·丰塔纳等人热议对自催化和复杂性演化的最新想法。另一边，经济学项目联席主任戴维·莱恩正与他的研究生弗朗切斯卡·基亚罗蒙特探讨经济学项目的最新尝试：一项计算机研究，力图解析多家从事技术创新的适应性公司的发展机制。在另外一张桌子旁，多因·法默正和几位同样锐气逼人的年轻科学家讨论他创办的"预测公司"。对于洛斯阿拉莫斯的紧张预算和官僚主义的繁文缛节，法默已经失去耐心。他决定离开几年，并利用他的预测算法大赚一笔，这样就永远不必再申请科研经费了。事实上，法默对此相当坚决，为了更好地应对商务场合，他甚至剪掉了马尾辫。

当然，那个星期五的午后，庭院里还弥漫着某种略显惋惜之感，仿佛见证着一个时代的尾声。在 4 年多的时间里，克里斯托·雷伊修道院一直保持小巧且原始，拥挤却又恰到好处。但圣塔菲研究所仍在继续壮大，实际上，走廊里已经无法再挤进更多的桌子。而且无论如何，租约到期了，修道院需要归还给天主教会。因此，在一个月内，圣塔菲研究所计划搬到位于旧佩科斯小径上的新租来的办公楼。那是一个更大的区域，也是律师的聚集地。大家都认为那里相当不错，只不过——在阳光充足的露台上享用午餐的日子，可能不太多了。

当兰顿继续向记者阐述人工生命的微妙之处和混沌边缘的理念时，研究所的几位年轻博士后纷纷围桌而坐，他们并未意识到这原本应是一场采访。这位人工生命的设计者在他们的圈子里堪称名流，他的发言总能引人聆听。不久，这场采访便转变为一场公开讨论会，讨论的话题有：对于涌现现象，你如何刚一看到就识别出来？是什么使得一群实体汇集成为一个个体？每个人都有自己的见解，似乎没有一个人怯于表达自己的观点。

来自密歇根大学的计算机科学博士后梅拉妮·米歇尔是BACH 小组的最新成员，她提出了一个问题：“个体存在的程度，可以衡量吗？”兰顿不知道。“我无法再想象进化只作用于个体，"他说，"它总是作用于一个生态系统、一个种群，其中的一部分生产出另一部分所需要的东西。"

这激发了其他问题：进化，究竟意味着适者生存，还是最稳定者生存，又或者说仅仅是幸存者的延续？到底什么是适应？圣塔菲的观点是，适应需要改变内部模型，正如约翰·霍兰所说的。但这是唯一的看法吗？

至于涌现，有人问道，是否存在不止一种类型的涌现？如果是，那么有多少种不同类型？兰顿试图回答，但中途却犹豫停下，最后只能笑了笑，"这个问题我只能留待日后再来解答。"兰顿表示，"我只是还没有一个满意的答案。诸如涌现、生命、适应、复杂性这些概念，都是我们仍在尽力探索以试图阐明的。"

致谢

在此，我要衷心感谢那些慷慨付出时间和耐心来我帮助完成这本书的人。每本书都是一个团队努力的结果，这本书更是如此。这些人中有许多我只在书中一笔带过，还有些人我完全没有提到。但请相信，这丝毫不影响他们对这本书的贡献，以及我的感激之情。

对于布莱恩·阿瑟、乔治·考温、约翰·霍兰、斯图尔特·考夫曼、克里斯托弗·兰顿、多因·法默、默里·盖尔曼、肯尼斯·阿罗、菲利普·安德森和戴维·派因斯，我要致以特别的感谢！感谢你们忍受我无休止的采访和电话沟通，跟我分享了你们自己的困境，教会了我理解复杂性的方法，还有很重要的一点——审阅了每一版书稿的全部或部分内容。至少对我来说，这个过程是愉悦的。我希望对你们而言也一样。

对于埃德·纳普、迈克·西蒙斯和圣塔菲研究所的全体工作人员，我要说：感谢你们的热情款待，还为我提供了超出你们的职责范围的帮助。圣塔菲研究所真是一个让人感觉宾至如归的地方。

对于我的经纪人彼得·麦特森，我要说：谢谢你的指导、建议和安慰，对一个经常处于紧张状态的作者来说，这无疑起到了重要的安抚作用。

对于我的编辑加里·卢克和西蒙与舒斯特公司的工作人员，我要说：感谢你们的热情支持，还有你们为这本姗姗来迟的书所做的努力。

还有我的妻子艾米，我要说：感谢你为我所做的一切。

参考文献

对于那些想深入了解"复杂性"这一主题的人来说，可以从下面列出的书籍和文章着手。这些书籍和文章中大部分不是专门面向普通读者的。复杂性是个崭新的领域，以至于书面资料大多数是以会议记录和期刊文章的形式出现的。尽管如此，这些参考文献中有许多对于非专业人士来说应该是可以理解的。并且其中每条文献几乎都引用了更专业的技术文献，可供进一步参考。

圣塔菲研究所和复杂科学总括

Davies, Paul C. W., ed. *The New Physics*. New York：Cambridge University Press (1989). 其中包含许多关于凝聚态物理学、集体现象、非线性动力学和自组织的综述文章，作者都是该领域的领军学者。

Jen, Erica, ed. *1989 Lectures in Complex Systems*. Santa Fe Institute Studies in the Sciences of Complexity, Lectures vol. 2. Redwood City, CA：Addison-Wesley (1990). 该文集，以及下面列出的由丹尼尔·斯坦主编的两本书，是基于圣塔菲研究所年度复杂性暑期学校的讲座内容结集而成，提供了有关数学和计算技术的广泛概述。

Nicolis, Grégoire, and Ilya Prigogine. *Exploring Complexity*. New York：W. H. Freeman (1989).

Perelson, Alan S., ed. *Theoretical Immunology, Part One* and *Theoretical Immunology, Part Two*. Sante Fe Institute Studies in the Sciences of

Complexity, Proceedings vols. 2 and 3. Redwood City, CA: Addison-Wesley (1988).

Perelson, Alan S., and Stuart A. Kauffman, eds. *Molecular Evolution on Rugged Landscapes: Proteins, RNA, and the Immune System*. Santa Fe Institute Studies in the Sciences of Complexity, Proceedings vol. 9. Redwood City, CA: Addison-Wesley (1990).

Pines, David, ed. *Emerging Syntheses in Science*. Santa Fe Institute Studies in the Sciences of Complexity, Proceedings vol. 1. Redwood City, CA: Addison-Wesley (1986). 这是圣塔菲研究所于 1984 年秋季举办的创立研讨会上的会议录。

Prigogine, Ilya. *From Being to Becoming*. San Francisco: W. H. Freeman (1980).

Santa Fe Institute, *Bulletin of the Santa Fe Institute (1987-present)*. 这份圣塔菲研究所学报每年出两三期，刊载对一些主要人物的深入采访，以及各种研讨会和其他会议的摘要。

Stein, Daniel L., ed. *Lectures in the Sciences of Complexity*. Santa Fe Institute Studies in the Sciences of Complexity, Lectures vol. 1. Redwood City, CA: Addison-Wesley (1989).

Stein, Daniel L., and Lynn Nadel, eds. *1990 Lectures in Complex Systems*. Santa Fe Institute Studies in the Sciences of Complexity, Lectures vol. 3. Redwood City, CA: Addison-Wesley (1991).

Zurek, Wojciech H., ed. *Complexity, Entropy, and the Physics of Information*. Santa Fe Institute Studies in the Sciences of Complexity, Proceedings vol. 8. Redwood City, CA: Addison-Wesley (1990).

经济学和圣塔菲研究所经济学项目

Anderson, Philip W., Kenneth J. Arrow, and David Pines, eds. *The Economy as* an *Evolving Complex System*. Santa Fe Institute Studies in the Sciences of Complexity, vol. 5. Redwood City, CA：Addison-Wesley (1988). 这是圣塔菲研究所于 1987 年 9 月举办的第一场大型经济学研讨会的论文集。

Arthur, W. Brian. "Positive Feedbacks in the Economy." *Scientific American* (February 1990)：92-99.

Arthur, W. Brian, et al. *Emergent Structures*：*A Newsletter of the Economic Research Program* (March 1989 and August 1990). Santa Fe：The Santa Fe Institute. 这是圣塔菲研究所经济学项目最初 18 个月实施的各种项目的详细说明。

Judson, Horace Freeland. *The Eighth Day of Creation*. New York：Simon & Schuster (1979).

Kauffman, Stuart A. "Antichaos and Adaptation." *Scientific American* (August 1991)：78-84.

Kauffman, Stuart A. *Origins of Order*：*Self-Organization and Selection in Evolution*. Oxford：Oxford University Press (1992).

神经网络、遗传算法、分类器系统和协同进化

Anderson, James A., and Edward Rosenfeld, eds. *Neurocomputing*：*Foundations of Research*. Cambridge, MA：MIT Press (1988). 节选自神经网络领域的许多奠基性书籍和论文，其中有麦卡洛克、皮茨、赫布和冯·诺依曼的一些开创性工作，还包括罗切斯特、霍兰和同事共同发表的第一篇神经网络论文。

Axelrod, Robert. *The Evolution of Cooperation*. New York：Basic Books (1984).

Forrest, Stephanie, ed. *Emergent Computation*：*Self-Organizing, Collective, and Cooperative Phenomena in Natural and Artificial Computing Networks*. Cambridge, MA：MIT Press (1991). 这是由洛斯阿拉莫斯

国家实验室非线性研究中心主办的会议的会议录，包含克里斯托弗·兰顿关于混沌边缘的计算的论文，还有多因·法默关于《联结主义的罗塞塔石碑》的论文，等等。

Goldberg, David E. *Genetic Algorithms in Search, Optimization, and Machine Learning.* Reading, MA：Addison-Wesley (1989).

Holland, John H. *Adaptation in Natural and Artificial Systems.* Ann Arbor：University of Michigan Press (1975).

Holland, John H., Keith J. Holyoak, Richard E. Nisbett, and Paul R. Thagard. *Induction：Processes of Inference, Learning, and Discovery.* Cambridge, MA：MIT Press (1986).

元胞自动机、人工生命、混沌边缘和自组织临界性

Bak, Per, and Kan Chen. "Self-Organized Criticality." *Scientific American* (January 1991)：46-53.

Burks, Arthur W., ed. *Essays on Cellular Automata.* Champaign-Urbana：University of Illinois Press (1970).

Dewdney, A. K., "Computer Recreations." *Scientific American* (May 1985). 关于元胞自动机和计算的基础性讨论。

Farmer, Doyne, Alan Lapedes, Norman Packard, and Burton Wendroff, eds. *Evolution, Games, and Learning.* Amsterdam：North-Holland (1986). [Reprinted from Physica D 22D (1986) Nos. 1-3.] 洛斯阿拉莫斯国家实验室非线性研究中心主办会议的会议录，包括针对法默、考夫曼和帕卡德的自催化生命起源模型的首次公开讨论，以及克里斯托弗·兰顿所发现的元胞自动机中的相变的第一次演示。

Langton, Christopher G., ed. *Artificial Life.* Santa Fe Institute Studies in the Sciences of Complexity, Proceedings vol. 6. Redwood City, CA：Addison-Wesley (1989). 1987 年 9 月第一届人工生命研讨会的会议录，

包括克里斯托弗·兰顿对人工生命概念的介绍和概述，还包括有关该领域的其他大量参考书目。

Langton, Christopher G., Charles Taylor, J. Doyne Farmer, and Steen Rassmussen, eds. *Artificial Life II*. Santa Fe Institute Studies in the Sciences of Complexity, Proceedings vol. 10. Redwood City, CA： Addison-Wesley (1992). 1990 年第二届人工生命研讨会的会议录，包括克里斯托弗·兰顿关于混沌边缘的论文、斯图尔特·考夫曼和桑肯·约翰逊关于协同进化到混沌边缘的论文、沃尔特·丰塔纳关于"算法化学"的论文以及理查德·巴格利、多因·法默和沃尔特·丰塔纳关于自催化生命起源模型进一步发展的论文。

Von Neumann, John. *Theory of Self-Reproducing Automata*. Completed and edited by Arthur W. Burks. Champaign-Urbana： University of Illinois Press (1966).

Wolfram, Stephen. "Computer Software in Science and Mathematics." *Scientific American* (September 1984). 其中包括关于元胞自动机的基础性讨论。

Wolfram, Stephen, ed. *Theory and Applications of Cellular Automata*. Singapore： World Scientific (1986). 这是沃尔弗拉姆和他的同事在 20 世纪 80 年代早期发表的许多有关元胞自动机的论文的再版合集。